中国水产品质量安全研究报告

ZHONGGUO SHUICHANPIN ZHILIANG ANQUAN YANJIU BAOGAO

吕煜昕　吴林海　池海波　尹世久◎著

人民出版社

序　言

习近平总书记强调，“食品安全既是重大的民生问题，也是重大的政治问题。”21世纪以来，尤其是党的十八大以来，党和政府更加重视食品安全风险治理工作，将其纳入了国家治理体系与治理能力现代化建设之中，明确提出在“十三五”及未来的发展阶段实施食品安全战略，推进健康中国建设。由此可见，食品安全风险治理已上升为国家战略。在全社会的共同努力下，近年来我国食品安全呈现“总体稳定、趋势向好”的基本态势，食品安全风险治理取得了显著成效，得到了社会各界的广泛认同。然而，我国食品安全水平还存在不平衡的问题，尤其是不同品种的食品安全水平存在一定的差异，而水产品质量安全水平就是比较薄弱的食品种类，并由此成为食品安全事件高发的食品种类之一。因此，出版《中国水产品质量安全研究报告》（以下简称《报告》），向人们展现我国水产品质量安全的真实状况，研究水产品存在的主要风险，思考防范水产品质量安全风险的路径是有益的。

作为首部系统论述中国水产品质量安全现状的研究报告，《报告》着眼于“从池塘到餐桌”的水产品供应链全程体系，基于管理学、食品科学、情报学等多学科的视角，融水产品生产者、加工者、经营者、消费者与政府为一体，综合运用各种统计数据，研究生产、加工、流通、消费等关键环节水产品的安全性（包括进出口水产品的安全性）的演变轨迹，并对现阶段水产品质量安全现状进行全面评价，由此深刻揭示影响我国水产品质量安全的主要矛盾。总体而言，《报告》较为全面反映与准确描述近年来我国水产品质量安全的总体变化情况，填补了我国水产品质量安全研究领域的空白。

我非常欣喜地看到《报告》的主要创作成员中出现了年轻学者的身影，作为江南大学食品安全风险治理、食品科学与工程领域的硕士毕业生，浙江大学舟山海洋研究中心吕煜昕、浙江海洋大学食品与医药学院池海波均是食品安全研究领域的青年学者，能在研究生涯的初始阶段参与和人民群众生活息息相关的研究工作实属不易，这体现了他们勇于创新和探索的勇气。在此，我也希望更多的学者参与到食品安全风险治理的研究中，为防范食品安全风险作出有益的贡献。

《报告》是教育部哲学社会科学系列发展报告——“中国食品安全发展报告”“中国食品安全网络舆情发展报告”的姊妹篇。作为智库的研究成果，系列出版的“中国食品安全发展报告”“中国食品安全网络舆情发展报告”由江南大学食品安全风险治理研究院吴林海教授、洪巍副教授领衔，业已成为国内融学术性、实用性、工具性、科普性于一体的具有较大影响力的研究报告，对全面、客观公正地反映中国食品安全的真实状况起到了重要的作用。吴林海教授、洪巍副教授及其团队长期从事我国的食品安全风险治理研究，一直无私地默默奉献，为食品安全研究投入了大量的时间和精力，这充分体现了吴林海教授、洪巍副教授及其研究团队“为人民做学问”的情怀。

我们期待《报告》能为促进水产品质量安全的研究水平，服务党和政府的决策作出积极的贡献！更期待国内外有更多的专业研究水产品质量安全的佳作出版，共同为中国食品安全风险治理作出新的努力。

黄祖辉*

2017 年 9 月

* 黄祖辉，教育部人文社会科学重点研究基地浙江大学农业现代化与农村发展研究中心（卡特）主任，浙江大学中国农村发展研究院院长、“求是”特聘教授、博士生导师。

目　录

导　论

《中国水产品质量安全研究报告》(以下简称《报告》)是我国第一部系统论述中国水产品质量安全现状的研究报告。《报告》基于水产品全程供应链的主线与多学科的研究视角，力图既科学、全面地反映我国水产品质量安全取得的积极进展，又努力揭示存在的主要现实问题，以实现服务于提升我国水产品质量安全水平乃至食品安全风险治理水平的根本目的。本章重点对《报告》的研究背景、主要概念、研究方法与技术路线等方面作简要说明，力图轮廓性、全景式地描述整体概况。

第一节　研究背景

食品安全问题是全世界共同面临的重大社会问题、经济问题和政治问题。[①] 世界卫生组织（World Health Organization，WHO）的数据显示，全球每年约有200万人的死亡与不安全食品相关，含有有害细菌、病毒、寄生虫或有害化学物质的食品可能导致从腹泻到癌症200多种疾病。[②] 事实上，不仅是发展中国家存在食品安全问题，发达国家的食品安全问题也十分严峻。例如，2008年美国爆出花生酱产品含沙门氏菌事件，导致美国46

---

① M. P. M. M. Krom, "Understanding Consumer Rationalities: Consumer Involvement in European Food Safety Governance of Avian Influenza", *Sociologia Ruralis*, Vol. 49, No. 1, 2009, pp. 1-19.

② World Health Organisation, *World Health Day 2015: Food Safety*, http://www.who.int/campaigns/world-health-day/2015/event/en/.

个州723人中毒，其中9人死亡，引发美国历史上最大规模的食品召回案。[①] 2014年8月，日本爆发10年来最大规模的集体食物中毒案，453人在食用冰镇小黄瓜后被出血性大肠杆菌O157感染。[②] 正值《报告》完成时，欧盟发生了轰动全球的鸡蛋被氟虫腈污染事件，受污染的鸡蛋已流入比利时、德国、英国、法国、斯洛伐克等欧洲多国。[③] 这些事件的发生再次表明食品安全风险是全球性的问题。然而，由于中国经济的崛起以及中国在全球事务中发挥越来越重要的作用，全球的目光都投向中国，近年来国际上围绕我国食品安全问题的报道也越来越多，虽然不乏客观公正的报道，但更多是吹毛求疵和大肆指责的内容，如2012年，全球顶级医学杂志《柳叶刀》(*Lancet*) 指责中国对全球食品安全造成冲击。[④] 在2014年上海福喜事件发生后，《柳叶刀》发表《中国的食品安全：一个持续的全球问题》的评论文章，继续对中国食品安全问题进行指责。[⑤]

除了国际媒体的关注，国内消费者也对食品安全问题表现出了极高的关注度和较低的满意度，他们对安全食品的需求更为迫切。表0-1是2011—2015年食品安全关注度的典型性调查数据。中国全面小康研究中心等发布的《2010—2011消费者食品安全信心报告》显示，52.30%的中国居民对食品安全感到不安，对食品安全特别没有安全感的比例为15.60%，接近70%的中国居民对食品安全问题持负面态度。吴林海等发布的《中国食品安全发展报告2015》对全国12个省、自治区、直辖市的4258名城乡居民的调查结果表明，我国公众的食品安全满意度仅为52.12%。《小康》杂志等发布的《“2015中国综合小康指数”调查》提出，食品安全以44.8%的关注度登上“最受关注的十大焦点问题”榜首位置，高于医疗改

---

① 《花生酱含沙门氏菌致9死　总裁伪造结果被判28年》，2015年9月23日，见 http://news.xinhuanet.com/world/2015-09/23/c_1282596 33.htm。

② 《日本10年来最大食物中毒案　453人吃小黄瓜中毒》，2014年9月3日，见 http://www.aqsiq.gov.cn/xxgk_13386/2xxxgk/201409/t20140903_420744.htm。

③ 刘国信：《欧洲“毒鸡蛋”事件带给我们哪些启示?》，《兽医导刊》2017年第17期，第1页。

④ The Lancet, “Food Safety in China: A Long Way to Go”, *Lancet*, Vol. 380, No. 9837, 2012, p. 75.

⑤ The Lancet, “China's Food Safety: A Continuing Global Problem”, *Lancet*, Vol. 384, No. 9941, 2014, p. 377.

革、反腐、环境保护、房价、就业等社会热点问题。可见，食品安全问题成为我国公众最关注的社会热点问题之一，人们对当前食品安全问题表现出极度的焦虑、无奈甚至不满。

表 0-1 2011—2015 年食品安全关注度的典型性调查数据

年份	调查数据	数据来源
2011	52.30%的中国居民对食品安全感到不安，对食品安全特别没有安全感的比例为15.60%，接近70%的中国居民对食品安全问题持负面态度	中国全面小康研究中心等：《2010—2011 消费者食品安全信心报告》
2012	超过八成的中国居民在食品安全方面没有安全感，同时有超过半数的中国居民认为食品安全问题正变得越来越严重	《小康》杂志等：《2011—2012 中国饮食安全报告》
2013	全国 35 个城市居民对食品安全满意度指数为 41.61%，仍处于较低水平	中国经济实验研究院数据
2014	全国 12 个省、自治区、直辖市的 4258 名城乡居民的食品安全满意度仅为 52.12%	吴林海等：《中国食品安全发展报告（2015）》
2015	食品安全以 44.8%的关注度登上“最受关注的十大焦点问题”榜首位置，高于医疗改革、反腐、环境保护、房价、就业等社会热点问题	《小康》杂志等：《“2015 中国综合小康指数”调查》

资料来源：根据相关资料由作者整理而成。

为了有效解决我国严峻而又十分重要的食品安全问题，回应公众对加强食品安全风险治理的期盼，十一届全国人民代表大会常务委员会在 2011 年 6 月 29 日召开的第二十一次会议上建议把食品安全与金融安全、粮食安全、能源安全、生态安全等共同纳入“国家安全”体系。2013 年中央农村工作会议上，习近平总书记将食品安全定性为“对我们党执政能力的重大考验”。2014 年“两会”期间，国务院总理李克强在政府工作报告中就食品安全问题提出“三个最严”，彰显了政府对食品安全风险治理的重视和决心。2015 年新修订通过了《中华人民共和国食品安全法》，我国食品安全的法制化建设再上新台阶。之后，“十三五”规划提出“实施食品安全战略，形成严密高效、社会共治的食品安全治理体系，让人民群众吃得放心”的要求，而党的十九大报告也提出“实施食品安全战略，让人民吃得放心”，食品安全战略由此上升为国家战略，开创了我国食品安全风险治理的新境界。

在政府加大食品安全风险治理后，我国真实的食品安全水平到底是什么样的？我国相关政府部门已有一致的结论，如时任国务院食品安全委员会办公室主任张勇就多次表示，我国的食品安全形势总体稳定并保持向好趋势，[①] 国家卫生和计划生育委员会食品司司长苏志和全国人民代表大会常务委员会委员王陇德也分别在不同场合表达同样观点。[②] 2015 年的博鳌亚洲论坛上，国家质量监督检验检疫总局局长支树平再次强调，我国食品安全形势呈趋稳向好趋势。[③] 与此同时，学术界也从不同的角度回答了这个问题。周乃元等利用食品卫生监测总体合格率、食品化学检测合格率等指标构建了食品安全综合指数，认为 2000—2005 年中国的食品安全综合水平稳步上升，但仍处于中下层次。[④] 朱淀和洪小娟运用计量模型的方法评估了 2006—2012 年中国食品安全风险，得出了食品安全水平总体稳定、趋势向好的结论。[⑤] 程虹和李丹丹通过构建质量指数对比了 2012 年和 2013 年食品的质量状况，认为 2013 年食品质量安全呈现总体向好的根本性逆转，其中粮食、食用油、肉类等关键性领域的质量安全底线基本筑牢。[⑥]

---

① 《张勇谈当前我国食品安全形势：总体稳定正在向好》，2011 年 2 月 28 日，见 http://news.xinhuanet.com/society/2011-02/28/c_121131580.htm。

② 《国家卫计委：中国食品安全形势总体稳定并且不断向好》，2014 年 6 月 11 日，见 http://news.china.com.cn/2014-06/11/content_32632658.htm。《食品安全形势总体稳定向好》，2014 年 6 月 27 日，见 http://www.npc.gov.cn/npc/xinwen/2014-06/27/content_1869331.htm。

③ 《质检总局局长：中国出口食品合格率多年保持 99%以上》，2015 年 4 月 7 日，见 http://news.xinhuanet.com/food/2015-04/07/c_1114883577.htm。

④ 周乃元、潘家荣、汪明：《食品安全综合评估数学模型的研究》，《中国食品卫生杂志》2009 年第 3 期，第 198—203 页。

⑤ 朱淀、洪小娟：《2006—2012 年间中国食品安全风险评估与风险特征研究》，《中国农村观察》2014 年第 2 期，第 49—59 页。

⑥ 程虹、李丹丹：《中国质量出现转折：我国质量总体状况与发展趋势分析》，《宏观质量研究》2014 年第 2 期，第 28—37 页。

尹世久等对食用农产品的生产、食品的制造与加工、食品流通等多个环节进行综合评估，得出了中国食品安全总体稳定、趋势向好的结论。[①]

可见，我国食品安全总体稳定、趋势向好的结论已经是社会共识。[②]在这一现实状况下，对食品安全风险的治理不能再是大范围、平等性、无重点的治理，而是要针对我国食品安全风险治理的薄弱环节进行精准的重点治理，将补短板与食品安全风险治理体系改革同时推进。水产品是目前我国质量安全形势较为严峻的食品种类之一，也是我国食品安全风险治理的薄弱环节之一。农业部的数据显示，2016 年我国生产环节水产品例行监测总体合格率为 95.9%，位列畜禽产品、茶叶、蔬菜、水果和水产品五类农产品的末位（具体见《报告》第二章）；国家食品药品监督管理总局的数据显示，2016 年水产制品的监督抽检合格率为 95.7%，在乳制品、蛋制品、饮料、水果制品等 32 类主要食品种类中仅位列第 23 位（具体见《报告》第三章）；此外，国家食品药品监督管理总局于 2016 年开展的经营环节重点水产品专项检查结果显示，全国 12 个大中城市重点水产品的合格率仅为 91.46%（具体见《报告》第四章）。因此，目前急需对我国水产品质量安全风险进行重点治理，这正是《报告》的主要研究背景。

第二节　主要概念界定

水产品质量安全是《报告》的核心概念，本节在借鉴相关文献的基础上，进一步作出科学的界定，以确保研究的科学性。

一、水产品的概念

对于水产品的概念，不同的标准和文件有不同的定义。国家推荐标准

① 尹世久、吴林海、王晓莉：《中国食品安全发展报告 2016》，北京大学出版社 2016 年版，第 243 页。

② 尹世久、高杨、吴林海：《构建中国特色的食品安全社会共治体系》，人民出版社 2017 年版，第 36 页。

《食品安全管理体系水产品加工企业要求》(GB/T 27304-2008) 认为水产品是指所有适合人类食用的淡水、海水水生动物及两栖类动物，以及以它们为特征组分制成的食品,《水产品危害分析与关键控制点 (HACCP)[①] 体系及其应用指南》(GB/T 19838-2005) 也采用了相同的表述。《农产品安全质量　无公害水产品安全要求》(GB 18406.4-2001) 规定，水产品是指供食用的鱼类、甲壳类、贝类 (包括头足类)、爬行类、两栖类等鲜活、冷冻品。《出口水产品质量安全控制规范》(GB/Z 21702-2008) 认为，水产品是供人类食用的海水或淡水水生动物 (不含水生动物及其繁殖材料，不包括水生哺乳动物、两栖类等水生动物) 以及以它们作为原料制作的食品。水产行业标准《水产品加工术语》(SC/T 3012-2002) 提出，水产品是海水或淡水中的鱼类、甲壳类、软体动物类、藻类和其他水生生物。

可见，不同标准和文件对水产品的定义差距较大，但从本质上来说，水产品的概念需要包含以下内容：第一，水生动植物，这反映了水产品来源，揭示了水产品的本质特征；第二，预期供人食用，反映了水产品的功用；第三，通过渔业活动、初级加工、工业化加工所得，反映了水产品是如何产生、形成的。因此，在借鉴相关标准和刘新山等定义的基础上,[②]《报告》认为水产品可被定义为通过渔业活动、初级加工或工业化加工获得的预期供人食用的水生动物、植物及其产品。

二、水产品的特征

第一，水产品是渔业活动、初级加工或工业化加工的成果。水产品既是渔业活动、初级加工或工业化加工的劳动对象，又是渔业活动、初级加工或工业化加工的劳动成果，包括全部海淡水鱼类、甲壳类 (虾、蟹)、贝类、头足类、藻类、其他类水产品及加工品。

第二，水产品是渔业活动、初级加工或工业化加工活动的最终成果。

① 危害分析及关键控制点，英文为 Hazard Analysic Critical Control Point，简称 HACCP。

② 刘新山、张红、吴海波:《初级水产品质量安全监管问题研究》,《中国渔业经济》2015 年第 5 期，第 98—106 页。

渔业活动、初级加工或工业化加工的中间成果，如鱼苗、鱼种、亲鱼、转塘鱼、存塘鱼和自用作饵料的产品，不是最终成果，不能统计在水产品产量中。

第三，水产品是渔业活动、初级加工或工业化加工活动的最终有效成果。如果水产品在上岸前已经腐烂变质，不能供人食用或加工成其他制品的，不在水产品产量统计中。

三、水产品的分类

根据农业部渔业渔政管理局《中国渔业统计年鉴2017》的分类，可以将水产品分为海水产品和淡水产品两大类。[①]

（一）海水产品

海水产品包括海洋捕捞品、海水养殖产品和远洋渔业产品。

1. 海洋捕捞产品

海洋捕捞产品包括海洋捕捞鱼类、甲壳类（虾、蟹）、贝类、藻类、头足类和其他类产品。其中，海洋捕捞鱼类包括海鳗、鳓鱼、鳀鱼、沙丁鱼、鲱鱼、石斑鱼、鲷鱼、蓝圆鲹、白姑鱼、黄姑鱼、鮸鱼、大黄鱼、小黄鱼、梅童鱼、方头鱼、玉筋鱼、带鱼、金线鱼、梭鱼、鲐鱼、鲅鱼、金枪鱼、鲳鱼、马面鲀、竹荚鱼、鲻鱼等，海洋捕捞甲壳类包括毛虾、对虾、鹰爪虾、虾蛄、梭子蟹、青蟹、蟳等，海洋捕捞贝类包括蛤、蛏、蚶、螺等，海洋捕捞藻类包括江蓠、石花菜、紫菜等，海洋捕捞头足类包括乌贼、鱿鱼、章鱼等，海洋捕捞其他类包括海蜇等。

2. 海水养殖产品

海水养殖产品包括海水养殖鱼类、甲壳类（虾、蟹）、贝类、藻类和其他类。其中，海水养殖鱼类包括鲈鱼、鲆鱼、大黄鱼、军曹鱼、鰤鱼、鲷鱼、美国红鱼、河鲀、石斑鱼、鲽鱼等，海水养殖甲壳类包括南美白对虾、斑节对虾、中国对虾、日本对虾、梭子蟹、青蟹等，海水养殖贝类包括牡蛎、鲍、螺、蚶、贻贝、江珧、扇贝、蛤、蛏等，海水养殖藻类包括

① 农业部渔业渔政管理局：《中国渔业统计年鉴2017》，中国农业出版社2017年版，第143—144页。

海带、裙带菜、紫菜、江蓠、麒麟菜、石花菜、羊栖菜、苔菜等，海水养殖其他类包括海参、海胆、海蜇等。

3. 远洋渔业产品

远洋渔业产品是指由各远洋渔业企业和各生产单位按我国远洋渔业项目管理办法组织的远洋渔船（队）在非我国管辖水域（外国专属经济区水域或公海）捕捞的水产品。中外合资、合作渔船捕捞的水产品只统计按协议应属于中方所有的部分。

（二）淡水产品

淡水产品包括淡水养殖产品和淡水捕捞产品。

1. 淡水养殖产品

淡水养殖产品包括淡水养殖鱼类、甲壳类（虾、蟹）、贝类、藻类和其他类产品。其中，淡水养殖鱼类包括鲟鱼、鳗鲡、青鱼、草鱼、鲢鱼、鳙鱼、鲤鱼、鲫鱼、鳊鲂、泥鳅、鲶鱼、鮰鱼、黄颡鱼、鲑鱼、鳟鱼、河鲀、短盖巨脂鲤、长吻鮠、黄鳝、鳜鱼、鲈鱼、乌鳢和罗非鱼等，淡水养殖甲壳类包括罗氏沼虾、青虾、克氏原螯虾、南美白对虾、河蟹等，淡水养殖贝类包括河蚌、螺、蚬等，淡水养殖藻类主要是螺旋藻，淡水养殖其他类包括鱼、鳖、蛙等。

2. 淡水捕捞产品

淡水捕捞产品包括淡水捕捞鱼类、甲壳类（虾、蟹）、贝类、藻类和其他类产品。其中，淡水捕捞其他类包括丰年虫，其余类别与淡水养殖产品基本一致。

四、食品安全的内涵

水产品质量安全属于食品安全的重要组成部分。食品安全的内涵十分丰富，《报告》对食品安全内涵的表述主要借鉴了尹世久等撰写的《中国食品安全发展报告2016》的内容。①

① 尹世久、吴林海、王晓莉：《中国食品安全发展报告2016》，北京大学出版社2016年版，第10—12页。

（一）食品量的安全与食品质的安全

食品安全内涵包括“食品量的安全”和“食品质的安全”两个方面。“食品量的安全”强调的是食品数量安全，亦称食品安全保障，从数量上反映居民食品消费需求的能力。食品数量安全问题在任何时候都是各国特别是发展中国家首先需要解决的问题。目前，除非洲等地区的少数国家外，世界各国的食品数量安全问题从总体上基本得以解决，食品供给已不再是主要矛盾。“食品质的安全”关注的是食品质量安全。食品质的安全状态就是一个国家或地区的食品中各种危害物对消费者健康的影响程度，以确保食品卫生、营养结构合理为基本特征。因此，“食品质的安全”强调的是确保食品消费对人类健康没有直接或潜在的不良影响。“食品量的安全”和“食品质的安全”是食品安全概念内涵中两个相互联系的基本方面。在我国，现在对食品安全内涵的理解中，更关注“食品质的安全”，而相对弱化“食品量的安全”。

（二）食品安全内涵的理解

在对我国食品安全概念的理解上，大体形成了如下共识。

1. 食品安全具有动态性

2009年版《食品安全法》在第九十九条与新版《食品安全法》在第一百五十条对此的界定完全一致：“食品安全，指食品无毒、无害，符合应当有的营养要求，对人体健康不造成任何急性、亚急性或者慢性危害。”纵观我国食品安全管理的历史轨迹，可以发现，上述界定中的无毒、无害，营养要求，急性、亚急性或者慢性危害在不同年代衡量标准不尽一致。不同标准对应着不同的食品安全水平。因此，食品安全首先是一个动态概念。

2. 食品安全具有法律标准

进入20世纪80年代以来，一些国家以及有关国际组织从社会系统工程建设的角度出发，逐步以食品安全的综合立法替代卫生、质量、营养等要素立法。1990年英国颁布了《食品安全法》，2000年欧盟发表了具有指导意义的《食品安全白皮书》，2003年日本制定了《食品安全基本法》。部分发展中国家也制定了《食品安全法》。以综合型的《食品安全法》逐步替代要素型的《食品卫生法》《食品质量法》《食品营养法》等，反映了时代发展的要求。同时，也说明了在一个国家范畴内食品安全有其法律标准的内在要求。

3. 食品安全具有社会治理的特征

与卫生学、营养学、质量学等学科概念不同，食品安全是个社会治理概念。不同国家在不同的历史时期，食品安全所面临的突出问题和治理要求有所不同。在发达国家，食品安全所关注的主要是因科学技术发展所引发的问题，如转基因食品对人类健康的影响；而在发展中国家，现阶段食品安全所侧重的则是市场经济发育不成熟所引发的问题，如假冒伪劣、有毒有害食品等非法生产经营。在我国，食品安全问题基本包括上述全部内容。

4. 食品安全具有政治性

无论是发达国家，还是发展中国家，确保食品安全是企业和政府对社会最基本的责任和必须作出的承诺。食品安全与生存权紧密相连，具有唯一性和强制性，属于政府保障或者政府强制的范畴。而食品安全往往与发展权有关，具有层次性和选择性，属于商业选择或者政府倡导的范畴。近年来，国际社会逐步以食品安全的概念替代食品卫生、食品质量的概念，更加凸显了食品安全的政治责任。

基于以上认识，完整意义上的食品安全概念可以表述为：食品（食物或农产品）的种植、养殖、加工、包装、贮藏、运输、销售、消费等活动符合国家强制标准和要求，不存在可能损害或威胁人体健康的有毒有害物质以导致消费者病亡或者危及消费者及其后代的隐患。食品安全概念表明，食品安全既包括生产安全，也包括经营安全；既包括结果安全，也包括过程安全；既包括现实安全，也包括未来安全。水产品质量安全是我国食品安全的重要组成部分，也同样符合食品安全的这一概念。

第三节 研究方法与技术路线

采用科学的研究方法和逻辑清晰的技术路线是《报告》研究结论客观性与准确性的重要保证，为整个《报告》奠定基础。

一、研究方法

《报告》在研究过程中努力采用了多学科组合的研究方法，并不断采用最先进的研究工具展开研究。主要采用文献研究、理论研究、比较分析研究、大数据工具等基本研究方法。第一，文献研究。《报告》借鉴了大量的相关文献，为研究提供文献支撑。例如，《报告》第八章对国外食品安全风险社会共治的相关文献进行了系统梳理，有助于了解食品安全风险社会共治理论的研究进展；第九章对食品安全谣言的相关文献进行了汇总分析，为后文的研究提供了重要的研究支撑。第二，理论研究。理论研究为《报告》的分析提供较强的理论基础。例如，《报告》第二章基于危害分析及关键控制点理论的生产环节水产品质量安全的危害来源分析，捕捞水产品质量安全包含 12 个危害来源，养殖水产品质量安全包括 18 个危害来源。第三，比较分析研究。考虑到食品安全具有动态演化的特征，《报告》采用比较分析的方法考察了我国水产品质量安全在不同发展阶段的发展态势。比如，在第二章中基于例行监测数据对 2005—2016 年我国水产品质量安全水平进行了比较；在第三章中基于国家食品质量抽查合格率的相关数据，对近年来水产制品的质量安全水平进行了分析；在第五章和第六章中就我国出口水产品和进口水产品的质量安全进行了全景式地比较分析。第四，大数据工具。《报告》第七章利用食品安全事件大数据监测平台（Data Base V1.0 版本）分析了 2011—2016 年我国发生的水产品质量安全事件的基本特征；第九章利用清博舆情平台、八爪鱼爬虫软件等大数据平台和工具对"塑料紫菜"水产品质量安全谣言进行了大数据分析，科学地阐释了谣言发展过程中网民情感的变化和具体的评论内容。

二、数据来源

为了全景式、大范围地、尽可能详细地刻画近年来我国水产品质量安全的基本状况，《报告》运用了大量不同年份的数据，除大数据分析的数据来源于大数据平台外，诸多数据来源于国家层面上的统计数据，或直接由国家层面上的相关监管部门提供。本报告的主要数据来源有农业部渔业渔政管理局的《中国渔业统计年鉴》、商务部对外贸易司的《中国进出口月度统计报告：食品》《中国进出口月度统计报告：农产品》、国家质量监督检验检疫总局进出口食品安全局的《进境不合格食品、化妆品信息》月度报告以及国家质量监督检验检疫总局国际检验检疫标准与技术法规研究中心定期发布的《国外扣留（召回）我国农食类产品情况分析报告》，同时还有大量数据来自国家食品药品监督管理总局、农业部等政府部门的官方网站等。除此之外，有极少部分的数据来源于其他资料。为方便读者的研究，《报告》的相关图、表均标注了主要数据的来源。需要特别说明的是，由于取值的原因（如保留小数点后两位数存在的四舍五入问题），具体数据之和与总体数据之间可能存在一定的差异，这属于正常现象。

三、技术路线

图 0-1 是《报告》研究的技术路线图。《报告》研究的技术路线主要

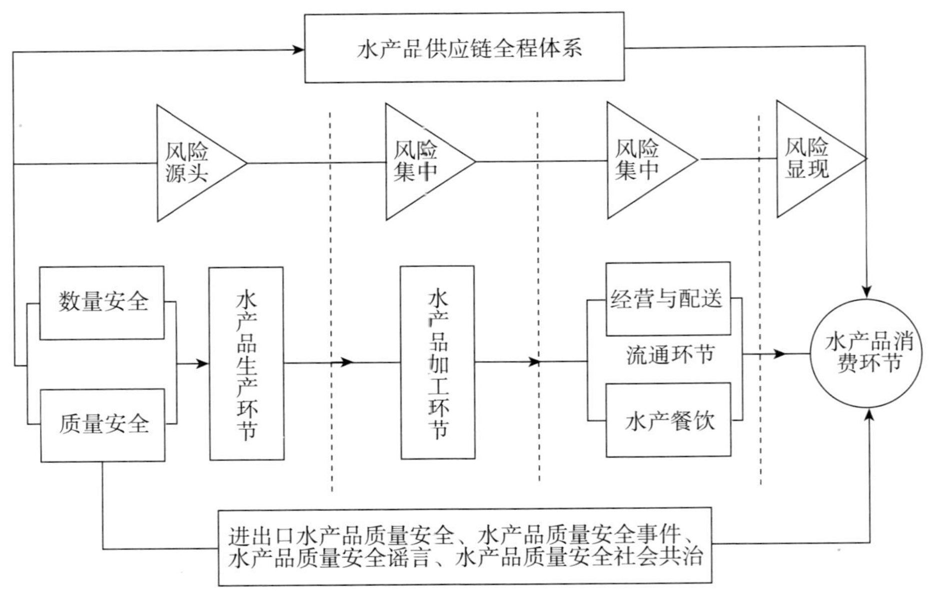

图 0-1 研究的技术路线图

基于“从池塘到餐桌”的水产品供应链全程体系，在水产品供应链的各个环节均有可能发生安全风险：水产品生产环节；水产品加工环节；水产品流通环节（配送、运输和餐饮）；水产品消费环节。与此同时，进口水产品质量安全也成为我国水产品质量安全的重要组成部分，出口水产品质量安全可以反映我国水产品质量安全现状，因此，技术路线图还包括进口水产品质量安全和出口水产品质量安全。此外，《报告》还涉及：水产品质量安全事件；水产品质量安全风险社会共治；水产品质量安全谣言等。基于水产品供应链全程体系的技术路线使《报告》的研究形成了完整的体系，既可以使《报告》形成严密的逻辑体系，又可以使《报告》在具体环节展开深入的研究。

第一章　水产品生产市场供应与数量安全

食品安全具有食品数量安全与食品质量安全两个层面的内涵。其中，食品数量安全是食品安全的基础，从数量的角度强调食品满足人们消费需求的程度。没有数量安全的保证而只提食品质量安全是没有意义的，这正是本章的逻辑起点。本章主要从水产品生产市场供应概况、水产养殖市场供应、国内捕捞与远洋渔业市场供应、水产品生产要素保障、渔业灾害威胁水产品数量安全和水产品生产市场供应政策环境等角度全面分析我国的水产品生产市场供应与数量安全。

第一节　全国水产品生产市场供应概况

我国是水产品生产、贸易和消费大国，渔业是农业和国民经济的重要产业。我国水产品产量连续26年世界第一，占全球水产品产量的三分之一以上，为我国平均每人提供49千克的水产品，高于世界平均水平的20—25千克，为城乡居民膳食营养提供了四分之一的优质动物蛋白。① 我国渔业为保障国家粮食安全、促进农渔民增收、建设海洋强国、生态文明建设、实施“一带一路”战略等作出了突出贡献。

① 《大力推进供给侧结构性改革　加快实现渔业现代化——农业部副部长于康震就〈全国渔业发展第十三个五年规划（2016—2020年）〉发布答记者问》，2017年1月6日，见 http://www.moa.gov.cn/zwllm/zwdt/201701/t20170106_5426229.htm。

一、全国水产品总产量

2008 年以来，我国水产品总产量变化见图 1-1。2008 年我国水产品总产量为 4895.60 万吨，2009 年则首次突破 5000 万吨，达到 5116.40 万吨。之后，水产品总产量稳步增长，2010—2012 年分别增长到 5373.00 万吨、5603.21 万吨和 5907.68 万吨，并于 2013 年突破 6000 万吨大关，为 6172.00 万吨。2015 年，水产品总产量继续走高，达到 6699.65 万吨。2016 年，我国水产品总产量在高基数上继续实现新增长，总产量实现 6901.25 万吨的历史新高，较 2015 年增长了 3.01%。根据这一趋势，预计 2017 年水产品总产量将突破 7000 万吨大关，但随着国家对水产品产量的调控，未来几年水产品产量将会出现一定幅度的下跌。2008—2016 年，我国水产品总产量累计增长 40.97%，年均增长率为 4.39%。由此可见，近年来，我国水产品总产量整体呈现出平稳增长的特征。

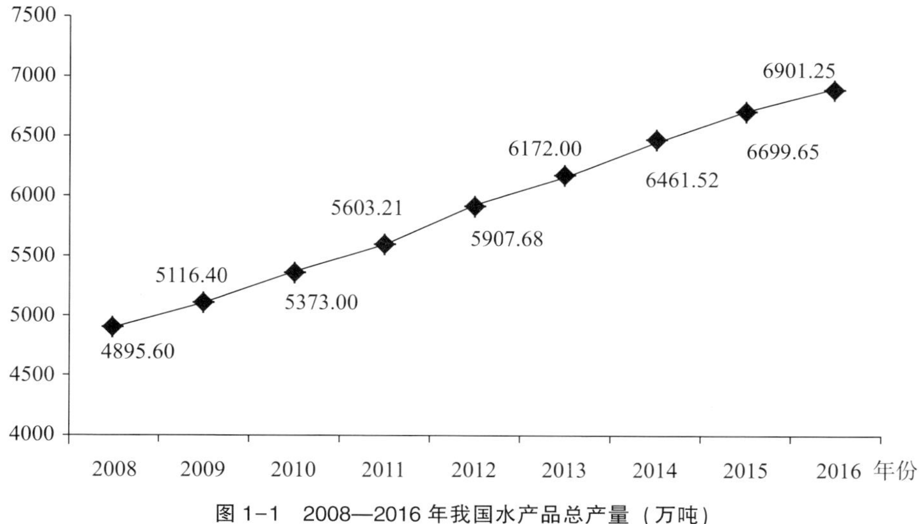

图 1-1　2008—2016 年我国水产品总产量（万吨）

资料来源：农业部渔业渔政管理局：《中国渔业统计年鉴》，中国农业出版社 2009—2017 年版。

二、水产品的结构组成

本章主要从水域类别和获取途径两个方面来探讨我国水产品的结构组成。根据水域类别不同，可以将水产品划分为海水产品和淡水产品两种类型；根据获取途径不同，水产品可以被划分为水产养殖、国内捕捞和远洋捕捞三种类型。

（一）按水域类别划分

2015 年，我国海水产品总产量为 3409. 61 万吨，淡水产品总产量为 3290. 04 万吨。2016 年，我国海水产品实现总产量 3490. 15 万吨，较 2015 年增长 80. 54 万吨，增长了 2. 36%；淡水产品实现总产量 3411. 11 万吨，较 2015 年增长 121. 07 万吨，增长了 3. 68%（见表 1-1）。淡水产品的增长率略高于海水产品。

表 1-1　2015—2016 年我国水产品结构组成

单位：万吨、%

分类	具体类别	2016 年	2015 年	2016 年比 2015 年增减	
				绝对量	增幅
水域类别	海水产品	3490. 15	3409. 61	80. 54	2. 36
	淡水产品	3411. 11	3290. 04	121. 07	3. 68
获取途径	水产养殖	5142. 39	4937. 90	204. 49	4. 14
	国内捕捞	1560. 11	1542. 55	17. 56	1. 14
	远洋渔业	198. 75	219. 20	-20. 45	-9. 33

资料来源：农业部渔业渔政管理局：《中国渔业统计年鉴》，中国农业出版社 2016—2017 年版，并由作者整理计算所得。

从海水产品和淡水产品分布的角度看，如图 1-2 所示，2016 年我国海水产品产量占水产品总产量的比例为 50. 57%，淡水产品的比例为 49. 43%，海水产品和淡水产品产量比为 50. 57：49. 43。由此可见，我国水产品总产量基本实现了海水产品和淡水产品平分秋色的局面，海水产品产量略高于淡水产品。

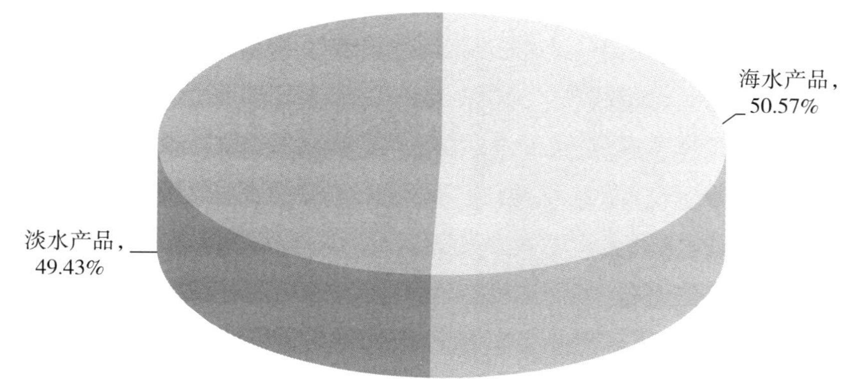

图 1-2　2016 年我国海水产品和淡水产品产量分布

资料来源：农业部渔业渔政管理局：《中国渔业统计年鉴》，中国农业出版社 2017 年版，并由作者整理计算所得。

（二）按获取途径划分

2015 年，我国人工养殖的水产品总产量为 4937.90 万吨，国内捕捞水产品总产量为 1542.55 万吨，远洋渔业水产品总产量为 219.20 万吨。2016 年，我国水产养殖实现水产品总产量 5142.39 万吨，较 2015 年增长了 4.14%；国内捕捞实现水产品总产量 1560.11 万吨，较 2015 年长了 1.14%；远洋渔业实现水产品总产量 198.75 万吨，较 2015 年下降了 9.33%（见表 1-1）。水产养殖水产品总产量的增长率高于国内捕捞水产品总产量的增长率，远洋渔业水产品总产量则出现负增长。

从水产养殖、国内捕捞、远洋渔业水产品产量分布的角度看，如图 1-3所示，2016 年，我国水产养殖水产品产量占水产品总产量的比例为 74.51%，国内捕捞水产品的比例为 22.61%，远洋捕捞水产品的比例仅为 2.88%，养殖水产品产量和捕捞水产品产量（包括国内捕捞水产品产量和远洋捕捞水产品产量）的比例为 74.51∶25.49。可以看出，我国水产品主要以人工养殖为主，人工养殖的比例接近四分之三。

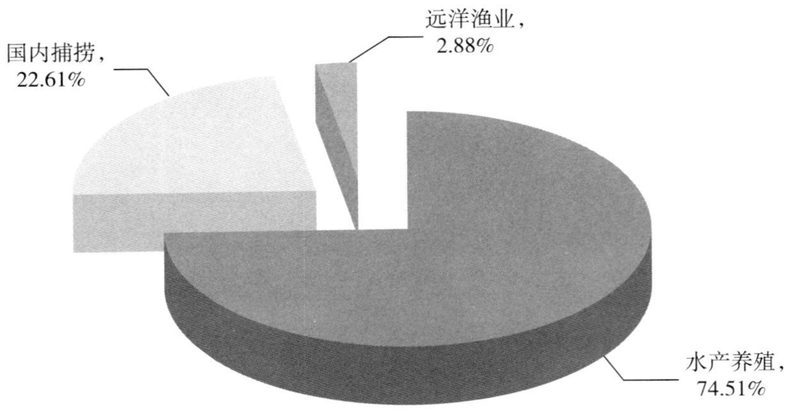

图 1-3　2016 年我国水产养殖、国内捕捞、远洋渔业水产品产量分布

资料来源：农业部渔业渔政管理局：《中国渔业统计年鉴》，中国农业出版社 2017 年版，并由作者整理计算所得。

三、水产品的地域分布

2015 年，我国水产品总产量前 10 位的省份分别是山东（931. 27 万吨，13. 90%）、广东（858. 22 万吨，12. 81%）、福建（733. 90 万吨，10. 95%）、浙江（597. 83 万吨，8. 92%）、辽宁（531. 28 万吨，7. 93%）、江苏（521. 05 万吨，7. 78%）、湖北（455. 89 万吨，6. 80%）、广西（345. 92 万吨，5. 16%）、江西（264. 25 万吨，3. 94%）、湖南（259. 38 万吨，3. 87%）。以上 10 个省份的水产品总产量合计为 5498. 99 万吨，约占 2015 年我国水产品总产量的 82. 08%。2016 年，我国水产品总产量前 10 位的省份分别是山东（950. 19 万吨，13. 77%）、广东（873. 79 万吨，12. 66%）、福建（767. 78 万吨，11. 13%）、浙江（604. 54 万吨，8. 76%）、辽宁（550. 07 万吨，7. 97%）、江苏（520. 74 万吨，7. 55%）、湖北（470. 84 万吨，6. 82%）、广西（361. 77 万吨，5. 24%）、江西（271. 61 万吨，3. 94%）、湖南（269. 57 万吨，3. 91%）。以上 10 个省份的水产品总产量合计为 5640. 90 万吨，约占 2016 年我国水产品总产量的 81. 74%。可见，山东、广东、福建、浙江、辽宁、江苏、湖北、广西、江西、湖南是

我国水产品的主要生产省份（见图 1-4、表 1-2）。

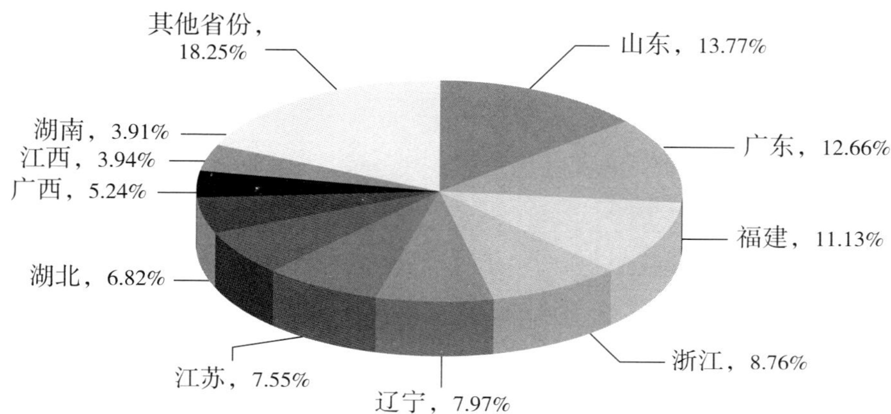

图 1-4 2016 年我国水产品生产的主要省份及占比

资料来源：农业部渔业渔政管理局：《中国渔业统计年鉴》，中国农业出版社 2017 年版，并由作者整理计算所得。

表 1-2 2015—2016 年我国水产品产地组成

单位：万吨、%

地区	2016 年水产品产量	2015 年水产品产量	2016 年比 2015 年增减	
			绝对量	增幅
山东	950. 19	931. 27	18. 92	2. 03
广东	873. 79	858. 22	15. 57	1. 81
福建	767. 78	733. 90	33. 88	4. 62
浙江	604. 54	597. 83	6. 71	1. 12
辽宁	550. 07	531. 28	18. 79	3. 54
江苏	520. 74	521. 05	-0. 31	-0. 06
湖北	470. 84	455. 89	14. 95	3. 28
广西	361. 77	345. 92	15. 85	4. 58
江西	271. 61	264. 25	7. 36	2. 79
湖南	269. 57	259. 38	10. 19	3. 93
安徽	235. 80	230. 43	5. 37	2. 33

续表

地区	2016 年水产品产量	2015 年水产品产量	2016 年比 2015 年增减	
			绝对量	增幅
海南	214.64	204.89	9.75	4.76
四川	145.44	138.69	6.75	4.87
河北	136.93	129.71	7.22	5.57
河南	128.35	102.37	25.98	25.38
云南	74.37	69.71	4.66	6.68
黑龙江	57.30	54.24	3.06	5.64
重庆	50.84	48.09	2.75	5.72
天津	39.44	40.10	-0.66	-1.65
上海	29.62	32.44	-2.82	-8.69
贵州	28.99	24.98	4.01	16.05
吉林	20.07	19.52	0.55	2.82
宁夏	17.46	16.97	0.49	2.89
新疆	16.16	15.14	1.02	6.74
陕西	15.90	15.52	0.38	2.45
内蒙古	15.83	15.35	0.48	3.13
北京	5.43	6.61	-1.18	-17.85
山西	5.23	5.24	-0.01	-0.19
甘肃	1.53	1.49	0.04	2.68
青海	1.21	1.06	0.15	14.15
西藏	0.09	0.03	0.06	200.00
中农发集团	19.74	28.10	-8.36	-29.75
全国	6901.25	6699.65	201.60	3.01

资料来源：农业部渔业渔政管理局：《中国渔业统计年鉴》，中国农业出版社 2016—2017 年版，并由作者整理计算所得。

2016 年，水产品产量增长率较高的省份分别是西藏（200.00%）、河南（25.38%）、贵州（16.05%）、青海（14.15%）、新疆（6.74%）、云南（6.68%）、重庆（5.72%）、黑龙江（5.64%）、河北（5.57%）、四川（4.87%）。西藏的水产品产量全国垫底，由于基数极小，所有产量稍微改变便可引起较大的增长率。河南、河北的水产品产量均在 100 万吨以上，实现较高的增长率实属不易，尤其是河南，2016 年水产品产量的增长率高达 25. 38%。其他增长率较高省份的水产品产量相对较低，均在 100 万吨以下。除此之外，江苏、山西、天津、上海、北京 5 个省份的水产品产量在 2016 年出现负增长（见表 1-2）。

第二节　水产养殖市场供应

人工养殖是我国水产品生产的重要来源，2016 年人工养殖水产品产量占水产品总产量的比例已经接近 75%，在我国水产品生产供应中的地位越来越重要。

一、水产养殖结构组成

2016 年，我国海水养殖水产品产量为 1963. 13 万吨，较 2015 年增长 87. 50 万吨，增长了 4. 67%，占水产养殖总产量的 38. 18%；淡水养殖水产品产量为 3179. 26 万吨，较 2015 年增长 116. 99 万吨，增长了 3. 82%，占水产养殖总产量的 61. 82%（见图 1-5、表 1-3）。可见，我国水产养殖中淡水养殖占较大比重。

图 1-5　2016 年我国水产养殖结构组成

资料来源：农业部渔业渔政管理局：《中国渔业统计年鉴》，中国农业出版社 2017 年版，并由作者整理计算所得。

表 1-3 2015—2016 年我国水产养殖结构组成

单位：万吨、%

水产养殖	具体类别	2016 年	2015 年	2016 年比 2015 年增减	
				绝对量	增幅
海水养殖	海上	1110. 31	1057. 51	52. 80	4. 99
	滩涂	626. 94	602. 16	24. 78	4. 12
	其他	225. 87	215. 95	9. 92	4. 59
	总计	1963. 13	1875. 63	87. 50	4. 67
淡水养殖	池塘	2286. 32	2195. 69	90. 63	4. 13
	湖泊	164. 22	164. 78	-0. 56	-0. 34
	水库	407. 34	388. 40	18. 94	4. 88
	河沟	90. 88	88. 87	2. 01	2. 26
	稻田养成鱼	163. 23	155. 82	7. 41	4. 76
	其他	67. 28	68. 71	-1. 43	-2. 08
	总计	3179. 26	3062. 27	116. 99	3. 82
水产养殖总计		5142. 39	4937. 90	204. 49	4. 14

资料来源：农业部渔业渔政管理局：《中国渔业统计年鉴》，中国农业出版社 2016—2017 年版，并由作者整理计算所得。

海水养殖中，2015 年海上养殖水产品产量为 1057. 51 万吨，滩涂养殖水产品产量为 602. 16 万吨，其他养殖水产品产量 215. 95 万吨。2016 年，我国海上养殖水产品产量为 1110. 31 万吨，较 2015 年增长 52. 80 万吨，增长了 4. 99%；滩涂养殖水产品产量为 626. 94 万吨，较 2015 年增长 24. 78 万吨，增长了 4. 12%；其他养殖水产品产量为 225. 87 万吨，较 2015 年增长 9. 92 万吨，增长了 4. 59%。可见，我国海水养殖以海上养殖为主，且各养殖类型的水产品产量均实现一定增长。

淡水养殖中，2015 年池塘养殖水产品产量为 2195. 69 万吨，湖泊养殖水产品产量为 164. 78 万吨，水库养殖水产品产量 388. 40 万吨，稻田养成鱼产量为 88. 87 万吨，其他养殖水产品产量为 68. 71 万吨。2016 年，我国池塘养殖水产品产量为2286.32万吨，较2015年增长90.63万吨，增长了4.13%；湖泊养殖水产品产量为164.22万吨，较2015年减少0.56万吨，下降了0.34%；水库养殖水产品产量为407.34万吨，较2015年增长18.94万吨，增长了4.88%；稻田养成鱼产量为163.23万吨，较2015年增长7.41万吨，增长了4.76%；其他养殖水产品产量为67.28万吨，较2015年减少1.43万吨，下降了2.08%。可见，我国淡水养殖以池塘养殖为主，且池塘养殖、水库养殖、稻田养成鱼的水产品产量实现稳定增长，湖泊养殖和其他养殖水产品产量出现负增长。

二、海水养殖

（一）海水养殖水产品组成

图1-6是2016年我国海水养殖水产品组成。2016年，我国海水养殖的水产品中，贝类产量占海水养殖水产品产量的比例最高，为72.37%；其次为藻类，所占比例为11.05%；甲壳类、鱼类、其他类所占的比例分别为7.97%、6.86%和1.75%。总体来说，我国海水养殖的水产品主要以贝类为主。

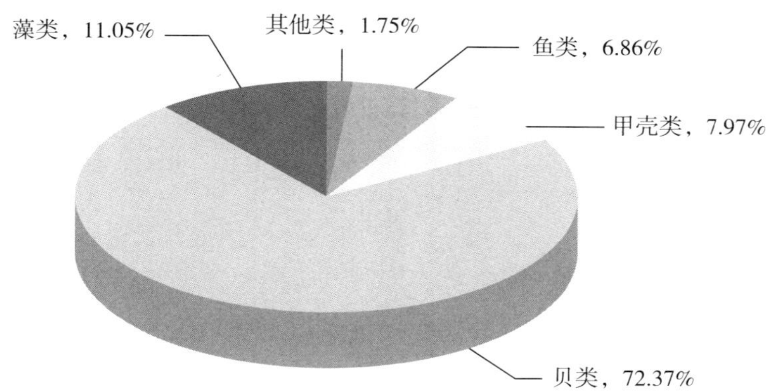

图1-6　2016年我国海水养殖水产品组成

资料来源：农业部渔业渔政管理局：《中国渔业统计年鉴》，中国农业出版社2017年版，并由作者整理计算所得。

（二）海水养殖水产品的具体种类

1. 贝类

贝类是我国海水养殖中最大的水产品种类，2015 年海水养殖中贝类产量为 1358.38 万吨，2016 年增长到 1420.75 万吨，较 2015 年增长 4.59%（见表 1-4）。表 1-5 分析了 2015—2016 年我国海水养殖贝类组成。2016 年，我国海水养殖贝类的主要种类按产量由高到低依次是牡蛎、蛤、扇贝、贻贝、蛏、蚶、螺、鲍和江珧。其中，牡蛎和蛤的产量最高，分别为 483.45 万吨和 417.32 万吨，较 2015 年分别增长 5.71%和 4.08%。扇贝的产量也较高，为 186.05 万吨，但较 2015 年下降 0.79%。从增长率的角度看，鲍的增长率最高，高达 9.14%。

表 1-4　2015—2016 年我国海水养殖水产品组成

单位：万吨、%

水产种类	2016 年产量	2015 年产量	2016 年比 2015 年增减	
			绝对量	增幅
贝类	1420.75	1358.38	62.37	4.59
藻类	216.93	208.92	8.01	3.83
甲壳类	156.46	143.49	12.97	9.04
鱼类	134.76	130.76	4.00	3.06
其他类	34.23	34.08	0.15	0.44
总计	1963.13	1875.63	87.50	4.67

资料来源：农业部渔业渔政管理局：《中国渔业统计年鉴》，中国农业出版社 2016—2017 年版，并由作者整理计算所得。

表 1-5　2015—2016 年我国海水养殖贝类组成

单位：万吨、%

水产种类	2016 年产量	2015 年产量	2016 年比 2015 年增减	
			绝对量	增幅
牡蛎	483.45	457.34	26.11	5.71
蛤	417.32	400.95	16.37	4.08
扇贝	186.05	187.53	-1.48	-0.79

续表

水产种类	2016 年产量	2015 年产量	2016 年比 2015 年增减	
			绝对量	增幅
贻贝	87.88	84.50	3.38	4.00
蛏	82.30	79.37	2.93	3.69
蚶	36.72	36.43	0.29	0.80
螺	24.39	24.30	0.09	0.37
鲍	13.97	12.80	1.17	9.14
江珧	1.86	1.82	0.04	2.20
其他	86.81	73.34	13.47	18.37
总计	1420.75	1358.38	62.37	4.59

资料来源：农业部渔业渔政管理局：《中国渔业统计年鉴》，中国农业出版社 2016—2017 年版，并由作者整理计算所得。

2. 藻类

藻类是我国海水养殖中第二大的水产品种类，2016 年海水养殖中藻类产量为 216.93 万吨，较 2015 年的 208.92 万吨增长了 3.83%（见表 1-4）。表 1-6 分析了 2015—2016 年我国海水养殖藻类组成。2016 年，我国海水养殖藻类的主要种类按产量由高到低依次是海带、江篱、裙带菜、紫菜、羊栖菜、麒麟菜、苔菜。其中，海带在 2016 年的产量高达 146.11 万吨，是我国海水养殖中最重要的藻类。其他藻类的产量均在 30 万吨以下。从增长率的角度看，苔菜的增长率最高，裙带菜则出现了负增长。

表 1-6　2015—2016 年我国海水养殖贝类组成

单位：万吨、%

水产种类	2016 年产量	2015 年产量	2016 年比 2015 年增减	
			绝对量	增幅
海带	146.11	141.13	4.98	3.53
江篱	29.32	27.01	2.31	8.55
裙带菜	15.26	19.25	-3.99	-20.73
紫菜	13.53	11.59	1.94	16.74

续表

水产种类	2016 年产量	2015 年产量	2016 年比 2015 年增减	
			绝对量	增幅
羊栖菜	1.90	1.89	0.01	0.53
麒麟菜	0.51	0.50	0.01	2.00
苔菜	0.04	0.01	0.03	300.00
其他	10.26	7.54	2.72	36.07
总计	216.93	208.92	8.01	3.83

资料来源：农业部渔业渔政管理局：《中国渔业统计年鉴》，中国农业出版社 2016—2017 年版，并由作者整理计算所得。

3. 甲壳类

2016 年海水养殖中甲壳类产量为 156.46 万吨，较 2015 年的 143.49 万吨增长了 9.04%，实现了较高速度的增长（见表 1-4）。其中，虾类产量为 127.17 万吨，较 2015 年的 116.13 万吨增长了 9.51%；蟹类产量为 29.29 万吨，较 2015 年的 27.36 万吨增长了 7.05%。表 1-7 分析了 2015—2016 年我国海水养殖甲壳类组成。2016 年，我国海水养殖甲壳类的主要种类按产量由高到低依次是南美白对虾、青蟹、梭子蟹、斑节对虾、日本对虾和中国对虾。其中，南美白对虾在 2016 年的产量高达 93.23 万吨，位列海水养殖甲壳类产量第一位，其他甲壳类的产量均较低。由此可知，我国海水养殖甲壳类主要以虾类为主，且主要为南美白对虾。2016 年，日本对虾的增长率较高，斑节对虾和中国对虾则出现了负增长。

表 1-7　2015—2016 年我国海水养殖甲壳类组成

单位：万吨、%

水产种类	2016 年产量	2015 年产量	2016 年比 2015 年增减	
			绝对量	增幅
南美白对虾	93.23	89.32	3.91	4.38
青蟹	14.90	14.10	0.80	5.67
梭子蟹	12.53	11.78	0.75	6.37
斑节对虾	7.12	7.57	-0.45	-5.94

续表

水产种类	2016 年产量	2015 年产量	2016 年比 2015 年增减	
			绝对量	增幅
日本对虾	5. 59	4. 63	0. 96	20. 73
中国对虾	3. 93	4. 48	-0. 55	-12. 28
其他	19. 16	11. 61	7. 55	65. 03
总计	156. 46	143. 49	12. 97	9. 04

资料来源：农业部渔业渔政管理局：《中国渔业统计年鉴》，中国农业出版社 2016—2017 年版，并由作者整理计算所得。

4. 鱼类

2015 年海水养殖中鱼类产量为 130. 76 万吨，2016 年增长到 134. 76 万吨，较 2015 年增长 3. 06%（见表 1-4）。表 1-8 分析了 2015—2016 年我国海水养殖鱼类组成。2016 年，我国海水养殖鱼类的主要种类按产量由高到低依次是大黄鱼、鲈鱼、鲆鱼、石斑鱼、鲷鱼、美国红鱼、军曹鱼、河鲀、鲕鱼、鲽鱼。其中，大黄鱼、鲈鱼、鲆鱼、石斑鱼的产量均在 10 万吨以上，其他鱼类的产量则较低。从增长率的角度看，鲽鱼、鲈鱼、鲕鱼、大黄鱼的增长率较高，均保持在 10%以上；鲆鱼、美国红鱼、河鲀出现了负增长。

表 1-8 2015—2016 年我国海水养殖鱼类组成

单位：万吨、%

水产种类	2016 年产量	2015 年产量	2016 年比 2015 年增减	
			绝对量	增幅
大黄鱼	16. 55	14. 86	1. 69	11. 37
鲈鱼	13. 95	12. 25	1. 70	13. 88
鲆鱼	11. 80	13. 18	-1. 38	-10. 47
石斑鱼	10. 83	10. 00	0. 83	8. 30
鲷鱼	7. 36	6. 98	0. 38	5. 44
美国红鱼	6. 90	7. 17	-0. 27	-3. 77
军曹鱼	3. 71	3. 69	0. 02	0. 54

续表

水产种类	2016 年产量	2015 年产量	2016 年比 2015 年增减	
			绝对量	增幅
河鲀	2.33	2.34	-0.01	-0.43
鲕鱼	2.32	2.05	0.27	13.17
鲽鱼	1.34	0.86	0.48	55.81
其他	57.67	57.38	0.29	0.51
总计	134.76	130.76	4.00	3.06

资料来源：农业部渔业渔政管理局:《中国渔业统计年鉴》，中国农业出版社 2016—2017 年版，并由作者整理计算所得。

5. 其他类

其他类水产品中，2016 年海水养殖海参产量为 20.44 万吨，较 2015 年的 20.58 万吨下降了 0.68%；海蜇产量为 7.98 万吨，较 2015 年的 7.86 万吨增长了 1.53%；海胆产量为 1.01 万吨，较 2015 年的 0.73 万吨增长了 38.36%（见表 1-9）。2016 年，海胆的增长率较高，海蜇保持缓慢增长，海参则出现了负增长。

表 1-9　2015—2016 年我国海水养殖其他类水产品

单位：万吨、%

水产种类	2016 年产量	2015 年产量	2016 年比 2015 年增减	
			绝对量	增幅
海参	20.44	20.58	-0.14	-0.68
海蜇	7.98	7.86	0.12	1.53
海胆	1.01	0.73	0.28	38.36
其他	4.80	4.91	-0.11	-2.24
总计	34.23	34.08	0.15	0.44

资料来源：农业部渔业渔政管理局:《中国渔业统计年鉴》，中国农业出版社 2016—2017 年版，并由作者整理计算所得。

（三）海水养殖的地域分布

2016 年，我国海水养殖水产品的主要省份是山东（512.78 万吨，

26.12%）、福建（432.38 万吨，22.03%）、广东（313.81 万吨，15.99%）、辽宁（310.27 万吨，15.80%）、广西（121.45 万吨，6.19%）、浙江（101.77 万吨，5.18%）、江苏（90.42 万吨，4.61%）、河北（51.14 万吨，2.61%）、海南（27.97 万吨，1.41%）、天津（1.13 万吨，0.06%）。其中，山东、福建、广东、辽宁四个省份的海水养殖水产品产量较高，四个省份海水养殖水产品产量之和为 1569.24 万吨，占我国海水养殖水产品产量的 79.94%（见图 1-7）。

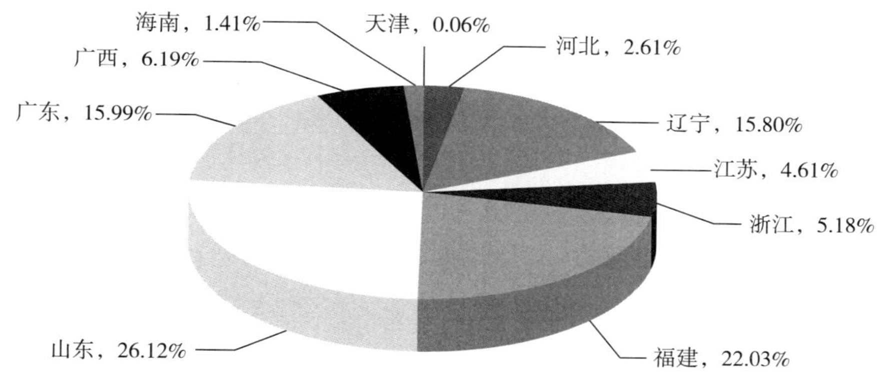

图 1-7　2016 年我国海水养殖的主要省份

资料来源：农业部渔业渔政管理局：《中国渔业统计年鉴》，中国农业出版社 2017 年版，并由作者整理计算所得。

三、淡水养殖

（一）淡水养殖水产品组成

图 1-8 是 2016 年我国淡水养殖水产品组成。2016 年，我国淡水养殖的水产品中，鱼类产量占淡水养殖水产品产量的比例最高，为 88.56%；其次为甲壳类，所占比例为 8.95%；贝类、藻类、其他类所占的比例均较低。由此可见，与以贝类为主的海水养殖不同，我国淡水养殖的水产品主要以鱼类为主，所占比例接近九成。

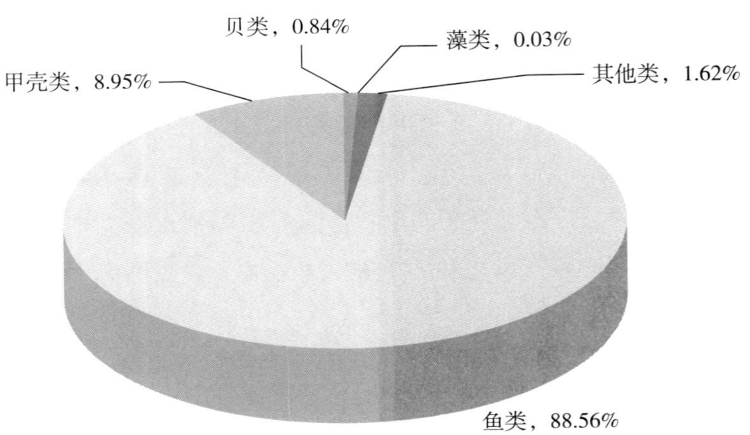

图 1-8 2016 年我国淡水养殖水产品组成

资料来源：农业部渔业渔政管理局:《中国渔业统计年鉴》，中国农业出版社 2017 年版，并由作者整理计算所得。

（二）淡水养殖水产品的具体种类

1. 鱼类

鱼类是我国淡水养殖中最大的水产品种类，占我国淡水养殖水产品产量的比例接近九成。2015 年淡水养殖中鱼类产量为 2715.01 万吨，2016 年增长到 2815.54 万吨，较 2015 年增长 3.70%（见表 1-10）。表 1-11 分析了 2015—2016 年我国淡水养殖鱼类组成。2016 年，我国淡水养殖的鱼类共计 25 种，主要种类按产量由高到低依次是草鱼、鲢鱼、鲤鱼、鳙鱼、鲫鱼、罗非鱼、鳊鱼、青鱼、乌鳢、鲶鱼、黄颡鱼、泥鳅、黄鳝、鲈鱼、鳜鱼、鮰鱼、鳗鲡、短盖巨脂鲤、鲟鱼、鳟鱼、长吻鮠、银鱼、池沼公鱼、河鲀和鲑鱼。草鱼、鲢鱼、鲤鱼、鳙鱼和鲫鱼是产量最高的淡水养殖鱼类，2016 年的产量分别为 589.88 万吨、450.66 万吨、349.80 万吨、348.02 万吨和 300.52 万吨，较 2015 年分别增长了 3.92%、3.49%、4.17%、3.60%和 3.19%。在上述 5 种产量最高的淡水养殖鱼类中，草鱼、鲢鱼、鳙鱼属于我国传统的“四大家鱼”，鲤鱼和鲫鱼也是我国传统的食用鱼类之一。从增长率的角度看，鳟鱼、黄颡鱼、银鱼、泥鳅、鮰鱼的增长率较高，分别为37.23%、17.32%、9.39%、9.28%和7.85%，长吻鮠、鲟鱼、鲑鱼的产量呈现负增长趋势。

表1-10　2015—2016年我国淡水养殖水产品组成

单位：万吨、%

水产种类	2016年产量	2015年产量	2016年比2015年增减	
			绝对量	增幅
鱼类	2815.54	2715.01	100.53	3.70
甲壳类	284.42	269.06	15.36	5.71
贝类	26.61	26.22	0.39	1.49
藻类	0.88	0.89	-0.01	-1.12
其他类	51.80	51.09	0.71	1.39
总计	3179.26	3062.27	116.99	3.82

资料来源：农业部渔业渔政管理局：《中国渔业统计年鉴》，中国农业出版社2016—2017年版，并由作者整理计算所得。

表1-11　2015—2016年我国淡水养殖鱼类组成

单位：万吨、%

水产种类	2016年产量	2015年产量	2016年比2015年增减	
			绝对量	增幅
草鱼	589.88	567.62	22.26	3.92
鲢鱼	450.66	435.46	15.20	3.49
鲤鱼	349.80	335.80	14.00	4.17
鳙鱼	348.02	335.94	12.08	3.60
鲫鱼	300.52	291.23	9.29	3.19
罗非鱼	186.64	177.95	8.69	4.88
鳊鱼	82.62	79.68	2.94	3.69
青鱼	63.18	59.61	3.57	5.99
乌鳢	51.79	49.56	2.23	4.50
鲶鱼	45.34	45.01	0.33	0.73
黄颡鱼	41.73	35.57	6.16	17.32

续表

水产种类	2016年产量	2015年产量	2016年比2015年增减	
			绝对量	增幅
泥鳅	40.02	36.62	3.40	9.28
黄鳝	38.61	36.75	1.86	5.06
鲈鱼	37.41	35.31	2.10	5.95
鳜鱼	30.49	29.81	0.68	2.28
鮰鱼	28.58	26.50	2.08	7.85
鳗鲡	24.48	23.26	1.22	5.25
短盖巨脂鲤	11.17	10.89	0.28	2.57
鲟鱼	8.98	9.08	-0.10	-1.10
鳟鱼	3.76	2.74	1.02	37.23
长吻鮠	2.49	2.51	-0.02	-0.80
银鱼	2.33	2.13	0.20	9.39
池沼公鱼	1.39	1.31	0.08	6.11
河鲀	0.54	0.52	0.02	3.85
鲑鱼	0.34	1.43	-1.09	-76.22
其他	74.77	82.72	-7.95	-9.61
总计	2815.54	2715.01	100.53	3.70

资料来源：农业部渔业渔政管理局：《中国渔业统计年鉴》，中国农业出版社2016—2017年版，并由作者整理计算所得。

2. 甲壳类

甲壳类是我国淡水养殖中第二大的水产品种类，2016年淡水养殖中甲壳类产量为284.42万吨，较2015年的269.06万吨增长了5.71%（见表1-10）。其中，虾类产量为203.21万吨，较2015年的186.74万吨增长了8.82%；蟹类产量为81.21万吨，较2015年的82.33万吨下降了1.36%。表1-12分析了2015—2016年我国淡水养殖甲壳类组成。2016年，我国淡水养殖甲壳类的主要种类按产量由高到低依次是克氏原螯虾、河蟹、南美白对虾、青虾和罗氏沼虾。其中，克氏原螯虾、河蟹、南美白对虾的产量较高，分别为85.23万吨、81.21万吨、73.99万吨，较2015年分别增长

17.85%、下降 1.36%和增长 1.15%。青虾和罗氏沼虾的产量则较低，在 2016 年实现小幅增长。

表 1-12　2015—2016 年我国淡水养殖甲壳类组成

单位：万吨、%

水产种类	2016 年产量	2015 年产量	2016 年比 2015 年增减	
			绝对量	增幅
克氏原螯虾	85.23	72.32	12.91	17.85
河蟹	81.21	82.33	-1.12	-1.36
南美白对虾	73.99	73.15	0.84	1.15
青虾	27.26	26.51	0.75	2.83
罗氏沼虾	13.27	12.95	0.32	2.47
其他	3.46	1.80	1.66	92.22
总计	284.42	269.06	15.36	5.71

资料来源：农业部渔业渔政管理局:《中国渔业统计年鉴》，中国农业出版社 2016—2017 年版，并由作者整理计算所得。

3. 贝类

我国淡水养殖中贝类的产量较低，2016 年螺、河蚌、蚬三种淡水养殖贝类产品的产量分别为 11.19 万吨、9.62 万吨和 2.53 万吨，较 2015 年的 11.18 万吨、9.66 万吨和 2.57 万吨分别增长 0.09%、下降 0.41%和下降 1.56%（见表 1-13）。

表 1-13　2015—2016 年我国淡水养殖贝类组成

单位：万吨、%

水产种类	2016 年产量	2015 年产量	2016 年比 2015 年增减	
			绝对量	增幅
螺	11.19	11.18	0.01	0.09
河蚌	9.62	9.66	-0.04	-0.41
蚬	2.53	2.57	-0.04	-1.56
其他	3.27	2.81	0.46	16.37

续表

水产种类	2016 年产量	2015 年产量	2016 年比 2015 年增减	
			绝对量	增幅
总计	26.61	26.22	0.39	1.49

资料来源：农业部渔业渔政管理局：《中国渔业统计年鉴》，中国农业出版社 2016—2017 年版，并由作者整理计算所得。

4. 藻类与其他类

我国淡水养殖的藻类主要是螺旋藻，2016 年淡水养殖中螺旋藻产量为 0.88 万吨，较 2015 年的 0.89 万吨下降 1.12%。2016 年，我国淡水养殖其他类水产品产量为 51.80 万吨，较 2015 年的 51.09 万吨增长 1.39%（见表 1-10）。表 1-14 是 2015—2016 年我国淡水养殖其他类水产品组成。其他类水产品主要包括鳖、蛙、龟三类，其中鳖的产量较高，2015 年的产量为 34.16 万吨，2016 年增长到 34.45 万吨，较 2015 年增长 0.85%。蛙和龟的产量均较低，2016 年的产量分别为 9.10 万吨和 4.46 万吨，较 2015 年分别增长 5.08%和 2.53%。

表 1-14 2015—2016 年我国淡水养殖其他类水产品组成

单位：万吨、%

水产种类	2016 年产量	2015 年产量	2016 年比 2015 年增减	
			绝对量	增幅
鳖	34.45	34.16	0.29	0.85
蛙	9.10	8.66	0.44	5.08
龟	4.46	4.35	0.11	2.53
其他	3.79	3.92	-0.13	-3.32
总计	51.80	51.09	0.71	1.39

资料来源：农业部渔业渔政管理局：《中国渔业统计年鉴》，中国农业出版社 2016—2017 年版，并由作者整理计算所得。

（三）淡水养殖的地域分布

除港、澳、台等地区外，我国 31 个省、自治区、直辖市均有淡水养殖的水产品。图 1-9 显示了 2016 年我国淡水养殖的主要省份。2016 年，我国淡水养殖水产品的主要省份是湖北（451.82 万吨，14.21%）、广东（395.12 万吨，12.43%）、江苏（341.72 万吨，10.75%）、湖南（258.74 万吨，8.14%）、江西（244.08 万吨，7.68%）、安徽（204.92 万吨，6.45%）、广西（159.98 万吨，5.03%）、山东（143.63 万吨，4.52%）、四川（139.58 万吨，4.39%）、河南（121.29 万吨，3.82%）。以上 10 个省份的淡水养殖水产品产量总计为 2460.88 万吨，占我国淡水养殖水产品产量的 77.42%。

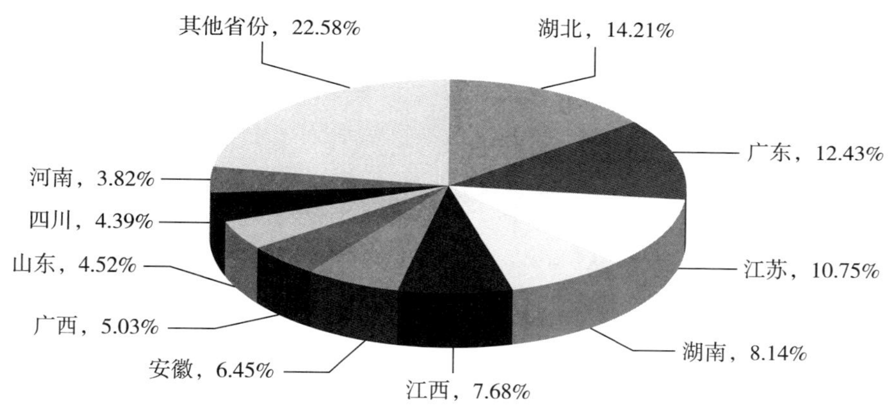

图 1-9 2016 年我国淡水养殖的主要省份

资料来源：农业部渔业渔政管理局：《中国渔业统计年鉴》，中国农业出版社 2017 年版，并由作者整理计算所得。

第三节 国内捕捞与远洋渔业市场供应

为了保护渔业资源，实现渔业的可持续发展，我国渔业实行保护资源和减量增收的政策，开始逐步控制水产品的捕捞量，国内捕捞水产品产量增长缓慢，远洋渔业则出现了负增长。2016 年国内捕捞和远洋渔业水产品产量占水产品总产量的比例分别为 22.61%和 2.88%（见图 1-3）。

一、国内捕捞结构组成

图 1-10 是 2016 年我国国内捕捞结构组成。2016 年，我国国内捕捞实现水产品总产量 1560.11 万吨，较 2015 年的 1542.55 万吨增长了 1.14%。其中，海洋捕捞实现水产品总产量 1328.27 万吨，较 2015 年的 1314.78 万吨增长了 1.03%，海洋捕捞水产品产量占国内捕捞总产量的 85.14%；淡水捕捞实现水产品总产量 231.84 万吨，较 2015 年的 227.77 万吨增长了 1.79%，淡水捕捞水产品产量占国内捕捞总产量的 14.86%。可见，我国的国内捕捞水产品主要以海洋捕捞为主。

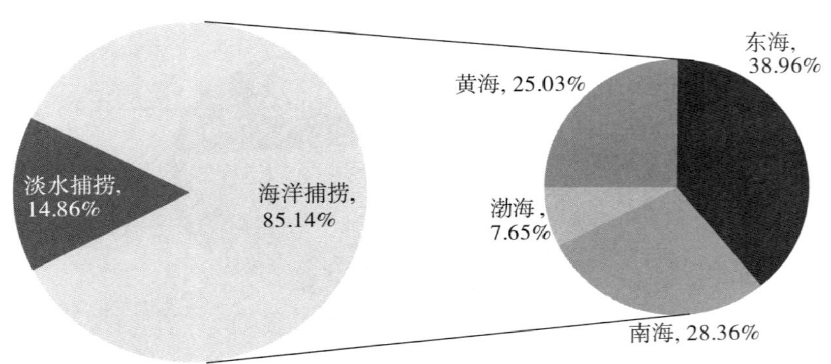

图 1-10 2016 年我国国内捕捞结构组成

资料来源：农业部渔业渔政管理局：《中国渔业统计年鉴》，中国农业出版社 2017 年版，并由作者整理计算所得。

在海洋捕捞中，2016 年，东海捕捞实现水产品产量 517.56 万吨，较 2015 年的 499.96 万吨增长了 3.52%，东海捕捞水产品产量占海洋捕捞总产量的 38.96%。南海捕捞实现水产品产量 376.70 万吨，较 2015 年的 375.77 万吨增长了 0.25%，南海捕捞水产品产量占海洋捕捞总产量的 28.36%。黄海捕捞实现水产品产量 332.50 万吨，较 2015 年的 335.08 万吨下降了 0.77%，黄海捕捞水产品产量占海洋捕捞总产量的 25.03%。渤海捕捞实现水产品总产量 101.51 万吨，较 2015 年的 103.96 万吨下降了 2.36%，渤海捕捞水产品产量占海洋捕捞总产量的 7.65%。由此可知，东海、南海和黄海的海洋捕捞水产品量均较高，渤海的海洋捕捞量相对较低。

二、海洋捕捞

（一）海洋捕捞水产品组成

图 1-11 是 2016 年我国海洋捕捞水产品组成。2016 年，我国海洋捕捞的水产品中，鱼类捕捞量占海洋捕捞水产品产量的比例最高，为 69.15%；其次为甲壳类，所占比例为 18.04%；头足类、贝类、藻类、其他类所占的比例分别为 5.39%、4.23%、0.18%和 3.01%。总体来说，我国海洋捕捞的水产品主要以鱼类为主。

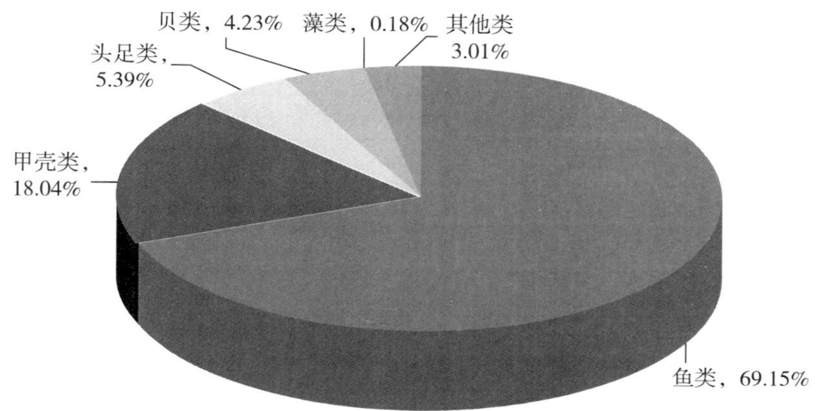

图 1-11　2016 年我国海洋捕捞水产品组成

资料来源：农业部渔业渔政管理局：《中国渔业统计年鉴》，中国农业出版社 2017 年版，并由作者整理计算所得。

（二）海洋捕捞水产品的具体种类

1. 鱼类

鱼类是我国海洋捕捞中最大的水产品种类，2015 年海洋捕捞中鱼类的产量为 905.37 万吨，2016 年增长到 918.52 万吨，较 2015 年增长 1.45%（见表 1-15）。表 1-16 分析了 2015—2016 年我国海洋捕捞鱼类组成。2016 年，我国海洋捕捞鱼类的主要种类按产量由高到低依次是带鱼、鳀鱼、蓝圆鲹、鲐鱼、金线鱼、鲅鱼、海鳗、小黄鱼、鲳鱼、梅童鱼、马面鲀、鲷鱼、梭鱼、沙丁鱼、石斑鱼、玉筋鱼、鲻鱼、白姑鱼、大黄鱼、鳓鱼、黄姑鱼、鮸鱼、金枪鱼、方头鱼、竹荚鱼和鲱鱼。其中，带鱼的产量最高，为 108.72 万吨，但较 2015 年下降 1.67%。鳀鱼和蓝圆鲹产量也较高，分别为 98.37 万吨和 60.09 万吨，较 2015 年分别增长 2.92%和 2.33%。从增长率的角度看，鮸鱼、鲱鱼、金线鱼和石斑鱼的增长率较高，白姑鱼、鲳鱼、鳓鱼、鲷鱼、沙丁鱼、梅童鱼、大黄鱼、方头鱼、带鱼、小黄鱼、马面鲀、鲻鱼 12 种鱼类的捕捞量出现负增长。

表 1-15　2015—2016 年我国海洋捕捞水产品组成

单位：万吨、%

水产种类	2016 年产量	2015 年产量	2016 年比 2015 年增减	
			绝对量	增幅
鱼类	918.52	905.37	13.15	1.45
甲壳类	239.64	242.79	-3.15	-1.30
头足类	71.56	69.98	1.58	2.26
贝类	56.13	55.60	0.53	0.95
藻类	2.39	2.58	-0.19	-7.36
其他类	40.02	38.45	1.57	4.08
总计	1328.27	1314.78	13.49	1.03

资料来源：农业部渔业渔政管理局：《中国渔业统计年鉴》，中国农业出版社 2016—2017 年版，并由作者整理计算所得。

表 1-16　2015—2016 年我国海洋捕捞鱼类组成

单位：万吨、%

水产种类	2016 年产量	2015 年产量	2016 年比 2015 年增减	
			绝对量	增幅
带鱼	108.72	110.57	-1.85	-1.67
鳀鱼	98.37	95.58	2.79	2.92
蓝圆鲹	60.09	58.72	1.37	2.33
鲐鱼	49.61	47.12	2.49	5.28
金线鱼	44.07	40.06	4.01	10.01

续表

水产种类	2016 年产量	2015 年产量	2016 年比 2015 年增减	
			绝对量	增幅
鲅鱼	43.29	42.85	0.44	1.03
海鳗	38.95	38.72	0.23	0.59
小黄鱼	36.96	37.83	-0.87	-2.30
鲳鱼	34.57	34.65	-0.08	-0.23
梅童鱼	29.59	29.89	-0.30	-1.00
马面鲀	17.50	18.80	-1.30	-6.91
鲷鱼	16.99	17.08	-0.09	-0.53
梭鱼	16.34	15.90	0.44	2.77
沙丁鱼	14.49	14.62	-0.13	-0.89
石斑鱼	12.85	11.76	1.09	9.27
玉筋鱼	12.34	11.76	0.58	4.93
鲻鱼	11.15	12.67	-1.52	-12.00
白姑鱼	10.83	10.85	-0.02	-0.18
大黄鱼	10.34	10.46	-0.12	-1.15
鳓鱼	8.48	8.51	-0.03	-0.35
黄姑鱼	7.80	7.46	0.34	4.56
鮸鱼	7.26	6.54	0.72	11.01
金枪鱼	5.01	4.72	0.29	6.14
方头鱼	4.30	4.35	-0.05	-1.15
竹荚鱼	3.97	3.82	0.15	3.93
鲱鱼	1.70	1.53	0.17	11.11
其他	212.95	208.55	4.4	2.11
总计	918.52	905.37	13.15	1.45

资料来源：农业部渔业渔政管理局：《中国渔业统计年鉴》，中国农业出版社 2016—2017 年版，并由作者整理计算所得。

2. 甲壳类

甲壳类是我国海洋捕捞中第二大的水产品种类，2016 年海洋捕捞中甲壳类水产品产量为 239.64 万吨，较 2015 年的 242.79 万吨下降了 1.30%

（见表 1-17）。其中，虾类产量为 158.75 万吨，较 2015 年的 158.40 万吨增长了 0.22%；蟹类产量为 80.88 万吨，较 2015 年的 84.39 万吨下降了 4.16%。表 1-17 分析了 2015—2016 年我国海洋捕捞甲壳类组成。2016 年，我国海洋捕捞甲壳类的主要种类按产量由高到低依次是梭子蟹、毛虾、鹰爪虾、虾蛄、对虾、青蟹、蟳。其中，梭子蟹和毛虾的产量均较高，2016 年的产量分别为 54.21 万吨和 51.43 万吨，较 2015 年的 54.23 万吨和 53.23 万吨分别下降了 0.04%和 3.38%。整体来说，2016 年海洋捕捞中甲壳类水产品的产量出现负增长，除对虾、青蟹两种产量较低的甲壳类水产品外，其他甲壳类水产品的产量均呈现负增长的趋势。

表 1-17　2015—2016 年我国海洋捕捞甲壳类组成

单位：万吨、%

水产种类	2016 年产量	2015 年产量	2016 年比 2015 年增减	
			绝对量	增幅
梭子蟹	54.21	54.23	-0.02	-0.04
毛虾	51.43	53.23	-1.80	-3.38
鹰爪虾	33.50	36.61	-3.11	-8.49
虾蛄	28.35	29.42	-1.07	-3.64
对虾	17.23	15.84	1.39	8.78
青蟹	9.13	8.38	0.75	8.95
蟳	4.18	5.84	-1.66	-28.42
其他	41.61	39.24	2.37	6.04
总计	239.64	242.79	-3.15	-1.30

资料来源：农业部渔业渔政管理局：《中国渔业统计年鉴》，中国农业出版社 2016—2017 年版，并由作者整理计算所得。

3. 头足类

2016 年海洋捕捞中头足类水产品产量为 216.93 万吨，较 2015 年的 208.92 万吨增长了 3.83%。其中，鱿鱼产量为 38.86 万吨，较 2015 年的 38.01 万吨增长了 2.24%；乌贼产量为 14.28 万吨，较 2015 年的 14.76 万吨下降了 3.25%；章鱼产量为 13.71 万吨，较 2015 年的 13.02 万吨增长了 5.30%（见表 1-18）。

表 1-18 2015—2016 年我国海洋捕捞头足类组成

单位：万吨、%

水产种类	2016 年产量	2015 年产量	2016 年比 2015 年增减	
			绝对量	增幅
鱿鱼	38.86	38.01	0.85	2.24
乌贼	14.28	14.76	-0.48	-3.25
章鱼	13.71	13.02	0.69	5.30
其他	150.08	143.13	6.95	4.86
总计	216.93	208.92	8.01	3.83

资料来源：农业部渔业渔政管理局：《中国渔业统计年鉴》，中国农业出版社 2016—2017 年版，并由作者整理计算所得。

4. 贝类、藻类和其他类

2016 年海洋捕捞中贝类水产品产量为 56.13 万吨，较 2015 年的 55.60 万吨增长了 0.95%。海洋捕捞中藻类水产品产量为 2.39 万吨，较 2015 年的 2.58 万吨下降了 7.36%。海洋捕捞中其他类水产品产量为 40.02 万吨，较 2015 年的 38.45 万吨增长了 4.08%，其中海蜇产量为 20.55 万吨，较 2015 年的 19.67 万吨增长了 4.45%（见表 1-15）。

（三）海洋捕捞的地域分布

2016 年，我国海洋捕捞水产品的主要省份是浙江（347.06 万吨，26.13%）、山东（229.22 万吨，17.26%）、福建（203.86 万吨，15.35%）、广东（148.05 万吨，11.15%）、海南（140.75 万吨，10.60%）、辽宁（108.15 万吨，8.14%）、广西（65.29 万吨，4.91%）、江苏（54.89 万吨，4.13%）、河北（24.78 万吨，1.86%）、天津（4.52 万吨，0.34%）、上海（1.69 万吨，0.13%）。其中，浙江、山东、福建三个省份的海洋捕捞水产品产量较高，三个省份海洋捕捞水产品产量合计为 780.14 万吨，占我国海洋捕捞水产品产量的 58.74%（见图 1-12）。

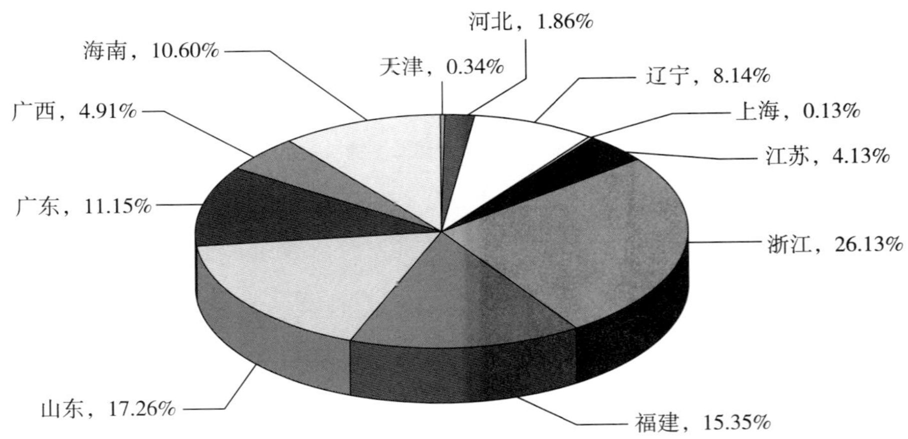

图 1-12 2016 年我国海洋捕捞的主要省份

资料来源：农业部渔业渔政管理局：《中国渔业统计年鉴》，中国农业出版社 2017 年版，并由作者整理计算所得。

三、淡水捕捞

(一) 淡水捕捞水产品组成

图 1-13 是 2016 年我国淡水捕捞水产品组成。2016 年，我国淡水捕捞的水产品中，鱼类所占的比例最高，为 73.81%；甲壳类和贝类的比例也较高，所占比例分别为 13.67%和 11.17%；藻类和其他类所占的比例均较低，为 0.02%和 1.33%。由此可见，与海洋捕捞类似，我国淡水捕捞的水产品也主要以鱼类为主。

(二) 淡水捕捞水产品的具体种类

2015 年淡水捕捞中鱼类产量为 168.30 万吨，2016 年增长到 171.11 万吨，较 2015 年增长 1.67%；甲壳类产量为 31.69 万吨，较 2015 年的 31.10 万吨增长了 1.90%；贝类产量为 25.91 万吨，较 2015 年的 25.41 万吨增长了 1.97%；藻类的产量在 2015 年和 2016 年均为 0.04 万吨左右，几乎没有什么变化；其他类产量为 3.09 万吨，较 2015 年的 2.93 万吨增长了 5.46%（见表 1-19）。

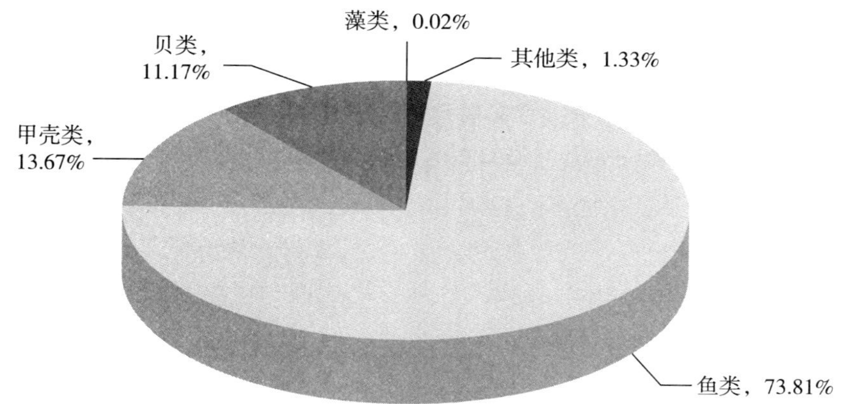

图 1-13　2016 年我国淡水捕捞水产品组成

资料来源：农业部渔业渔政管理局：《中国渔业统计年鉴》，中国农业出版社 2017 年版，并由作者整理计算所得。

表 1-19　2015—2016 年我国淡水捕捞水产品组成

单位：万吨、%

水产种类	2016 年产量	2015 年产量	2016 年比 2015 年增减	
			绝对量	增幅
鱼类	171.11	168.30	2.81	1.67
甲壳类	31.69	31.10	0.59	1.90
贝类	25.91	25.41	0.50	1.97
藻类	0.04	0.04	0.00	0.00
其他类	3.09	2.93	0.16	5.46
总计	231.84	227.77	4.07	1.79

资料来源：农业部渔业渔政管理局：《中国渔业统计年鉴》，中国农业出版社 2016—2017 年版，并由作者整理计算所得。

（三）淡水捕捞的地域分布

除港、澳、台和甘肃、青海外，我国 29 个省、自治区、直辖市均有淡水捕捞的水产品。图 1-14 是 2016 年我国淡水捕捞的主要省份。如图 1-14 所示，2016 年，我国淡水捕捞水产品的主要省份是江苏（31.71 万吨，13.68%）、安徽（30.88 万吨，13.32%）、江西（27.54 万吨，11.88%）、湖北（19.02万吨，8.20%）、广西（14.46万吨，6.24%）、广东（12.29万吨，5.30%）、山东（11.60万吨，5.00%）、湖南（10.83万吨，4.67%）、河北（10.27万吨，4.43%）、浙江（9.13万吨，3.94%）。以上10个省份的淡水捕捞水产品产量总计为177.73万吨，占我国淡水捕捞水产品产量的76.66%。

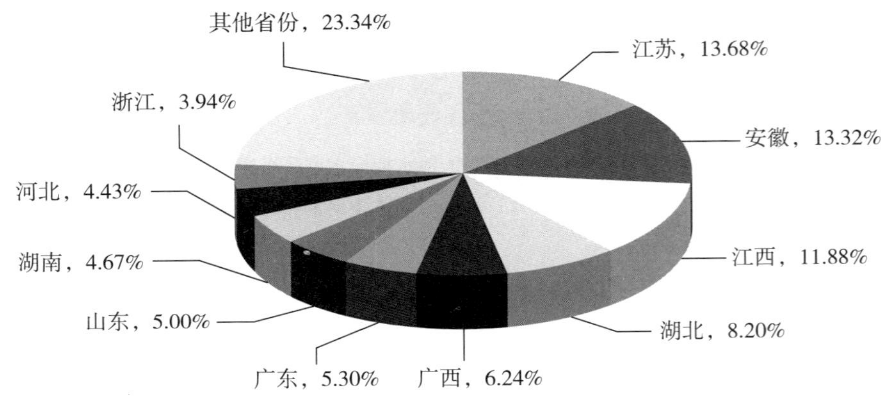

图1-14 2016年我国淡水捕捞的主要省份

资料来源：农业部渔业渔政管理局：《中国渔业统计年鉴》，中国农业出版社2017年版，并由作者整理计算所得。

四、远洋渔业

（一）远洋渔业概况

如图1-15所示，2015年，我国远洋渔业水产品总产量为219.20万吨，2016年减少到198.75万吨，较2015年下降了9.33%。2015年的远洋渔业总产值为206.50亿元，2016年减少到195.54亿元，较2015年下降5.31%。可见，无论是远洋渔业捕捞量，还是远洋渔业总产值，在2016年均出现明显的下降。

（二）远洋渔业水产品的具体种类

图1-16是2016年我国远洋渔业的主要水产品。金枪鱼、鱿鱼、南极磷虾和竹荚鱼是2016年我国远洋渔业的主要水产品类型。其中，金枪鱼和

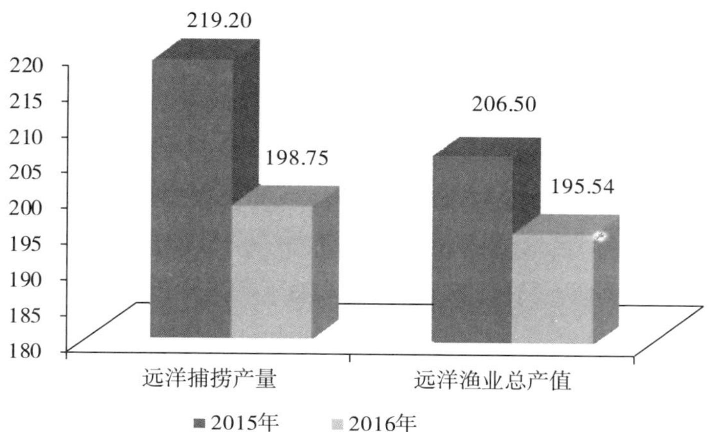

图 1-15 2015—2016 年我国远洋渔业捕捞产量与总产值（万吨、亿元）

资料来源：农业部渔业渔政管理局:《中国渔业统计年鉴》，中国农业出版社 2016—2017 年版。

鱿鱼的捕捞量较高，分别为 33.60 万吨和 44.71 万吨。南极磷虾和竹荚鱼的捕捞量仅分别为 6.50 万吨和 2.18 万吨。

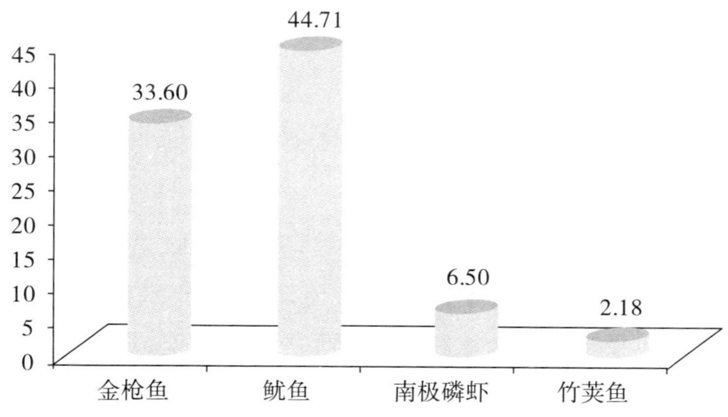

图 1-16 2016 年我国远洋渔业的主要水产品（万吨）

资料来源：农业部渔业渔政管理局:《中国渔业统计年鉴》，中国农业出版社 2017 年版。

（三）远洋渔业的地域分布

2016 年，我国远洋渔业的主要省份按照捕捞量由高到低依次是山东、浙江、福建、辽宁、上海、河北、广东、江苏、北京、天津和广西，远洋渔业捕捞量分别为 52.95 万吨、41.44 万吨、29.04 万吨、28.55 万吨、

12.49 万吨、4.76 万吨、4.52 万吨、2.01 万吨、1.35 万吨、1.32 万吨和 0.57 万吨。其中，山东、浙江、福建、辽宁、上海的远洋渔业捕捞量均在 10 万吨以上，是我国远洋渔业的最主要省份（见图 1-17）。

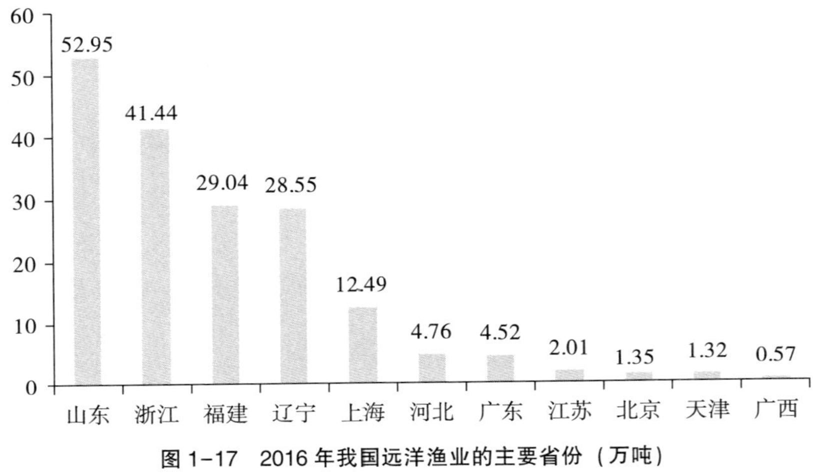

图 1-17　2016 年我国远洋渔业的主要省份（万吨）

资料来源：农业部渔业渔政管理局:《中国渔业统计年鉴》，中国农业出版社 2017 年版。

第四节　水产品生产要素保障

近年来，我国水产品总产量稳步增长，先后突破 500 万吨和 600 万吨关口，2016 年已经达到 6699.65 万吨，预计 2017 年水产品总产量将突破 7000 万吨大关。这些骄人的成绩离不开生产要素的保障。接下来，本节将重点分析我国水产品生产要素的保障情况。

一、水产养殖面积

图 1-18 是 2008—2016 年我国水产养殖面积。2008 年，我国水产养殖面积仅为 654.99 万公顷，2009 年突破 700 万公顷关口，达到 728.31 万公顷。2012 年，水产养殖面积突破 800 万公顷关口，达到 808.84 万公顷。2015 年，水产养殖面积达到 846.50 万公顷的历史峰值。2008—2015 年，

水产养殖面积增长了 29. 24%，年均增长 3. 73%。然而，水产养殖面积稳定增长的趋势在 2016 年有所改变。2016 年，我国水产养殖面积为 834. 63 万公顷，较 2015 年下降 1. 40%。这主要和政府的政策有关，为了有效保护水产资源，实现水产资源的可持续利用，我国开始逐步控制水产品产量，适度减少海水养殖面积。

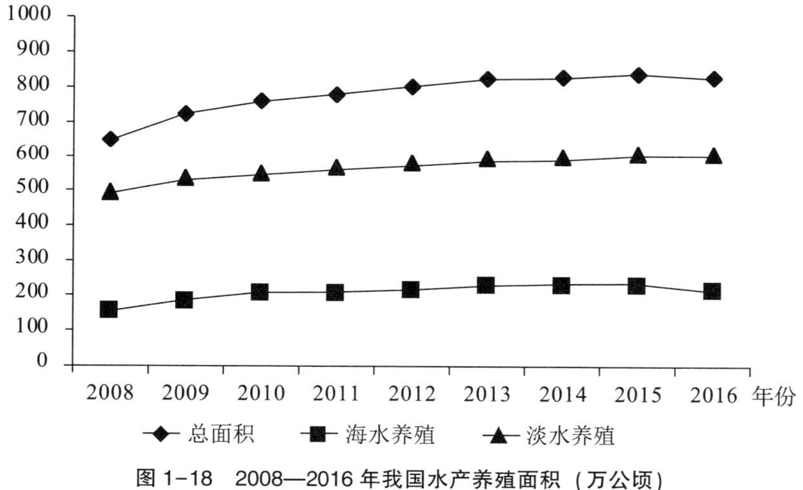

图 1-18　2008—2016 年我国水产养殖面积（万公顷）

资料来源：农业部渔业渔政管理局:《中国渔业统计年鉴》，中国农业出版社 2009—2017 年版。

具体来说，我国海水养殖面积从 2008 年的 157. 89 万公顷增长到 2015 年的 231. 77 万公顷，累计增长 46. 79%，年均增长 5. 64%。2016 年，我国海水养殖面积为 216. 67 万公顷，较 2015 年下降 6. 52%。与海水养殖不同，我国淡水养殖面积一直保持着稳步增长的趋势，从 2008 年的 497. 10 万公顷增长到 2016 年的 617. 96 万公顷，累计增长 24. 31%，年均增长 2. 76%。可见，一方面，我国淡水养殖面积显著大于海水养殖面积，这也决定了我国水产品养殖主要以淡水养殖为主；另一方面，我国水产养殖面积下降主要是由海水养殖面积下降引起的。

二、水产苗种数量

我国鱼苗产量的年度变化波动较大，如图 1-19 所示，2008 年我国鱼苗产量为 6906 亿尾，2009 年增长到 9855 亿尾，2010 年又迅速下降到 3652 亿尾，之后鱼苗产量逐渐上升，并于 2013 年达到 19200 亿尾的历史峰值。此后的鱼苗产量继续波动，2016 年为 13094 亿尾。2008 年以来，我国虾类育苗量也出现了频繁波动，但整体变动比鱼苗产量稳定。虾类育苗量整体呈现上升的趋势，从 2008 年的 7752 亿尾增长到 2016 年的 10752 亿尾，累计增长 38.70%，年均增长 4.17%。水产苗种数量是水产养殖的重要基础，水产苗种数量的大幅度波动不利于保障我国水产品产量稳定，未来需要加强对我国水产苗种数量的研发和管理，以保证我国的水产苗种安全。

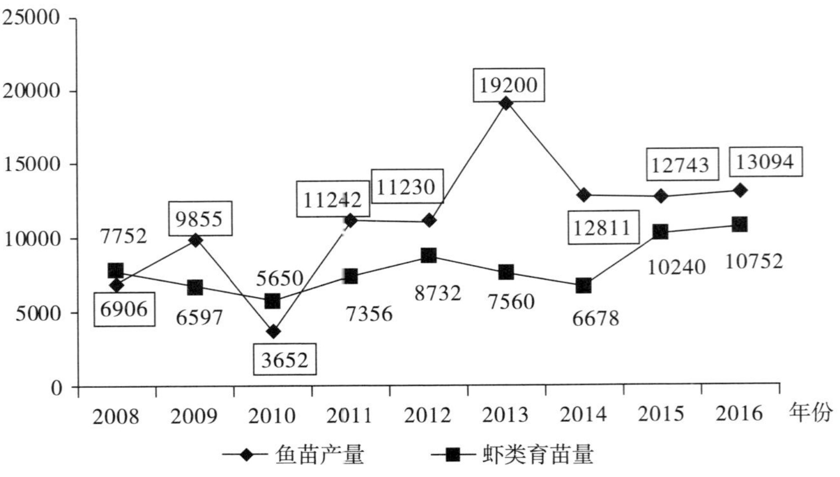

图 1-19 2008—2016 年我国鱼苗产量和虾类育苗量（亿尾）

资料来源：农业部渔业渔政管理局：《中国渔业统计年鉴》，中国农业出版社 2009—2017 年版。

三、水产种质资源

水产种质资源是水产养殖业结构调整和水产业持续健康发展的首要物

质基础，保护、开发和利用好水产种质资源是水产养殖业健康持续发展的重要保障。近年来，我国高度重视水产种质资源的保护工作，不断加大了水产原良种场和水产种质资源保护区的政策扶持力度，我国的水产种质资源保护工作取得较大成效。图 1-20 是 2009—2016 年我国国家级水产原良种场和水产种质资源保护区数量。从国家级水产原良种场的角度看，2009 年我国拥有国家级水产原良种场 55 个，之后除 2011 年外，一直处于增长态势，到 2016 年已经增长到 84 个，2009—2016 年累计增长了 52.73%，年均增长 6.24%。从国家级水产种质资源保护区的角度看，2009 年我国拥有国家级水产种质资源保护区 160 个，之后一直保持高速增长，到 2016 年已经增长到 523 个，2009—2016 年累计增长了 226.88%，年均增长 18.44%。

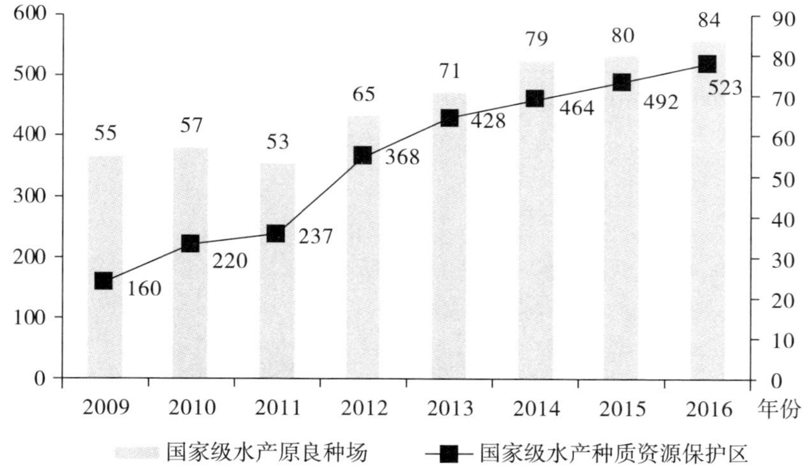

图 1-20　2009—2016 年我国国家级水产原良种场和水产种质资源保护区数量（个）

资料来源：农业部渔业渔政管理局：《中国渔业统计年鉴》，中国农业出版社 2010—2017 年版。

四、重点渔港数量

图 1-21 是 2009—2016 年我国重点渔港数量。2009 年，我国拥有重点渔港 143 个，2010—2011 年拥有的重点渔港数分别为 143 个和 141 个。

2011 年以后，我国加强了重点渔港的建设，2012 年和 2013 年的重点渔港数分别为 169 个和 178 个。2014—2016 年，我国的重点渔港数一直维持在 180 个，基本保持稳定。2016 年，在我国拥有的 180 个重点渔港中，沿海中心渔港、沿海一级渔港、内陆重点渔港分别有 66 个、82 个和 32 个，所占比例分别为 36.67%、45.55%和 17.78%（见图 1-22）。

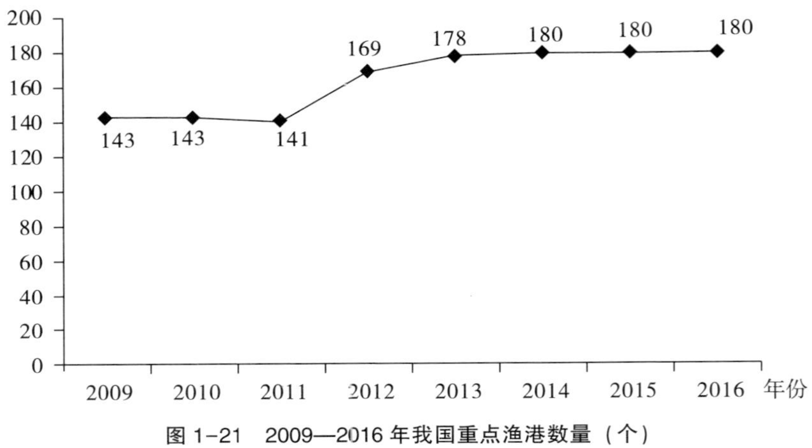

图 1-21　2009—2016 年我国重点渔港数量（个）

资料来源：农业部渔业渔政管理局：《中国渔业统计年鉴》，中国农业出版社 2010—2017 年版。

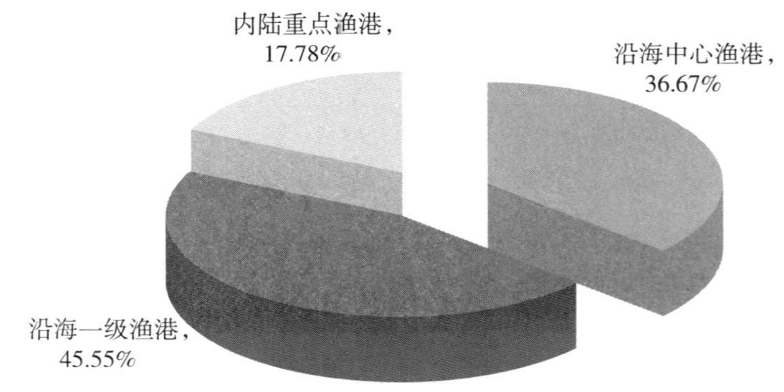

图 1-22　2016 年我国重点渔港组成

资料来源：农业部渔业渔政管理局：《中国渔业统计年鉴》，中国农业出版社 2017 年版。

五、渔船拥有量

渔船是渔民开展水产养殖和捕捞的重要工具。图 1-23 显示了 2008—2016 年我国渔船拥有量。2008 年以来，我国渔船拥有量基本保持稳定，维持在 100 万—110 万艘。2008—2016 年，我国渔船拥有量呈现先小幅上升后小幅下降的趋势，2016 年的渔船拥有量为 101. 11 万艘。与渔船拥有量类似，机动渔船拥有量基本保持稳定，也呈现先小幅上升后小幅下降的趋势，2016 年机动渔船拥有量为 65. 42 万艘。非机动渔船整体呈现下降的趋势，2008—2016 年非机动渔船拥有量累计下降 12. 67%，2016 年拥有量为 35. 69 万艘。

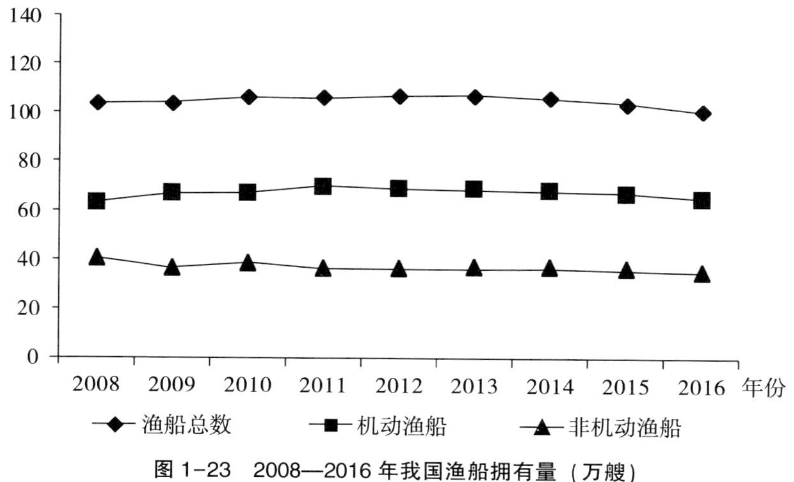

图 1-23　2008—2016 年我国渔船拥有量（万艘）

资料来源：农业部渔业渔政管理局：《中国渔业统计年鉴》，中国农业出版社 2009—2017 年版。

六、渔业人口与渔业从业人员数量

渔业人口指依靠渔业生产和相关活动维持生活的全部人口，包括实际从事渔业生产和相关活动的人口及其赡（抚）养的人口。渔业从业人员是指全社会中 16 岁以上，有劳动能力，从事一定渔业劳动并取得劳动报酬或经营收入的人员。渔业人口和渔业从业人员显示了从事渔业活动的人口规模。图 1-24 显示，近年来，我国渔业人口呈现逐年下降的趋势，2008 年的渔业人口为 2096.13 万人，2016 年下降到 1973.41 万人，累计下降 5.85%。渔业从业人员呈先上升后下降趋势，2008 年的渔业从业人员为 1399.42 万人，2011 年增长到 1458.50 万人的历史峰值，之后渔业从业人员不断下降，2016 年下降到 1381.69 万人。渔业人口和渔业从业人员均呈现下降趋势，是我国渔业转型升级的结果，随着先进渔业技术的推广和应用，我国渔业所需的从业人员数量逐步下降，人均生产率则显著提高。

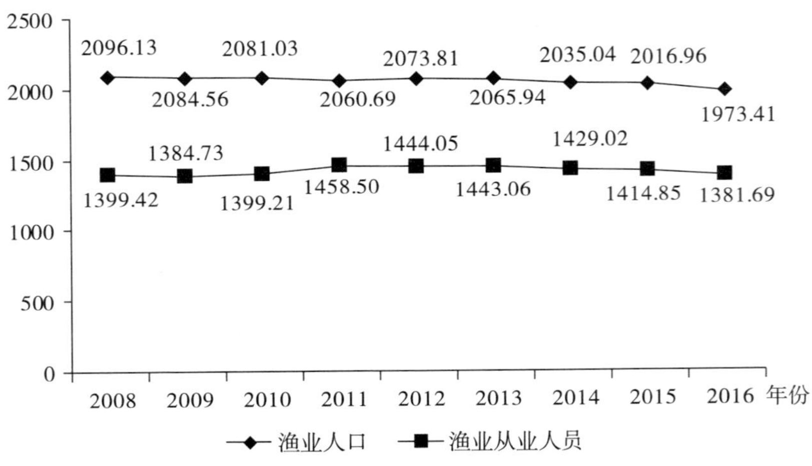

图 1-24　2008—2016 年我国渔业人口与渔业从业人员（万人）

资料来源：农业部渔业渔政管理局:《中国渔业统计年鉴》，中国农业出版社 2009—2017 年版。

七、渔业科研机构与科研人员数量

渔业科研机构与科研人员是我国渔业发展、水产品数量安全的科技保障。近年来，我国渔业科研机构数量整体呈递减的趋势，由 2009 年的 118 个下降到 2016 年的 103 个。渔业科研人员人数呈先上升后下降的趋势，2009 年的渔业科研人员人数为 6751 人，之后出现一定的波动，并于 2014 年增长到 7560 人的历史最高水平，之后渔业科研人员人数直线下降，2016 年下降到 6726 人（见图 1-25）。虽然渔业科研机构和渔业科研人数在近年来持续下降，但渔业科研人员素养和科研成果显著提升，2016 年的 6726 名渔业科研人员中有科技活动人员 5300 人，其中高级职称和中级职称人员分别为 1752 人和 1864 人，占科技活动人员的比重分别为 33.06%和 35.17%；研究生学历和大学本科学历分别有 1446 人和 1913 人，占科技活动人员的比重分别为 27.28%和 36.09%。2016 年实现渔业科技活动收入 25.59 亿元，较 2015 年的 20.26 亿元增长了 26.31%；发表科技论文 2787 篇，出版科技著作 64 种，专利受理 761 件，专利授权 715 件，拥有发明专利 1399 件。

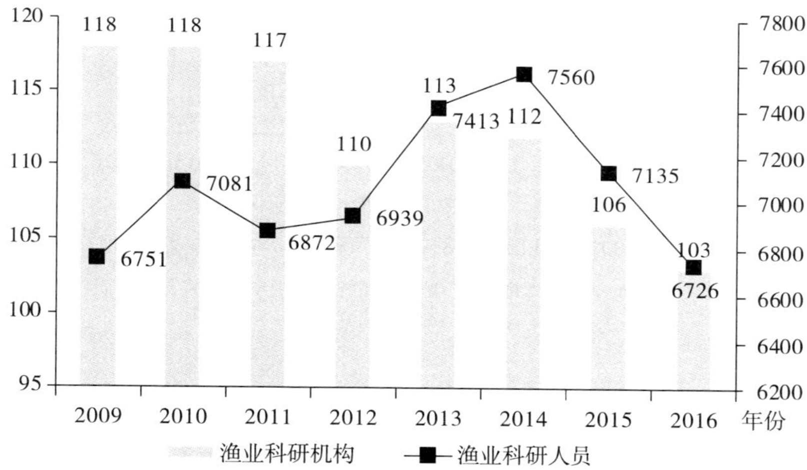

图 1-25　2009—2016 年我国渔业人口与渔业从业人员（个、人）

资料来源：农业部渔业渔政管理局:《中国渔业统计年鉴》，中国农业出版社 2016—2017 年版。

第五节　渔业灾害威胁水产品数量安全

虽然近年来我国水产品总产量稳步增长，但水产品数量安全依然受到台风、洪涝、病害、干旱、污染等渔业灾害的威胁。图 1-26、图 1-27 分别显示了 2009—2016 年我国渔业受灾养殖面积和水产品损失、渔业灾害造成的直接经济损失情况。仅 2016 年的渔业受灾养殖面积就达到 106.95 万公顷，占当年水产养殖面积的 12. 81%；水产品损失 164. 39 万吨，占当年水产品总产量的 2. 38%；给渔业造成的直接经济损失 287. 79 亿元，占当年渔业经济总产值的 2. 40%。

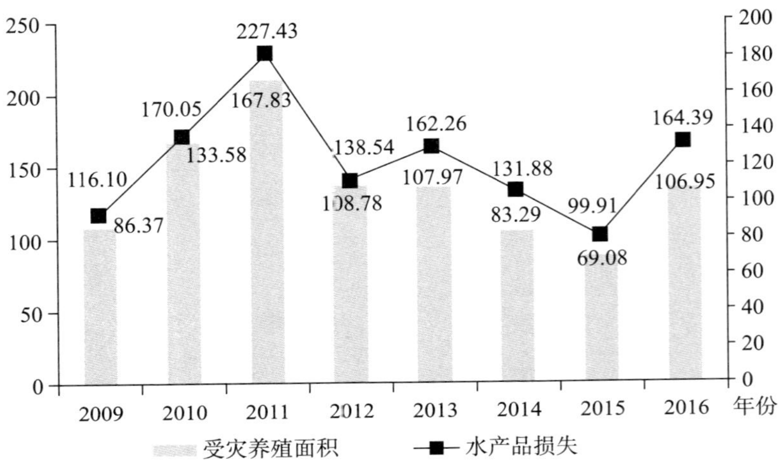

图 1-26　2009—2016 年我国渔业受灾养殖面积和水产品损失（万公顷、万吨）

资料来源：农业部渔业渔政管理局：《中国渔业统计年鉴》，中国农业出版社 2010—2017 年版。

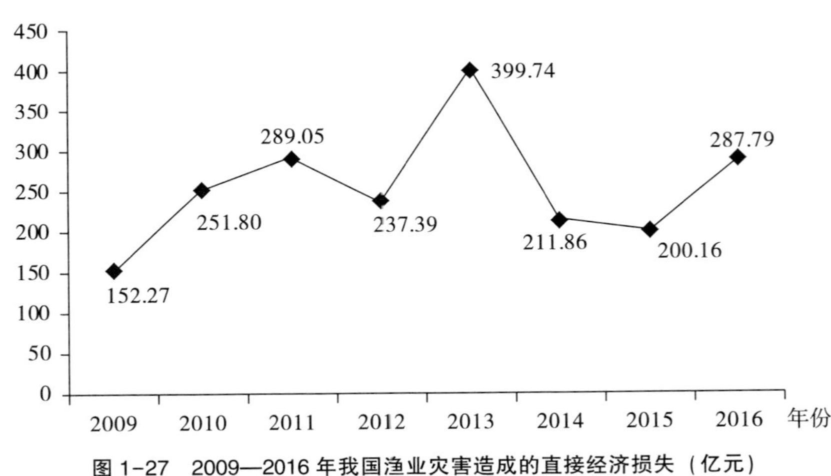

图 1-27　2009—2016 年我国渔业灾害造成的直接经济损失（亿元）

资料来源：农业部渔业渔政管理局：《中国渔业统计年鉴》，中国农业出版社 2010—2017 年版。

具体来说，2009—2016 年我国渔业受灾养殖面积波动较大，受灾养殖面积最少的是 2015 年，为 69.08 万公顷；最多的是 2011 年，受灾养殖面积高达 167.83 万公顷。与受灾养殖面积类似，2009—2016 年的水产品损失也呈较大幅度波动，水产品损失最少的是 2015 年，为 99.91 万吨，最多的是 2011 年，水产品损失达到 227.43 万吨。近年来，除 2009 年以外，渔业灾害给我国渔业造成的直接经济损失一直维持在 200 亿元以上，尤其是 2013 年造成的直接经济损失高达 399.74 亿元。可见，渔业灾害给我国水产品数量安全和渔业经济造成巨大的破坏（见图 1-26、图 1-27）。

一、台风、洪涝

台风、洪涝是威胁我国水产品数量安全的最重大渔业灾害。如图1-28 和图 1-29 所示，2009 年以来，台风、洪涝造成的我国渔业受灾养殖面积一直保持在 20 万公顷以上，且 2010 年受灾养殖面积高达 67.42 万公顷，2016 年则达到 110.03 万公顷的历史极值，是 2015 年受灾养殖面积的 3.40

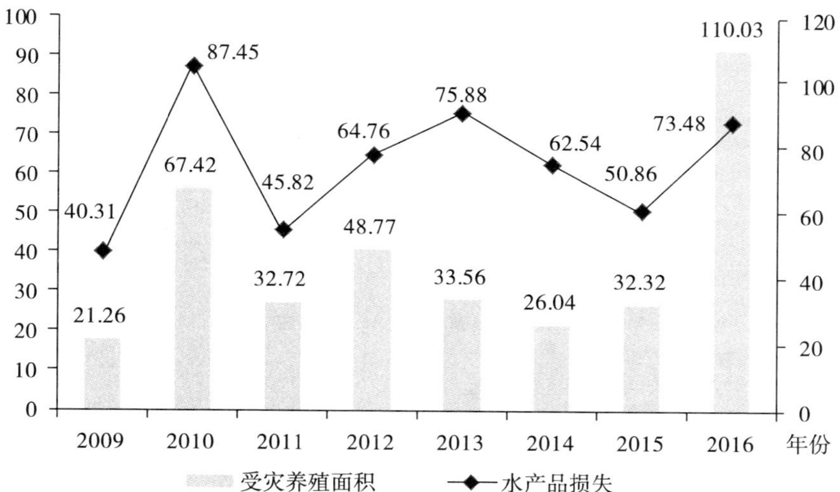

图 1-28　2009—2016 年台风、洪涝造成的受灾养殖面积和水产品损失（万公顷、万吨）

资料来源：农业部渔业渔政管理局：《中国渔业统计年鉴》，中国农业出版社 2010—2017 年版。

倍。台风、洪涝造成的水产品损失保持在 40 万吨以上，且 2010 年的水产品损失最多，达到 87.45 万吨。2016 年，台风、洪涝造成我国水产损失 73.48 万吨，较 2015 年增长 44.48%，处于 2009 年以来第三高的水平。从金额的角度，台风、洪涝造成的我国水产品损失波动较大，2009 年和 2011 年的水产品损失较小，分别为 45.04 亿元和 59.43 亿元，2010 年和 2013 年的水产品损失较大，分别为 111.11 亿元和 119.98 亿元，均超过了 100 亿元。2016 年，台风、洪涝造成的我国水产品损失 154.82 亿元，较 2015 年增长 90.90%，创历史新高。

除此之外，台风、洪涝还对我国的渔业设施造成严重损毁。如图1-29 所示，台风、洪涝损毁渔业设施的价值基本在 25 亿元—50 亿元，如 2009—2012 年分别为 25.52 亿元、46.56 亿元、30.92 亿元和 43.11 亿元，2014 年和 2015 年分别为 42.61 亿元和 31.70 亿元。然而，2013 年，台风、洪涝损毁渔业设施的价值高达 142.32 亿元，是 2009 年的 5.58 倍，创历史新高。2016 年，台风、洪涝损毁我国池塘 22.76 万公顷、网箱和鱼排 56.75 万箱、围栏 95490 千米、沉船 1987 艘、船损 3412 艘、堤坝 2324.75

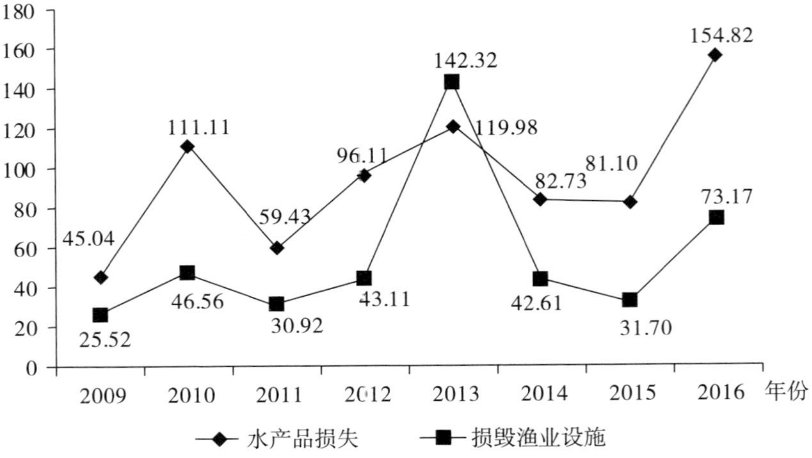

图 1-29 2009—2016 年台风、洪涝造成的水产品损失和渔业设施损毁（亿元）

资料来源：农业部渔业渔政管理局:《中国渔业统计年鉴》，中国农业出版社 2010—2017 年版。

千米、泵站 2491 座、涵闸 1943 座、码头 9315 米、护岸 188. 49 千米、防波堤 55. 24 千米、工厂化养殖场 248 座、苗种繁育场 429 个，损毁渔业设施的价值 73. 17 亿元，较 2015 年增长 130. 82%，处于 2009 年以来第二高的水平。由以上分析可知，2016 年台风、洪涝造成的渔业损失均处于 2009 年以来较高的水平，台风、洪涝给我国水产品数量安全造成的危害十分严重。

二、渔业病害

图 1-30 和图 1-31 分别显示了 2009—2016 年渔业病害造成的受灾养殖面积、水产品损失。渔业病害是威胁我国水产品数量安全的又一重大渔业灾害。2009 年，渔业病害造成的水产受灾养殖面积为 24. 93 万公顷，之后除 2014 年外，受灾养殖面积呈下降趋势，到 2016 年已经下降到 14. 02 万公顷，2009—2016 年累计下降 43. 76%，下降幅度明显，这主要得益于我国渔业用药和病害防治技术的发展。伴随着养殖受灾面积的下降，水产品损失的数量也基本呈现下降的趋势，但 2014—2016 年水产品损失数量又有小幅增加，2016 年的水产品损失为 24. 80 万吨，较 2015 年增长 7. 22%。

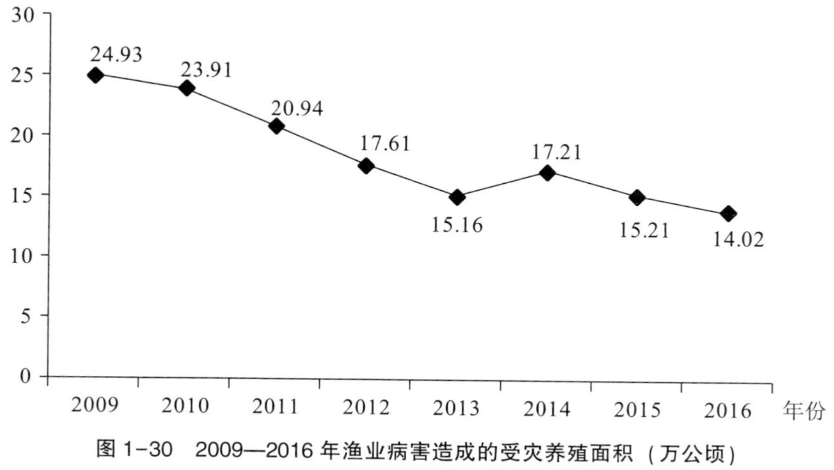

图 1-30　2009—2016 年渔业病害造成的受灾养殖面积（万公顷）

资料来源：农业部渔业渔政管理局:《中国渔业统计年鉴》，中国农业出版社 2010—2017 年版。

水产品损失的金额则呈现先上升后下降的趋势，2009 年的水产品损失为 34.48 亿元，到 2013 年增长到 40.75 亿元的历史最高水平。2014—2016 年，我国水产品损失的金额基本保持稳定，维持在 30 亿元左右，其中 2016 年的水产品损失金额为 27.40 亿元，较 2015 年下降 8.73%。可见，近年来，我国渔业病害的情况呈现稳中向好的态势。

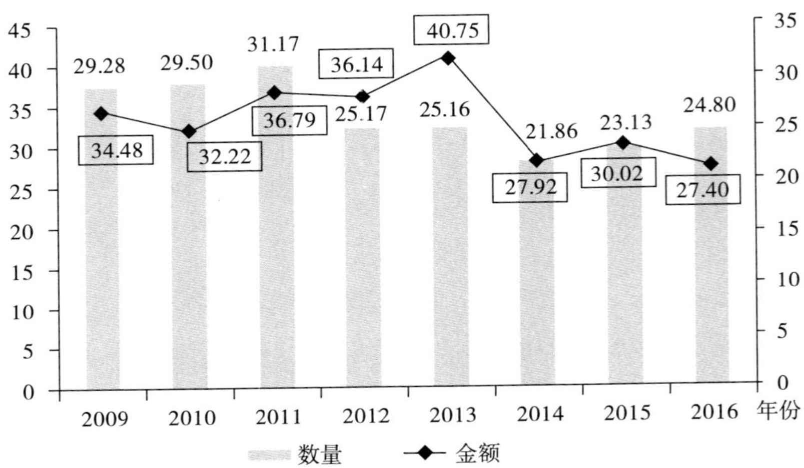

图 1-31 2009—2016 年渔业病害造成的水产品损失（万吨、亿元）

资料来源：农业部渔业渔政管理局:《中国渔业统计年鉴》，中国农业出版社 2010—2017 年版。

三、干旱

图 1-32、图 1-33 分别是 2009—2016 年干旱造成的渔业受灾养殖面积和水产品损失。近年来，极端天气时有发生，导致干旱造成的渔业受灾养殖面积波动幅度巨大。2010 年，干旱造成的渔业受灾养殖面积仅为 9.38 万公顷，2011 年则变为 88.35 万公顷，是 2010 年的 9.42 倍。2013—2016 年，干旱造成的渔业受灾养殖面积呈下降趋势，由 2013 年的 48.27 万公顷下降到 2016 年的 11.49 万公顷，累计下降了 76.20%。干旱造成的水产品损失数量和金额的变动情况与受灾养殖面积基本一致，其中 2011 年的水产品损失情况最为严重，数量和金额分别为 86.20 万吨和 98.47 亿元。2016

年，干旱造成的水产品损失数量和金额分别为 8.42 万吨和 14.92 亿元，较 2015 年分别下降 37.77%和 64.09%。可见，近年来，干旱对我国渔业造成损失的情况呈现逐步向好的态势。

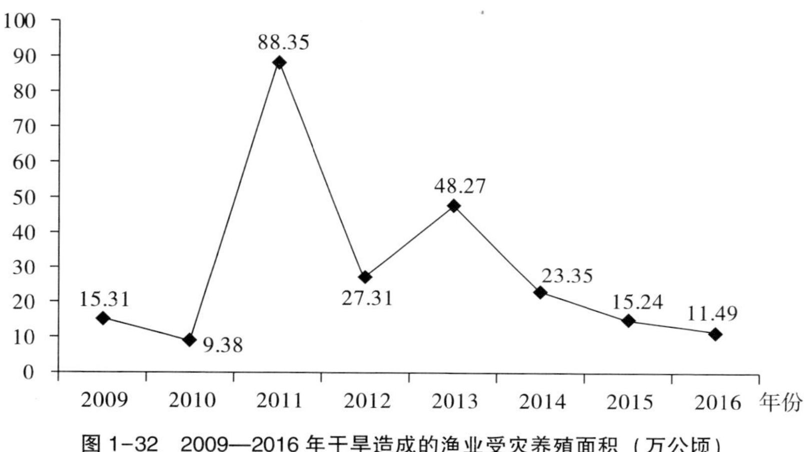

图 1-32 2009—2016 年干旱造成的渔业受灾养殖面积（万公顷）

资料来源：农业部渔业渔政管理局：《中国渔业统计年鉴》，中国农业出版社 2010—2017 年版。

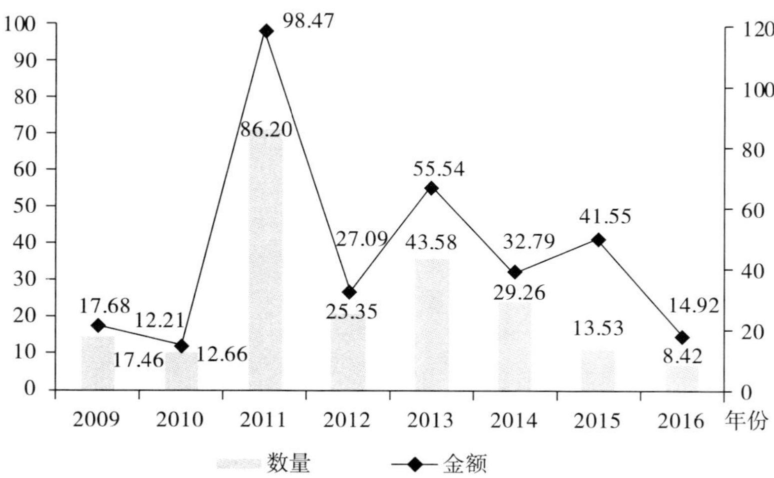

图 1-33 2009—2016 年干旱造成的水产品损失（万吨、亿元）

资料来源：农业部渔业渔政管理局：《中国渔业统计年鉴》，中国农业出版社 2010—2017 年版。

四、污染

污染造成的渔业受灾养殖面积和水产品损失分别如图 1－34 和图 1−35 所示。近年来，污染造成的渔业受灾养殖面积呈现出先上升后下降的趋势。2009 年，污染造成的渔业受灾养殖面积为 5. 44 万公顷，2011 年增长到 17. 60 万公顷的历史最高水平，是 2009 年的 3. 24 倍。之后，国家高度重视水环境治理，加大了水环境的治理力度，尤其是最近几年的治理力度明显加强，如浙江省开展的“五水共治”取得了显著的成效。在此背景下，2011 年以后，污染造成的渔业受灾养殖面积呈逐年下降的趋势。污染造成的水产品损失数量和金额的变动情况与受灾养殖面积基本一致，其中 2011 年的水产品损失情况最为严重，数量和金额分别为 54. 39 万吨和 52. 54 亿元。2016 年，污染造成的渔业受灾养殖面积为 2. 09 万公顷，造成水产品损失的数量和金额分别为 5. 05 万吨和 6. 67 亿元，均为历史最低水平。可见，近年来，污染对我国渔业造成损失的情况也呈现向好的态势。

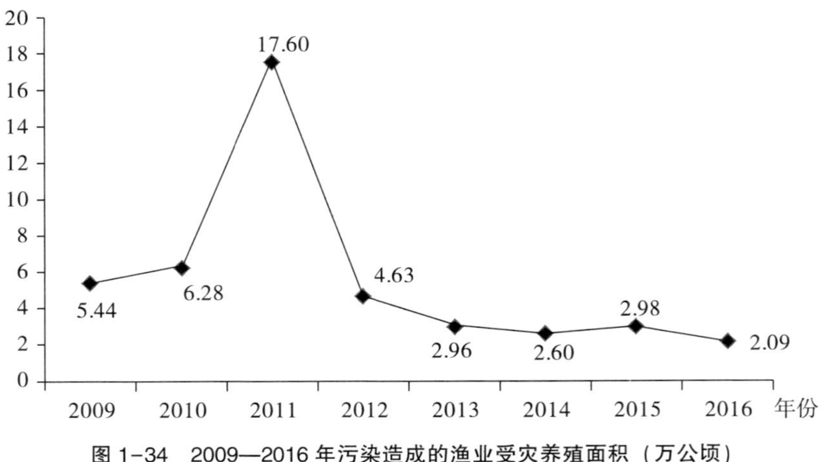

图 1−34　2009—2016 年污染造成的渔业受灾养殖面积（万公顷）

资料来源：农业部渔业渔政管理局：《中国渔业统计年鉴》，中国农业出版社 2010—2017 年版。

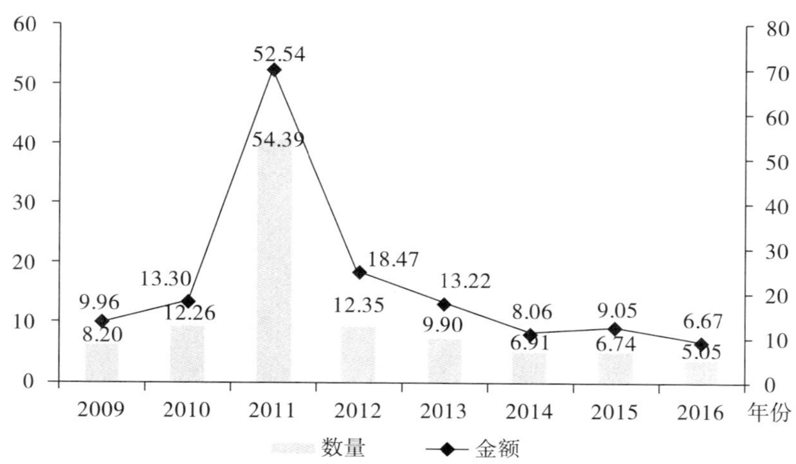

图 1-35　2009—2016 年间污染造成的水产品损失（万吨、亿元）

资料来源：农业部渔业渔政管理局：《中国渔业统计年鉴》，中国农业出版社 2010—2017 年版。

第六节　水产品生产市场供应的政策环境

"十二五"期间，我国渔业发展取得显著成绩。渔业成为国家战略产业，国务院出台《关于促进海洋渔业持续健康发展的若干意见》，召开全国现代渔业建设工作电视电话会议，提出把现代渔业建设放在突出位置，使之走在农业现代化前列，努力建设现代化渔业强国。渔业综合实力迈上新台阶，现代渔业产业体系初步建立，强渔、惠渔政策力度加大，渔业生态文明建设成效明显，渔业科技支撑不断增强，依法治渔能力显著提升，渔业安全保障水平逐步提高，渔业"走出去"步伐加快。2016 年，是我国"十三五"的开局之年，在新的历史条件下，以农业部为主的政府相关部门加快推进渔业转方式调结构，渔业油价补贴改革调整正式实施，洞庭湖区水产养殖污染治理试点、海洋渔业资源限额捕捞试点、伏季休渔制度调整等具有开创性的工作举措纷纷启动，《全国渔业发展第十三个五年规划》、"十三五"海洋捕捞渔船"双控"等重要文件先后出台，为保障我国渔业可持续发展和水产品数量安全作出了巨大的努力。由于篇幅限制，本节重点介绍以下六个方面的内容。

一、“十三五”时期渔业发展的指导思想

《全国渔业发展第十三个五年规划（2016—2020年）》（以下简称《规划》）是指导“十三五”时期我国渔业发展的纲领性文件。《规划》提出，“十三五”渔业发展要牢固树立创新、协调、绿色、开放、共享的发展理念，以提质增效、减量增收、绿色发展、富裕渔民为目标，以健康养殖、适度捕捞、保护资源、做强产业为方向，大力推进渔业供给侧结构性改革，加快转变渔业发展方式，提升渔业生产标准化、绿色化、产业化、组织化和可持续发展水平，提高渔业发展的质量效益和竞争力，走出一条产出高效、产品安全、资源节约、环境友好的中国特色渔业现代化发展道路。

《规划》强调，要以渔业可持续发展为前提，妥善处理好生产发展与生态保护的关系；以体制机制创新为动力，统筹推进渔业各项改革；深入实施渔业“走出去”战略，提高利用“两种资源、两个市场、两类规则”的能力；将渔业安全放在更加突出的位置，以维护渔民权益与增进渔民福祉为工作的出发点和落脚点，尊重渔民经营自主权和首创精神；完善渔业法律法规体系，不断提高依法行政水平，维护渔业生产秩序和公平正义。

二、推进渔业现代化迈上新台阶

《规划》提出，到2020年，渔业现代化水平迈上新台阶，渔业生态环境明显改善，捕捞强度得到有效控制，水产品质量安全水平稳步提升，渔业信息化、装备水平和组织化程度明显提高，渔业发展质量效益和竞争力显著增强，渔民生活达到全面小康水平，沿海地区、长江中下游和珠江三角洲地区率先基本实现渔业现代化，提质增效、减量增收、绿色发展、富裕渔民的渔业转型升级目标基本实现，养殖业、捕捞业、加工流通业、增值渔业、休闲渔业协调发展和一二三产业相互融合的现代渔业产业体系基本形成。

三、水产品产量目标

2016年7月31日，农业部部长韩长赋在全国农业结构调整座谈会上强调，以保护资源和减量增收为重点推进渔业结构调整，要以提质增效、减量增收、绿色发展、富裕渔民为目标，着力转变养殖方式、调优区域布局，促进渔业转型升级。[①] 这为我国未来渔业发展和水产品产量目标设定提供了纲领性的指导。2016年10月17日，国务院发布的《全国农业现代化规划（2016—2020年）》提出，到2020年，我国水产品产量6600万吨，比“十二五”末减少100万吨；国内海洋捕捞产量控制在1000万吨以内，比“十二五”末减少300多万吨。之后，《全国渔业发展第十三个五年规划（2016—2020年）》也进一步明确了这一目标。提出这一目标，是为了实现我国渔业的可持续发展，保证我国的水产品数量安全。为了实现这一目标，“十三五”期间，农业部将大力推进海洋捕捞渔民减船转产，严格执行海洋伏季休渔制度，压减近海捕捞强度，有效疏导近海过剩产能，同时积极推进内陆捕捞渔民退捕上岸，实现捕捞产量负增长。与减少海淡水捕捞相反，水产品总产量构成中的养殖产量是稳中有升，体现了结构优化。一方面，通过控制近海养殖规模，拓展外海养殖空间，合理确定湖泊、水库养殖规模，稳定池塘养殖，发展工厂化循环水养殖和深水网箱养殖，保持水产养殖总体稳定，并通过优化水产品供给结构，保障水产品的有效供给；另一方面，通过挖掘潜力，推动稻田、盐碱地和冷水资源综合开发利用，提升渔业后发地区生产和供应水平。

四、推进渔业转型升级

2016年8月29日，农业部副部长于康震在全国渔业转方式调结构工作现场会上强调，要以加快推进渔业转方式调结构为主线，以优化布局、

① 《韩长赋在全国农业结构调整座谈会上强调 大力推进农业供给侧结构性改革 不断提高农业质量效益和竞争力》，2016年7月31日，见 http://www.moa.gov.cn/zwllm/zwdt/201607/t20160731_5223505.htm。

提质增效、节水减排、养护资源为重点，加快推动渔业转型升级，重点做好八个方面的工作。[①] 一是优化布局控捕捞，完善养殖水域滩涂规划，优化水产养殖布局；积极推进渔业资源总量管理，坚决压减过剩捕捞产能。二是提质增效富渔民，大力发展水产健康养殖，调整优化品种结构，提升产品品质，提高产业效益。三是节水减排治污染，更加突出养殖水域的生态安全，大力发展和推广节水减排养殖技术模式，做好重点区域水产养殖污染治理。四是养护资源可持续，大力开展海洋牧场建设，规范利用水生生物资源，促进渔业可持续发展。五是做强产业拓展功能，大力发展水产品加工和休闲渔业，促进一二三产融合发展，延长产业链，提升价值链。六是依法监管保安全，持续抓好水产品质量安全、渔业安全生产、水生生物安全和水产养殖的检验检疫等工作，加强渔政执法管理，深入开展涉渔“三无”船舶和“绝户网”清理取缔专项行动。七是创新驱动添活力，加强科技创新、组织创新和政策创新，为渔业发展注入新的动力。八是经略周边强远洋，加强周边涉外渔业管理，规范发展、扶持做强远洋渔业。

《农业部关于推进农业供给侧结构性改革的实施意见》（农发〔2017〕1号）提出加快推进渔业转型升级。科学编制养殖水域滩涂规划，合理划定养殖区、限养区、禁养区，确定湖泊、水库和近海海域等公共自然水域养殖规模，科学调整养殖品种结构和养殖模式，推动水产养殖减量增效。创建水产健康养殖示范场500个，渔业健康养殖示范县10个，推进稻田综合种养和低洼盐碱地养殖。完善江河湖海限捕、禁捕时限和区域，推进内陆重点水域全面禁渔和转产转业试点，率先在长江流域水生生物保护区实现全面禁捕，实施中华鲟、江豚拯救行动计划。实施绿色水产养殖推进行动，支持集约化海水健康养殖，拓展深远海养殖，组织召开全国海洋牧场建设工作现场会，加快推进现代化海洋牧场建设。落实海洋渔业资源总量管理制度和渔船“双控”制度，启动限额捕捞试点，加强区域协同保护，

① 《农业部副部长于康震在全国渔业转方式调结构工作现场会上强调 以优化布局、提质增效、节水减排、养护资源为重点 加快推动渔业转型升级》，2016 年 8 月 30 日，见 http://www.moa.gov.cn/zwllm/zwdt/201608/t20160830_5258242.htm。

合理控制近海捕捞。持续清理整治“绝户网”和涉渔“三无”船舶，加快实施渔民减船转产。加强水生生物资源养护，强化幼鱼保护，积极发展增殖渔业，完善伏季休渔制度，探索休禁渔补贴政策创设。规范有序发展远洋渔业和休闲渔业，积极推广循环水养殖等节水养殖技术。

五、加强远洋渔业发展

2015 年 3 月 30 日，国务院副总理汪洋出席中国远洋渔业 30 年座谈会并发表重要讲话，强调要积极顺应经济社会发展和对外开放的新形势，转变远洋渔业发展方式，加快建设布局合理、装备优良、配套完善、管理规范、支撑有力的现代远洋渔业产业体系，提升综合实力和国际竞争力，推动我国从远洋渔业大国迈向远洋渔业强国。[①] 而在这之前，《农业部关于促进远洋渔业持续健康发展的意见》（农渔发〔2012〕30 号）、《国务院关于促进海洋渔业持续健康发展的若干意见》（国发〔2013〕11 号）均已对远洋渔业作出部署。

2016 年，远洋渔业工作进一步推进。2016 年 7 月 7—8 日，农业部副部长于康震在远洋暨周边涉外渔业工作座谈会上强调，要转变发展理念，调整发展重点，推进产业转型升级；加强监督管理，严肃查处违规行为，确保产业有序规范；加强企业管理，提升人员素质，妥善处置应急事件；加强国际合作，健全部门协作机制，树立中国负责任的渔业大国形象。[②] 2016 年 11 月，农业部在青岛组织召开专题会议，集中研究“十三五”远洋渔业发展事项。会议强调，抓好“十三五”远洋渔业发展，要重点做好以下几项工作：适当调整远洋渔业发展节奏，利用一段时间进行消化、调整、稳定；严格控制远洋渔船规模，在“十三五”末将全国远洋渔船控制在 3000 艘以内；加快推进产业转型升级，提升企业实力、优化区域布局、

---

① 《汪洋：转变远洋渔业发展方式　建设远洋渔业强国》，2015 年 3 月 30 日，见 http://politics.people.com.cn/n/2015/0330/c70731-26773396.html。

② 《农业部副部长于康震在远洋暨周边涉外渔业工作座谈会上要求　转变发展方式　推进转型升级　促进远洋渔业安全规范有序健康发展》，2016 年 7 月 11 日，见 http://www.moa.gov.cn/zwllm/zwdt/201607/t20160711_5202588.htm。

发展水产养殖、加工业、支持综合基地建设；充分发挥政策杠杆的调控作用，对违法者进行处罚，对守法者予以奖励；进一步强化规范管理，严厉打击违法违规行为。会议要求，2017年远洋渔业工作重点要放在建立健全制度、完善体制机制上，抓紧制定“十三五”远洋渔业发展规划，加快修订《远洋渔业管理规定》，研究建立部际联席会议制度，加大宣传力度，为“十三五”远洋渔业规范有序发展奠定坚实基础。①

六、开展渔业国际合作

2016年10月17日，国务院发布的《全国农业现代化规划（2016—2020年）》提出了渔业产业对外合作重点领域，包括远洋捕捞、水产养殖以及渔业码头、加工厂、冷库等远洋渔业配套服务。2016年以来，农业部牵头组织了几十项渔业国际合作。表1-20是2016年以来农业部开展的部分渔业国际合作。我国与斯里兰卡、菲律宾、伊朗、阿联酋、立陶宛、苏丹、智利、柬埔寨、乌拉圭、新西兰、美国、挪威、塞拉利昂、墨西哥、斐济、老挝、韩国和乌兹别克斯坦等国家开展渔业国际合作，合作内容涵盖渔业研究机构人员培训、渔业捕捞、水产品养殖、水产品加工、水产品物流、水产品贸易与投资、渔政联合执法、水产品资源增殖放流等多个方面，极大地推动了我国渔业的发展。

表1-20 2016年以来农业部开展的部分渔业国际合作

序号	合作国家	合作平台	具体合作内容
1	斯里兰卡	农业部副部长陈晓华访问斯里兰卡	在渔业特别是淡水养殖方面给予斯里兰卡支持，选派专家赴斯里兰卡指导生产；推动两国渔业研究机构加强人员培训合作，建议双方就加强渔业捕捞、水产品加工、物流等方面进行研究，推动企业开展投资合作

① 《农业部组织集中研究“十三五”远洋渔业发展》，2016年11月29日，见http://www.moa.gov.cn/zwllm/zwdt/201611/t20161129_5382014.htm。

续表

序号	合作国家	合作平台	具体合作内容
2	44个国家和地区	第21届中国国际渔业博览会	涵盖海水捕捞产品、养殖品种与技术、水产品加工和养殖设备等内容，举办的“中外渔业对话会”与各种商贸推介研讨活动，为全球水产生产商、贸易商和消费者搭建交流平台
3	菲律宾	第二次中菲渔业联委会	就双方国内渔业发展重点和管理政策进行交流，讨论中菲渔业合作重点领域、基本原则和政府支持措施，对2017—2019年中菲渔业合作项目建议等进行协商，并就开展中菲渔业技术培训交流、支持中菲渔业企业间合作、发展海水养殖和水产品加工等达成初步共识
4	伊朗	农业部部长韩长赋访问伊朗	渔业捕捞与投资合作，签署中伊农业部关于加强渔业合作的谅解备忘录，组织中伊渔业企业对接会
5	阿联酋	农业部部长韩长赋访问阿联酋	开展海水渔业养殖合作
6	立陶宛	中国—中东欧国家（“16+1”）农业部长会议暨国际农业经贸合作论坛	加强渔业合作，推动水产品贸易与投资
7	苏丹	农业部部长韩长赋会见苏丹总统助理贾兹	深入推进两国农业部门在水产养殖及能力建设等领域的交流
8	智利	农业部党组成员毕美家访问智利	推动中国渔业企业在智利开展深水抗风浪网箱养殖等投资活动
9	柬埔寨	农业部副部长屈冬玉会见柬埔寨农林渔业部部长翁萨坤	鼓励和支持中国农业科研机构和企业在畜牧业和渔业等领域与柬埔寨开展合作
10	乌拉圭	中乌农业联委会第一次会议	重点推动中国—乌拉圭渔业综合基地项目建设，全力推动两国在渔业领域的务实合作
11	新西兰	农业部副部长屈冬玉会见新西兰农业部副部长马丁·邓恩	为双方农业企业营造良好的投资环境，促进渔业养殖领域双边投资合作

续表

序号	合作国家	合作平台	具体合作内容
12	美国	中美商贸联委会农业工作组会议	双方推进进出口水产品可追溯性合作
13	挪威	农业部副部长于康震会见挪威渔业大臣桑贝格	深化中挪渔业合作，继续开展水产健康养殖技术、南极磷虾资源调查和开发利用等领域的合作，共同促进中挪水产品贸易发展
14	塞拉利昂	农业部副部长于康震会见塞拉利昂渔业与海洋资源部部长伊丽莎白·曼斯	渔业合作一直是两国合作的重点领域，双方在渔业合作机制建设、渔业投资、共同打击非法捕捞等方面推进务实合作，进一步提升中塞渔业合作水平
15	墨西哥	农业部副部长余欣荣访问墨西哥	加强渔业合作，就共同感兴趣的领域展开合作研究，启动建立渔业科研合作中心项目
16	斐济	中斐农业联委会第三次会议	双方加强农渔业投资合作，扩大农渔业产品贸易；加强中国与太平洋岛国的农渔业合作
17	老挝	中国和老挝澜沧江—湄公河渔政联合执法行动	开展了首次澜沧江—湄公河渔政联合执法行动和渔业资源增殖放流活动，加强澜湄国家水资源可持续管理
18	韩国	中韩渔业联合委员会第十六届年会	对2017年两国专属经济区管理水域对方国入渔安排以及维护海上作业秩序等重要问题进行了谈判，最终达成共识并签署了会议纪要。2017年，双方各自许可对方国1598艘渔船（含58艘辅助船）进入本国专属经济区管理水域作业、捕捞配额为57750吨
19	乌兹别克斯坦	中乌农业合作分委会第二次会议	切实加强与在水产养殖能力建设和投资贸易等领域的全方位合作

资料来源：农业部网站，并由作者整理所得。

第二章　水产品生产环节质量安全状况与法律体系建设

生产环节水产品质量安全是水产品质量安全的基础，加强生产环节水产品质量安全治理有助于保障水产品的源头安全。本章首先基于农业部的例行监测数据对生产环节水产品质量安全状况展开分析，然后从生产环节水产品质量安全的主要风险、基于HACCP理论的生产环节水产品质量安全的危害来源分析、我国生产环节水产品质量安全的主要问题三个方面研究我国生产环节水产品质量安全风险及来源，构建了水产品质量安全关键技术体系，在此基础上分析了我国生产环节水产品质量安全的主要问题，进而介绍了我国生产环节水产品质量安全监管的法律体系，并最终回顾了2016年生产环节水产品质量安全的监管进展。

第一节　基于监测数据的生产环节水产品质量安全状况分析

为了考察我国生产环节水产品质量安全的总体状况，本章借鉴了近年来农业部开展的农产品质量安全例行监测数据，并将水产品的例行监测合格率与其他农产品进行比较分析，科学研判生产环节水产品质量安全状况。

一、2005—2016年水产品质量安全状况

图2-1是2005—2016年我国生产环节水产品质量安全总体合格率。2005年的水产品质量安全总体合格率仅为88.1%，之后开始逐步上升，2009年达到97.2%的历史最好水平。然而，2009年之后，水产品质量安

全总体合格率开始下降并不断波动，2010 年下降到 96.3%，2011—2012 年分别增长到 96.8% 和 96.9%，但 2013—2014 年水产品质量安全总体合格率又分别下降到 94.4% 和 93.6%。2015 年和 2016 年，水产品质量安全合格率再次出现上升，分别增长到 95.5% 和 95.9%，分别同比增长 1.9 个百分点和 0.4 个百分点。虽然 2015 年和 2016 年的水产品质量安全总体合格率呈上升趋势，且近年来水产品的监测范围不断扩大、参数不断增加，但 2009 年以来发生的四次起伏暴露了我国水产品质量安全水平稳定性不足，连续四年总体合格率低于 96% 则表明水产品的质量安全水平整体偏低。

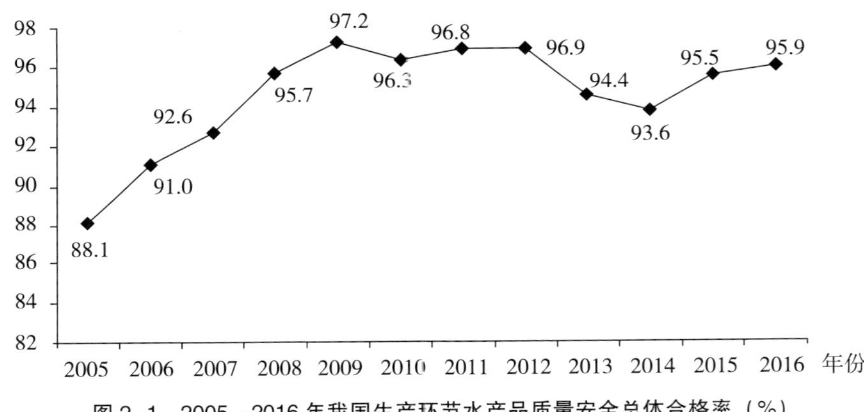

图 2-1　2005—2016 年我国生产环节水产品质量安全总体合格率（%）

资料来源：农业部历年例行监测信息。

二、2016 年水产品质量安全具体状况

关于水产品，农业部主要监测对虾、罗非鱼、大黄鱼等 13 种大宗水产品。对水产品中的孔雀石绿、硝基呋喃类代谢物等开展的例行监测结果显示，2016 年第一季度的水产品质量安全合格率为 96.9%，保持在较高水平。2016 年上半年（年中）的质量安全合格率为 96.3%，也高于 96%。然而，第三季度的水产品质量安全合格率仅为 95.1%，致使全年的水产品质量安全合格率为 95.9%，连续四年总体质量安全合格率低于 96%（见图 2-2）。可见，水产品质量安全合格率最低的时段为第三季度，主要原因是

第三季度处于夏秋两季，炎热的天气容易导致水产品腐败变质，且第三季度是我国水产品的主要消费时段，此时的水产品消费火爆，导致水产品质量安全问题集中爆发，合格率偏低。

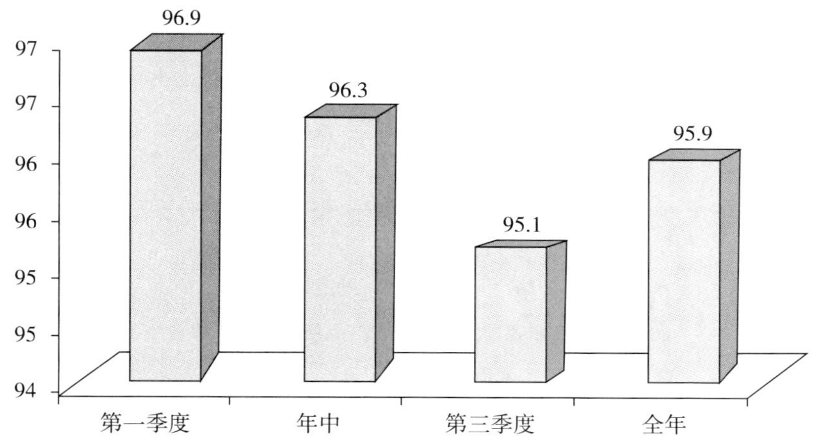

图 2-2　2016 年不同时段我国生产环节水产品质量安全总体合格率（%）

资料来源：农业部 2016 年例行监测信息。

三、水产品与农产品质量安全总体状况的比较

此处主要比较 2013—2016 年我国水产品与农产品质量安全总体合格率情况。如图 2-3 所示，2013—2016 年的农产品质量安全总体合格率均明显高于水产品质量安全总体合格率，且除 2014 年以外，农产品质量安全总体合格率均高于 97%。以 2016 年为例，根据《农产品质量安全法》的规定和《国务院办公厅关于印发 2016 年食品安全重点工作安排的通知》要求，2016 年，农业部按季度组织开展了 4 次农产品质量安全例行监测，共监测全国 31 个省（自治区、直辖市）152 个大中城市 5 大类产品 108 个品种 94 项指标，抽检样品 45081 个，总体抽检合格率为 97.5%，同比上升 0.4 个百分点，而水产品质量安全总体合格率仅为 95.9%。由此可知，水产品质量安全总体合格率与农产品质量安全总体合格率还有较大的差距。

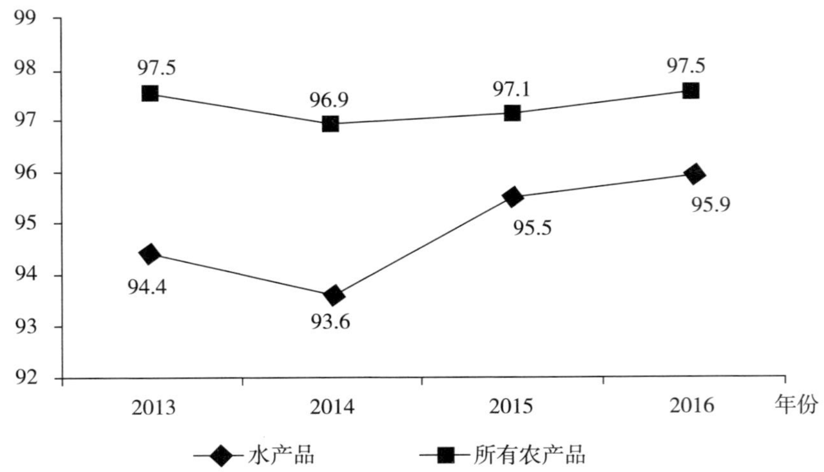

图 2-3　2013—2016 年我国水产品与农产品质量安全总体合格率（%）

资料来源：农业部历年例行监测信息。

四、水产品与主要农产品质量安全状况的比较

如图 2-4 所示，2016 年我国主要农产品质量安全总体合格率由高到低依次为畜禽产品、茶叶、蔬菜、水果和水产品，质量安全总体合格率分别为 99.4%、99.4%、96.8%、96.2%和 95.9%。可见，水产品在以上五大

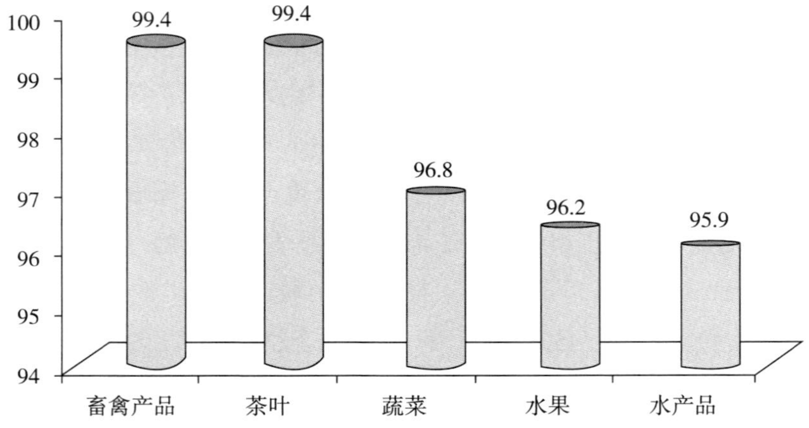

图 2-4　2016 年我国主要农产品质量安全总体合格率（%）

资料来源：农业部 2016 年例行监测信息。

类农产品中的合格率最低，其他四类农产品的合格率均高于96%，其中畜禽产品和茶叶质量安全总体合格率更是高达99.4%，这再次显示我国水产品质量安全水平偏低。2016年10月17日，国务院发布的《全国农业现代化规划（2016—2020年）》显示，到2020年，农产品质量安全例行监测总体合格率要大于97%。从目前来看，水产品是实现这一目标的最大挑战。

由以上分析可知，近年来，我国水产品质量安全总体合格率出现大幅波动，连续四年总体合格率低于96%，不仅明显低于农产品质量安全总体合格率，而且是五大类农产品中合格率最低的农产品，表明我国水产品的质量安全水平总体偏低且稳定性不足，需要引起水产品从业者和农业监管部门的高度重视。

第二节　生产环节水产品质量安全风险及来源分析

本节主要从生产环节水产品质量安全的主要风险、基于HACCP理论的生产环节水产品质量安全的危害来源分析、我国生产环节水产品质量安全的主要问题三个方面分析我国生产环节水产品质量安全风险及来源，最终构建了水产品质量安全关键技术体系。本节主要借鉴了孙月娥等、于辉辉等已有的相关研究成果，[①] 并结合我国水产品质量安全风险的最新状况展开分析。

一、生产环节水产品治理安全的主要风险

风险（Risk）为风险事件发生的概率与事件发生后果的乘积。[②] 联合国化学品安全项目中将风险定义为暴露某种特定因子后在特定条件下对组

① 孙月娥、李超、王卫东：《我国水产品质量安全问题及对策研究》，《食品科学》2009年第21期，第493—498页。于辉辉、李道亮、李瑾等：《水产品质量安全监管系统关键控制点分析》，《江苏农业科学》2014年第1期，第239—241页。

② L. B. Gratt, *Uncertainty in Risk Assessment, Risk Management and Decision Making*, New York: Plenum Press, 1987, p. 251.

织、系统或人群（或亚人群）产生有害作用的概率。① 由于风险特性不同，没有一个完全适合所有风险问题的定义，应依据研究对象和性质的不同而采用具有针对性的定义。对于食品安全风险，联合国粮农组织（Food and Agriculture Organization，FAO）与世界卫生组织于1995—1999年先后召开了三次国际专家咨询会。② 国际法典委员会（Codex Alimentarius Commission，CAC）认为，食品安全风险是指将对人体健康或环境产生不良效果的可能性和严重性，这种不良效果是由食品中的一种危害所引起的。③ 食品安全风险主要是指潜在损坏或威胁食品安全和质量的因子或因素，这些因素包括生物性、化学性和物理性。④ 具体到生产环节的水产品质量安全风险，本章认为，我国水产品质量安全风险不仅包括生物性风险、化学性风险和物理性风险，还包括水产品本身含有的天然有毒物质。

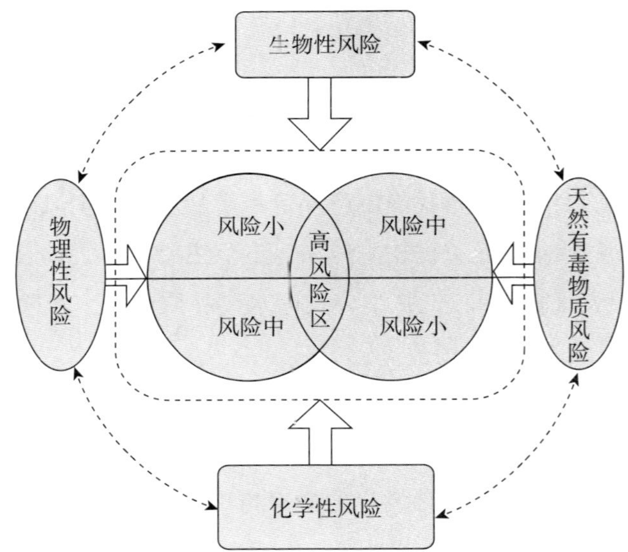

图 2-5　生产环节水产品质量安全的主要风险

① 石阶平：《食品安全风险评估》，中国农业大学出版社2010年版，第3页。

② FAO, *Risk Management and Food Safety*, Rome: Food and Nutrition Paper, 1997, p. 11.

③ FAO/WHO, *Codex Procedures Manual*, 10th Edition, 1997, p. 7.

④ International Life Sciences Institute, *A Simple Guide to Understanding and Applying the Hazard Analysis Critical Control Point Concept*, Europe, Brussels, 1997, p. 14.

（一）生物性风险

水产品质量安全中的生物性风险十分复杂，主要是由致病菌、病毒等能产生毒素的微生物组织以及对人体健康构成威胁的寄生虫等组成。第一，致病菌。由微生物污染导致的食源性疾病是影响水产品质量安全的主要因素，其中致病菌是生物性危害的最主要来源。[①] 来源于水产品中的致病菌包括其自身原有致病菌和非自身原有致病菌（生产过程中被污染的致病菌），自身原有致病菌包括肉毒梭菌、弧菌、单核细胞增生李斯特氏菌等，水产品自身携带的致病菌数量比较低，除非贮藏不当导致水产品体内的微生物开始繁殖，否则这些少量致病菌导致疾病的危险性可以忽略；非自身原有致病菌包括沙门氏菌、志贺氏菌、金黄色葡萄球菌等，主要是水产品被污染导致的。[②] 第二，病毒。病毒性疾病爆发的载体以双壳软体动物为主，只有少数种类的病毒会引起与水产品有关的疾病，如甲型肝炎病毒、诺瓦克病毒或者类诺沃克病毒等，水产品中的病毒是由带病毒的水产品生产者或者被污染的水域造成的。[③] 第三，寄生虫。水产品中常见的寄生虫主要有线虫、绦虫、吸虫等，一般是由于人们食用了生的或未经烹调且伤口被感染的鱼类而造成的。[④]

（二）化学性风险

化学性危害主要指农药、兽药残留、生长促进剂和污染物，违规或违法添加的添加剂；化学性风险指化学物质的不合理使用和环境污染物的危害，包括水产品生产过程中使用的农药、兽药残留、生长促进剂、违规或

---

① 李泰然：《中国食源性疾病现状及管理建议》，《中华流行病学杂志》2003 年第 8 期，第 651—653 页。

② 孙月娥、李超、王卫东：《我国水产品质量安全问题及对策研究》，《食品科学》2009 年第 21 期，第 493—498 页。

③ H. A. Mohamed, T. K. Maqbool, K. S. Suresh, "Microbial Quality of Shrimp Products of Export Trade Produced from Aquacultured Shrimp", *International Journal of Food Microbiology*, Vol. 82, No. 3, 2003, pp. 213-221.

④ 洪鹏志、章超桦：《水产品安全生产与品质控制》，化学工业出版社 2005 年版，第 1—2 页。林洪：《水产品安全性》，中国轻工业出版社 2005 年版，第 92 页。

违法添加的添加剂以及因水体污染、化学用品残留所引发的污染物等。[①]

（三）物理性风险

物理性风险主要指金属物质、玻璃碎片等在食品中发现的不正常的有害外来物，多数来源于捕捞工具及照明灯、消毒灯、玻璃温度计等器具。[②]相对于生物性和化学性危害，物理性危害相对影响较小。[③]

（四）天然有毒物质风险

除了生物性风险、化学性风险和物理性风险外，水产品中还有一类风险需要引起格外关注，主要是水产品自身含有的天然有毒物质风险。水生生物中的天然有毒物质包括鱼类毒素（如河鲀毒素、组胺）和贝类毒素（如麻痹性贝毒、神经性贝毒、腹泻性贝毒）等，主要来源于有毒的海藻、鱼和贝类。[④]

二、基于HACCP理论的生产环节水产品质量安全的危害来源分析

（一）HACCP理论介绍

HACCP是“Hazard Analysis and Critical Control Point”的英文缩写，即“危害分析及关键控制点”，主要是通过科学和系统的方法，分析和查找食品生产过程中的危害，确定具体的预防控制措施和关键控制点，并实施有效的监控，从而确保产品的卫生安全。可见，HACCP理论注重全程监视和控制，注重预防措施，强调通过系统地识别危害、评估危害、开发和实施有效的危害控制措施。HACCP理论主要包括七个部分内容：（1）实施危害分析；（2）确定关键控制点；（3）确定关键限值，这是区分可接受和不可接受的标准；（4）建立关键控制点监控系统；（5）确定在关键控制点失控

① 尹世久、吴林海、王晓莉：《中国食品安全发展报告2016》，北京大学出版社2016年版，第13页。

② 洪鹏志、章超桦：《水产品安全生产与品质控制》，化学工业出版社2005年版，第125页。

③ N. I. Valeeva, M. P. M. Meuwissen, R. B. M. Huirne, “Economics of Food Safety in Chains: A Review of General Principles”, *Wageningen Journal of Life Sciences*, Vol. 51, No. 4, 2004, pp. 369-390.

④ 丁仲田、木牙沙尔、冀剑峰：《水产品中的自然毒物与毒素》，《肉品卫生》2004年第5期，第30—34页。

时采取的整改措施；(6) 制定确认 HACCP 系统有效运行的核查程序，用于评估是否需要完善 HACCP 计划；(7) 建立文件记录证明系统，实现产品质量和安全控制的可追溯性。[①] 对生产环节水产品质量安全的危害来源分析可以分为捕捞水产品和养殖水产品两种类型。

（二）捕捞水产品质量安全的危害来源分析

对于捕捞水产品安全的危害来源分析，学术界已有研究，如于辉辉等将捕捞水产品安全的危害来源划分为 12 个方面。[②] 在借鉴已有研究成果的基础上，本章构建了如图 2-6 所示的捕捞水产品质量安全的危害来源，具体包含 14 个方面：(1) 捕捞水域的水体质量状况；(2) 水产品捕捞工具的质量状况，如渔网、鱼叉、钓钩等；(3) 捕捞过程中使用的投入品的质量状况，如鱼原料、饵料等；(4) 捕捞水产品接载区的质量状况；(5) 冲洗

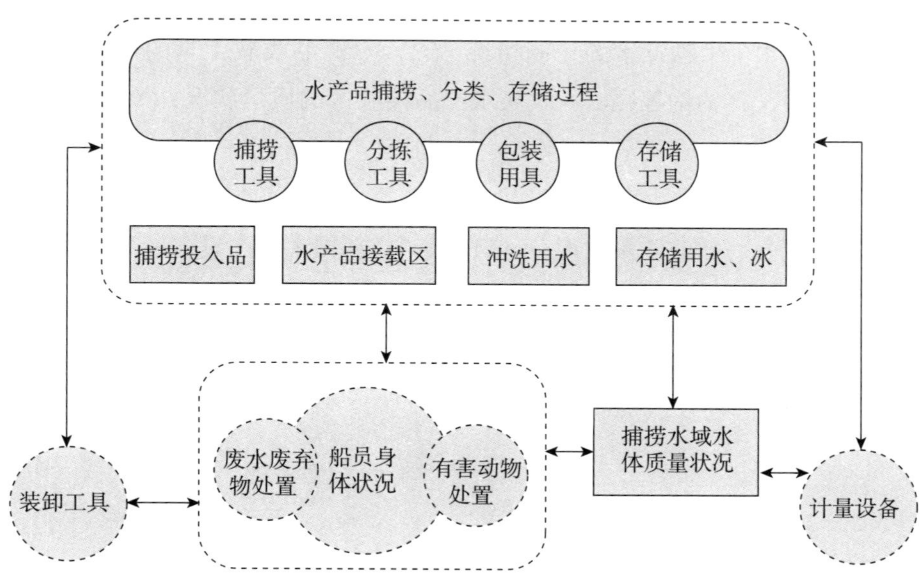

图 2-6　捕捞水产品质量安全的危害来源

① 刘新山、张红、周洁等：《新西兰水产品安全立法研究》，《中国渔业经济》2014 年第 6 期，第 31—38 页。

② 于辉辉、李道亮、李瑾等：《水产品质量安全监管系统关键控制点分析》，《江苏农业科学》2014 年第 1 期，第 239—241 页。

水产品所用水体的质量状况；（6）分拣水产品所用工具的质量状况；（7）水产品包装用具的质量状况，如包扎蟹类所用的绳子等；（8）存储水产品所用水、冰的质量状况；（9）水产品存储工具、设备的质量状况；（10）水产品装卸工具的质量状况；（11）捕捞渔船上有害动物的处置状况；（12）捕捞渔船废水、废弃物的处置状况；（13）水产品计量设备的质量状况；（14）直接接触水产品的船员的身体状况。

（三）养殖水产品质量安全的危害来源分析

与捕捞水产品相比，养殖水产品的环节更多、情况更为复杂，主要是多加了水产品饲养的环节。根据 HACCP 理论，本章构建了如图 2-7 所示的养殖水产品质量安全的危害来源，主要包括 18 个方面：（1）养殖水域的水体质量状况；（2）水产苗种的质量状况；（3）水产饲料、饵料的质量状况；（4）疫病防治以及渔药的质量状况和使用情况；（5）养殖设施的质量状况；（6）水生生物毒素的控制情况；（7）水产品收获工具的质量状况，如渔网、鱼叉、钓钩等；（8）收获水产品接载区的质量状况；（9）冲洗水产品所用水体的质量状况；（10）分拣水产品所用工具的质量状况；（11）水产品包装用具的质量状况，如包扎蟹类所用的绳子等；（12）存储水产品所用水、冰的质量状况；（13）水产品存储工具、设备的质量状况；（14）水产品装卸工具的质量状况；（15）收获渔船上有害动物的处置状况；（16）收获渔船废水、废弃物的处置状况；（17）水产品计量设备的质量状况；（18）直接接触水产品的船员的身体状况。

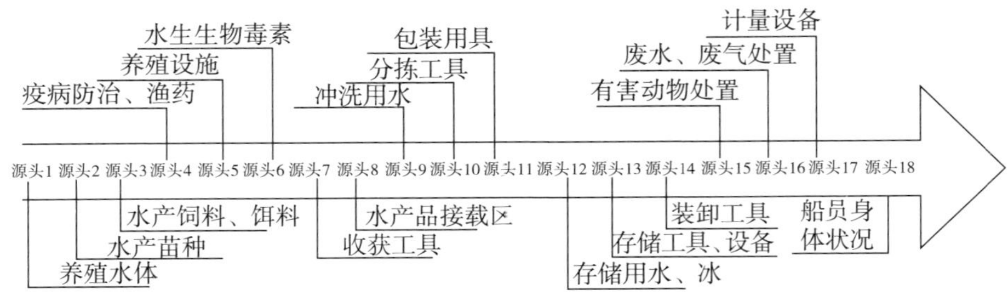

图 2-7 养殖水产品质量安全的危害来源

三、生产环节水产品质量安全的关键控制点

由以上分析可知，捕捞水产品质量安全的危害来源包含 14 个方面，而养殖水产品质量安全的危害来源包含 18 个方面，可以说，生产环节水产品质量安全的危害来源众多，但并不是所有的环节都具有相同的风险水平，事实上，不同来源的风险水平差别很大。对于捕捞水产品来说，捕捞水域的水体质量状况是主要的安全风险来源；而对于养殖水产品来说，除了养殖水域的水体质量状况外，养殖过程中苗种、饲料、渔药等养殖投入品的质量状况和使用情况是主要的质量安全风险来源。同时，考虑到我国水产品产量中养殖水产品产量和捕捞水产品产量的比例为 74.51：25.49、养殖水产品占绝大多数的事实，本章构建了如图 2-8 所示的生产环节水产品质量安全的关键控制点，认为生产环节水产品质量安全的关键控制点主要有：

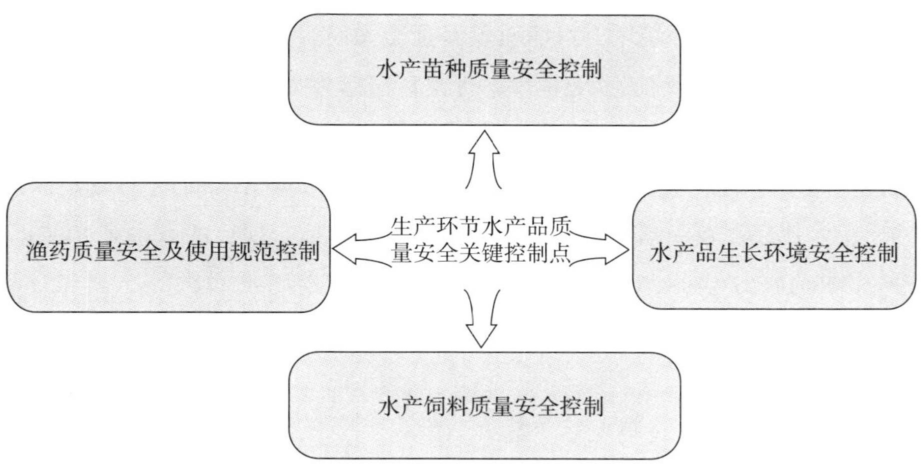

图 2-8　生产环节水产品质量安全的关键控制点

（一）水产苗种质量安全控制

水产苗种是水产品的最初形式，直接决定水产品的质量安全。如果水产苗种质量不合格，不仅使水产苗种的自身质量存在安全隐患，而且会迫使水产养殖户为了保障水产苗种的成活率而大量使用渔药，使最终养成的

水产品质量堪忧。对于自繁自养的水产苗种，苗种生产、培育过程应符合相关法规、质量标准的规定；对于外购的苗种，应购买经有关行政部门批准并持有水产苗种生产许可证的苗种苗场。[①]

（二）水产品生长环境安全控制

水产品生长环境安全控制关键点包括生长区域内污染源、水质水源、水产品生长区域的土地、生长区域对周围的影响等方面内容，对于水产品生长环境的控制，《农产品安全质量 无公害水产品产地环境要求》（GB/T 18407.4-2001）提出了相应标准，该标准对影响水产品生产的养殖场、水质和底质的指标及相应的试验方法按照现行标准的有关要求，结合无公害水产品生产的实际作出了规定，从而规范我国无公害水产品的生产环境，保证无公害水产品正常的生长和水产品的安全质量，促进我国无公害水产品生产，但该标准于2015年3月1日废止。而福建省地方标准《无公害水产品产地环境要求》（DB35/T 141-2001）正在施行。

在水产品生长环境中，水体质量安全是关键内容，是决定水产品质量安全的重要因素。目前，水体污染已经直接影响了我国水产品的质量安全。[②] 水体质量安全控制主要包括水源选择、水质处理，水体水质应该满足渔业用水标准，水质清新，不能含有过量的对人体有害的重金属及化学物质，水体底泥及周围土壤中的重金属含量不超标。现行的《渔业水质标准》（GB 11607-1989）、《无公害食品 淡水养殖用水水质》（NY 5051-2001）、《无公害食品 海水养殖用水水质》（NY 5052-2001）是水产品水体质量的主要标准。

（三）水产饲料质量安全控制

水产饲料的质量安全是决定水产品质量安全的又一重要因素，用不安全的饲料进行喂养会严重影响水产品质量安全。例如，如果饲料中重金属含量超标，长时间喂养会使重金属在鱼体内累积，最终被人类食用摄入体

① 徐捷、蔡友琼、王媛：《水产苗种质量安全监督抽样的问题与思考》，《中国渔业质量与标准》2011年第2期，第71—73页。

② 石静：《我国水产养殖产地环境管理研究》，硕士学位论文，上海海洋大学，2011年，第1页。

内，对消费者的身体健康构成威胁。对饲料的控制要求包括饲料的质量安全是否符合《饲料卫生标准》（GB 13078-2001）要求，批准文号是否被撤销，生产许可证是否合格，饲料药物添加剂是否属于禁用药物，维生素添加剂是否符合标准、法规规定，矿物质类添加剂是否符合标准、法规规定等方面的内容。[①] 现行的《饲料卫生标准》（GB 13078-2001）、《饲料药物添加剂使用规范》（农业部公告第168号）、《饲料和饲料添加剂管理条例》（2017年3月1日修订版）、《禁止在饲料和动物饮用水中使用的药物品种目录》（农业部公告第176号）、《饲料标签》（GB 10648-2013）等国家标准和规范是饲料质量安全的主要标准，北京市地方标准《淡水鱼用饲料卫生标准》（DB11/ 422-2007）则是淡水鱼用饲料的地方标准。

（四）渔药质量安全及使用规范控制

农兽药残留超标是导致水产品质量安全风险的最主要人为因素之一。为了减少渔药造成的水产品安全问题，一方面，要禁止渔药生产企业生产剧毒渔药，让渔业养殖户使用低毒、易分解的渔药；另一方面，要规范渔业养殖户的渔药使用规范，减少因过量使用渔药、不合理使用渔药对水产品质量安全造成的危害。现行的《良好农业规范第13部分：水产养殖基础控制点与符合性规范》（GB/T 20014.13-2013）、《无公害食品　水产品中渔药残留限量》（NY 5070-2002）、《无公害食品渔用药物使用准则》（NY 5071-2002）、《无公害食品　水产品中有毒有害物质限量》（NY 5073-2006）是渔病防治、渔药使用的主要标准。

四、水产品质量安全关键技术体系

根据以上分析，构建了如图2-9所示的生产环节水产品质量安全关键技术体系。水产品质量安全检测技术、水产品可追溯技术、水产品质量安全技术标准体系等技术体系重点应用于水产品生产环节中的产前（环境，

---

① 潘葳、林虬、宋永康：《我国水产饲料标准化体系现状、问题及对策》，《标准科学》2012年第1期，第33—37页。

如水体环境、水体底泥、周围土壤等）、产中（投入品，如水产苗种、水产饲料、饵料、渔药等）、产后（存储，如常温存储、低温存储、冷冻存储等）等方面。源头治理的水产品生产技术体系则主要针对生物性风险、化学性风险、物理性风险和天然有毒物质风险的治理。

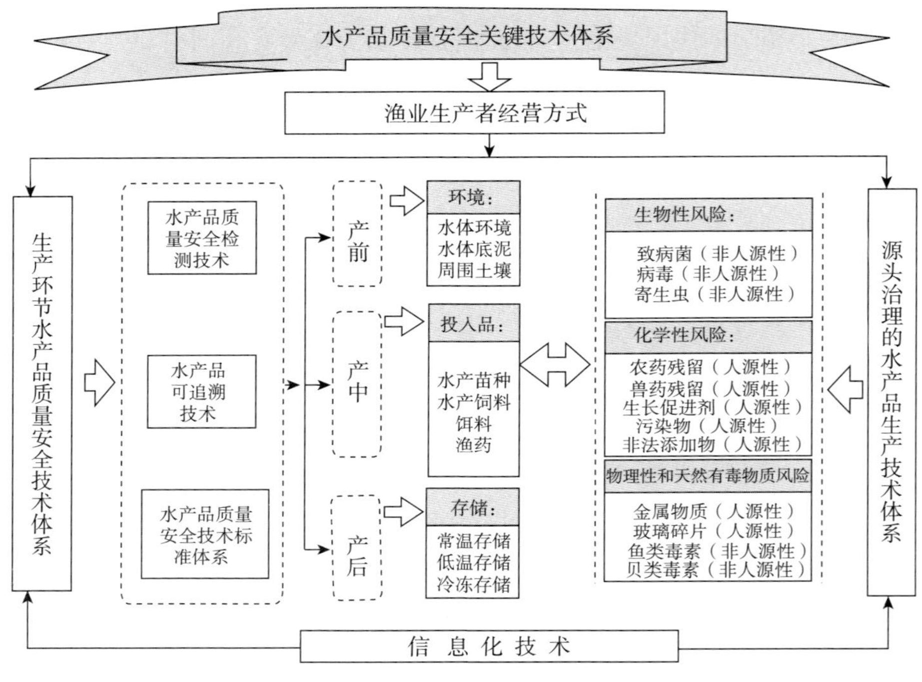

图 2-9 水产品质量安全关键技术体系

第三节 生产环节水产品质量安全的主要问题

作为我国质量安全总体合格率最低的农产品种类，水产品的质量安全风险偏高，造成这些风险的原因也复杂多样。本章认为，目前我国生产环节水产品质量安全主要的问题是农兽药残留超标、环境污染引发的质量安全问题、微生物污染、寄生虫感染、含有有毒有害物质、含有致敏原等（见图 2-10）。

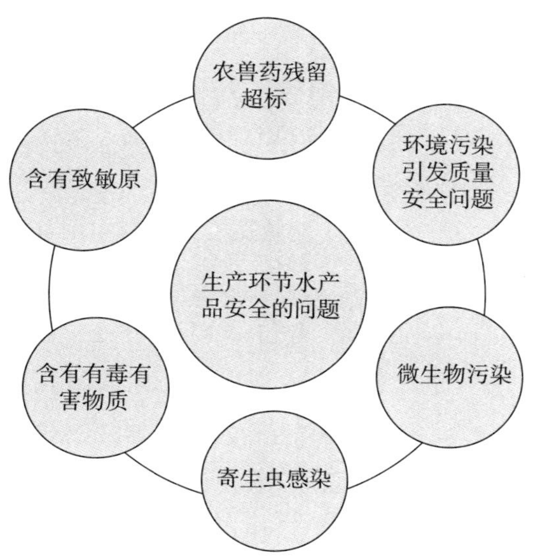

图 2-10　我国生产环节水产品质量安全的主要问题

一、农兽药残留超标

（一）典型案例

近年来，各地农业部门围绕农兽药残留、非法添加、违禁使用、私屠滥宰及注水和注入其他物质等突出问题，坚持问题导向，加大巡查检查和监督抽查力度，实行最严格的监管、最严厉的处罚，会同公检法机关严厉打击农产品质量安全领域违法违规行为，有效维护了消费者合法权益，切实保障了农产品质量安全。其中新疆、甘肃、江西、四川、山东、重庆、广东、福建、浙江等地农业部门紧抓线索，深挖源头，积极查办案件，依法查处了一批农产品质量安全执法监管大案要案。在 2017 年的全国食品安全宣传周农业部主题日活动上，农业部向社会公布 9 个农产品质量安全执法监管典型案例，其中与水产品质量安全相关的案例有两个，而且全部与农兽药问题有关。[①]

① 《农业部公布农产品质量安全执法监管典型案例》，2017 年 6 月 30 日，见 http://www.moa.gov.cn/zwllm/zwdt/201706/t20170630_5732757.htm。

案例1：福建省东山县海洋与渔业局查处欧某等生产、销售含有违禁物质水产品案。2015年11月，福建省东山县海洋与渔业执法大队执法人员联合县公安部门对辖区某养殖场进行现场检查，发现养殖场疑似使用禁用渔药。经检测，送检的石斑鱼、虎斑鱼和养殖场水样品检出呋喃西林、孔雀石绿。东山县海洋与渔业执法大队将该案件移送东山县公安局，并对涉案的石斑鱼进行无害化处理。2016年8月，欧某等二人以生产、销售有毒、有害食品罪被分别判处有期徒刑十个月和六个月，并处罚金4万元和2万元。

案例2：浙江省台州市黄岩区农业局查处林某等人生产、销售含有违禁药物牛蛙案。2015年4月，浙江省台州市黄岩区农业局对辖区内牛蛙养殖户进行上市前监督抽样，发现3户农户的牛蛙样品中检出氯霉素药品成分。随后，农业执法人员和公安民警组织联合查处，对涉案的三家养殖场共计10.7吨未上市牛蛙进行了集中填埋、监督销毁。2015年11月，林某等三人以生产、销售有毒、有害食品罪被判处六至八个月的有期徒刑，并处罚金4万—6万元。

（二）案例分析

以上两个案例发生在我国水产品生产大省福建省和浙江省，其中涉及的已经不仅仅是农兽药残留超标的问题了，而是非法使用禁用农兽药的问题。2002年3月5日，农业部发布的《食品动物禁用的兽药及其他化合物清单》（农业部公告第193号）将氯霉素、孔雀石绿、硝基呋喃类代谢物列为禁用渔药，《农产品安全质量无公害水产品安全要求》（GB 18406.4-2001）中要求氯霉素、硝基呋喃“不得检出”、甲醛为限用渔药。然而，案例1中，福建某养殖场的石斑鱼、虎斑鱼和养殖场水样品检出呋喃西林、孔雀石绿；案例2中，浙江3户农户的牛蛙样品中检出氯霉素药品成分，这些均是国家禁止使用的渔药，对人体的危害极大，已经构成生产、销售有毒、有害食品罪，所以主要养殖成员被判处有期徒刑并处罚金，而这些水产品均要做销毁、填埋等无害化处理。

（三）农兽药残留超标概述

我国水产品中农兽药残留超标的主要原因有：喂养过程中使用添加大

量激素的饲料以促进水产品的生长；为了降低养殖成本，在喂养过程中使用腐烂变质的饲料；滥用水质改良剂来改善水的环境；滥用消毒剂对养殖水体进行消毒；使用禁用的农兽药来防治水产品疫病；过量使用抗生素和激素类农兽药防治水产品疾病；捕捞前不执行农兽药的休药、停药制度；销售时浸泡氯霉素药液以获得较好的感官品质等不良行为仍大量存在。总体来说，违规使用饲料、药物、水质改良剂、消毒剂、保鲜剂、防腐剂等投入品，使农兽药残留超标成为引起水产品质量安全事件最直接、最重要的原因。[①] 目前常见的因残留超标引起水产品质量安全事件的药物主要有氯霉素、孔雀石绿、硝基呋喃类代谢物和甲醛等。在人体内不断蓄积的这些残留药物所产生的毒性作用、过敏反应和三致作用（致畸、致癌和致突变作用）等不仅会破坏胃肠道内微生物平衡，使机体容易发生感染性疾病，而且水产品内的耐药菌株能够传播给人体，危及人体健康。[②]

二、环境污染引发的质量安全问题

（一）典型案例

对于环境污染引发的质量安全问题，以下两个案例具有典型性：

案例1：漳州、泉州贝类中毒事件。2017年6月8日下午开始，漳州漳浦县佛昙多名群众因食用贝类海产品后，出现头晕、四肢麻痹等食物中毒症状。据当地政府通报，截至6月8日24时，有36名群众被送往医院救治。而据泉州石狮市永宁镇政府通报，6月7日、8日当地已发生两起8名外来务工人员因捡拾贝类海产品食用后食物中毒事件。根据政府部门通报，此次贝类中毒事件主要是由居民误食了海水赤潮污染导致的麻痹性贝类毒素引发，该染毒贝类不能通过外观与味道的新鲜程度加以分辨，冷冻

① 尹世久、吴林海、王晓丽：《中国食品安全发展报告2016》，北京大学出版社2016年版，第49—50页。

② 李银生、曾振灵：《兽药残留的现状与危害》，《中国兽药杂志》2002年第1期，第29—33页。胡梦红：《抗生素在水产养殖中的应用、存在的问题及对策》，《水产科技情报》2006年第5期，第217—221页。

和加热不能使其完全失活。[①]

案例 2：青岛检出扇贝重金属镉超标事件。2015 年 8 月，山东青岛市抽检生鲜水产品，四批次扇贝检出镉超标，检出值在 4.4 mg/kg—7.9 mg/kg，而根据国家标准，扇贝的镉限量为 2.0 mg/kg，因此，这四批次扇贝最高超标近 3 倍。本次检出的海水贝类镉超标，可能原因是由于贝类生活的浅滩浅海水域，正是海水中受污染严重、重金属浓度较高的地方，容易导致贝类海鲜镉超标。[②]

（二）案例分析

案例 1 中引发消费者中毒的主要是“麻痹性贝类毒素”，它一直是引发我国消费者水产品中毒的主要原因之一。为此，2016 年 6 月 7 日，国家食品药品监督管理总局对“麻痹性贝类毒素”进行了科学解读。[③]“麻痹性贝类毒素”是一类具有神经肌肉麻痹作用的生物毒素，并非来自贝类生物体本身，而是贝类摄食有毒藻类，并在其体内蓄积、放大和转化等过程形成的具有神经肌肉麻痹作用的赤潮生物毒素。贝类摄食有毒藻类则是因为海水污染引发赤潮导致的。据统计，全球每年因“麻痹性贝类毒素”而引发的中毒事件约为 2000 起，死亡率达到 15%。[④] 我国于 2016 年 11 月 13 日实施的《鲜、冻动物性水产品卫生标准》（GB 2733-2015）规定“麻痹性贝类毒素”的限量为小于等于 4 MU/g，《农产品安全质量　无公害水产品要求》（GB 18406-2001）规定为小于等于 80 μg/100g，《无公害水产品有毒有害物质限量》（NY 5073-2006）规定为小于等于 400 MU/100g（相当于 80 μg/100g）。漳州、泉州贝类中毒事件发生后，2017 年 6 月 11 日，国家

① 《漳泉数十人食用贝类后中毒 厦门市民近期慎食》，2017 年 6 月 10 日，见 http://fj.qq.com/a/20170610/007805.htm。

② 《青岛抽检生鲜水产品　四批次扇贝重金属镉超标》，2015 年 8 月 12 日，见 http://news.xinmin.cn/shehui/2015/08/12/28366848.html 。

③ 《解读生物毒素系列（四）——关于‘麻痹性贝类毒素”的科学解读》，2016 年 6 月 7 日，见 http://www.sda.gov.cn/WS01/CL1679/155161.html。

④ European Food Safety Authority, “Scientific Opinion of the Panel on Contaminants in the Food Chain on a Request from the European Commission on Marine Biotoxins in Shellfish-Summary on Regulated Marine Biotoxins”, *EFSA Journal*, No. 1306, 2009, pp. 1-23.

食品药品监督管理总局发布慎食贝类海鲜的消费提示；6 月 14 日，农业部办公厅印发《农业部办公厅关于加强贝类质量安全监管的紧急通知》（农办渔〔2017〕39 号），避免再次发生消费者贝类中毒的事件。

案例 2 则是因环境污染引发的水产品重金属超标问题。正常环境中生长的扇贝几乎不含有重金属，扇贝重金属超标的主要原因是人类向水体排放过量的废水、废物导致水体具有较高含量的重金属。镉是重金属污染物中的一种，会在水产品体内积累富集，而且会通过食物链将毒性危害放大，最后危害到人类的身体健康。

（三）环境污染引发的质量安全问题概述

环境污染物是指无意或者偶然混入水产品中的化学物质。随着工业、交通运输业的发展，工业废气、废渣、废水不经处理或处理不彻底任意排入水体，这些工业三废中的有害化学物质通过食物链与生物富集作用，造成水产品的严重污染。[①] 正如以上案例中的水产品质量安全事件，环境污染引发的水产品质量安全问题可以分为两类：一类是水产品重金属超标问题，另一类是水产品生物毒素中毒问题。工业污水中的汞、镉、铜、锌、铅、砷等有毒重金属和有机氯的半衰期长，水生生物的富集作用强，可以在水产品体内进行蓄积，在人类食用后引起人体运动失调、昏迷、呼吸中枢麻痹、瘫痪甚至死亡。而发生的生物毒素问题，主要是因为水体污染、富营养化引发赤潮、水华而产生的。近年来，我国发生了一系列水污染事件，最为典型的是 2007 年爆发的江苏无锡太湖蓝藻事件。除了案例中介绍的水产品质量安全事件，我国还发生了大量的因为环境污染引发的水产品质量安全事件，如北京、浙江、福建等地相继发生的食用织纹螺中毒事件，深圳发生的食用深海鱼类中毒事件，香港、广东等地发生的食用石斑鱼中毒事件，广东中山市和汕头市发生的食用老虎斑中毒事件等。

① 孙月娥、李超、王卫东：《我国水产品质量安全问题及对策研究》，《食品科学》2009 年第 21 期，第 493—498 页。

三、微生物污染

微生物污染是影响我国生产环节水产品质量安全的重要因素。根据国家食品药品监督管理总局发布的相关资料，我国水产品容易被副溶血性弧菌和沙门氏菌感染。副溶血性弧菌是一种食源性致病菌，多分布于河口、近岸海水及其沉积物中。许多水产品中含有副溶血性弧菌，如鳕鱼、沙丁鱼、鲭鱼、鲽鱼、文蛤、章鱼、虾、蟹、龙虾、小龙虾、扇贝和牡蛎等。沙门氏菌被认为是目前世界范围内最主要的食源性致病菌之一，传统认为，肉类（尤其是禽肉）、蛋类及蛋制品、未经巴氏消毒的牛奶及奶制品是沙门氏菌感染的主要食品种类。然而，近年来，虹鳟、以色列镜鲤、罗非鱼、大西洋鲑等鱼类和贝类甚至水体表面均有沙门氏菌的检出，应引起重视。①

副溶血性弧菌是水产品引起食物中毒的主要致病菌，在由微生物污染引发的食源性疾病中，副溶血性弧菌居各种病因之首。② 副溶血性弧菌，是一种嗜盐性的革兰氏阴性短杆菌，属于弧菌科弧菌属可以产生耐热直接溶血素（TDH）或TDH相关溶血素（TRH），这是副溶血性弧菌的主要毒力因子。该菌在环境中的分布呈明显的季节性，与温度直接相关，夏秋季为该菌的高发季节。③ 副溶血性弧菌有侵袭作用，其产生的TDH和TRH的抗原性和免疫性相似，皆有溶血活性和肠毒素作用，可导致肠胃肿胀、充血和肠液潴留，引起腹泻。患者体质、免疫力不同，临床表现轻重不一。近年来，国内报道的副溶血性弧菌食物中毒，临床表现可呈典型、胃肠炎型、菌痢型、中毒性休克型或少见的慢性肠炎型，病程1至6日不等，一

① 《关于生蚝微生物污染的风险解析》，2016年12月21日，见 http://www.sda.gov.cn/WS01/CL1679/167800.html。

② 刘秀梅、陈艳、王晓英：《1992—2001年食源性疾病爆发资料分析：国家食源性疾病监测网》，《卫生研究》2004年第6期，第725—727页。

③ Q. Hu, L. Chen, "Virulence and Antibiotic and Heavy Metal Resistance of Vibrio Parahaemolyticus Isolated from Crustaceans and Shellfish in Shanghai, China", *Journal of Food Protection*, Vol. 79, No. 8, 2016, pp. 1371-1377.

般恢复较快。[①]

沙门氏菌是一类危害人和动物健康的重要致病菌，其菌属型别繁多，抗原复杂，其中最为常见的是肠炎沙门氏菌、鼠伤寒沙门氏菌和猪霍乱沙门氏菌。感染人类的沙门氏菌中99%为肠炎沙门氏菌，该菌是一种兼性厌氧、无芽胞、无荚膜的革兰氏阴性菌。沙门氏菌引起的急性胃肠炎是由于肠多核白细胞（PMN）聚集导致的黏膜水肿和感染，症状多发生在细菌感染后的6—72小时，最长持续一周，可自行恢复。在北美，沙门氏菌是食物传播疾病最常见的原因之一，无免疫应答者和婴幼儿是严重肠炎的易感人群，可能导致系统感染甚至死亡。[②]

国内外已制定水产品中副溶血性弧菌和沙门氏菌的限量标准。国际食品微生物标准委员会（International Commission of Microbiological Specializations on Food）认为，只有携带毒力基因的副溶血性弧菌才会导致食物中毒，通常约5%—7%的副溶血性弧菌携带毒力基因。[③] 水产品被副溶血性弧菌污染并不一定导致食源性疾病，只有副溶血性弧菌污染达到一定量的时候才会增加食源性疾病发生的概率，不同国家副溶血性弧菌标准限量不同。而沙门氏菌的致病力则较强，国际上通常要求在即食食品中不得检出。我国《食品安全国家标准食品中致病菌限量》（GB 29921-2013）中对即食的水产制品和水产调味品规定了副溶血性弧菌限量，具体为n=5，c=1，m=100 MPN/g（mL），M=1000 MPN/g（mL）；对即食水产品规定的沙门氏菌限量规定为n=5，c=0，m=0。

---

① B. Liu, H. Liu, Y. Pan, et al., "Comparison of the Effects of Environmental Parameters on the Growth Variability of Vibrio Parahaemolyticus Coupled with Strain Sources and Genotypes Analyses", *Front Microbiol*, No. 7, 2016, p. 994.

② O. N. Ertas, S. Abay, F. Karadal, et al., "Occurence and Antimicrobial Resistance of Staphylococcus Aureus Salmonella Spp. in Retail Fish Samples in Turkey", *Marine Pollution Bulletin*, Vol. 90, No. 1, 2015, pp. 242-246.

③ FAO/WHO, *Application of Risk Analysis to Food Standard Issues*, *Report of the Joint FAO/WHO Expert Consultation*, Geneva, Switzerland: WHO, 1995, p. 17.

四、寄生虫感染

在某些活体鱼类、螺类、虾蟹等水产品中可能存在寄生虫，如果人们采用一些诸如生食之类的不健康饮食行为，就会出现寄生虫感染的情况。第一，异尖线虫感染是水产品中最常见的寄生虫之一。异尖线虫多存在于生鱼片中，在60%—70%的深海鱼中都会携带异尖线虫。如果人们为了吃新鲜的生鱼片，在鱼打捞上岸后，没有经过专业的冷冻处理就立刻食用，极易感染异尖线虫。为了防止人们吃生鱼片后感染异尖线虫，这些鱼类要进行专业的冷冻处理，才可以避免被异尖线虫感染。[①] 第二，由肺吸虫引发的肺吸虫病也需要引起人们的注意。夏天在广大夜排档备受欢迎的小龙虾易携带肺吸虫，除了蒸、煮外，其他的烹饪方法比如爆炒等，都只是“半熟”的加工方式，很难将寄生于小龙虾肉中的肺吸虫幼虫杀死，吃了“半熟”的小龙虾，就有可能感染肺吸虫。此外，还有人喜欢将新鲜的小螃蟹不煮熟就食用，如醉蟹等，这样也易感染肺吸虫，引发肺吸虫病。肺吸虫幼虫或成虫可在人体组织与器官内移行，一方面造成机械性损伤；另一方面其代谢物等可引起免疫病理反应，对人体的危害极大。第三，由肝吸虫引发的肝吸虫病也是常见的水产品食源性疾病。我国的河鱼中容易携带肝吸虫，如果人们食用河鱼的生鱼片或半生的鱼片，这些加工过程都不能杀死鱼所携带的肝吸虫幼虫，食用后很容易感染上肝吸虫病。肝吸虫病表现为纳差、腹泻、上腹部不适、肝肿大及嗜酸性粒细胞增多等，它还可引发胆管癌。

五、含有有毒有害物质

（一）典型案例

浙江奉化消费者食用河鲀（民间也称为河豚）鱼干中毒事件是水产品含有有毒有害物质的典型案例。在浙江奉化打工的何大姐是浙江丽水人，

① 杨六香：《对食源性疾病你了解多少》，《中国医药报》2017年6月29日。

在一周前得到邻居送来的一包自己加工晾晒的河鲀鱼干。2016 年 8 月 18 日晚上，何大姐拿了一些河鲀鱼干来红烧，并放了整整一斤黄酒来进一步去除毒素。为了保证一家人安全，何大姐首先试吃，10 分钟后就出现全身皮肤发麻、胸闷、气促等症状。在经历了洗胃、导泻、补液、营养神经、血液净化等对症治疗后，何大姐的身体状况才逐渐好转。①

（二）案例分析

河鲀因含有河鲀毒素而具有极高的食品安全风险。对河鲀的加工需要由专业人员来进行处理，而案例中的河鲀鱼干则是由邻居加工而成，没有专业人员，也没有专业化的加工处理，所以很容易发生中毒的现象。在案例中，何女士还试图用酒精来分解河鲀中的毒素，殊不知，酒精很难分解河鲀毒素，最终导致河鲀毒素中毒的发生。

（三）含有有毒有害物质概述

水产品中自身含有的有毒有害物质不仅会对人体健康产生威胁，严重的还会致命。目前，我国水产品中含有的有毒有害物质主要包括河鲀毒素和组胺两大类。河鲀毒素主要存在于河鲀和刺规等鱼种中，在云斑裸颊虾虎鱼、加州蝾螈、织纹螺等中也存在。河鲀毒素主要存在于河鲀的卵巢、肝脏、皮肤、肠和血液中，卵巢含毒量最多，每年 1 至 5 月河鲀生殖系统发育期含毒最多，故春夏季最易出现中毒。河鲀肌肉基本无毒，但处理不慎受内脏、血液污染而食用可中毒。河鲀毒素是自然界毒性最大的非蛋白质神经毒素之一，毒性约为剧毒氰化钠的 1250 倍，0.5 毫克就可毒死体重 70 千克的人，该毒素理化性质稳定，煮沸、盐腌、日晒等均不能将其破坏，甚至 100℃加热 5 小时仍不能将毒素完全破坏。河鲀毒素中毒潜伏期一般在 10 分钟至 3 小时，患者首先感觉面部或手脚感觉异常，随后可能出现眩晕或麻痹，也可能出现恶心、呕吐、腹泻等胃肠症状，继而可能会呼吸急促，并可能出现低血压、抽搐和心律不齐，重者可致死亡。目前尚无

① 《丽水 1 女子吃一小块河豚鱼干中毒 做 2 小时血液净化才救回》，2016 年 8 月 19 日，见 http://zj.sina.com.cn/news/s/2016-08-19/detail-ifxvcsrm1874301.shtml。

特效解毒药物，病死率高。[①] 组胺是鱼体中的游离组胺酸在组胺酸脱羧酶的催化作用下，发生脱羧反应而形成的一种毒性物质。组胺中毒是指因食用含大量组胺的鱼类食品引起的一类过敏性食物中毒。据报道由这类含高组胺的鱼及其制品引起的食物中毒，国内以鲐鱼为最多，沙丁鱼次之，尚有食用鲅鱼、池鱼、青鳞鱼和金枪鱼等引起的中毒病例。[②] 鱼胆是民间常用来治病的传统食物之一，有时因食用方法不当可引起食源性疾病。[③]

六、含有致敏原

含致敏原的水生生物常见的有虾、龙虾、蟹和其他贝类，成人比儿童过敏率高，可发生特异性皮肤炎症及毒性反应，手、脸表现红色水肿，但一般不会死亡。[④] 在水产品消费量高的地区，鱼类过敏反应较为普遍，过敏原存在于鱼肉中，鱼皮和骨头制成的鱼胶制品也包含一定的过敏原。最新研究表明，海产食品生产过程中微粒的烟雾化扩散成为潜在的呼吸和接触致敏原的来源。[⑤]

第四节　生产环节水产品质量安全监管的法律体系

为了全面了解我国生产环节水产品质量安全监管的法律体系，本节对我国现行的法律法规进行了汇总，包括人大通过的相关法律、国务院行政法规、农业部的相关规章和规范性文件等（见图 2-11）。需要说明的是，除了上文提到的三种类型的法律文件外，我国生产环节水产品质量安全监管的法律体系还包括省、自治区、直辖市、计划单列市、拥有地方立法权

① 《解读生物毒素系列（二）——河鲀毒素食物中毒》，2014 年 11 月 6 日，见 http://www.sda.gov.cn/WS01/CL1679/108960.html。

② 程天民：《军事预防医学》，人民军医出版社 2006 年版，第 617—619 页。

③ 胡祥仁、陆林、王云生：《急性鱼胆中毒 86 例临床分析》，《中华内科杂志》2000 年第 4 期，第 273—274 页。

④ 于瑞敏：《水产品的主要卫生学问题》，《职业与健康》2008 年第 4 期，第 374—376 页。

⑤ 宋亮、罗永康、沈慧星：《水产品安全生产的现状和对策》，《中国食品卫生杂志》2006 年第 5 期，第 445—449 页。

的地市等地方人大通过的行政法规等，由于篇幅限制，在此不再讨论。

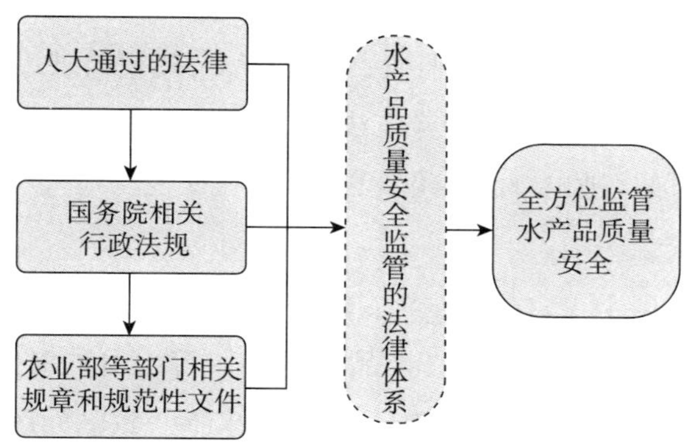

图 2-11　我国生产环节水产品质量安全监管的法律体系

一、相关法律

表 2-1 是与水产品质量安全监管有关的法律。与我国水产品质量安全相关的法律共有 11 种。其中，《中华人民共和国食品安全法》（以下简称《食品安全法》）与《中华人民共和国农产品质量安全法》（以下简称《农产品质量安全法》）是关系我国水产品质量安全的专门性法律，需要重点关注，但《食品安全法》与《农产品质量安全法》如何有效衔接及实用性问题还没有充分解决。而《中华人民共和国渔业法》（以下简称《渔业法》）是规范我国渔业活动的基本法，因此，如何有效保障水产品质量安全应成为其中的重要内容，但现行的《渔业法》对此几乎没有涉及。未来，《渔业法》需要借鉴《食品安全法》《农产品质量安全法》的思想和内容，弥补水产品质量安全监管内容不足的问题。

除了与水产品质量安全相关的专业性法律外，还有一些法律涉及水产品质量安全监管，如《中华人民共和国动物防疫法》（以下简称《动物防疫法》）从水产品防疫的角度涉及水产品质量安全，《中华人民共和国水污染防治法》（以下简称《水污染防治法》）、《中华人民共和国海洋环境保护法》（以下简称《海洋环境保护法》）从水污染防治、海洋环境保护等方面保障水产品质量安全，《中华人民共和国农业法》（以下简称《农业法》）、

《中华人民共和国标准化法》(以下简称《标准化法》)、《中华人民共和国产品质量法》(以下简称《产品质量法》) 从农产品质量标准、产品质量保证等角度加强水产品质量安全监管,《中华人民共和国进出境动植物检疫法》(以下简称《进出境动植物检疫法》)、《中华人民共和国进出口商品检验法》(以下简称《进出口商品检验法》) 则在检疫、检验等方面涉及进出口水产品质量安全问题。

除此之外，由于《食品安全法》《农产品质量安全法》《进出口商品检验法》《进出境动植物检疫法》《产品质量法》等出台的时间、背景不同，也存在彼此间各自适用范围不清晰、标准要求不一致的问题。需要进一步理清不同法律之间范围交叉、标准不一致的问题，确定不同职能部门在保障水产品质量安全方面的职责边界，使水产品质量安全的相关法律进一步得到施行。

表 2-1 与水产品质量安全监管有关的法律

序号	法律名称及制定和修改时间	简要评述
1	《渔业法》(1986，2000，2004，2009，2013)	规制渔业活动的基本法；缺乏涉及水产品质量安全的问题，但水产苗种检疫、防止病害和污染、养殖水环境管理与水产品质量安全管理密切相关
2	《农产品质量安全法》(2006)	有关食用农产品质量监管的基本法，适用初级水产品质量安全监管，需要进一步厘清和《食品安全法》的适用关系
3	《农业法》(1993，2002，2012)	适用渔业和水产品质量安全，是规制农业活动的普通法，涉及农产品质量问题，如农产品质量标准、检测、认证等
4	《动物防疫法》(1997，2007，2013)	动物防疫基本法，提出加强对动物防疫活动的管理，预防、控制和扑灭动物疫病，促进养殖业发展，保护人体健康，维护公共卫生安全；适用水生动物防疫，与水产品质量安全有关
5	《水污染防治法》(1984，1996，2008，2017)	防治水污染的基本法，涉及水产品质量安全问题

续表

序号	法律名称及制定和修改时间	简　要　评　述
6	《海洋环境保护法》(1982，1999，2013，2016)	保护海洋环境的基本法，涉及水产品质量安全问题
7	《标准化法》(1988，2017)	仅 26 条，建立了现行的标准体系，形成于有计划商品经济时期，已不适合今天的市场经济发展形势，与《立法法》等法律严重不协调；2017 年 5 月 16 日，全国人大常委会在中国人大网官网公布《中华人民共和国标准化法（修订草案）》全文，向社会公开征求意见
8	《食品安全法》(2009，2015)	食品安全的基本法，2015 年版本被誉为“史上最严食品安全法”，但需要进一步明确与《农产品质量安全法》以及其他法律的适用关系
9	《进出境动植物检疫法》(1991，2009)	有关动植物及其产品进出口检疫的基本法，与进出口水产品质量安全相关
10	《进出口商品检验法》(1989，2002，2013)	有关进出口商品检验的基本法，涉及进出口水产品质量安全
11	《产品质量法》(1993，2000，2009)	有关产品质量的普通法，也适用食品，与水产品质量安全相关

二、国务院相关行政法规

表 2-2 梳理了国务院制定的适用水产品质量安全监管的行政法规。国务院制定的相关行政法规主要是根据上文中提到的法律制定而成。其中，《中华人民共和国兽药管理条例》(以下简称《兽药管理条例》) 第七十四条明确规定，水产养殖中的兽药使用、兽药残留检测和监督管理以及水产养殖过程中违法用药的行政处罚，由县级以上人民政府渔业主管部门及其所属的渔政监督管理机构负责。为此，渔业部门可按照此条例制定专门的渔药使用、残留检测等方面的管理办法，有效预防和控制因渔药使用不当而造成的水产品质量问题。同时，亦应考虑渔药和兽药之间的概念差别，

防止那些不属于兽药，但属于渔药的化学品影响水产品质量安全。

表 2-2 现行的国务院制定的水产品质量安全相关行政法规

序号	法律名称及通过和修改时间	简 要 评 述
1	《兽药管理条例》（1987，2001，2004，2014，2016）	对兽药管理问题做了全面规定，适用渔药管理，但渔药和兽药的定义存在差异；主要由兽医部门负责实施，渔业部门在使用环节有管理权
2	《饲料和饲料添加剂管理条例》（1999，2001，2011，2013，2016，2017）	对饲料、饲料添加剂管理问题做了全面规定，适用水产饲料管理；主要由畜牧部门负责实施，渔业部门在使用环节有管理权
3	《渔业法实施细则》（1987）	2000 年修订《渔业法》后，一直未能修改，也未考虑水产品质量监管问题
4	《认证认可条例》（2003，2016）	规范了包括水产品在内的产品质量认证、认可问题
5	《食品安全法实施条例》（2009，2016）	为实施《食品安全法》作出了更详尽的规定
6	《工业产品生产许可证管理条例》（2005）	是对工业化加工食品实施许可证管理的最直接法律依据，可厘清渔业部门和食药监部门在水产品质量安全领域的管辖权界限
7	《标准化法实施条例》（1990）	已不适合目前的市场经济形势
8	《水污染防治法实施细则》（2000）	《水污染防治法》于 2008 年修改后，一直未修改
9	《进出境动植物检疫法实施条例》（1996）	为实施 1991 年《进出境动植物检疫法》作出了进一步规定
10	《进出口商品检验法实施条例》（1992，2005，2017）	为实施《进出口商品检验法》作出了更详尽的规定

水产饲料是水产养殖活动的重要投入品，影响着水环境质量和水产品质量，按照《中华人民共和国饲料和饲料添加剂管理条例》规定，饲料的生产、经营销售主要由畜牧部门管理，但是在使用环节由渔业部门管理，相关立法应进一步明确畜牧和渔业部门在水产饲料管理方面的分工协作关系。根据 2005 年《工业产品生产许可证管理条例》，从事食品工业化加工的企业应办理许可证，而从事初级农产品加工的则不需要。由此，亦可划分渔业部门与其他食品安全监管部门的职责范围，渔业部门应依法对发生

在水产养殖场和捕捞渔船上的水产品初级加工活动实施监管，制定相关管理办法，禁止将不符合要求的初级水产品直接投放消费市场，或转移至食品加工厂。

三、农业部相关规章和规范性文件

作为我国渔业的主管部门，农业部出台的水产品质量安全的相关规章和规范性文件更多，覆盖范围更广、内容也更为具体。表 2-3 是农业部制定的水产品质量安全相关规章和规范性文件。其中，有专门针对水产品的部门规章，如《水产品批发市场管理办法》《水产苗种管理办法》《水产养殖质量安全管理规定》等。尤其是《水产养殖质量安全管理规定》是一部非常有前瞻性的立法，是按照《渔业法》《兽药管理条例》和《饲料和饲料添加剂管理条例》的立法宗旨制定的，也是目前唯一一部以“提高养殖水产品质量安全水平”为主要立法目的的农业部规章，内容很全面。然而,《水产养殖质量安全管理规定》是 2003 年公布的，至今已有 14 年的时间，其间我国陆续颁布《农产品质量安全法》和《食品安全法》，国务院也修订了相关的行政法规《兽药管理条例》和《饲料和饲料添加剂管理条例》，并对食品安全监管体制作出重大调整。因此,《水产养殖质量安全管理规定》已经不能满足现实条件下水产品养殖环节质量安全的需要，有必要对其进行全面修改。除此之外，农业部的相关规章和规范性文件还包括饲料管理、动物疫情管理、兽药管理、农产品质量管理等内容，均从不同方面对我国水产品质量安全进行管理。

表 2-3　现行的农业部制定的水产品质量安全相关规章和规范性文件

编号	名　称	文件编号
1	《饲料和饲料添加剂生产许可管理办法》	2012 年 5 月 2 日农业部令 2012 年第 3 号公布，2013 年 12 月 31 日农业部令 2013 年第 5 号、2016 年 5 月 30 日农业部令 2016 年第 3 号修订

续表

编号	名　称	文件编号
2	《新饲料和新饲料添加剂管理办法》	2012年5月2日农业部令2012年第4号公布，2016年5月30日农业部令2016年第3号修订
3	《饲料添加剂和添加剂预混合饲料产品批准文号管理办法》	2012年5月2日农业部令2012年第5号公布
4	《饲料质量安全管理规范》	2014年1月13日农业部令2014年第1号公布
5	《进口饲料和饲料添加剂登记管理办法》	2014年1月13日农业部令2014年第2号公布，2016年5月30日农业部令2016年第3号修订
6	《中华人民共和国动物及动物源食品中残留物质监控计划和官方取样程序》	1999年5月11日农牧发〔1999〕8号公布
7	《动物疫情报告管理办法》	1999年10月19日农牧发〔1999〕18号公布
8	《兽药质量监督抽样规定》	2001年12月10日农业部令第6号公布，2007年11月8日农业部令第6号修订
9	《兽药生产质量管理规范》	2002年3月19日农业部令第11号公布
10	《兽药标签和说明书管理办法》	2002年10月31日农业部令第22号公布，2004年7月1日农业部令第38号、2007年11月8日农业部令第6号修订
11	《兽药注册办法》	2004年11月24日农业部令第44号公布
12	《动物病原微生物分类名录》	2005年5月24日农业部令第53号公布
13	《新兽药研制管理办法》	2005年8月31日农业部令第55号公布，2016年5月30日农业部令2016年第3号修订
14	《兽用生物制品经营管理办法》	2007年3月29日农业部令第3号公布
15	《兽药进口管理办法》	2007年7月31日农业部、海关总署令第2号公布
16	《兽药经营质量管理规范》	2010年1月15日农业部令2010年第3号公布
17	《动物检疫管理办法》	2010年1月21日农业部令2010年第6号公布
18	《动物防疫条件审查办法》	2010年1月21日农业部令2010年第7号公布
19	《兽用处方药和非处方药管理办法》	2013年9月11日农业部令2013年第2号公布

续表

编号	名　称	文件编号
20	《兽药产品批准文号管理办法》	2015 年 12 月 3 日农业部令 2015 年第 4 号公布
21	《水产品批发市场管理办法》	1996 年 11 月 27 日农渔发〔1996〕13 号公布，2007 年 11 月 8 日农业部令第 6 号修订
22	《水产苗种管理办法》	2001 年 12 月 10 日农业部令第 4 号公布，2005 年 1 月 5 日农业部令第 46 号修订
23	《水产养殖质量安全管理规定》	2003 年 7 月 24 日农业部令第 31 号公布
24	《无公害农产品管理办法》	2002 年 4 月 29 日农业部、质检总局令第 12 号公布，2007 年 11 月 8 日农业部令第 6 号修订
25	《农产品包装和标识管理办法》	2006 年 10 月 17 日农业部令第 70 号公布
26	《农产品质量安全检测机构考核办法》	2007 年 12 月 12 日农业部令第 7 号公布
27	《农产品地理标志管理办法》	2007 年 12 月 25 日农业部令第 11 号公布
28	《绿色食品标志管理办法》	2012 年 7 月 30 日农业部令第 6 号公布
29	《农产品质量安全监测管理办法》	2012 年 8 月 14 日农业部令第 7 号公布
30	《关于有效成分含量高于产品质量标准的农药产品有关问题的复函》	2005 年 10 月 12 日农办政函〔2005〕82 号公布
31	《农业部农产品质量安全监督抽查实施细则》	2007 年 6 月 10 日农办市〔2007〕21 号公布
32	《农业部产品质量监督检验测试机构管理办法》	2007 年 8 月 8 日农市发〔2007〕23 号公布
33	《农产品地理标志登记程序、农产品地理标志使用规范》	2008 年 8 月 8 日农业部公告第 1071 号公布
34	《农产品质量安全检测机构考核评审员管理办法、农产品质量安全检测机构考核评审细则》	2009 年 7 月 21 日农业部公告第 1239 号公布

与此同时，为了实现相关监管文件的与时俱进，清除掉严重滞后于我国现状的文件，农业部于 2016 年 5 月 30 日发布《农业部关于宣布失效一批文件的决定》(农发〔2016〕2 号)，宣布了一批文件失效，其中有较多文件涉及水产品质量安全问题（如表 2-4 所示)。其中,《关于加强渔业质

量管理工作的通知》（农市发〔2000〕8 号）直接涉及水产品质量安全，而包含水产品质量安全的文件有《关于印发〈优势农产品质量安全推进计划〉的通知》（农市发〔2003〕4 号）、《关于进一步加强农产品质量安全管理工作的意见》（农市发〔2004〕15 号）、《农业部关于加强农产品质量安全监管能力建设的意见》（农市发〔2006〕17 号）、《农业部办公厅关于加强农产品质量安全事件应急工作的通知》（农市发〔2006〕31 号）、《农业部关于贯彻〈农产品质量安全法〉加强农产品批发市场质量安全监管工作的意见》（农市发〔2007〕7 号）、《农业部关于印发〈农产品质量安全信息发布制度〉的通知》（农市发〔2007〕11 号）、《农业部办公厅关于印发〈农业部农产品质量安全事件应急工作机制方案〉的通知》（农办市〔2007〕12 号）、《农业部关于贯彻落实〈国务院关于加强食品等产品安全监督管理的特别规定〉的意见》（农市发〔2007〕21 号）等。

表 2-4　2016 年部分失效的农业部水产品质量安全相关文件

编号	名　称	文件编号
1	《关于加强渔业质量管理工作的通知》	农市发〔2000〕8 号
2	《关于转发“绿色食品”工作会议文件的通知》	农（垦）字〔1990〕第 83 号
3	《关于印发〈优势农产品质量安全推进计划〉的通知》	农市发〔2003〕4 号
4	《关于进一步加强农产品质量安全管理工作的意见》	农市发〔2004〕15 号
5	《关于开展“无公害食品行动计划”试点工作的通知》	农办市〔2004〕22 号
6	《农业部关于印发〈国家重大食品安全事故应急预案农业部门操作手册〉的通知》	农市发〔2006〕11 号
7	《农业部关于加强农产品质量安全监管能力建设的意见》	农市发〔2006〕17 号
8	《农业部办公厅关于加强农产品质量安全事件应急工作的通知》	农市发〔2006〕31 号

续表

编号	名称	文件编号
9	《农业部关于贯彻〈农产品质量安全法〉加强农产品批发市场质量安全监管工作的意见》	农市发〔2007〕7号
10	《农业部关于印发〈农产品质量安全信息发布制度〉的通知》	农市发〔2007〕11号
11	《农业部办公厅关于印发〈农业部农产品质量安全事件应急工作机制方案〉的通知》	农办市〔2007〕12号
12	《农业部关于贯彻落实〈国务院关于加强食品等产品安全监督管理的特别规定〉的意见》	农市发〔2007〕21号

第五节 2016年生产环节水产品质量安全的监管进展

2015年12月24日，农业部部长韩长赋在全国农业工作会议上发表重要讲话，为2016年和“十三五”时期农产品质量安全监管工作指明了方向。对于“十三五”时期农产品质量安全监管工作，韩长赋部长提出，全面提升农产品质量安全水平是“十三五”农业发展的一场硬仗。要坚持“产出来”和“管出来”两手抓、两手硬，一手抓标准化生产，一手抓执法监管，加快推进监管体系和追溯体系建设，加大抽检覆盖率，力争到2020年，农产品质量安全突出问题得到有效解决，质量安全水平稳定提升。而对于2016年农产品质量安全监管工作，韩长赋部长提出，2016年要在做好常规性工作的基础上，将加快提升农产品质量安全全程监管能力作为重点工作之一。开展产地环境污染调查与治理修复示范，加快农产品质量安全追溯体系建设。修订《农产品质量安全法》及相关法规，制定、修订农兽药残留标准1000项，推行高毒农药定点销售、实名购买制度，在龙头企业和合作社、家庭农场推行投入品记录制度。积极争取支持政策，再创建200个农产品质量安全县，推动建立健全省、地、县、乡四级监管机构，构建网格化监管体系。提高农产品质量安全监管执法能力，强化责任追究，严打重罚非法添加、制假售假等违法犯罪行为。

一、加快推进水产品质量安全追溯体系建设

2016年6月23日，农业部发布了《农业部关于加快推进农产品质量安全追溯体系建设的意见》(农质发〔2016〕8号)，提出将大菱鲆作为重点农产品种类统一开展追溯试点。主要内容如下：

（一）指导思想

贯彻落实党的十八大及十八届三中、四中、五中全会精神和《食品安全法》《农产品质量安全法》等法律要求，全面推进现代信息技术在农产品质量安全领域的应用，加强顶层设计和统筹协调，健全法规制度和技术标准，建立国家农产品质量安全追溯管理信息平台（以下简称“国家平台”），加快构建统一权威、职责明确、协调联动、运转高效的农产品质量安全追溯体系，实现农产品源头可追溯、流向可跟踪、信息可查询、责任可追究，保障公众消费安全。

（二）建立追溯管理运行制度

出台国家农产品质量安全追溯管理办法，明确追溯要求，统一追溯标识，规范追溯流程，健全管理规则。加强农业与有关部门的协调配合，健全完善追溯管理与市场准入的衔接机制，以责任主体和流向管理为核心，以扫码入市或索取追溯凭证为市场准入条件，构建从产地到市场再到餐桌的全程可追溯体系。鼓励各地会同有关部门制定农产品追溯管理地方性法规，建立主体管理、包装标识、追溯赋码、信息采集、索证索票、市场准入等追溯管理基本制度，促进和规范生产经营主体实施追溯行为。

（三）搭建信息化追溯平台

建立“高度开放、覆盖全国、共享共用、通查通识”的国家平台，赋予监管机构、检测机构、执法机构和生产经营主体使用权限，采集主体管理、产品流向、监管检测和公众评价投诉等相关信息，逐步实现农产品可追溯管理。各行业、各地区已建追溯平台的，要充分发挥已有的功能和作用，探索建立数据交换与信息共享机制，加快实现与国家追溯平台的有效

对接和融合，将追溯管理进一步延伸至企业内部和田间地头。鼓励有条件的规模化农产品生产经营主体建立企业内部运行的追溯系统，如实记载农业投入品使用、出入库管理等生产经营信息，用信息化手段规范生产经营行为。

（四）制定追溯管理技术标准

充分发挥技术标准的引领和规范作用，按照“共性先立、急用先行”的原则，加快制定农产品分类、编码标识、平台运行、数据格式、接口规范等关键标准，统一构建形成覆盖基础数据、应用支撑、数据交换、网络安全、业务应用等类别的追溯标准体系，实现全国农产品质量安全追溯管理“统一追溯模式、统一业务流程、统一编码规则、统一信息采集”。各地应制定追溯操作指南，编制印发追溯管理流程图和“明白纸”，加强宣传培训，指导生产经营主体积极参与。

二、加强水生动物疫病监测

2016年3月4日，农业部发布《农业部关于印发〈2016年国家水生动物疫病监测计划〉的通知》（农渔发〔2016〕7号）。通知提出，为掌握我国重大水生动物疫病病原分布情况，提高疫病风险预警防控能力，避免发生区域性重大疫情，根据《中华人民共和国动物防疫法》《中华人民共和国渔业法》的有关规定，组织制定了《2016年国家水生动物疫病监测计划》，将鲤春病毒血症（鲤科鱼类）、白斑综合征（对虾和克氏原螯虾）、病毒性神经坏死病（海水鱼）、传染性造血器官坏死病（鲑鳟鱼类）、锦鲤疱疹病毒病（鲤鱼和锦鲤）、鲫造血器官坏死病（鲫鱼）、草鱼出血病（草鱼和青鱼）、传染性皮下和造血器官坏死病（对虾）8种疫病作为重点专项监测内容。最终通过组织和规范开展水生动物疫病监测，全面掌握重要水生动物疫病的病原分布、流行趋势和疫情动态，提高风险预警能力，科学研判防控形势，制定防控策略，及时消除疫情隐患，避免发生区域性突发疫情，减少因水生动物疫病所造成的经济损失，保障水产品质量安全。

三、促进兽药产业健康发展

《农业部关于促进兽药产业健康发展的指导意见》（以下简称《意见》）（农医发〔2016〕15 号）为促进兽药产业健康发展、保障水产品在内的农产品质量安全指明了方向。《意见》一方面提出兽药质量进一步提高的目标，要求兽药质量抽检合格率稳定保持在 95%以上，畜禽产品兽药残留检测合格率超过 97%，兽药生产经营行为进一步规范，生产经营主体的守法意识进一步增强，兽药质量安全水平稳步提高；另一方面提出产品种类进一步丰富的目标，水产养殖用兽药等产品不断丰富，新制剂和现代中兽药制剂开发等取得重大进展，加快发展水产养殖用动物专用药、微生态制剂、低毒环保消毒剂和疫苗。

（一）兽药产业发展的重大意义

第一，促进兽药产业发展是保障养殖业稳定健康发展、促进农民增收的客观要求。兽药是预防、治疗和诊断动物疾病的重要物资，是保障养殖业健康稳定发展不可或缺的投入品。促进兽药产业健康发展，提供安全、有效、质量可控的兽药，有利于增强动物疾病防治能力，提高养殖业生产效率和质量安全水平，促进农民增收。第二，促进兽药产业发展是保障动物源性食品安全的必然选择。促进兽药产业健康发展，加强兽药生产、经营和使用全程监管，推广使用安全、有效、低毒、低残留兽药是管理兽药残留相关动物源性食品安全风险的有效手段，有利于保障人民群众“舌尖上的安全”。第三，促进兽药产业发展是维护公共卫生安全的客观需要。优质高效的兽用疫苗、兽医诊断制品，对于防控突发重大动物疫情，维护公共卫生安全具有重要作用。促进兽药产业健康发展，将为重大动物疫病和人、畜共患病防控工作提供有力的物质保障。

（二）完善残留监控体系

在加强国家兽药残留基准实验室和各省级兽药残留检测机构基础建设的同时，强化地市级兽药残留检测能力建设。完善兽药残留限量标准体系，制定完善兽药残留检测办法，为全面开展残留检测提供技术支持。鼓励企业兽药残留检测室申请实验室认证，提高企业的检验水平。完善兽药残留快速检测试剂盒管理，鼓励开展动物产品兽药残留快速检测。持续实施兽药残留监控计划，提高检测覆盖面，强化阳性样品追溯管理。

（三）完善风险评估体系

制定兽药风险评估和安全评价技术规范。完善新兽药安全评价标准，强化兽药上市前风险评估。加强对有潜在安全风险兽药品种的安全性监测和再评价工作，推进药物饲料添加剂再评价。合理布局全国动物源细菌耐药性监测点，完善国家动物源细菌耐药性监测数据库，为临床科学用药提供技术支撑。

（四）提高监督执法能力和水平

按照"属地管理，分级负责，强化监督"的原则，整合执法资源，大力推进综合执法。加强基层执法队伍和执法能力建设。加强与公安、食药等部门的协调配合，建立行政管理、监督执法、质量检验机构协作机制，做好行政执法与刑事司法衔接。完善上下级和同级政府兽药行政许可、监督执法、质量检验信息通报制度，加强对大案、要案、跨区域案件协查、督查力度，依法从重处罚兽药生产经营使用违法行为。全面落实《全国兽药（抗菌药）综合治理五年行动方案（2015—2019年）》，开展系统全面的兽用抗菌药滥用及非法兽药综合治理行动。

（五）强化质量全程监管

督促企业落实兽药质量安全主体责任，严格执行生物安全管理等规定。全面推进兽药"二维码"标识管理。建立完善兽用疫苗从生产到使用的全程可追溯制度，强化疫苗存储、运输冷链监督管理。完善兽药监督抽检制度，强化假劣兽药的溯源执法。建立健全生产经营企业重点监控制度，实施精准监督检查。加大兽药分类管理制度实施力度，规范兽用处方药销售、使用行为。健全完善兽药不良反应报告制度，保证兽药的安全有效。加大养殖安全用药宣传培训力度，严格执行休药期制度，规范养殖用药行为。

（六）加强管理信息化建设

完善兽药行政审批和监管信息为基础的国家兽药产品基础信息数据

库，及时采集、发布兽药行业信息。完善兽药行政审批信息系统，构建网上申报平台，逐步实现行政许可事项审批全程网络化。完善国家兽药产品追溯系统，建立贯穿兽药生产、经营和使用各环节，覆盖各品种、全过程的兽药“二维码”追溯监管体系。

四、加强饲料质量安全

农业部发布的《农业部关于印发〈全国饲料工业“十三五”发展规划〉的通知》（农牧发〔2016〕13号）提出淡水鱼饵料系数达到1.5∶1，海水及肉食性鱼饵料系数达到1.2∶1，全国饲料产品抽检合格率稳定在96%以上，非法添加风险得到有效控制，确保不发生区域性、系统性重大质量安全事件的目标。同时提出，保障饲料质量安全要产管结合，以全面贯彻实施新的饲料法规为主线，推动各级政府落实好属地管理职责，各级饲料管理部门履行好监督管理职责，饲料生产经营企业落实好主体责任，从产和管两方面入手，健全饲料质量安全保障制度。这些论述对保障生产环节水产品质量安全具有积极意义。

（一）饲料质量安全要求

新时期加强饲料质量安全监管，不仅要聚焦保障动物产品安全这个核心目标，还要兼顾消费升级、环境安全等新要求。当前，新型非法添加物时有发现，饲料中霉菌毒素、重金属污染等问题也时有暴露，安全隐患不容忽视。随着城乡居民收入增长，以功能和特色为特征的动物产品生产进入快速发展期，饲料产品需要质量上配套提升。打好农业面源污染防治攻坚战，畜禽粪污治理任务艰巨，要求饲料产品绿色化发展，统筹兼顾减量排放、达标排放等环保要求。特别是长期使用一些传统饲料添加剂带来的负面影响日益受到关注，需要采取更有效的措施促进规范使用和减量使用。

（二）健全饲料质量安全规范标准

制定《自行配制饲料使用规范》，指导养殖者严格遵守限制性或禁止性规定。针对主要饲料添加剂和单一饲料品种，制定生产企业设立条件，指导各地规范生产许可审批。制定《宠物饲料管理办法》，完善配套标准规范，引导宠物饲料产业的快速发展。修订《药物饲料添加剂使用规范》，制定《药物饲料添加剂品种目录》。修订完善《饲料原料目录》《饲料添加剂品种目录》《饲料添加剂安全使用规范》和饲料添加剂产品标准。针对隐患排查和风险预警中发现的问题，及时组织制定检测标准。

（三）健全饲料质量安全监管体系

将饲料质量安全监管能力提升纳入农业执法能力建设规划和农产品质量安全县创建范围，推动地方政府进一步落实属地责任，改善执法条件，加强对饲料生产经营企业的日常监管。针对新型非法添加物、霉菌毒素、病原微生物、重金属等突出问题，加强安全预警和风险评估。整合饲料行政许可、质量安全监测、生产统计等信息系统，构建饲料行业管理大数据平台。

（四）健全饲料质量安全监管制度

加强省级行政许可专家审核队伍建设，严格执行饲料和饲料添加剂生产许可条件；加强新饲料和饲料添加剂审定、进口饲料和饲料添加剂登记工作，着力提高审批效率；落实简政放权、清理中介要求，规范行政许可审批程序。全面实施《饲料质量安全管理规范》，组织开展部级和省级示范创建，实现生产许可换证与规范验收同步审核；鼓励饲料生产企业建立产品信息化追溯体系，实现饲料生产经营使用全程追溯管理。健全饲料质量安全监测制度，完善年度监测计划，加强隐患排查和风险预警能力建设，强化检打联动和检防联动。

（五）健全饲料质量安全监管机制

全面推行“双随机、一公开”制度，完善监管档案记录。以“瘦肉精”等突出问题治理为重点，健全跨省案件通报协查、涉嫌犯罪案件移送、重大案件督办等工作机制，加大对违法行为的惩处力度。以饲料原料和饲料添加剂为重点，探索建立安全风险快速预警机制。加强饲料质量安全信用体系建设，全面推进行政许可、行政处罚、监督抽查等信用信息公开，与相关部门密切协作，健全守信激励和失信惩戒机制。支持行业协会等第三方机构开展信用评价工作。

五、试点食用农产品合格证管理制度

《农业部关于开展食用农产品合格证管理试点工作的通知》(农质发〔2016〕11号)指出，根据《农产品质量安全法》及《农业部和食品药品监管总局关于加强食用农产品质量安全监督管理工作的意见》的有关要求，进一步加快建立以食用农产品质量合格为核心内容的产地准出管理与市场准入管理衔接机制，农业部决定在部分省先行开展主要食用农产品合格证管理试点工作。

(一)开展食用农产品合格证管理试点工作的重要意义

当前，我国农产品生产经营主体数量庞大，主体责任意识淡薄，基层监管力量薄弱，食用农产品生产经营不规范等问题尚未得到根本解决。建立与市场准入制度相衔接的食用农产品合格证管理制度，推动生产经营者采取一系列质量控制措施，确保其生产经营的农产品质量安全，并以合格证的形式作出明示保证，有利于规范食用农产品生产经营行为，有利于形成有效的倒逼机制，这既是落实生产经营主体责任的迫切需要，也是构建农产品质量安全长效监管机制的现实需求，更是落实《农产品质量安全法》的必然选择，对于促进农业产业健康发展、确保农产品消费安全具有重大意义。

(二)推动生产经营者规范开具和使用合格证

试点省农业部门要推动各类生产经营者按照《食用农产品合格证管理办法(试行)》的要求，规范开具和使用食用农产品合格证，分批组织合格证管理业务培训，加大宣传动员力度，必要时进行现场指导。合格证开具主体应是食用农产品生产经营者，而不是政府相关部门，要坚持“谁开具、谁负责”的原则，强化食用农产品生产经营者的主体责任，对其生产经营食用农产品的质量安全负责。

(三)探索食用农产品合格证管理的有效模式

推行食用农产品合格证管理，是农产品质量安全管理一项全新的政策措施。试点省农业部门要结合实际，勇于创新，积极探索食用农产品合格证管理的有效模式，逐步优化部门间协作机制，进一步转变监管方式，全面提升我国农产品质量安全监管能力和水平。

六、其他水产品质量安全监管进展

除以上的重点工作以外，国务院、农业部等还发布了《农业部关于加快推进渔业转方式调结构的指导意见》（农渔发〔2016〕1号）、《关于印发〈“互联网+”现代农业三年行动实施方案〉的通知》（农市发〔2016〕2号）、《农业部关于印发〈实施农业竞争力提升科技行动工作方案〉的通知》（农科教发〔2016〕6号）、《农业部办公厅关于实施国家现代农业示范区十大主题示范行动的通知》（农办计〔2016〕40号）、《农业部办公厅 国家食品药品监督管理总局办公厅关于有条件放开养殖红鳍东方鲀和养殖暗纹东方鲀加工经营的通知》（农办渔〔2016〕53号）等文件，全面推进生产环节水产品的质量安全。

（一）以渔业转型推进质量安全监管

《农业部关于加快推进渔业转方式调结构的指导意见》（农渔发〔2016〕1号）认为渔业发展面临水域污染严重、质量安全存在隐患等挑战，提出正确处理渔业发展“量的增长”与“质的提高”的关系，将发展重心由注重数量增长转到提高质量和效益上来；大力发展标准化健康养殖，到2020年，全国水产健康养殖示范面积比重达到65%；加强质量安全监管，水产品质量安全水平稳步提高，努力确保不发生重大水产品质量安全事件。

（二）“互联网+”现代渔业

2016年4月22日，农业部、国家发展和改革委员会、中央网络安全和信息化领导小组办公室、科学技术部、商务部、国家质量监督检验检疫总局、国家食品药品监督管理总局、国家林业局8个部门联合发布了《关于印发〈“互联网+”现代农业三年行动实施方案〉的通知》（农市发〔2016〕2号），将水产健康养殖场列入“三园两场”建设，同时提出“互联网+”现代渔业的概念，构建集渔业生产情况、市场价格、生态环境和渔船、渔港、船员为一体的渔业渔政管理信息系统，推动卫星通信、物联网等技术在渔业行业的应用，提高渔业信息化水平。整合构建渔业产业数据中心，推进渔业渔政管理数据资源共享开放。面向全国水产健康养殖示范县（场），大力推广基于物联网技术的水产养殖水体环境实时监控、饵料自动精准投喂、鱼类病害监测预警、专家远程咨询诊断等系统，实现水产养殖集约化、装备工程化、测控精准化和管理智能化。推动电信运营商在沿海渔村、近海渔区的网络覆盖，实现移动终端在渔村的广泛应用。

（三）开展水产品质量安全监督抽查工作

为贯彻落实全国农产品质量安全监管工作会议精神，强化农产品质量安全执法监管，打击各种违法违规行为，切实保障农产品消费安全，确保不发生重大农产品质量安全事件，根据《农产品质量安全法》《农产品质量安全监测管理办法》及《2016 年国家农产品质量安全监测计划》等法律法规和工作安排，农业部发布《农业部关于开展 2016 年第一次国家农产品质量安全监督抽查工作的通知》（农质发〔2016〕10 号），决定开展 2016 年第一次国家农产品质量安全监督抽查工作，将水产品列为重点抽查品种，项目上以禁限用农药、禁用兽药及非法添加物为重点，对象上以种养殖基地、农产品生产企业、农民专业合作经济组织为重点，地域上以问题突出的地区和主产区为重点。

（四）水产品竞争力提升科技行动

《农业部关于印发〈实施农业竞争力提升科技行动工作方案〉的通知》（农科教发〔2016〕6 号）将水产品产业确定为具有特色和一定优势的 5 个主要产业之一，认为水产品存在生产粗放，养殖发病率高，水质调控不力，部分养殖过程存在违规用药问题，产品质量安全水平有待提高，养殖废水排放对生态环境造成一定污染等制约因素，决定在广东省化州市、山东省荣成市、辽宁省长海县等 16 个县市区开展饲料高效利用、病虫害防控、养殖环境调控、营养评价、质量控制等技术研究，提高水产品的质量安全与国际市场竞争力。

（五）建设水产健康养殖主题示范区

围绕加快推进农业供给侧结构性改革，以创新、协调、绿色、开放、共享五大发展理念为引领，以“稳粮增收转方式、提质增效可持续”为主线，以构建农业产业、生产、经营三大体系为重点，按照细化内容、分工负责、突出典型、打造亮点的原则，《农业部办公厅关于实施国家现代农业示范区十大主题示范行动的通知》（农办计〔2016〕40号）将水产健康养殖主题示范作为国家现代农业示范区十大主题示范之一，选择一批示范区开展水产健康养殖示范创建活动，优化养殖区域布局，加强养殖污染防控，促进其达到生产条件标准化、生产操作规范化、生产管理制度化、示范辐射规模化，加快形成健康养殖的长效机制，促进渔业转型升级。

（六）有条件放开养殖河鲀加工经营

为规范养殖河鲀加工经营活动，促进河鲀鱼养殖产业持续健康发展，防控河鲀中毒事故，保障消费者食用安全，农业部办公厅和国家食品药品监督管理总局办公厅联合发布《农业部办公厅　国家食品药品监督管理总局办公厅关于有条件放开养殖红鳍东方鲀和养殖暗纹东方鲀加工经营的通知》（农办渔〔2016〕53号），决定有条件放开养殖红鳍东方鲀和养殖暗纹东方鲀加工经营。通知提出，养殖河鲀应当经具备条件的农产品加工企业加工后方可销售，加工企业的河鲀应来源于经农业部备案的河鲀鱼源基地。养殖河鲀加工企业应具备的条件是，有经备案的河鲀鱼源基地，具有河鲀加工设备和技术人员，具备专业分辨河鲀品种的能力，熟练掌握河鲀安全加工技术，建立了完善的产品质量安全全程可追溯制度和卫生管理制度。河鲀产品的河鲀毒素含量不得超过2.2 mg/kg（以鲜品计）。检验方法按照现行国家标准《鲜河鲀鱼中河鲀毒素的测定》（GB/T 5009.206-2007）和《水产品中河鲀毒素的测定　液相色谱—荧光检测法》（GB/T 23217-2008）执行，食品安全国家标准河鲀毒素测定方法发布实施后，按照新标准执行。

第三章　水产品加工业市场供应与质量安全状况

本章主要分析我国水产品加工业的发展现状，[①] 介绍我国主要水产加工品的区域分布，并根据国家食品药品监督管理总局发布的国家监督抽检数据探究我国水产制品的质量安全状况。

第一节　水产品加工业市场供应概况

一、水产品加工业总产值

图 3-1 是 2008—2016 年我国水产品加工业总产值。2008 年我国水产品加工业总产值仅为 1971.37 亿元，之后水产品加工业总产值持续高速增长。2009 年，水产品加工业总产值首次突破 2000 亿元大关，达到 2026.60 亿元。2012 年突破 3000 亿元关口，达到 3147.68 亿元。2016 年，我国水产品加工业总产值在高基数上进一步增长，并首次突破 4000 亿元关口，达到 4090.23 亿元，较 2015 年增长了 5.40%。2008—2016 年，我国水产品加工业总产值累计增长了 107.48%，年均增长 9.55%，增长势头迅猛。

二、水产品加工企业

水产品加工企业是指从事水产品保鲜（保活）、保藏和加工利用的企

① 《报告》第一章、第二章生产环节主要强调获得的是初级水产品，而本章的水产品加工是指水产品保鲜（保活）、保藏和加工利用，强调获得的是水产品制品。

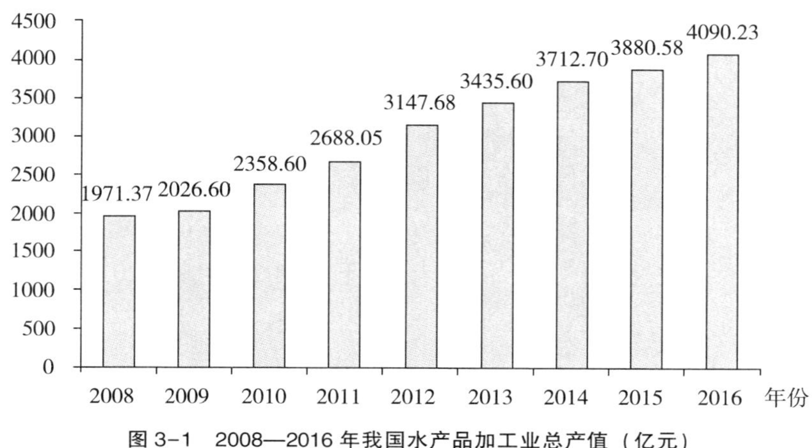

图 3-1　2008—2016 年我国水产品加工业总产值（亿元）

资料来源：农业部渔业渔政管理局：《中国渔业统计年鉴》，中国农业出版社 2009—2017 年版。

业。2008—2016 年我国水产品加工企业数及规模以上加工企业数如图 3-2 所示，近年来，我国水产品加工企业数基本保持稳定，且一直维持在 9600—10000 家。其中，2008 年的水产品加工企业数最多，达到 9971 家，

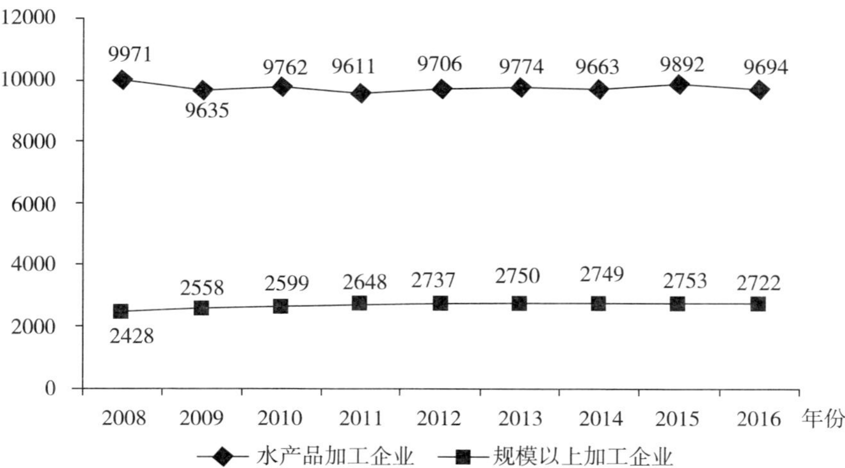

图 3-2　2008—2016 年我国水产品加工企业数及规模以上加工企业数（家）

资料来源：农业部渔业渔政管理局：《中国渔业统计年鉴》，中国农业出版社 2009—2017 年版。

2011 年的水产品加工企业数最少，为 9611 家。2016 年，我国拥有水产品加工企业 9694 家，较 2015 年下降了 198 家，下降了 2.00%。

规模以上水产品加工企业是指年主营业务收入 500 万元以上的水产品加工企业。2008 年，我国拥有规模以上水产品加工企业 2428 家，2009—2013 年分别增长到 2558 家、2599 家、2648 家、2737 家和 2750 家。2014 年，我国规模以上水产品加工企业下降到 2749 家，2015 年又上升到 2753 家的最高值。2008—2015 年，我国规模以上水产品加工企业累计增长了 13.39%。2016 年，我国拥有规模以上水产品加工企业 2722 家，较 2015 年下降了 31 家，下降了 1.13%，占水产品加工企业的比重为 28.05%。

三、水产品加工能力

图 3-3 是 2008—2016 年我国水产品加工能力。2008 年，我国水产品加工能力为 2197.48 万吨，之后的水产品加工能力稳步增长，到 2014 年增长到 2847.24 万吨。2015 年，水产品加工能力较 2014 年小幅下降 1.30%，

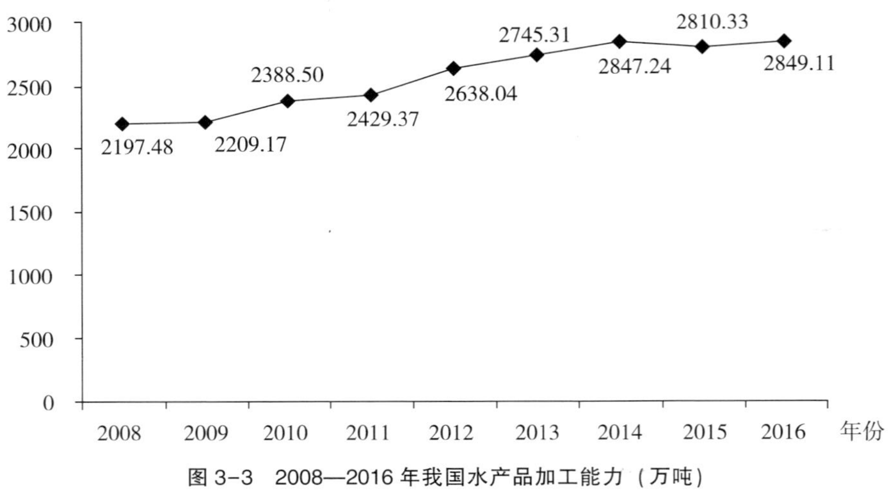

图 3-3　2008—2016 年我国水产品加工能力（万吨）

资料来源：农业部渔业渔政管理局：《中国渔业统计年鉴》，中国农业出版社 2009—2017 年版。

为2810.33万吨。2016年，我国水产品加工能力达到2849.11万吨的历史最好水平，较2015年增长了1.38%。2008—2016年，我国水产品加工能力累计增长了29.65%。可见，除2015年以外，我国水产品加工能力呈稳步增长的态势。

四、水产品加工总量

2008—2016年我国水产品加工总量如图3-4所示。2008年，我国水产品加工总量为1367.76万吨，之后持续高速增长，2009—2013年分别增长到1477.33万吨、1633.25万吨、1782.78万吨、1907.39万吨和1954.02万吨。2014年，我国水产品加工总量首次突破2000万吨关口，达到2053.16万吨。2016年，我国水产品加工总量在高基数上继续实现新增长，由2015年的2092.31万吨增长到2016年的2165.44万吨，增长了3.50%。2008—2016年，我国水产品加工总量累计增长了58.32%，年均增长5.91%，保持了较高速度的增长。

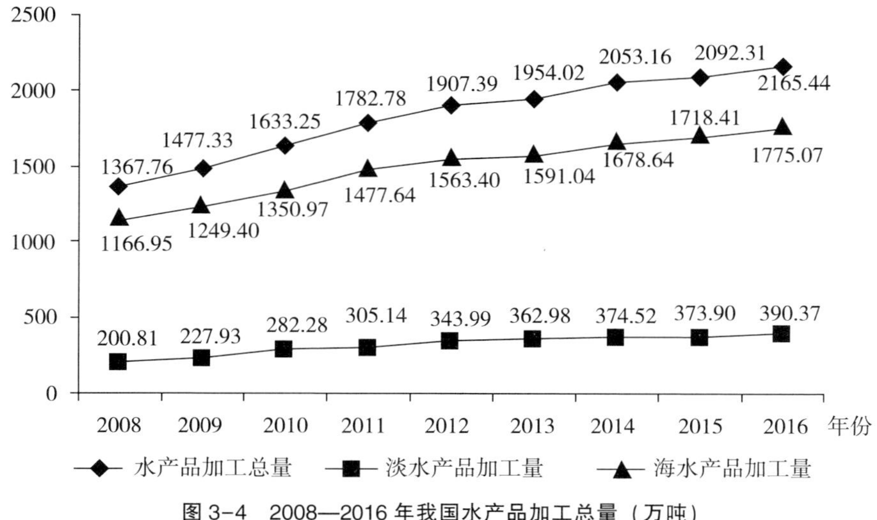

图3-4 2008—2016年我国水产品加工总量（万吨）

资料来源：农业部渔业渔政管理局：《中国渔业统计年鉴》，中国农业出版社2009—2017年版。

具体来说，我国水产品加工总量由海水产品加工量和淡水产品加工量组成。近年来，我国海水产品加工量和水产品加工总量的变化趋势基本一致，海水产品加工量由 2008 年的 1166.95 万吨增长到 2016 年的 1775.07 万吨，累计增长了 52.11%，年均增长 5.38%，保持了较高速度的增长。与此同时，我国淡水产品加工量也实现了高速增长，淡水产品加工量由 2008 年的 200.81 万吨增长到 2016 年的 390.37 万吨，累计增长了 94.40%，年均增长 8.66%，高于海水产品加工量的增长速度。然而，由于海水产品加工量和淡水产品加工量的基数差距太大，近年来两者之间的差值越来越大，由 2008 年的 966.14 万吨扩大为 2016 年的 1384.70 万吨。2016 年，我国海水产品加工量占水产品加工总量的比重为 81.97%，而淡水产品加工量的占比仅为 18.03%，可见，我国水产品加工主要以海水产品加工为主（见图 3-5）。

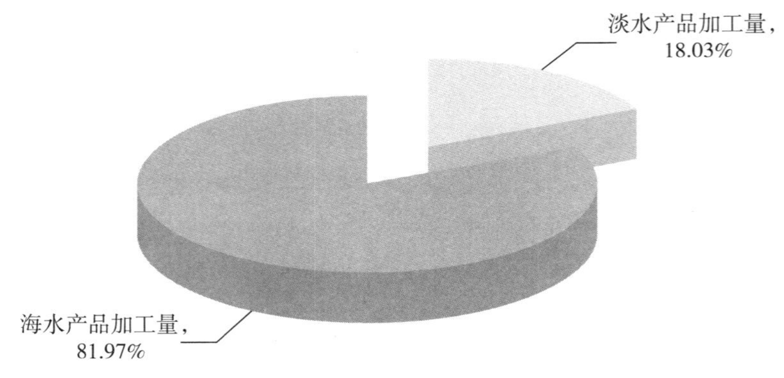

图 3-5 2016 年我国水产品加工总量分布

资料来源：农业部渔业渔政管理局：《中国渔业统计年鉴》，中国农业出版社 2017 年版，并由作者整理计算所得。

五、用于加工的水产品总量

2008—2016 年我国用于加工的水产品总量如图 3-6 所示。2008 年，我国用于加工的水产品总量为 1637.43 万吨，2009 年增长到 1822.18 万吨，但 2010 年下降到 1778.35 万吨。2010 年之后，用于加工的水产品总量持续高速增长，2011—2015 年分别增长到 1981.04 万吨、2135.81 万吨、2168.73 万吨、2192.37 万吨和 2274.33 万吨。2016 年，我国用于加工的水产品总量高达 2635.76 万吨，较 2015 年增长了 15.89%。2008—2016 年，我国用于加工的水产品总量累计增长了 60.97%，年均增长 6.13%，保持了较高速度的增长。

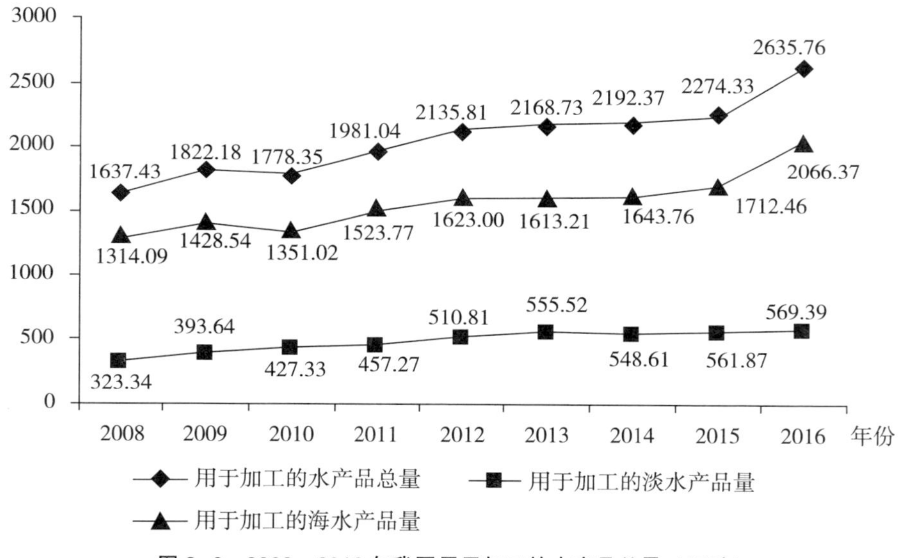

图 3-6　2008—2016 年我国用于加工的水产品总量（万吨）

资料来源：农业部渔业渔政管理局：《中国渔业统计年鉴》，中国农业出版社 2009—2017 年版。

具体来说，我国用于加工的水产品总量由用于加工的海水产品量和用于加工的淡水产品量组成。如图 3-7 所示，近年来，我国用于加工的海水产品量保持了较高速度的增长，由 2008 年的 1314.09 万吨增长到 2016 年的 2066.37 万吨，累计增长了 57.25%，年均增长 5.82%，低于用于加工的水产品总量的年均增长率。与此同时，我国用于加工的淡水产品量也实现了高速增长，用于加工的淡水产品量由 2008 年的 323.34 万吨增长到 2016 年的 569.39 万吨，累计增长了 76.10%，年均增长 7.33%，高于用于加工的水产品总量的年均增长率和用于加工的海水产品量的年均增长率。然而，由于用于加工的海水产品量和用于加工的淡水产品量的基数差距太大，近年来两者之间的差值越来越大，由2008年的990.75万吨扩大为2016年的1496.98万吨。2016年，我国用于加工的海水产品量占用于加工的水产品总量的比重为78.40%，而用于加工的淡水产品量的占比仅为21.60%，可见，我国用于加工的水产品主要以海水产品为主。

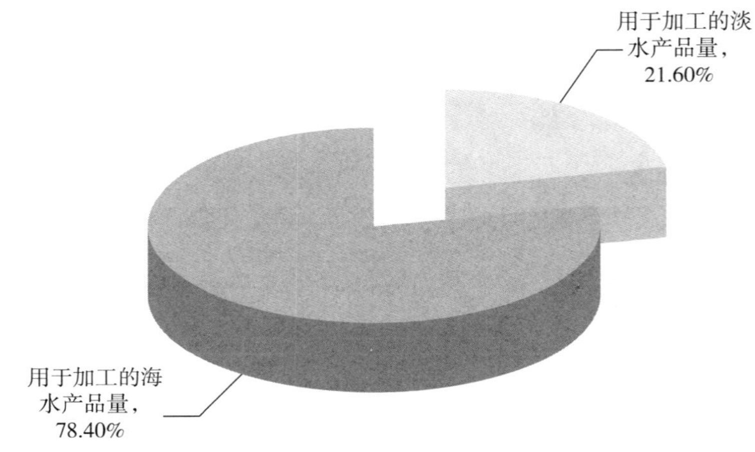

图3-7　2016年我国用于加工的水产品总量分布

资料来源：农业部渔业渔政管理局：《中国渔业统计年鉴》，中国农业出版社2017年版，并由作者整理计算所得。

六、常见水产品的年加工量

（一）对虾

对虾是我国重要的加工水产品。2008年，我国的对虾加工量为31.95万吨，2009—2011年分别增长到43.03万吨、46.25万吨和46.28万吨，并于2012年增长到53.57万吨的最高值。2013年，对虾加工量下降到47.97万吨，2014—2015年又分别增长到52.02万吨和55.38万吨。2016年，我国的对虾加工量为51.23万吨，较2015年下降7.49%（见图3-8）。

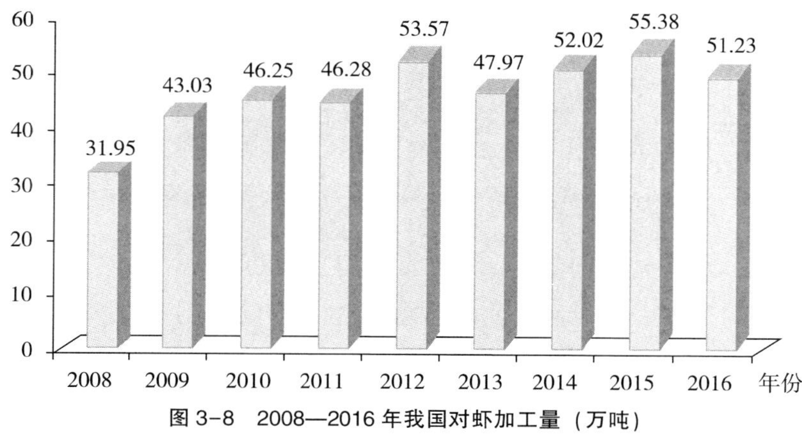

图 3-8　2008—2016 年我国对虾加工量（万吨）

资料来源：农业部渔业渔政管理局：《中国渔业统计年鉴》，中国农业出版社 2009—2017 年版。

（二）克氏原螯虾

克氏原螯虾又称小龙虾，是近年来非常受欢迎的淡水产品，尤其是夏季，克氏原螯虾成为夜排档的重要美食。图 3-9 是 2008—2016 年我国克氏原螯虾加工量。2008 年，我国克氏原螯虾加工量为 13.09 万吨，2009—2010 年分别增长到 15.07 万吨和 16.81 万吨。2011 年，克氏原螯虾加工量

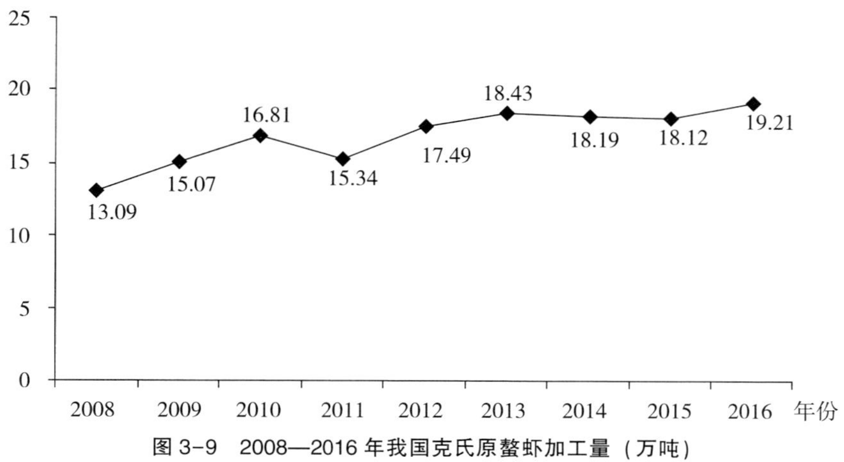

图 3-9　2008—2016 年我国克氏原螯虾加工量（万吨）

资料来源：农业部渔业渔政管理局：《中国渔业统计年鉴》，中国农业出版社 2009—2017 年版。

下降到 15. 34 万吨，2012—2013 年分别增长到 17. 49 万吨和 18. 43 万吨，但 2014—2015 年又分别下降到 18. 19 万吨和 18. 12 万吨。2016 年，我国克氏原螯虾的加工量达到 19. 21 万吨，创历史新高，较 2015 年增长了 6. 02%。

（三）罗非鱼

2008—2016 年我国罗非鱼加工量如图 3-10 所示。2008 年，我国罗非鱼加工量为 47. 07 万吨，2009—2012 年基本保持在 60 万吨左右。然而，2013 年和 2014 年罗非鱼加工量猛增到 86. 70 万吨和 85. 92 万吨，分别比 2012 年高出 24. 35 万吨和 23. 57 万吨。2015 年和 2016 年，我国罗非鱼加工量再次回到 60 万吨左右的水平，分别为 63. 10 万吨和 64. 03 万吨。

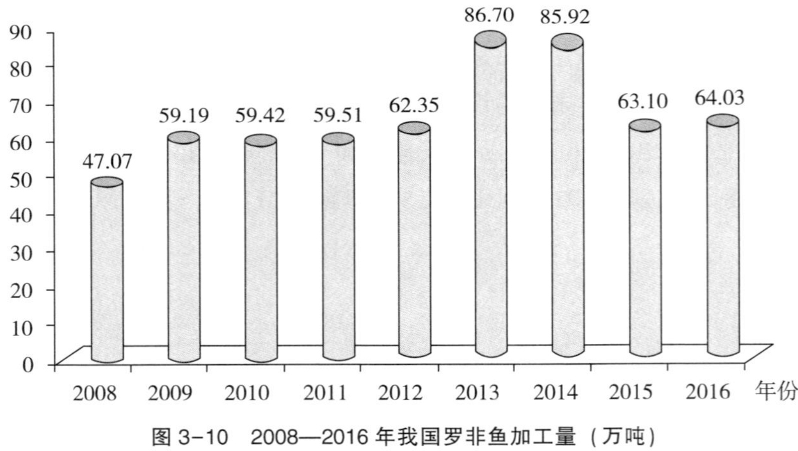

图 3-10　2008—2016 年我国罗非鱼加工量（万吨）

资料来源：农业部渔业渔政管理局：《中国渔业统计年鉴》，中国农业出版社 2009—2017 年版。

（四）鳗鱼

近年来，我国鳗鱼加工量基本保持稳定，除 2008 年为 8. 15 万吨外，2009—2016 年基本保持在 11 万吨左右。2016 年，我国鳗鱼加工量达到 11. 74 万吨，创历史新高，较 2015 年增长 5. 67%（见图 3-11）。

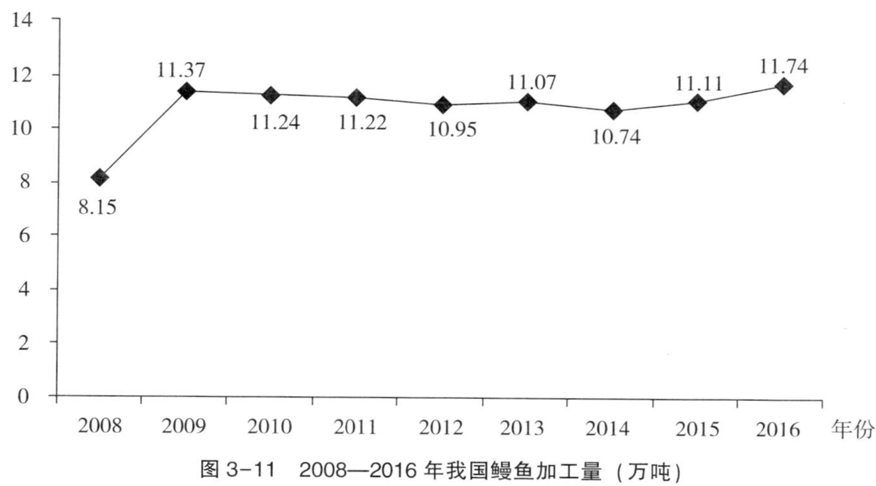

图 3-11 2008—2016 年我国鳗鱼加工量（万吨）

资料来源：农业部渔业渔政管理局：《中国渔业统计年鉴》，中国农业出版社 2009—2017 年版。

（五）斑点叉尾鮰

图 3-12 是 2008—2016 年我国斑点叉尾鮰加工量。2008 年，我国斑点叉尾鮰加工量为 6.66 万吨，2009—2010 年分别增长到 7.61 万吨和 8.02 万

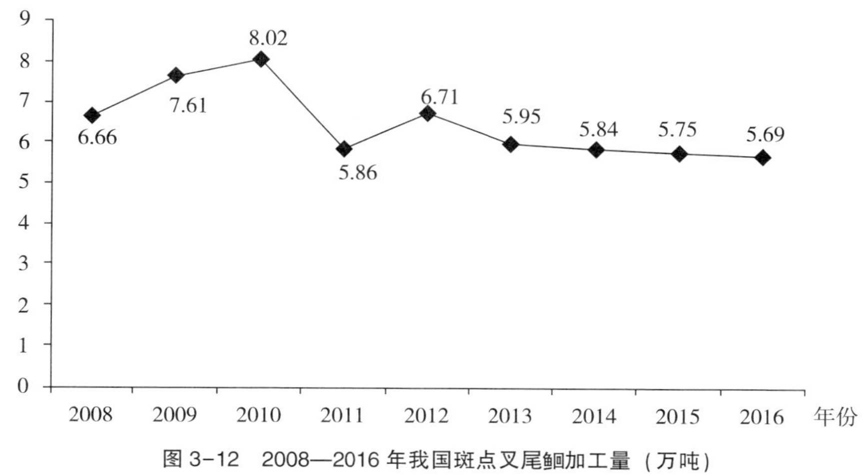

图 3-12 2008—2016 年我国斑点叉尾鮰加工量（万吨）

资料来源：农业部渔业渔政管理局：《中国渔业统计年鉴》，中国农业出版社 2009—2017 年版。

吨。2011 年的斑点叉尾鮰加工量下降到 5.86 万吨，2012 年增长到 6.71 万吨。2012 年之后，我国斑点叉尾鮰加工量呈下降趋势，2016 年下降到 5.69 万吨，较 2015 年稍微下降 1.04%。

七、水产品冷藏能力

（一）水产品冷库规模

近年来，我国水产品冷库规模呈现出先迅速上升后缓慢下降的趋势。如图 3-13 所示，2008—2011 年，我国水产品冷库规模迅速增长，累计增长 23.31%，并于 2011 年达到 9173 座的历史最高水平。2011 年之后，虽然水产冷库规模略有波动，但整体呈下降趋势，2011—2016 年累计下降了 6.30%。2016 年，我国拥有水产品冷库 8595 座，较 2015 年下降 0.68%。

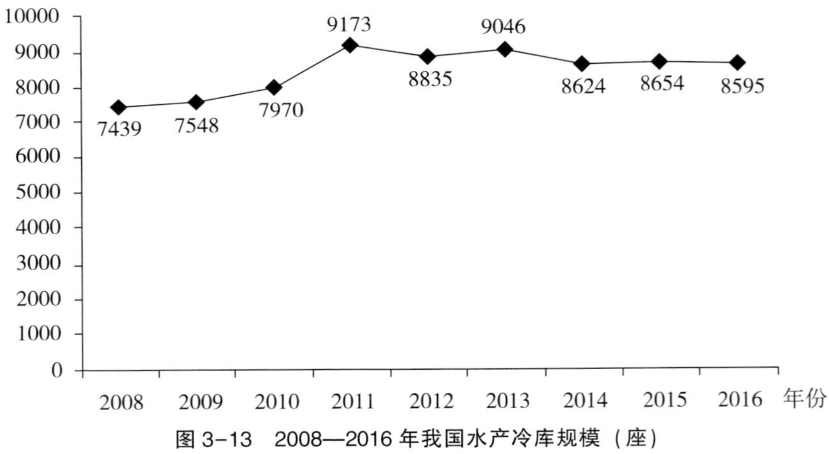

图 3-13 2008—2016 年我国水产冷库规模（座）

资料来源：农业部渔业渔政管理局：《中国渔业统计年鉴》，中国农业出版社 2009—2017 年版。

（二）水产品冷藏能力

虽然 2011 年之后的水产冷库规模整体呈下降趋势，但 2008—2014 年的水产品冷藏能力持续增长，由 2008 年的 335.68 吨/次增长到 2014 年的 519.12 吨/次，累计增长了 54.65%，年均增长 7.54%，实现了较高速度的增长。然而，2015 年和 2016 年的水产品冷藏能力连续出现下降，分别下降到

500.66 吨/次和458.37 吨/次，分别同比下降3.56%和11.70%（见图3-14）。

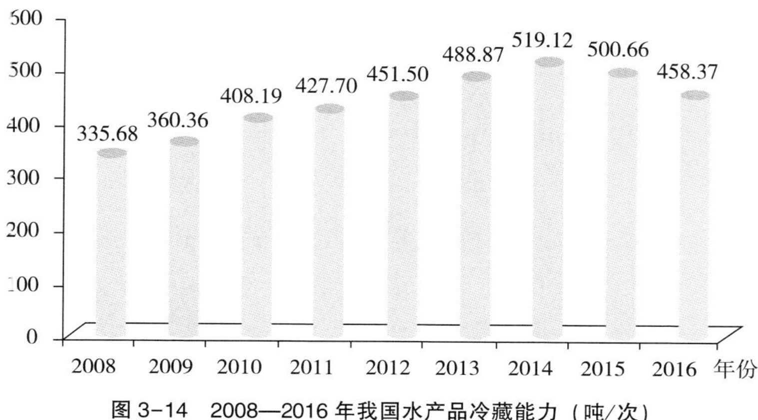

图3-14 2008—2016年我国水产品冷藏能力（吨/次）

资料来源：农业部渔业渔政管理局：《中国渔业统计年鉴》，中国农业出版社2009—2017年版。

（三）水产品冻结能力与制冰能力

图3-15是2008—2016年我国水产品冻结能力与制冰能力。2008年以

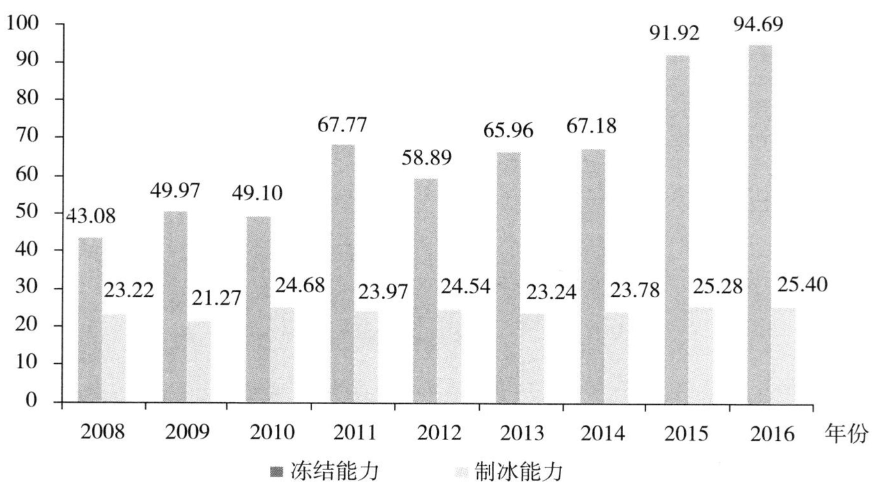

图3-15 2008—2016年我国水产品冻结能力与制冰能力（吨/日）

资料来源：农业部渔业渔政管理局：《中国渔业统计年鉴》，中国农业出版社2009—2017年版。

来，虽然略有波动，但我国水产品的冻结能力基本呈增长的趋势，由2008年的43.08吨/日增长到2016年的94.69吨/日，累计增长了119.80%，年均增长10.35%，保持了两位数增长。与此同时，我国水产品制冰能力则相对稳定，基本维持在21—26吨/日。2016年，我国水产品制冰能力达到25.40吨/日，较2015年增长0.47%。

第二节 主要水产加工品的区域分布

我国水产加工品种类丰富，主要包括水产冷冻品、干腌制品、鱼糜制品、藻类加工品、鱼粉、罐制品、鱼油制品等。由图3-16和表3-1可知，水产冷冻品是我国最重要的水产加工品，所占比重超过六成；干腌制品、鱼糜制品、藻类加工品的加工量也较高，均在100万吨以上；鱼粉、罐制品、鱼油制品的加工量则相对较低。

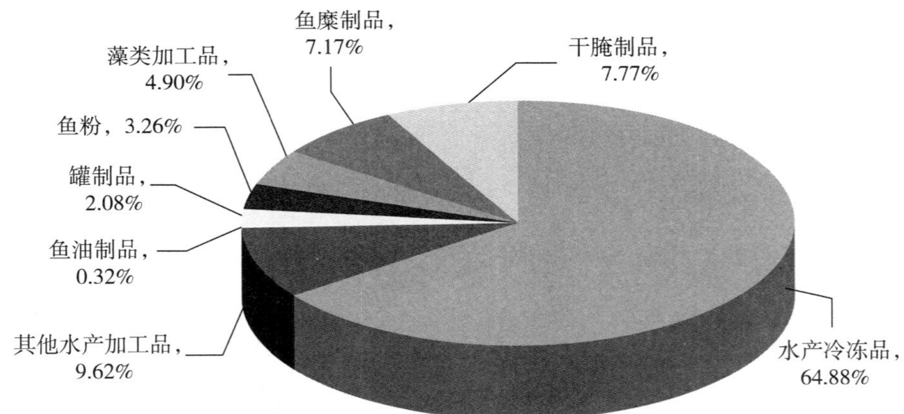

图3-16 2016年我国水产加工品的主要种类

资料来源：农业部渔业渔政管理局：《中国渔业统计年鉴》，中国农业出版社2017年版，并由作者整理计算所得。

表 3-1　2015—2016 年我国水产加工品的主要种类

单位：万吨、%

水产加工品种类	2016 年		2015 年	
	加工量	所占比例	加工量	所占比例
水产冷冻品	1404. 91	64. 88	1376. 49	65. 79
干腌制品	168. 15	7. 77	163. 82	7. 83
鱼糜制品	155. 36	7. 17	145. 42	6. 95
藻类加工品	106. 03	4. 90	98. 20	4. 69
鱼粉	70. 55	3. 26	71. 12	3. 40
水产罐制品	45. 12	2. 08	41. 31	1. 97
鱼油制品	6. 93	0. 32	7. 31	0. 35
其他水产加工品	208. 39	9. 62	188. 64	9. 02
总　计	2165. 44	100. 00	2092. 31	100. 00

资料来源：农业部渔业渔政管理局：《中国渔业统计年鉴》，中国农业出版社 2016—2017 年版，并由作者整理计算所得。

一、水产冷冻品

水产冷冻品是指为了保鲜，将水产品进行冷冻加工处理后得到的产品，包括冷冻品和冷冻加工品，但不包括商业冷藏品。其中，冷冻品泛指未改变其原始性状的粗加工产品，如冷冻全鱼、全虾等；冷冻加工品指采用各种生产技术和工艺，改变其原始性状、改善其风味后制成的产品，如冻鱼片、冻虾仁、冷冻烤鳗、冻鱼籽等。2016 年，我国水产冷冻品的生产量达到 1404. 91 万吨，较 2015 年的 1376. 49 万吨增长了 2. 06%，但占水产加工品总量比重由 2015 年的 65. 79%下降到 2016 年的 64. 88%（见表3-1、图 3-16）。由此可知，水产冷冻品是我国最重要的水产加工品种类，占水产加工品总量的比例超过六成。

2015 年，我国水产冷冻品生产的主要省份是山东（482. 79 万吨，35. 07%）、福建（182. 98 万吨，13. 29%）、辽宁（173. 91 万吨，12. 63%）、

浙江（162.64 万吨，11.82%）、广东（94.11 万吨，6.84%），以上 5 个省份生产的水产冷冻品合计为 1096.43 万吨，占水产冷冻品产量的 79.65%。2016 年，我国水产冷冻品生产的主要省份是山东（482.08 万吨，34.31%）、福建（191.93 万吨，13.66%）、辽宁（175.88 万吨，12.52%）、浙江（160.26 万吨，11.41%）、广东（107.12 万吨，7.62%），以上 5 个省份生产的水产冷冻品合计为 1117.27 万吨，占水产冷冻品产量的 79.52%（见表 3-2、图 3-17）。可见，山东、福建、辽宁、浙江、广东一直是我国水产冷冻品的重要生产大省，2016 年的产量均在 100 万吨以上，占水产冷冻品产量的比重接近八成。其中，山东是我国水产冷冻品生产的最重要省份，占全国水产冷冻品产量的比重超过三分之一，远远超过其他省份。

表 3-2　2015—2016 年我国水产冷冻品的省份分布

单位：万吨、%

省份分布	2016 年		省份分布	2015 年	
	加工量	所占比例		加工量	所占比例
山东	482.08	34.31	山东	482.79	35.07
福建	191.93	13.66	福建	182.98	13.29
辽宁	175.88	12.52	辽宁	173.91	12.63
浙江	160.26	11.41	浙江	162.64	11.82
广东	107.12	7.62	广东	94.11	6.84
广西	63.29	4.50	广西	62.59	4.55
江苏	61.13	4.35	江苏	62.01	4.50
湖北	45.34	3.23	海南	44.51	3.23
海南	42.97	3.06	湖北	43.17	3.14
吉林	21.18	1.51	吉林	17.20	1.25
安徽	16.46	1.17	安徽	14.28	1.04
江西	12.72	0.91	江西	12.27	0.89
湖南	7.92	0.56	湖南	8.29	0.60
河北	6.60	0.47	河北	5.81	0.42
云南	3.84	0.28	云南	3.81	0.28

续表

省份分布	2016 年		省份分布	2015 年	
	加工量	所占比例		加工量	所占比例
河南	2.02	0.15	河南	1.98	0.14
上海	1.59	0.11	上海	1.67	0.12
北京	0.52	0.04	内蒙古	0.51	0.04
内蒙古	0.49	0.03	北京	0.49	0.04
黑龙江	0.43	0.03	黑龙江	0.42	0.03
四川	0.35	0.02	青海	0.30	0.02
青海	0.30	0.02	新疆	0.26	0.02
新疆	0.26	0.02	四川	0.25	0.02
天津	0.10	0.01	天津	0.11	0.01
陕西	0.10	0.01	陕西	0.10	0.01
贵州	0.02	小于 0.01	贵州	0.02	小于 0.01
重庆	0.01	小于 0.01	重庆	0.01	小于 0.01
总计	1404.91	100.00	总计	1376.49	100.00

资料来源：农业部渔业渔政管理局:《中国渔业统计年鉴》，中国农业出版社 2016—2017 年版，并由作者整理计算所得。

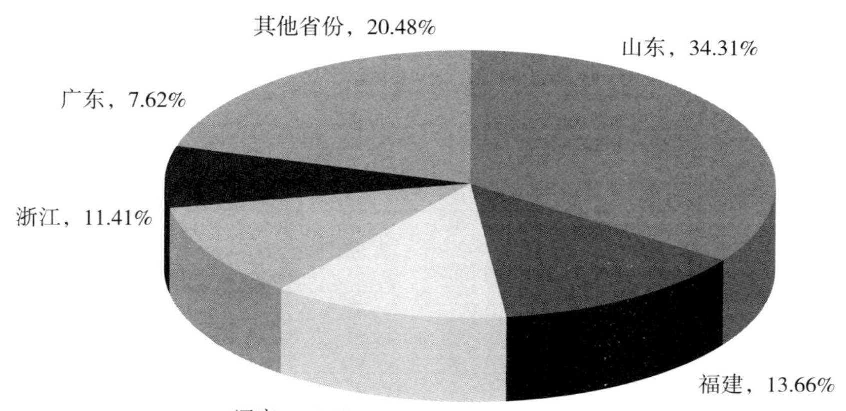

图 3-17 2016 年我国水产冷冻品的省份分布

资料来源：农业部渔业渔政管理局:《中国渔业统计年鉴》，中国农业出版社 2017 年版，并由作者整理计算所得。

二、干腌制品

干腌制品是指以水产品为原料，经脱水（烘干、烟熏、焙烤等）或添加剂腌制（盐、糖、酒、槽）制成具有保藏性和良好风味的产品，如烤鱼片、鱿鱼丝、鱼松、虾皮、虾米、海珍干品，以及海蜇、腌鱼、烟熏鱼、糟鱼、醉虾蟹、醉泥螺、卤甲鱼、水生动植物调味品（虾蟹酱、蚝油、鱼酱油）等。干腌制品是我国第二大水产加工品种类。2016 年，我国干腌制品的生产量达到 168.15 万吨，较 2015 年的 163.82 万吨增长了 2.64%，但占水产加工品总量的比重由 2015 年的 7.83%下降到 2016 年的 7.77%（见表 3-1、图 3-16）。

2015 年，我国干腌制品生产的主要省份是福建（37.98 万吨，23.18%）、山东（37.44 万吨，22.85%）、湖北（26.42 万吨，16.13%）、江西（13.28 万吨，8.11%）、浙江（12.35 万吨，7.54%）、辽宁（11.21 万吨，6.84%），以上 6 个省份生产的干腌制品合计为 138.68 万吨，占干腌制品产量的 84.65%。2016 年，我国干腌制品生产的主要省份是福建（39.40 万吨，23.43%）、山东（38.88 万吨，23.12%）、湖北（26.99 万吨，16.05%）、江西（13.84 万吨，8.23%）、辽宁（12.65 万吨，7.52%）、浙江（12.47 万吨，7.42%），以上 6 个省份生产的干腌制品合计为 144.23 万吨，占干腌制品产量的 85.77%（见表 3-3、图 3-18）。

表 3-3 2015—2016 年我国干腌制品的省份分布

单位：万吨、%

省份分布	2016 年		省份分布	2015 年	
	加工量	所占比例		加工量	所占比例
福建	39.40	23.43	福建	37.98	23.18
山东	38.88	23.12	山东	37.44	22.85
湖北	26.99	16.05	湖北	26.42	16.13
江西	13.84	8.23	江西	13.28	8.11
辽宁	12.65	7.52	浙江	12.35	7.54
浙江	12.47	7.42	辽宁	11.21	6.84
广东	9.12	5.42	广东	10.52	6.42

续表

省份分布	2016 年		省份分布	2015 年	
	加工量	所占比例		加工量	所占比例
江苏	4.47	2.67	江苏	4.62	2.82
湖南	4.43	2.63	湖南	4.37	2.67
安徽	1.78	1.06	安徽	1.81	1.10
广西	1.75	1.04	广西	1.75	1.07
海南	0.60	0.36	吉林	0.59	0.36
吉林	0.59	0.35	海南	0.55	0.35
河北	0.30	0.18	河北	0.45	0.27
云南	0.24	0.14	黑龙江	0.16	0.10
黑龙江	0.18	0.11	河南	0.12	0.07
内蒙古	0.16	0.10	贵州	0.07	0.04
河南	0.12	0.07	新疆	0.04	0.02
贵州	0.07	0.04	四川	0.03	0.02
四川	0.04	0.02	云南	0.03	0.02
新疆	0.04	0.02	重庆	0.02	0.01
重庆	0.03	0.02	内蒙古	0.01	0.01
总　计	168.15	100.00	总　计	163.82	100.00

资料来源：农业部渔业渔政管理局：《中国渔业统计年鉴》，中国农业出版社 2016—2017 年版，并由作者整理计算所得。

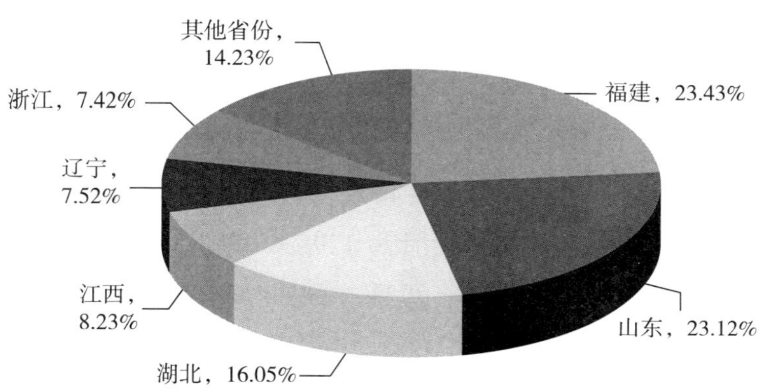

图 3-18　2016 年我国干腌制品的省份分布

资料来源：农业部渔业渔政管理局：《中国渔业统计年鉴》，中国农业出版社 2017 年版，并由作者整理计算所得。

可见，福建、山东、湖北、江西、辽宁、浙江一直是我国干腌制品的重要生产大省，2016 年的产量均在 10 万吨以上，占干腌制品产量的比重超过 85%。其中，福建和山东是我国干腌制品生产的最重要省份，干腌制品的产量均接近 40 万吨，占全国干腌制品产量的比重均为 23% 左右。

三、鱼糜制品

鱼糜制品是指将鱼（虾、蟹、贝等）肉（或冷冻鱼糜）绞碎经配料、擂溃成为稠而富有黏性的鱼肉酱（生鱼糜），再做成一定形状后进行水煮（油炸或焙烤烘干）等加热或干燥处理而制成的食品，如鱼糜、鱼香肠、鱼丸、鱼糕、鱼饼、鱼面、模拟蟹肉等。鱼糜制品是我国第三大水产加工品种类，产量与干腌制品相差不大。2016 年，我国鱼糜制品的生产量达到 155.36 万吨，较 2015 年的 145.42 万吨增长了 6.84%，占水产加工品总量的比重由 2015 年的 6.95%上升到 2016 年的 7.17%（见表 3-1、图 3-16）。

2015 年，我国鱼糜制品生产的主要省份是福建（41.86 万吨，28.79%）、山东（36.40 万吨，25.03%）、湖北（26.15 万吨，17.98%）、浙江（10.09 万吨，6.94%）、广东（9.53 万吨，6.55%），以上 5 个省份生产的鱼糜制品合计为 124.03 万吨，占鱼糜制品产量的 85.29%。2016 年，我国鱼糜制品生产的主要省份是福建（45.97 万吨，29.59%）、山东（36.51 万吨，23.50%）、湖北（27.08 万吨，17.43%）、浙江（10.04 万吨，6.46%）、广东（9.76 万吨，6.28%），以上 5 个省份生产的鱼糜制品合计为 129.36 万吨，占鱼糜制品产量的 83.26%（见表 3-4、图 3-19）。可见，福建、山东、湖北、浙江、广东一直是我国鱼糜制品的重要生产大省，占鱼糜制品产量的比重超过八成。其中，福建是我国鱼糜制品生产的最重要省份，占全国鱼糜制品产量的比重接近三成。

表 3-4　2015—2016 年我国鱼糜制品的省份分布

单位：万吨、%

省份分布	2016 年		省份分布	2015 年	
	加工量	所占比例		加工量	所占比例
福建	45.97	29.59	福建	41.86	28.79
山东	36.51	23.50	山东	36.40	25.03
湖北	27.08	17.43	湖北	26.15	17.98
浙江	10.04	6.46	浙江	10.09	6.94
广东	9.76	6.28	广东	9.53	6.55
江西	7.66	4.93	江西	7.31	5.03
辽宁	6.00	3.86	辽宁	5.25	3.61
安徽	5.85	3.77	安徽	2.50	1.72
江苏	2.42	1.56	江苏	2.43	1.67
广西	1.49	0.96	广西	1.48	1.02
湖南	1.35	0.87	湖南	1.35	0.93
海南	0.54	0.35	海南	0.51	0.35
吉林	0.30	0.19	吉林	0.25	0.17
四川	0.12	0.08	四川	0.14	0.10
云南	0.10	0.06	河南	0.07	0.05
河南	0.07	0.05	重庆	0.05	0.03
重庆	0.05	0.03	贵州	0.05	0.03
贵州	0.05	0.03			
总　计	155.36	100.00	总　计	145.42	100.00

资料来源：农业部渔业渔政管理局：《中国渔业统计年鉴》，中国农业出版社 2016—2017 年版，并由作者整理计算所得。

四、藻类加工品

藻类加工品是指以海藻为原料，经加工处理制成具有保藏性和良好风

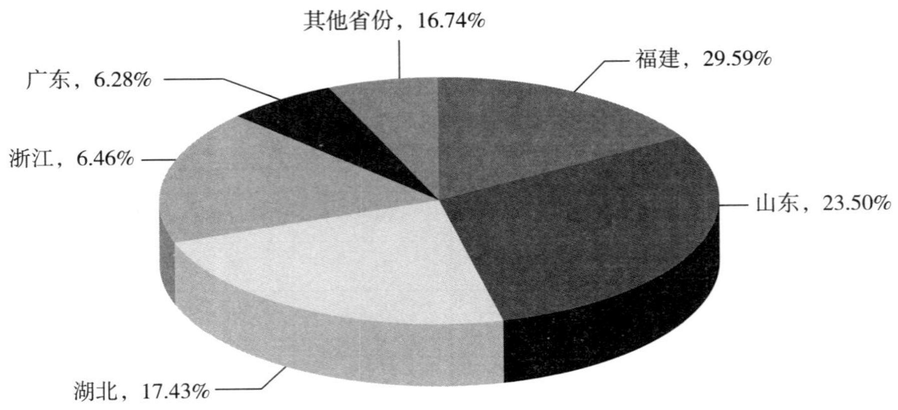

图 3-19 2016 年我国鱼糜制品的省份分布

资料来源：农业部渔业渔政管理局:《中国渔业统计年鉴》，中国农业出版社 2017 年版，并由作者整理计算所得。

味的方便食品，如海带结、干紫菜、调味裙带菜等。藻类加工品是我国重要的水产加工品种类。2016 年，我国藻类加工品的生产量达到 106.03 万吨，较 2015 年的 98.20 万吨增长了 7.97%，占水产加工品总量的比重由 2015 年的 4.69%上升到 2016 年的 4.90%（见表 3-1、图 3-16）。

福建、山东、辽宁是我国藻类加工品生产的最重要省份。其中，福建是我国藻类加工品生产的第一大省份，2016 年的生产量达到 42.69 万吨，较 2015 年的 40.52 万吨增长了 5.36%，占藻类加工品产量的比重由 2015 年的 41.26%下降到 2016 年的 40.26%。山东是我国藻类加工品生产的第二大省份，2016 年的生产量达到 33.27 万吨，较 2015 年的 27.37 万吨增长了 21.56%，占藻类加工品产量的比重由 2015 年的 27.87%上升到 2016 年的 31.38%，增长势头明显。辽宁是我国藻类加工品生产的第三大省份，2016 年的生产量达到 23.91 万吨，较 2015 年的 24.60 万吨下降了 2.80%，占藻类加工品产量的比重由 2015 年的 25.05%下降到 2016 年的 22.55%。总体来说，2016 年，福建、山东、辽宁三省藻类加工品产量的占比达到 94.19%，处于绝对垄断地位（见表 3-5、图 3-20）。

表 3-5　2015—2016 年我国藻类加工品的省份分布

单位：万吨、%

省份分布	2016 年		省份分布	2015 年	
	加工量	所占比例		加工量	所占比例
福建	42.69	40.26	福建	40.52	41.26
山东	33.27	31.38	山东	27.37	27.87
辽宁	23.91	22.55	辽宁	24.60	25.05
浙江	2.58	2.43	江苏	2.51	2.56
江苏	2.46	2.32	浙江	2.05	2.10
海南	0.57	0.54	海南	0.58	0.59
内蒙古	0.18	0.17	内蒙古	0.18	0.18
广东	0.16	0.15	广东	0.18	0.18
江西	0.15	0.14	江西	0.15	0.15
云南	0.04	0.04	云南	0.04	0.04
河南	0.02	0.02	河南	0.02	0.02
总计	106.03	100.00	总计	98.20	100.00

资料来源：农业部渔业渔政管理局：《中国渔业统计年鉴》，中国农业出版社 2016—2017 年版，并由作者整理计算所得。

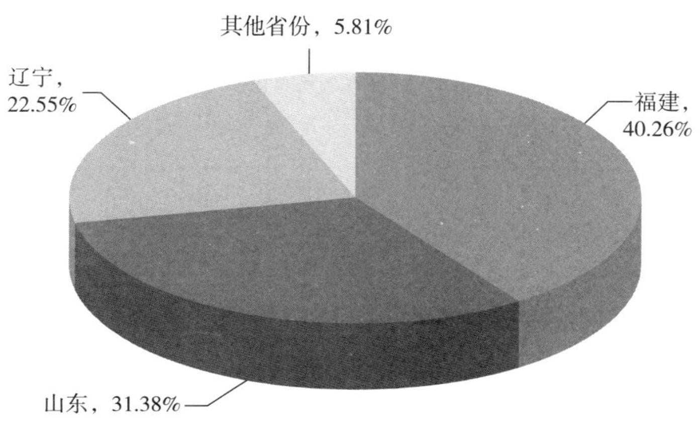

图 3-20　2016 年我国藻类加工品的省份分布

资料来源：农业部渔业渔政管理局：《中国渔业统计年鉴》，中国农业出版社 2017 年版，并由作者整理计算所得。

五、鱼粉

鱼粉是指用低值水产品及水产品加工废弃物（如鱼骨、内脏、虾壳等）等为主要原料生产而成的加工品。鱼粉是我国水产品加工业的附加产品。2016 年，我国鱼粉的生产量达到 70.55 万吨，较 2015 年的 71.12 万吨下降了 0.80%，占水产加工品总量的比重也由 2015 年的 3.40%下降到 2016 年的 3.26%，我国鱼粉生产量呈现下降的趋势（见表 3-1、图 3-16）。

2015 年，我国鱼粉生产的主要省份是山东（29.78 万吨，41.87%）、浙江（19.29 万吨，27.12%）、广东（9.08 万吨，12.77%）、辽宁（6.86 万吨，9.65%），以上 4 个省份生产的鱼粉合计为 65.01 万吨，占鱼粉产量的 91.41%。2016 年，我国鱼粉生产的主要省份是山东（27.18 万吨，38.53%）、浙江（20.66 万吨，29.28%）、辽宁（8.33 万吨，11.81%）、广东（7.51 万吨，10.64%），以上 4 个省份生产的鱼粉合计为 63.68 万吨，占鱼粉产量的 90.26%（见表 3-6、图 3-21）。可见，山东、浙江、辽宁、广东一直是我国鱼粉的重要生产大省，占鱼粉产量的比重超过九成。其中，山东和浙江是我国鱼粉生产的最重要省份，2016 年的产量均在 20 万吨以上，远远超过其他省份。

表 3-6 2015—2016 年我国鱼粉的省份分布

单位：万吨、%

省份分布	2016 年		省份分布	2015 年	
	加工量	所占比例		加工量	所占比例
山东	27.18	38.53	山东	29.78	41.87
浙江	20.66	29.28	浙江	19.29	27.12
辽宁	8.33	11.81	广东	9.08	12.77
广东	7.51	10.64	辽宁	6.86	9.65
海南	2.66	3.77	海南	2.77	3.89
安徽	1.52	2.15	福建	1.37	1.93
福建	1.24	1.76	安徽	0.69	0.97

续表

省份分布	2016 年		省份分布	2015 年	
	加工量	所占比例		加工量	所占比例
河北	0. 47	0. 67	河北	0. 55	0. 77
广西	0. 31	0. 44	广西	0. 31	0. 44
云南	0. 30	0. 43	江苏	0. 17	0. 24
江苏	0. 17	0. 24	新疆	0. 12	0. 17
新疆	0. 15	0. 21	云南	0. 10	0. 14
湖南	0. 03	0. 04	北京	0. 03	0. 04
北京	0. 02	0. 03			
总计	70. 55	100. 00	总计	71. 12	100. 00

资料来源：农业部渔业渔政管理局：《中国渔业统计年鉴》，中国农业出版社 2016—2017 年版，并由作者整理计算所得。

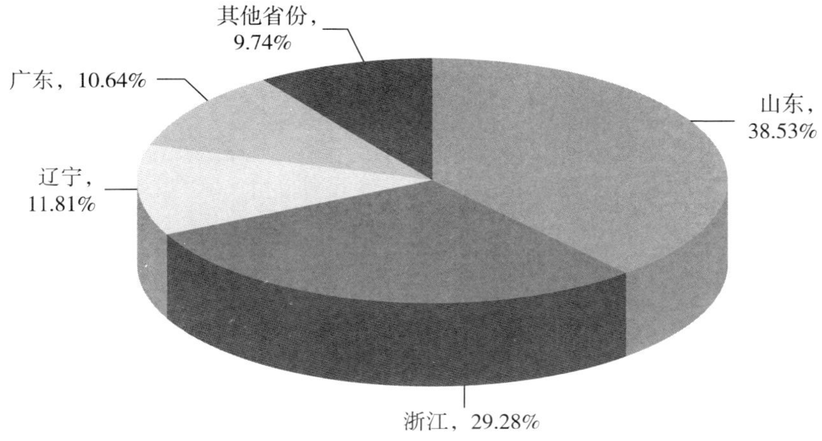

图 3-21　2016 年我国鱼粉的省份分布

资料来源：农业部渔业渔政管理局：《中国渔业统计年鉴》，中国农业出版社 2017 年版，并由作者整理计算所得。

六、水产罐制品

水产罐制品是指以水产品为原料按照罐头工艺加工制成的产品，包括硬包装和软包装罐头，如鱼类罐头、虾贝类罐头等。2016 年，我国水产罐制品的生产量达到45.12万吨，较2015年的41.31万吨增长了9.22%，占水产加工品总量的比重也由2015年的1.97%上升到2016年的2.08%，水产罐头制品的增长势头良好（见表3-1、图3-16）。

2015年，我国水产罐制品生产的主要省份是山东（12.20万吨，29.53%）、福建（7.39万吨，17.89%）、浙江（4.98万吨，12.06%）、广东（4.47万吨，10.82%）、湖北（4.01万吨，9.71%）、江苏（2.54万吨，6.15%），以上6个省份生产的水产罐制品合计为35.59万吨，占水产罐制品产量的86.16%。2016年，我国水产罐制品生产的主要省份是山东（11.72万吨，25.98%）、福建（7.21万吨，15.98%）、江苏（6.20万吨，13.74%）、浙江（5.77万吨，12.79%）、广东（4.33万吨，9.60%）、湖北（4.11万吨，9.11%），以上6个省份生产的水产罐制品合计为39.34万吨，占水产罐制品产量的87.20%（见表3-7、图3-22）。可见，山东、福建、江苏、浙江、广东、湖北一直是我国水产罐制品的重要生产大省，占水产罐制品产量的比重接近九成。其中，山东是我国水产罐制品生产的最重要省份，也是唯一一个产量超过10万吨的省份；江苏是水产罐制品产量增长速度最快的省份，2016年的产量较2015年增长144.09%，促使江苏从水产罐制品的第六大省份变成第三大省份。

表3-7 2015—2016年我国水产罐制品的省份分布

单位：万吨、%

省份分布	2016年		省份分布	2015年	
	加工量	所占比例		加工量	所占比例
山东	11.72	25.98	山东	12.20	29.53
福建	7.21	15.98	福建	7.39	17.89
江苏	6.20	13.74	浙江	4.98	12.06
浙江	5.77	12.79	广东	4.47	10.82
广东	4.33	9.60	湖北	4.01	9.71
湖北	4.11	9.11	江苏	2.54	6.15

续表

省份分布	2016 年		省份分布	2015 年	
	加工量	所占比例		加工量	所占比例
辽宁	2. 22	4. 92	辽宁	2. 25	5. 45
江西	1. 38	3. 06	江西	1. 35	3. 27
河北	1. 07	2. 37	河北	1. 04	2. 52
安徽	0. 61	1. 35	安徽	0. 59	1. 43
湖南	0. 33	0. 73	湖南	0. 32	0. 77
广西	0. 07	0. 16	广西	0. 06	0. 15
云南	0. 04	0. 09	云南	0. 04	0. 10
内蒙古	0. 02	0. 04	内蒙古	0. 03	0. 07
吉林	0. 01	0. 02	吉林	0. 01	0. 02
河南	0. 01	0. 02	河南	0. 01	0. 02
宁夏	0. 01	0. 02	宁夏	0. 01	0. 02
新疆	0. 01	0. 02	新疆	0. 01	0. 02
总计	45. 12	100. 00	总计	41. 31	100. 00

资料来源：农业部渔业渔政管理局：《中国渔业统计年鉴》，中国农业出版社 2016—2017 年版，并由作者整理计算所得。

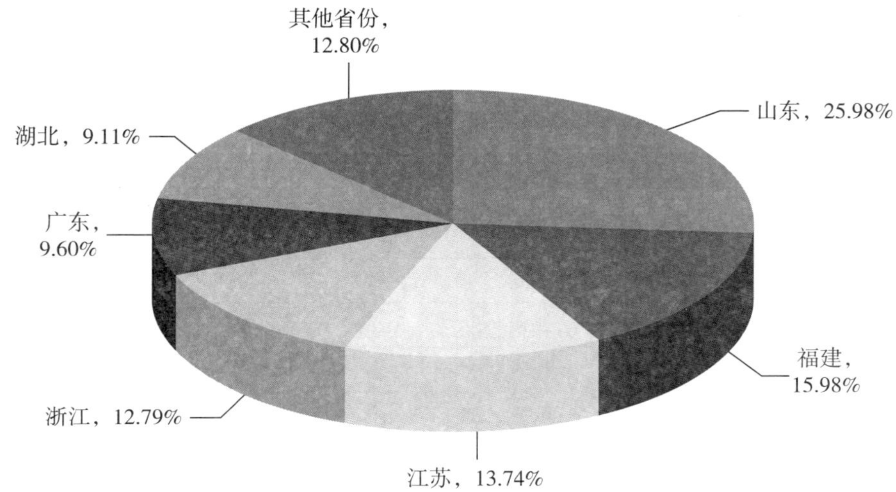

图 3-22　2016 年我国水产罐制品的省份分布

资料来源：农业部渔业渔政管理局：《中国渔业统计年鉴》，中国农业出版社 2017 年版，并由作者整理计算所得。

七、鱼油制品

鱼油制品是指从鱼肉或鱼肝中提取油脂并制成的产品，如粗鱼油、精鱼油、鱼肝油、深海鱼油等。鱼油制品产量低、价格高，是我国水产品加工业的高附加值产品。2016 年，我国鱼油制品的生产量仅为 6.93 万吨，较 2015 年的 7.31 万吨下降了 5.20%，占水产加工品总量的比重也由 2015 年的 0.35%下降到 2016 年的 0.32%，鱼油制品的产量呈下降趋势（见表 3-1、图 3-16）。

我国鱼油制品的产地主要有山东、辽宁、浙江、福建、云南、广西、河北 7 个省份，其中山东是我国鱼油制品生产的最重要省份，虽然产量由 2015 年的 6.76 万吨下降到 2016 年的 5.75 万吨，占鱼油制品总产品的比重由 2015 年的 92.48%下降到 2015 年的 82.97%，但山东依然在鱼油制品领域具有垄断地位，所占比重超过八成（见表 3-8、图 3-23）。

表 3-8　2015—2016 年我国鱼油制品的省份分布

单位：万吨、%

省份分布	2016 年		省份分布	2015 年	
	加工量	所占比例		加工量	所占比例
山东	5.75	82.97	山东	6.76	92.48
辽宁	0.35	5.05	福建	0.20	2.74
浙江	0.35	5.05	浙江	0.11	1.50
福建	0.21	3.03	广西	0.11	1.50
云南	0.15	2.17	云南	0.08	1.09
广西	0.11	1.59	辽宁	0.03	0.41
河北	0.01	0.14	河北	0.02	0.28
总计	6.93	100.00	总计	7.31	100.00

资料来源：农业部渔业渔政管理局：《中国渔业统计年鉴》，中国农业出版社 2016—2017 年版，并由作者整理计算所得。

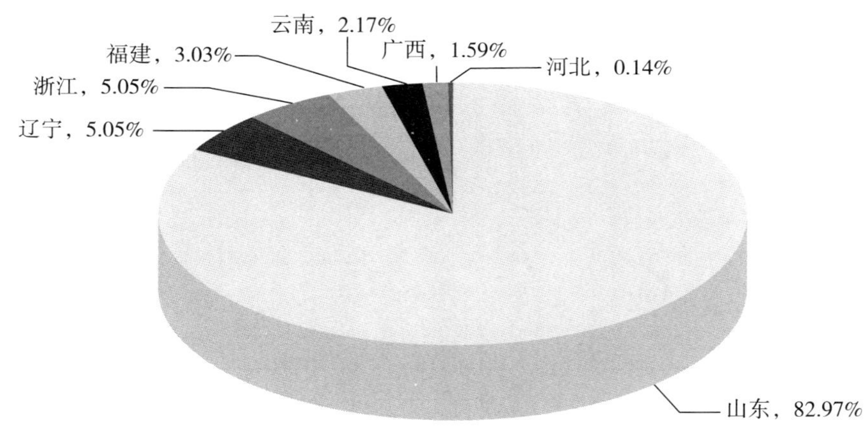

图 3-23　2016 年我国鱼油制品的省份分布

资料来源：农业部渔业渔政管理局：《中国渔业统计年鉴》，中国农业出版社 2017 年版，并由作者整理计算所得。

第三节　基于国家监督抽检数据的水产制品质量安全状况分析

一、水产制品质量安全状况发展趋势

2013 年以前，我国食品安全监督抽检结果主要由国家质量监督检验检疫总局发布，2013 年食品药品监督管理体制改革后，国家食品安全监督抽检结果改为由国家食品药品监督管理总局发布，本节主要采用国家食品药品监督管理总局发布的数据。由于国家食品药品监督管理总局于 2013 年重新组建，因此，本节的数据主要从 2014 年开始。图 3-24 显示了 2014—2016 年我国水产制品与食品安全总体合格率。2014 年，我国水产制品的抽查合格率仅为 93.1%，[①] 2015 年和 2016 年分别提升到 95.3%和 95.7%，水产制品的

① 2014 年，国家食品药品监督管理总局公布了两个阶段食品安全监督抽检信息，其中《国家食品药品监督管理总局关于公布 2014 年第一阶段食品安全监督抽检信息的公告》（2014 年第 40 号）显示，共抽检水产制品 71 批次，其中不合格样品 10 批次，合格率为 85.9%；《国家食品药品监督管理总局关于公布 2014 年第二阶段食品安全监督抽检信息的公告》（2014 年第 57 号）显示，共抽检水产制品 721 批次，其中不合格样品 45 批次，合格率为 93.8%；2014 年的水产制品抽检合格率由以上两组数据综合计算得出。

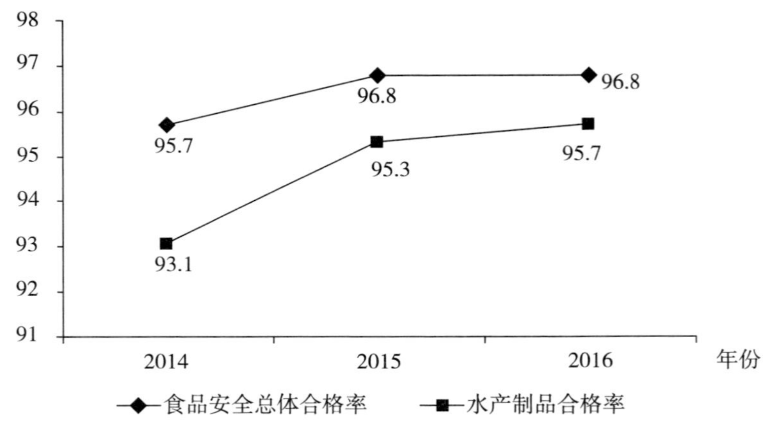

图 3-24　2014—2016 年我国水产制品与食品安全总体合格率（%）

资料来源：根据国家食品药品监督管理总局官方网站食品抽检信息整理所得。

抽查合格率呈上扬态势，但连续三年低于 96%。与此同时，我国食品安全总体抽检合格率分别为 95.7%、96.8%和 96.8%。由此可知，虽然 2014—2016 年的水产制品合格率出现一定幅度的上扬，但仍然低于 96%的水平，且远低于国家食品安全总体抽检合格率，我国水产制品质量安全形势不容乐观。

二、2016 年水产制品质量安全状况

2016 年，国家食品药品监督管理总局对水产制品的抽检项目共 36 项，共抽检水产制品样品 6358 批次，不合格样品数量为 273 批次，合格率达到 95.7%。抽检的水产制品范围主要包括干制水产品、盐渍水产品、鱼糜制品、风味鱼制品、生食水产品、水生动物油脂及制品、水产深加工品 7 个大类，具体包含藻类加工制品、烤鱼片、其他动物性水产干制品、盐渍鱼、盐渍藻、其他盐渍水产品、鱼糜制品（含虾糜）、风味鱼制品（熟制水产品）、生食动物性水产品、水生动物油脂及制品、水产深加工品 11 种类别。不同类别水产制品的抽检项目也各不相同，如盐渍藻的抽检项目只包括铅、苯甲酸、山梨酸 3 项内容，而同为盐渍水产品的盐渍鱼的抽检项

目则包括酸价、过氧化值、组胺、铅、甲基汞、无机砷、镉、铬、N-二甲基亚硝胺、多氯联苯10项内容（见表3-9）。

表3-9　2016年国家食品药品监督管理总局水产制品抽检计划

种类	具体类别	抽检项目
干制水产品	藻类加工制品	铅、苯甲酸、山梨酸、即食类（菌落总数、大肠菌群、沙门氏菌、金黄色葡萄球菌、副溶血性弧菌、霉菌）
	烤鱼片	铅、甲基汞、无机砷、镉、铬、多氯联苯、苯并（α）芘、N-二甲基亚硝胺、苯甲酸、山梨酸、亚硫酸盐、柠檬黄、苋菜红、胭脂红、日落黄、亮蓝、酸性红、菌落总数、大肠菌群、沙门氏菌、金黄色葡萄球菌、副溶血性弧菌
	其他动物性水产干制品	铅、甲基汞、无机砷、镉、铬、多氯联苯、苯并（α）芘（熏、烤水产品）、N-二甲基亚硝胺、苯甲酸、山梨酸、亚硫酸盐、柠檬黄、苋菜红、胭脂红、日落黄、亮蓝、酸性红、丁基羟基茴香醚（BHA）、二丁基羟基甲苯（BHT）、特丁基对苯二酚（TBHQ）、即食类（菌落总数、大肠菌群、沙门氏菌、金黄色葡萄球菌、副溶血性弧菌）
盐渍水产品	盐渍鱼	酸价、过氧化值、组胺、铅、甲基汞、无机砷、镉、铬、N-二甲基亚硝胺、多氯联苯
	盐渍藻	铅、苯甲酸、山梨酸
	其他盐渍水产品	铅、甲基汞、无机砷、铬、N-二甲基亚硝胺、多氯联苯、苯甲酸、山梨酸
鱼糜制品	鱼糜制品（含虾糜）	铅、甲基汞、无机砷、镉、铬、多氯联苯、苯甲酸、山梨酸、柠檬黄、苋菜红、胭脂红、日落黄、亮蓝、酸性红、即食类（菌落总数、大肠菌群、沙门氏菌、金黄色葡萄球菌、副溶血性弧菌）
风味鱼制品	风味鱼制品（熟制水产品）	酸价、过氧化值、挥发性盐基氮、铅、甲基汞、无机砷、镉、铬、多氯联苯、苯并（α）芘、苯甲酸、山梨酸、糖精钠、甜蜜素（环己基氨基磺酸钠）、安赛蜜（乙酰磺胺酸钾）、柠檬黄、苋菜红、胭脂红、日落黄、亮蓝、酸性红、菌落总数、大肠菌群、沙门氏菌、金黄色葡萄球菌、副溶血性弧菌

续表

种类	具体类别	抽检项目
生食水产品	生食动物性水产品	挥发性盐基氮（限蟹块、蟹糊）、铅、甲基汞、无机砷、镉、铬、N-二甲基亚硝胺、多氯联苯、苯并（α）芘（熏、烤水产品）、苯甲酸、山梨酸、铝的残留量（限即食海蜇）、氯霉素、菌落总数、大肠菌群、沙门氏菌、金黄色葡萄球菌、副溶血性弧菌
水生动物油脂及制品	水生动物油脂及制品	铅、甲基汞、无机砷、铬、N-二甲基亚硝胺、多氯联苯、苯甲酸、山梨酸、沙门氏菌、金黄色葡萄球菌、副溶血性弧菌、志贺氏菌
水产深加工品	水产深加工品	铅、甲基汞、无机砷、铬、多氯联苯、苯甲酸、山梨酸、沙门氏菌、金黄色葡萄球菌、副溶血性弧菌、志贺氏菌

资料来源：国家食品药品监督管理总局官方网站。

三、水产制品质量安全的季度变化

除了水产制品的年度抽检数据外，国家食品药品监督管理总局还发布了2016年不同季度的水产制品抽检数据，但与水产制品的年度抽检数据存在较大差异，在此仅做参考。表3-10是2016年不同季度水产制品的抽检数据。《总局关于2016年第一季度食品安全监督抽检情况分析的通告》（2016年第83号）显示，2016年第一季度抽检水产制品8880批次，不合格样品401批次，抽检合格率为95.5%；《总局关于2016年第二季度食品安全监督抽检情况分析的通告》（2016年第109号）显示，第二季度抽检水产制品7835批次，不合格样品218批次，抽检合格率为97.2%；《总局关于2016年第三季度食品安全监督抽检情况分析的通告》（2016年第142号）显示，第三季度抽检水产制品6131批次，不合格样品222批次，抽检合格率为96.4%；《总局关于2016年第四季度食品安全监督抽检情况分析的通告》（2017年第12号）显示，第四季度抽检水产制品9769批次，不合格样品314批次，抽检合格率为96.8%。

表 3-10 2016 年不同季度水产制品的抽检数据

季度	样品抽检数量（批次）	合格样品数量（批次）	不合格样品数量（批次）	样品合格率（%）
第一季度	8880	8479	401	95.5
第二季度	7835	7617	218	97.2
第三季度	6131	5909	222	96.4
第四季度	9769	9455	314	96.8

资料来源：根据国家食品药品监督管理总局官方网站食品抽检信息整理所得。

图 3-25 是 2016 年不同季度水产制品的抽检合格率。2016 年第一季度的水产制品抽检合格率最低，仅为 95.5%，低于 96%；其他三个季度的抽检合格率均高于 96%，尤其是第二季度的抽检合格率高达 97.2%。与水产制品年度抽检合格率相比，第二季度、第三季度、第四季度的抽检合格率均明显高于 95.7%的水产制品年度抽检合格率。

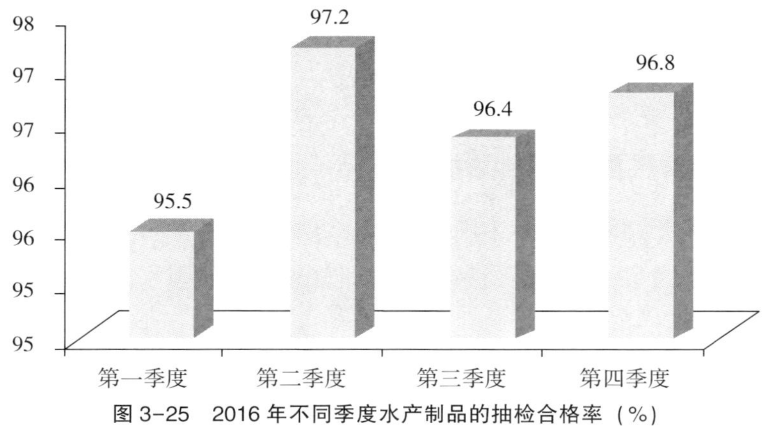

图 3-25 2016 年不同季度水产制品的抽检合格率（%）

资料来源：根据国家食品药品监督管理总局官方网站食品抽检信息整理所得。

四、水产制品抽检合格率与其他食品种类比较

图 3-26 是 2016 年我国主要食品种类的抽检合格率。水产制品的抽检合格率在我国 32 类主要食品种类中仅位列第 23 位（与炒货食品及坚果制品的抽检合格率相同），仅高于食糖（95.6%）、酒类（95.5%）、饮料

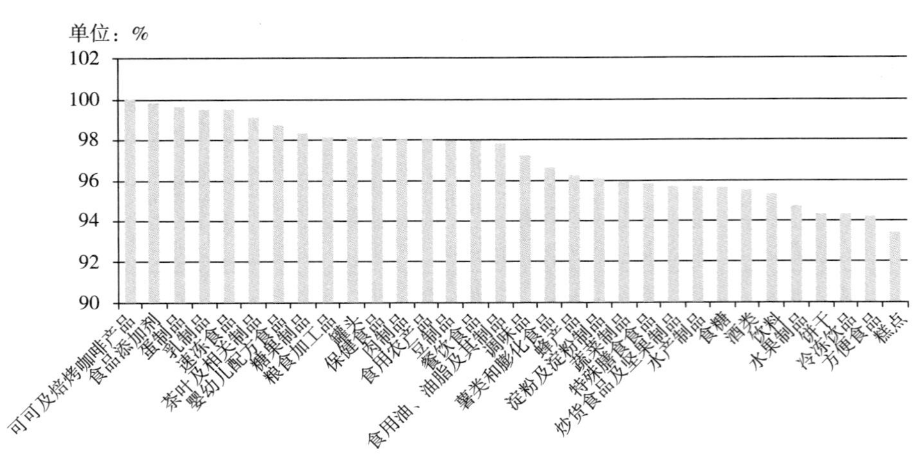

图 3-26　2016 年我国主要食品种类的抽检合格率（%）

资料来源：根据国家食品药品监督管理总局官方网站食品抽检信息整理所得。

（95.3%）、水果制品（94.7%）、饼干（94.3%）、冷冻饮品（94.3%）、方便食品（94.2%）、糕点（93.4%）等食品种类。可见，我国水产制品的抽检合格率低于 22 种食品种类的抽检合格率，显示水产制品是我国亟须加强治理的食品种类。

五、国家层面水产制品抽检情况

我国的水产制品检测分为国家、省、市、县四级，在上文分析的基础上，此处重点考察国家食品药品监督管理总局组织的国家层面的水产制品检测结果。

（一）重点抽检水产制品生产企业

2016 年 3 月 23 日，国家食品药品监督管理总局发布了《关于发布 2016 年食品药品监管总局重点抽检食品生产企业名单的通告》（2016 年第 64 号），公布了 2016 年重点抽检水产制品生产企业名单。通告显示，重点抽检水产制品生产企业共 50 家，分布于浙江省、江苏省、辽宁省、上海市、福建省、湖北省、山东省、海南省、四川省、广东省、河南省、湖南省和天津市 13 个省份，其中浙江省的企业最多，达到 18 家，所占比例为 36%，江苏省、辽宁省、上海市各有 5 家，其他省份的企业数均小于 5 家

（见表3-11、图3-27）。

表3-11　2016年重点抽检水产制品生产企业名单

序号	企　业　名　称	所处省份
1	波力食品工业（昆山）有限公司	江苏
2	波特农场有限公司	江苏
3	成都采阳实业有限公司	四川
4	大连辽海水产食品贸易有限公司	辽宁
5	大连旅顺新顺水产食品有限公司	辽宁
6	大连三山岛海产食品有限公司	辽宁
7	福建省晋江市安海三源食品实业有限公司	福建
8	海南昌之茂食品有限公司	海南
9	海南鸿琛工贸有限公司	海南
10	杭州华味亨食品有限公司	浙江
11	杭州千岛湖永成绿色食品有限公司	浙江
12	洪湖市水乡特产开发有限公司	湖北
13	湖北土老憨生态农业科技股份有限公司	湖北
14	湖南渔米之湘食品有限公司	湖南
15	晋江市阿一波食品工贸有限公司	福建
16	辽宁省大连海洋渔业集团公司鱼品加工厂	辽宁
17	洛阳市华文食品有限公司	河南
18	南京喜之郎海苔食品有限公司	江苏
19	南通北渔人和水产有限公司	江苏
20	南通洋口港实业有限公司	江苏
21	你口四洲（汕头）有限公司	广东
22	宁波金鼎海鲜食品有限公司	浙江
23	宁波市梦婕食品有限公司	浙江
24	宁波市史翠英食品发展有限公司	浙江
25	庞仕水产（上海）有限公司	上海市
26	青岛市北洋食品有限公司	山东
27	瑞安市华盛水产有限公司	浙江
28	厦门市誉海食品有限公司	福建

续表

序号	企 业 名 称	所处省份
29	上海荷裕冷冻食品有限公司	上海市
30	上海明奋实业有限公司	上海市
31	上海裕田农业科技有限公司	上海市
32	四川省吉香居食品有限公司	四川
33	天津富宝隆食品有限公司	天津市
34	天喔（武汉）食品有限公司	湖北
35	温州香海食品有限公司	浙江
36	烟台新海水产食品有限公司	山东
37	獐子岛集团股份有限公司大连金贝广场	辽宁
38	浙江富丹旅游食品有限公司	浙江
39	浙江陆龙兄弟食品有限公司	浙江
40	浙江瑞松食品有限公司	浙江
41	浙江兴业集团有限公司	浙江
42	浙江雨中雨水产有限公司	浙江
43	浙江正龙食品有限公司	浙江
44	中国水产舟山海洋渔业公司	浙江
45	舟山市明峰海洋食品有限公司	浙江
46	舟山市裕达水产食品有限公司	浙江
47	温州渔夫食品有限公司	浙江
48	烟台王氏食品有限公司	山东
49	上海邵万生食品公司邵万生食品厂	上海市
50	奉化市兴洋水产食品有限公司	浙江

资料来源：国家食品药品监督管理总局官方网站。

（二）水产制品抽检结果

根据国家食品药品监督管理总局发布的相关资料，2016 年国家食品药品监督管理总局共发布了 10 次水产制品的抽检结果，每次抽检的水产制品种类、抽检省份数量、抽检企业数量、抽检样品数量均存在一定差异，前五次抽检的抽检项目包含 33 项抽检指标，后五次抽检的抽检项目则扩展为 45 项指标，指标涵盖内容更加广泛。具体来说，除第十次的抽检合格率为

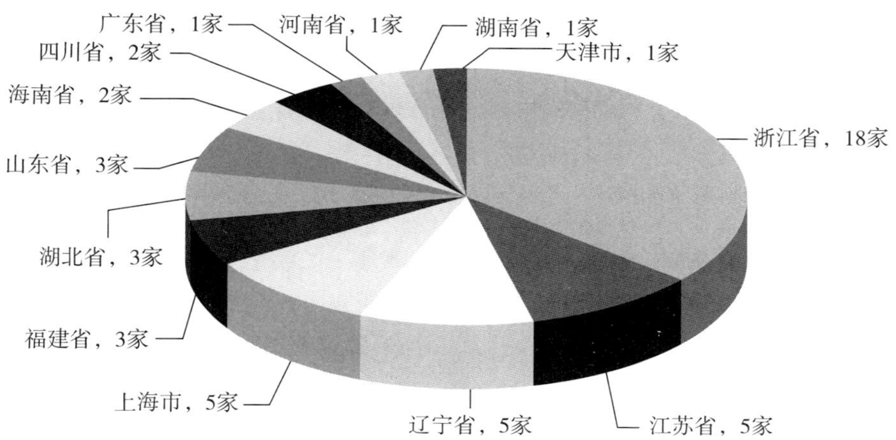

图 3-27　2016 年重点抽检水产制品生产企业的地域分布

资料来源：国家食品药品监督管理总局官方网站，并由作者整理计算所得。

100.0%外，其余九次的抽检合格率均在 96%以下，有五次的抽检合格率低于 95%，第四次和第五次的抽检合格率仅为 92.9%。总体来说，2016 年，国家食品药品监督管理总局共抽检了 14 个省份的 252 家水产制品生产企业，抽检水产制品 574 批次，共检出不合格水产制品 28 批次，整体合格率为 95.1%。可见，国家层面的水产制品抽检合格率低于全国水产制品抽检合格率（见图 3-28、表 3-12）。

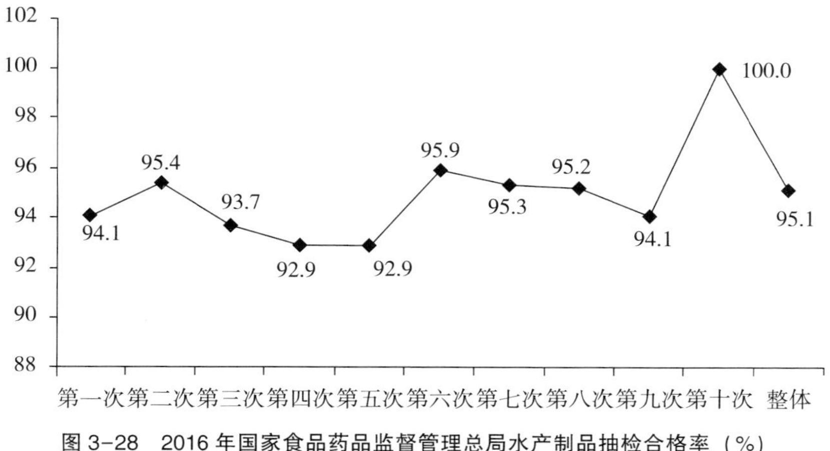

图 3-28　2016 年国家食品药品监督管理总局水产制品抽检合格率（%）

资料来源：根据国家食品药品监督管理总局官方网站食品抽检信息整理所得。

表 3-12 2016 年国家食品药品监督管理总局水产制品抽检结果

序号	种类	抽检项目	地域分布	抽检企业数（家）	样品抽检数量（批次）	不合格样品数量（批次）	样品合格率（%）
1	烤鱼片、其他动物性水产干制品、生食动物性水产品、其他盐渍水产品、藻类加工制品、鱼糜制品和风味鱼制品（熟制动物性水产品）等	33 项指标，铅、甲基汞、无机砷等重金属，防腐剂、甜味剂、着色剂等食品添加剂和菌落总数、大肠菌群、致病菌等微生物指标	上海、浙江、江苏	12	34	2	94.1
2	烤鱼片、其他动物性水产干制品、其他生食动物性水产品、盐渍鱼、藻类加工制品、水产深加工品、鱼糜制品和风味鱼制品（熟制动物性水产品）等		湖北、广东、浙江、北京、湖南、辽宁、福建、江西、四川、河南	47	131	6	95.4
3	烤鱼片、其他动物性水产干制品、鱼糜制品（含虾糜）和风味鱼制品（熟制动物性水产品）等		辽宁、浙江	12	32	2	93.7
4	风味鱼制品（熟制动物性水产品）、烤鱼片、其他动物性水产干制品、藻类加工制品、生食动物性水产品、水产深加工品、盐渍鱼、其他盐渍水产品和鱼糜制品（含虾糜）等		北京、上海、辽宁、	19	42	3	92.9
5	风味鱼制品（熟制动物性水产品）、烤鱼片、其他动物性水产干制品、藻类加工制品、生食动物性水产品、水产深加工品、盐渍鱼、其他盐渍水产品和鱼糜制品（含虾糜）等		辽宁、北京、江苏、福建、上海、浙江、山东、广东、海南	36	70	5	92.9

续表

序号	种　类	抽检项目	地域分布	抽检企业数（家）	样品抽检数量（批次）	不合格样品数量（批次）	样品合格率（%）
6	生食动物性水产品、藻类加工制品、鱼糜制品（含虾糜）、其他盐渍水产品、其他动物性水产干制品、风味鱼制品（熟制动物性水产品）、烤鱼片、盐渍鱼和水产深加工品等	45项指标，铅、甲基汞、无机砷等重金属，防腐剂、甜味剂、着色剂等食品添加剂和菌落总数、大肠菌群、致病菌等微生物指标	上海、浙江、江苏、福建、广东、山东、湖北、辽宁、	38	74	3	95.9
7	生食动物性水产品、藻类加工制品、鱼糜制品（含虾糜）、盐渍藻、其他动物性水产干制品、风味鱼制品（熟制动物性水产品）、烤鱼片、盐渍鱼和水产深加工品等		浙江、北京、上海、江苏、湖北、福建	51	107	5	95.3
8	藻类加工制品、风味鱼制品（熟制动物性水产品）、其他动物性水产干制品、鱼糜制品（含虾糜）、生食动物性水产品、烤鱼片等		浙江、福建、上海	11	21	1	95.2
9	其他动物性水产干制品、风味鱼制品（熟制动物性水产品）、藻类加工制品、鱼糜制品（含虾糜）		浙江、广东、辽宁	8	17	1	94.1
10	烤鱼片、其他动物性水产干制品、生食动物性水产品、藻类加工制品、鱼糜制品（含虾糜）、其他盐渍水产品、风味鱼制品（熟制水产品）和水产深加工品		浙江、福建、江苏、辽宁	18	46	0	100.0

资料来源：根据国家食品药品监督管理总局官方网站食品抽检信息整理所得。

（三）水产制品不合格原因

表 3-13 是抽检水产制品不合格的原因。根据《食品安全国家标准食品添加剂使用标准》（GB 2760-2014）、《食品安全国家标准食品中污染物限量》（GB 2762-2012）、《食品安全国家标准 食品中致病菌限量》（GB 29921-2013）等标准及产品明示标准和指标检出的 28 批次不合格水产制品的不合格原因是菌落总数超标、大肠菌群超标、挥发性盐基氮超标、检出亚硫酸盐、检出苯甲酸、酸价超标、检出二丁基羟基甲苯、铅超标、检出日落黄、山梨酸超标和检出胭脂红，其中菌落总数超标的水产制品最多，高达 13 批次；其次为大肠菌群超标，为 5 批次；两者合计为 18 批次，占所有 28 批次的比例为 64.29%，表明超过六成的不合格水产制品是由微生物污染引起，微生物污染成为我国水产制品不合格的最主要原因。其他不合格原因引发的不合格水产制品批次均较少。

表 3-13 抽检水产制品不合格的原因

序号	不合格原因	不合格批次
1	菌落总数超标	13
2	大肠菌群超标	5
3	挥发性盐基氮超标	3
4	检出亚硫酸盐	3
5	检出苯甲酸	2
6	酸价超标	2
7	检出二丁基羟基甲苯	1
8	铅超标	1
9	检出日落黄	1
10	山梨酸超标	1
11	检出胭脂红	1

资料来源：根据国家食品药品监督管理总局官方网站食品抽检信息整理所得。

第四章　水产品流通消费环节的质量安全分析

流通与消费环节是水产品供应链的末端，直接决定了消费者餐桌上水产品的质量安全。本章首先研究我国水产流通产业的概况，其次基于学者的研究分析流通消费环节水产品质量安全问题，再次分析经营环节重点水产品专项检查结果，最后介绍国家食品药品监督管理总局发布的消费环节水产品质量安全提示与预警。

第一节　水产流通业概况

一、水产流通业总产值

2008—2016 年我国水产流通业产值如图 4-1 所示。近年来，我国水产流通业总产值实现了持续高速增长。2008 年，我国水产流通业总产值为 1986. 85 亿元；2009 年、2011 年和 2013 年分别突破 2000 亿元、3000 亿元和 4000 亿元大关，分别达到 2457. 79 亿元、3132. 47 亿元和 4190. 62 亿元。2016 年，我国水产流通业总产值首次突破 5000 亿元关口，达到 5395. 76 亿元，较 2015 年增长 9. 43%。2008—2016 年，我国水产流通业总产值累计增长 171. 57%，年均增长 13. 30%，保持了较高速度的增长。

二、水产流通业结构组成

我国的水产流通业主要由水产流通和水产（仓储）运输组成。表 4-1 显示，2015—2016 年，我国水产流通业产值分别为 4628. 02 亿元和

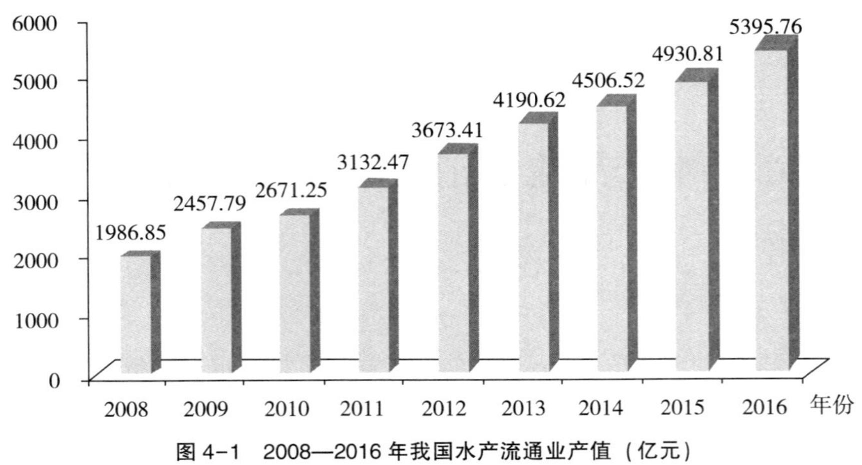

图 4-1 2008—2016 年我国水产流通业产值（亿元）

资料来源：农业部渔业渔政管理局：《中国渔业统计年鉴》，中国农业出版社 2009—2017 年版。

5063. 43 亿元，占水产流通业总产值的比重分别为 93. 86%和 93. 84%；水产（仓储）运输的产值分别为 302. 79 亿元和 332. 33 亿元，占水产流通业总产值的比重分别为 6. 14%和 6. 16%。由此可知，我国水产流通产值的占比约为 94%，水产（仓储）运输产值的占比约为 6%，水产流通在水产流通业中占绝对主导地位。

表 4-1 2015—2016 年我国水产流通业结构组成

单位：亿元、%

水产流通业组成	2016 年		2015 年	
	产值	所占比例	产值	所占比例
水产流通	5063. 43	93. 84	4628. 02	93. 86
水产（仓储）运输	332. 33	6. 16	302. 79	6. 14
总　计	5395. 76	100. 00	4930. 81	100. 00

资料来源：农业部渔业渔政管理局：《中国渔业统计年鉴》，中国农业出版社 2016—2017 年版，并由作者整理计算所得。

三、水产流通产值

水产流通产值占我国水产流通业总产值的比重超过九成，且近年来我国水产流通产值保持了高速稳定的增长。图 4-2 是 2008—2016 年我国水产流通产值。2008 年，水产流通产值为 1862. 09 亿元，2009 年、2012 年和 2014 年分别突破 2000 亿元、3000 亿元和 4000 亿元大关，分别达到 2291. 84 亿元、3453. 16 亿元和 4238. 64 亿元。2016 年，我国水产流通产值高达 5063. 43 亿元，首次突破 5000 亿元，较 2015 年增长 9. 41%。2008—2016 年，我国水产流通产值累计增长 171. 92%，年均增长 13. 32%，实现了两位数以上的增长。

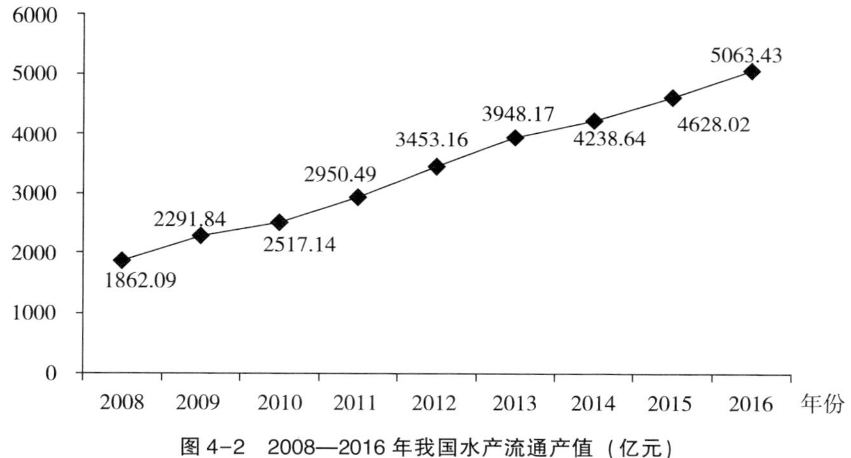

图 4-2　2008—2016 年我国水产流通产值（亿元）

资料来源：农业部渔业渔政管理局：《中国渔业统计年鉴》，中国农业出版社 2009—2017 年版。

2015 年，我国水产流通产值前十位的省份分别是广东（986. 18 亿元，21. 31%）、江苏（691. 62 亿元，14. 94%）、湖北（614. 17 亿元，13. 27%）、山东（610. 52 亿元，13. 19%）、浙江（451. 04 亿元，9. 75%）、福建（398. 30 亿元，8. 61%）、辽宁（222. 92 亿元，4. 82%）、江西（168. 42 亿元，3. 64%）、安徽（134. 73 亿元，2. 91%）、河南（66. 12 亿元，1. 43%），上述

10个省份的水产流通产值合计为4344.02亿元，占我国水产流通产值的93.87%。2016年，我国水产流通产值前十位的省份分别是广东（1232.91亿元，24.35%）、江苏（801.38亿元，15.83%）、湖北（612.82亿元，12.10%）、山东（597.70亿元，11.80%）、浙江（466.67亿元，9.22%）、福建（422.15亿元，8.34%）、辽宁（236.52亿元，4.67%）、江西（179.13亿元，3.54%）、安徽（147.82亿元，2.92%）、河南（69.72亿元，1.38%），上述10个省份的水产流通产值合计为4766.82亿元，占我国水产流通产值的94.15%。因此，广东、江苏、湖北、山东、浙江、福建、辽宁、江西、安徽、河南是我国水产流通最重要的省份（见表4-2、图4-3）。

表4-2 2015—2016年我国水产流通产值的省份分布

单位：亿元、%

省份分布	2016年		省份分布	2015年	
	产值	所占比例		产值	所占比例
广东	1232.91	24.35	广东	986.18	21.31
江苏	801.38	15.83	江苏	691.62	14.94
湖北	612.82	12.10	湖北	614.17	13.27
山东	597.70	11.80	山东	610.52	13.19
浙江	466.67	9.22	浙江	451.04	9.75
福建	422.15	8.34	福建	398.30	8.61
辽宁	236.52	4.67	辽宁	222.92	4.82
江西	179.13	3.54	江西	168.42	3.64
安徽	147.82	2.92	安徽	134.73	2.91
河南	69.72	1.38	河南	66.12	1.43
四川	63.04	1.25	四川	55.09	1.19
湖南	54.46	1.08	湖南	52.18	1.13
广西	48.29	0.95	广西	47.51	1.03
云南	29.75	0.59	云南	28.68	0.62
重庆	20.84	0.41	重庆	19.80	0.43
吉林	20.07	0.40	吉林	17.63	0.38
海南	14.54	0.29	海南	13.30	0.29

续表

省份分布	2016 年		省份分布	2015 年	
	产值	所占比例		产值	所占比例
宁夏	8.83	0.17	天津	10.51	0.23
陕西	8.50	0.17	宁夏	8.68	0.18
黑龙江	6.59	0.13	陕西	8.42	0.18
北京	6.28	0.12	河北	6.08	0.13
河北	6.10	0.12	北京	5.35	0.12
天津	3.27	0.06	黑龙江	5.24	0.11
内蒙古	2.35	0.05	内蒙古	2.19	0.05
山西	1.36	0.03	山西	1.37	0.03
新疆	1.26	0.02	新疆	1.11	0.02
贵州	0.57	0.01	贵州	0.55	0.01
上海	0.29	小于 0.01	上海	0.27	小于 0.01
西藏	0.21	小于 0.01	西藏	0.03	小于 0.01
甘肃	0.01	小于 0.01	甘肃	0.01	小于 0.01
总计	5063.43	100.00	总计	4628.02	100.00

资料来源：农业部渔业渔政管理局：《中国渔业统计年鉴》，中国农业出版社 2016—2017 年版，并由作者整理计算所得。

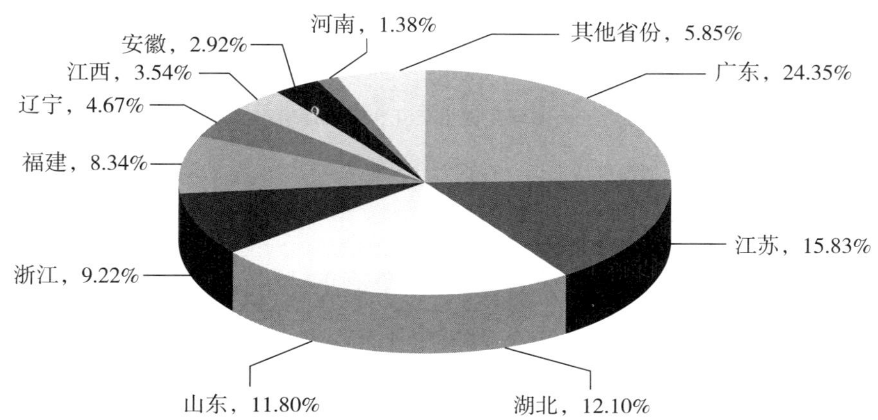

图 4-3 2016 年我国水产流通产值的主要省份

资料来源：农业部渔业渔政管理局：《中国渔业统计年鉴》，中国农业出版社 2017 年版，并由作者整理计算所得。

四、水产（仓储）运输产值

虽然水产（仓储）运输产值在我国水产流通业产值中的比重仅为6%，但却是我国水产流通产业的重要环节。2008年，我国水产（仓储）运输产值为124.76亿元；2012年增长到220.25亿元，突破200亿元；2015年突破300亿元，达到302.79亿元。2016年，我国水产（仓储）运输产值在高基数上实现进一步增长，达到332.33亿元，较2015年增长9.76%。2008—2016年，我国水产（仓储）运输产值累计增长166.38%，年均增长13.03%（见图4-4）。

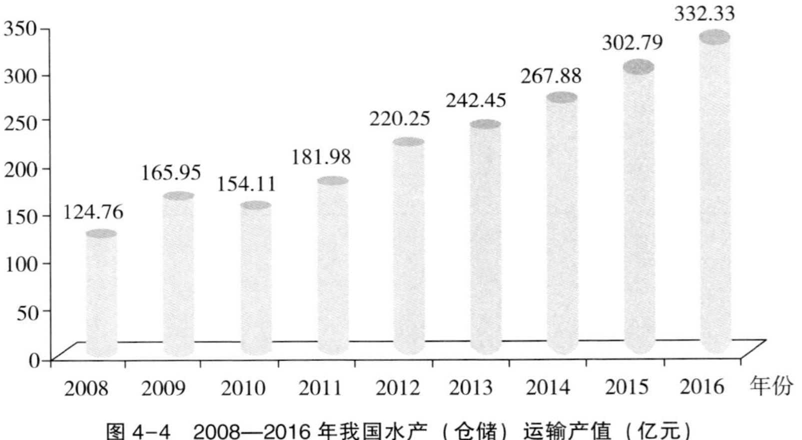

图4-4 2008—2016年我国水产（仓储）运输产值（亿元）

资料来源：农业部渔业渔政管理局：《中国渔业统计年鉴》，中国农业出版社2009—2017年版。

2015年，我国水产（仓储）运输产值前十位的省份分别是山东（114.11亿元，37.69%）、湖北（29.67亿元，9.80%）、江苏（27.53亿元，9.09%）、辽宁（26.98亿元，8.91%）、福建（20.37亿元，6.73%）、浙江（18.60亿元，6.14%）、四川（11.79亿元，3.89%）、安徽（9.52亿元，3.14%）、广东（8.02亿元，2.65%）、江西（7.95亿元，2.63%），上述10个省份的水产（仓储）运输产值合计为274.54亿元，占我国水产（仓储）运输产值的90.67%。2016年，我国水产（仓储）运输产值前十位的省份分别是山东（117.33 亿元，35.31%）、湖北（35.49 亿元，10.68%）、辽宁（32.54 亿元，9.79%）、江苏（31.94 亿元，9.61%）、浙江（23.00 亿元，6.92%）、福建（21.18 亿元，6.37%）、四川（13.07 亿元，3.93%）、安徽（10.43 亿元，3.14%）、广东（9.31 亿元，2.80%）、江西（8.39 亿元，2.52%），上述 10 个省份的水产（仓储）运输产值合计为 302.68 亿元，占我国水产（仓储）运输产值的 91.07%。因此，山东、湖北、辽宁、江苏、浙江、福建、四川、安徽、广东、江西是我国水产（仓储）运输重要的省份，其中山东是我国水产（仓储）运输最重要的省份，所占比重超过三分之一（见表 4-2、图 4-3）。

表 4-3 2015—2016 年我国水产（仓储）运输产值的省份分布

单位：亿元、%

省份分布	2016 年		省份分布	2015 年	
	产值	所占比例		产值	所占比例
山东	117.33	35.31	山东	114.11	37.69
湖北	35.49	10.68	湖北	29.67	9.80
辽宁	32.54	9.79	江苏	27.53	9.09
江苏	31.94	9.61	辽宁	26.98	8.91
浙江	23.00	6.92	福建	20.37	6.73
福建	21.18	6.37	浙江	18.60	6.14
四川	13.07	3.93	四川	11.79	3.89
安徽	10.43	3.14	安徽	9.52	3.14
广东	9.31	2.80	广东	8.02	2.65
江西	8.39	2.52	江西	7.95	2.63
河南	7.65	2.30	河南	7.82	2.58
广西	6.81	2.05	广西	6.62	2.19
湖南	2.82	0.85	湖南	2.68	0.89
重庆	2.37	0.71	重庆	2.18	0.72
云南	2.13	0.64	河北	1.55	0.51
河北	1.70	0.51	海南	1.35	0.45

续表

省份分布	2016 年		省份分布	2015 年	
	产量	所占比例		产量	所占比例
海南	1.43	0.43	云南	1.30	0.43
宁夏	1.10	0.33	宁夏	1.07	0.35
陕西	0.79	0.24	黑龙江	0.79	0.26
天津	0.73	0.22	陕西	0.78	0.26
吉林	0.71	0.21	天津	0.76	0.25
黑龙江	0.55	0.17	吉林	0.48	0.16
内蒙古	0.42	0.13	内蒙古	0.40	0.12
北京	0.24	0.08	北京	0.27	0.09
新疆	0.10	0.03	新疆	0.08	0.03
山西	0.06	0.02	山西	0.07	0.02
贵州	0.04	0.01	贵州	0.05	0.02
总　计	332.33	100.00	总计	302.79	100.00

资料来源：农业部渔业渔政管理局:《中国渔业统计年鉴》，中国农业出版社 2016—2017 年版，并由作者整理计算所得。

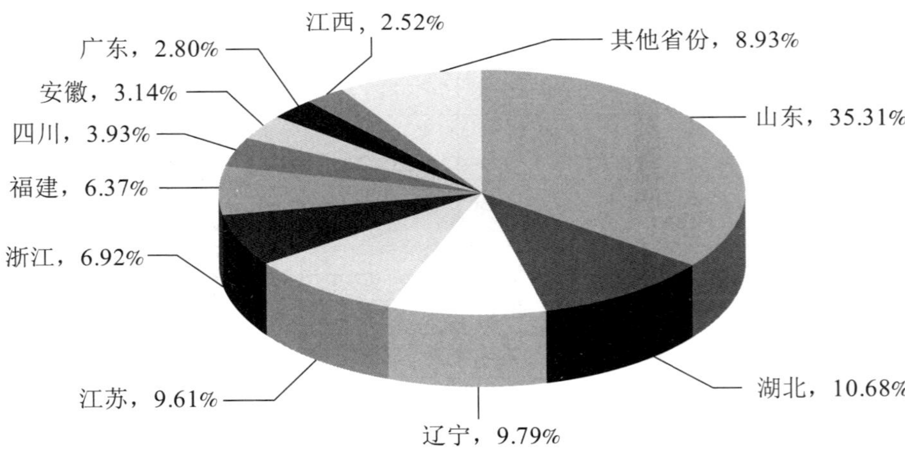

图 4-5　2016 年我国水产（仓储）运输产值的主要省份

资料来源：农业部渔业渔政管理局:《中国渔业统计年鉴》，中国农业出版社 2017 年版，并由作者整理计算所得。

第二节 流通消费环节水产品质量安全问题

为了分析我国流通消费环节水产品的质量安全问题，本章借鉴了相关学者的研究成果。通过中国知网（CNKI）检索水产品质量安全的相关文献，筛选整理了二十余篇水产品质量安全相关检测的文献展开分析，以求能尽最大可能地了解我国流通消费环节水产品质量安全的现状和问题。

一、含有致病菌

由第三章可知，微生物污染是我国水产制品存在的最严重质量安全问题，而微生物污染往往是由致病菌引起的。表 4-4 是水产品中致病菌检测的相关典型文献。对于水产品中的致病菌，学者们主要研究了副溶血性弧菌、沙门菌、霍乱弧菌、单增李斯特菌、志贺菌、弯曲菌、致泻大肠埃希菌等。

副溶血性弧菌是学者们研究最多的致病菌种类。严纪文等对广东省湛江市、汕头市、深圳市及广州市农贸市场和餐饮店水产品的检测结果显示，副溶血性弧菌的总体检出率为 36. 19%，其中广州市的检出率高达 50. 0%。[①] 孟娣发现山东省青岛市批发零售市场和超市的副溶血性弧菌的总体检出率为 66. 6%。[②] 除此之外，广州市番禺区石楼镇、东涌镇、大岗镇的总体检出率为 18. 5%，[③] 湖北省荆州市的总体检出率为 22. 50%，[④] 湖

① 严纪文、马聪、朱海明等：《2003—2005 年广东省水产品中副溶血性弧菌的主动监测及其基因指纹图谱库的建立》，《中国卫生检验杂志》2006 年第 4 期，第 387—391 页。

② 孟娣：《水产品中副溶血性弧菌快速检测技术及风险评估研究》，硕士学位论文，中国海洋大学，2007 年，第 29 页。

③ 林东明、吴利楠、麦洁梅等：《2009—2011 年广州市番禺区水产品污染状况分析》，《热带医学杂志》2012 年第 9 期，第 1150—1153 页。

④ 胡婕、陈茂义、陈婷等：《水产品及其环境中副溶血性弧菌污染状况与毒力基因分布研究》，《公共卫生与预防医学》2013 年第 4 期，第 33—37 页。

南省 14 个地州市的总体检出率为 17. 50%，[①] 山东省烟台市的总体检出率为 20. 57%，[②] 上海市浦东新区的总体检出率为 31. 1%。[③] 虽然学者们研究的地区不同，水产品样本来源于农贸市场、餐饮店、水产批发市场、超市等不同单位，检测的水产品种类也各不相同，但不可否认的是，我国水产品中副溶血性弧菌的总体检出率偏高，均维持在 15%以上，需要引起相关部门足够的重视。

不同种类水产品的副溶血性弧菌的检出率也各不相同。严纪文等研究发现副溶血性弧菌的检出率由高到低依次是淡水虾（66. 7%）、生食海鱼（55. 6%）、淡水鱼（51. 3%）、软体类水产品（50. 0%）、海虾（37. 4%）、蟹（31. 0%）、贝类（30. 9%）、海鱼（19. 5%）。[④] 孟娣则认为副溶血性弧菌的检出率由高到低依次是牡蛎（74. 3%）、刀额新对虾（70. 7%）、牙鲆（55. 4%）、杂色蛤（53. 3%）。[⑤] 林东明等发现副溶血性弧菌检出率较高的是虾蟹类和贝类，分别为 41. 7%和 33. 3%，海水鱼和淡水鱼的检出率较低，分别为 7. 4%和 5. 4%，生吃水产品中未检出副溶血性弧菌。[⑥] 胡婕等的检测结果显示海产品的检出率（31. 28%）要远高于淡水产品检出率（16. 42%），[⑦] 贾华云等也得出了类似的结论，认为海产品的检出率（26. 58%）要远高于淡水产品检出率（15. 40%），同时认为冰鲜水产品的

---

① 贾华云、王岚、陈帅等：《2010—2013 年湖南省市售水产品中副溶血性弧菌污染状况及病原特征分析》，《实用预防医学》2016 年第 12 期，第 1433—1435 页。

② 宫春波、王朝霞、董峰光：《2010—2014 年烟台市即食生食动物性水产品中食源性致病菌污染状况调查》，《实用预防医学》2016 年第 12 期，第 1440—1444 页。

③ 邵祥龙、傅灵菲、章溢峰等：《2015 年上海浦东新区市售水产品中食源性致病菌污染情况》，《卫生研究》2017 年第 1 期，第 162—164 页。

④ 严纪文、马聪、朱海明等：《2003—2005 年广东省水产品中副溶血性弧菌的主动监测及其基因指纹图谱库的建立》，《中国卫生检验杂志》2006 年第 4 期，第 387—391 页。

⑤ 孟娣：《水产品中副溶血性弧菌快速检测技术及风险评估研究》，硕士学位论文，中国海洋大学，2007 年，第 30—31 页。

⑥ 林东明、吴利楠、麦洁梅等：《2009—2011 年广州市番禺区水产品污染状况分析》，《热带医学杂志》2012 年第 9 期，第 1150—1153 页。

⑦ 胡婕、陈茂义、陈婷等：《水产品及其环境中副溶血性弧菌污染状况与毒力基因分布研究》，《公共卫生与预防医学》2013 年第 4 期，第 33—37 页。

检出率（42.11%）高于活的水产品的检出率（25.50%）。[①] 宫春波等研究显示腹足类、棘皮类、贝类、甲壳类、鱼类、头足类和其他类的检出率分别为38.89%、25.00%、23.65%、20.00%、16.67%、6.67%和5.00%。[②] 这些结论对于加强不同种类水产品中副溶血性弧菌的重点监测具有重要意义。

不同购买场所的水产品中副溶血性弧菌的检出率也存在差异。严纪文等检测结果显示农贸市场、餐饮店的检出率分别为35.3%和36.8%。[③] 孟娣研究发现，对于牡蛎，超市的检出率及含菌量均高于农贸市场；对于杂色蛤，超市的检出率低于农贸市场，但含菌量高于农贸市场；对于刀额新对虾和牙鲆，超市的检出率及含菌量均低于农贸市场。[④] 胡婕等认为超市的检出率（26.60%）高于农贸市场（18.02%）。[⑤] 宫春波等的研究结果表明，流通环节的检出率为22.58%，餐饮环节的检出率为19.58%；餐饮环节小型餐馆检出率为42. 86%，中型和大型餐馆的检出率分别为21.05%和16.39%。[⑥] 总体来说，对于农贸市场和超市中副溶血性弧菌的检出率高低还有争议，流通环节的检出率要高于餐饮环节，小型餐饮店的检出率则明显高于大中型餐饮店。

---

① 贾华云、王岚、陈帅等：《2010—2013年湖南省市售水产品中副溶血性弧菌污染状况及病原特征分析》，《实用预防医学》2016年第12期，第1433—1435页。

② 宫春波、王朝霞、董峰光：《2010—2014年烟台市即食生食动物性水产品中食源性致病菌污染状况调查》，《实用预防医学》2016年第12期，第1440—1444页。

③ 严纪文、马聪、朱海明等：《2003—2005年广东省水产品中副溶血性弧菌的主动监测及其基因指纹图谱库的建立》，《中国卫生检验杂志》2006年第4期，第387—391页。

④ 孟娣：《水产品中副溶血性弧菌快速检测技术及风险评估研究》，硕士学位论文，中国海洋大学，2007年，第32页。

⑤ 胡婕、陈茂义、陈婷等：《水产品及其环境中副溶血性弧菌污染状况与毒力基因分布研究》，《公共卫生与预防医学》2013年第4期，第33—37页。

⑥ 宫春波、王朝霞、董峰光：《2010—2014年烟台市即食生食动物性水产品中食源性致病菌污染状况调查》，《实用预防医学》2016年第12期，第1440—1444页。

表 4-4 水产品中致病菌检测的相关典型文献

地区	样品来源	水产种类	检测类别	检测结果	文献来源
广东省湛江市、汕头市、深圳市及广州市	农贸市场和餐饮店	虾类、鱼类、贝类、蟹类、软体类水产品	副溶血性弧菌	总检出率为 36.19%，其中广州的检出率最高，为 50.0%；农贸市场、餐饮店的检出率分别为 35.3%和 36.8%；淡水虾的检出率最高，为 66.7%，其他依次为生食海鱼 55.6%、淡水鱼 51.3%、软体类水产品 50.0%、海虾 37.4%、蟹 31.0%、贝类 30.9%、海鱼 19.5%	严纪文等（2006）
山东省青岛市	批发零售市场、超市	刀额新对虾、杂色蛤、牡蛎、牙鲆	副溶血性弧菌	总体检出率为 66.6%，牡蛎的检出率为 74.3%，杂色蛤的检出率为 53.3%，刀额新对虾的检出率为 70.7%，牙鲆的检出率为 55.4%；对于牡蛎，超市的检出率及含菌量均高于农贸市场；对于杂色蛤，超市的检出率低于农贸市场，但含菌量高于农贸市场；对于刀额新对虾和牙鲆，超市的检出率及含菌量均低于农贸市场	孟娣（2007）
广州市番禺区石楼镇、东涌镇、大岗镇	养殖场、水产批发市场、农贸市场、餐厅酒楼	鲜活鱼、虾蟹、贝类及冰鲜、生吃水产品	副溶血性弧菌、沙门菌、霍乱弧菌	副溶血性弧菌的总体检出率为 18.5%，其中检出率最高的是虾蟹类，为 41.7%，贝类为 33.3%，海水鱼和淡水鱼分别为 7.4%、5.4%，生吃水产品中未检出副溶血性弧菌；所有样品均未检出沙门菌和霍乱弧菌	林东明等（2012）
湖北省荆州市	超市、农贸市场	海产品、淡水产品	副溶血性弧菌	总体检出率为 22.50%，其中海产品的检出率最高，为 31.28%，淡水产品检出率 16.42%；超市的检出率 26.60%，农贸市场的检出率 18.02%；每月的检出率为 3.33%—36.67%	胡婕等（2013）

续表

地区	样品来源	水产种类	检测类别	检测结果	文献来源
湖南省14个地州市	农贸市场、超市和水产批发市场	淡水产品、海产品	副溶血性弧菌	总体检出率为17.50%，其中淡水产品的检出率为15.40%，海产品的检出率为26.58%；活的水产品的检出率为25.50%，冰鲜水产品的检出率为42.11%	贾华云等(2016)
山东省烟台市	餐饮单位和大型超市	贝类、头足类、鱼类、甲壳类、腹足类、棘皮类、其他(海肠、海蜇)	副溶血性弧菌、单增李斯特菌	副溶血性弧菌的总体检出率为20.57%，其中腹足类、棘皮类、贝类、甲壳类、鱼类、头足类和其他类的检出率分别为38.89%、25.00%、23.65%、20.00%、16.67%、6.67%和5.00%；流通环节的检出率为22.58%，餐饮环节的检出率为19.58%；餐饮环节小型餐馆检出率为42.86%；中型和大型餐馆的检出率分别为21.05%和16.39%。单增李斯特菌总体检出率为1.77%	宫春波等(2016)
上海市浦东新区	集贸市场	海水鱼、淡水鱼、淡水贝、淡水虾	副溶血性弧菌、沙门菌、单增李斯特菌、志贺菌、弯曲菌、致泻大肠埃希菌、霍乱弧菌	7种食源性致病菌的总体检出率为32.9%，其中检出率位于前三位的依次是副溶血性弧菌(31.1%)、单增李斯特菌(2.2%)和沙门菌(0.4%)；市售水产品中食源性致病菌的检出率存在明显的季节性，8—11月相对较高；淡水产品中食源性致病菌的总体检出率明显高于海水产品	邵祥龙等(2017)

资料来源：作者根据中国知网检索整理得到。

与副溶血性弧菌不同，其他致病菌的情况相对更好。林东明等发现广州市番禺区石楼镇、东涌镇、大岗镇的养殖场、水产批发市场、农贸市场、餐厅酒楼等地的所有水产品样品均未检出沙门菌和霍乱弧菌。[①] 宫春

① 林东明、吴利楠、麦洁梅等：《2009—2011年广州市番禺区水产品污染状况分析》，《热带医学杂志》2012年第9期，第1150—1153页。

波等对山东省烟台市的餐饮单位和大型超市水产品的检测结果显示单增李斯特菌总体检出率为 1. 77%。[①] 邵祥龙等对上海市浦东新区集贸市场中水产品的研究发现，水产品中单增李斯特菌和沙门菌的检出率分别为 2. 2%和 0. 4%。[②] 可见，水产品中单增李斯特菌、沙门菌和霍乱弧菌的情况明显好于副溶血性弧菌。

二、主要重金属超标

水产品中重金属超标的问题也引起了学者们的广泛关注，他们就不同地域的水产品中重金属含量展开研究（见表 4-5）。学者们研究水产品中的重金属包括铜、镉、铅、汞、砷等，其中汞是学者们重点研究的重金属种类。童银栋等研究发现，水产样本中的总汞绝大多数以甲基汞的形式存在，所占比例从 74. 7%到 96. 0%不等。[③] 姜杰等对深圳市摊档、市场、餐厅及超市中海水鱼、海产贝类、甲壳类、淡水鱼等水产品的检测发现，四类水产品中没有汞超标的问题，合格率高达 100%。[④] 谷静等的研究结果表明，江苏 13 个省辖市的大型菜场、超市、批发市场等场所中在售水产品甲基汞的含量均未超过评价标准，合格率高达 100%。[⑤] 整体来说，我国水产品中汞的含量较低，情况比较乐观。

不同种类水产品中汞的含量存在较大差异。梁鹏对广东省 11 个渔业产区的研究发现，汞含量由高到低依次为鱼类、蟹类、虾类、贝类，肉食性鱼体汞含量高于草食性和腐食性，海洋捕捞类、海水养殖类汞含量大于淡

---

① 宫春波、王朝霞、董峰光:《2010—2014 年烟台市即食生食动物性水产品中食源性致病菌污染状况调查》,《实用预防医学》2016 年第 12 期，第 1440—1444 页。

② 邵祥龙、傅灵菲、章溢峰等:《2015 年上海浦东新区市售水产品中食源性致病菌污染情况》,《卫生研究》2017 年第 1 期，第 162—164 页。

③ 童银栋、郭明、胡丹等:《北京市场常见水产品中总汞、甲基汞分布特征及食用风险》,《生态环境学报》2010 年第 9 期，第 2187—2191 页。

④ 姜杰、张慧敏、林凯等:《深圳市水产品中铅镉汞含量及污染状况评价》,《卫生研究》2011 年第 4 期，第 527—528 页。

⑤ 谷静、刘德晔、滕小沛等:《2012 年江苏省水产品甲基汞污染监测结果分析》,《江苏预防医学》2013 年第 5 期，第 13—15 页。

水养殖类。[①] 童银栋等对北京市水产品的检测结果表明，海产品中总汞和甲基汞质量分数要远高于淡水鱼中的总汞和甲基汞质量分数；鱼体肌肉中的甲基汞质量分数最高，肝脏中次之，鱼鳃中质量分数最低。[②] 谷静等研究显示，江苏13个省辖市的水产品中银鳕鱼和带鱼的甲基汞含量明显高于其他水产品。[③] 林少英等对广东省佛山市农贸市场、超市中不同种类水产品的研究发现，不同鱼类甲基汞含量由高到低依次为鳙鱼、鲈鱼、鲫鱼、鲢鱼、塘鲺、鲩鱼。[④] 可见，海产品的汞含量整体高于淡水产品，肉食性水产品的汞含量高于草食性和腐食性水产品。

学者们还研究了水产品中铜、镉、铅、砷等重金属的情况。姜杰等对深圳市摊档、市场、餐厅及超市中海水鱼、海产贝类、甲壳类、淡水鱼等水产品的检测发现，海产贝类和甲壳类的镉超标率均在25%左右，扇贝中镉含量高达5.250 mg/kg，甲壳类中镉平均含量接近标准限值，其中蟹的镉含量水平远高于虾，海产鱼和淡水鱼的镉平均含量远低于标准限值；四类水产品中铅含量均无超标现象，合格率高达100%，其中海产贝类中铅平均含量水平较高。[⑤] 叶海湄等研究发现，海南省海口、三亚、文昌和临高等地的超市和集贸市场的水产品中铅和镉含量均没有超标，铅污染的平均值由高到低分别是双壳类、甲壳类、软体类、鱼类，镉污染平均值由高到低分别是双壳类、软体类、甲壳类和鱼类。[⑥] 吴春峰等对上海市超市和集贸市场水产品的研究结果显示，上海市售水产品中镉含量平均值为

---

① 梁鹏：《广东省市售水产品中汞含量分布及人体摄入量评估》，硕士学位论文，西南大学，2008年，第24—25页。

② 童银栋、郭明、胡丹等：《北京市场常见水产品中总汞、甲基汞分布特征及食用风险》，《生态环境学报》2010年第9期，第2187—2191页。

③ 谷静、刘德晔、滕小沛等：《2012年江苏省水产品甲基汞污染监测结果分析》，《江苏预防医学》2013年第5期，第13—15页。

④ 林少英、黄学敏、谭领章等：《佛山市常见水产品甲基汞浓度比较分析》，《华南预防医学》2016年第5期，第484—486页。

⑤ 姜杰、张慧敏、林凯等：《深圳市水产品中铅镉汞含量及污染状况评价》，《卫生研究》2011年第4期，第527—528页。

⑥ 叶海湄、何婷、关清等：《海南省水产品中铅镉的污染状况分析》，《中国食品卫生杂志》2012年第6期，第558—560页。

0.0383 mg/kg，淡水鱼、海水鱼、甲壳类、软体类水产品中镉含量平均值分别为0.0082 mg/kg、0.0168 mg/kg、0.0469 mg/kg、0.0910 mg/kg。[①] 孙慧玲在辽宁省大连市的研究认为，海水鱼的铜含量小于淡水鱼，但镉、铅、汞、砷含量均大于淡水鱼；鱼类中，孔鳐的镉、铅、汞含量最高；甲壳类中，虾蛄体内铜、镉、铅含量最高，蟹类体内汞含量最高；贝类中，牡蛎体内铜、镉含量最高，缢蛏体内砷含量最高；藻类中，紫菜的5种重金属含量均最高；单环刺螠铜含量最高，马粪海胆汞含量最高；总体来说，甲壳类体内铜、汞、砷含量最大，贝类体内镉含量最大。[②]

表4-5 水产品中重金属检测的相关典型文献

地区	样品来源	水产种类	检测类别	检测结果	文献来源
广东省11个渔业产区	当地最大的水产市场或者超市	鱼类、虾类、蟹类、贝类	汞	汞含量由高到低依次为鱼类、蟹类、虾类、贝类；金丝鱼汞平均含量最高，罗氏沼虾最低；肉食性鱼体汞含量高于草食性和腐食性，海洋捕捞类、海水养殖类汞含量大于淡水养殖类。广东省水产品中汞的含量与我国其他地区水产品中汞含量相近，处于一个数量级上	梁鹏(2008)
北京市	水产品市场	海产品、淡水鱼	总汞、甲基汞	水产样本中的总汞绝大多数以甲基汞的形式存在，所占比例从74.7%到96.0%不等；海产品中总汞和甲基汞质量分数要远高于淡水鱼中的总汞和甲基汞质量分数；鱼体肌肉中的甲基汞质量分数最高，肝脏中次之，鱼鳃中质量分数最低	童银栋等(2010)

① 吴春峰、刘弘、秦璐昕等：《上海市居民食用水产品的镉暴露水平概率评估》，《环境与职业医学》2013年第2期，第93—97页。

② 孙慧玲：《大连市售水产品重金属含量特征及其暴露风险分析》，硕士学位论文，大连海洋大学，2015年，第21—30页。

续表

地区	样品来源	水产种类	检测类别	检测结果	文献来源
深圳市	摊档、市场、餐厅及超市	海水鱼、海产贝类、甲壳类、淡水鱼	铅、镉、汞	4类水产品中存在镉超标现象，主要集中在海产贝类和甲壳类，镉超标率均在25%左右；扇贝中镉含量高达5.250 mg/kg；甲壳类中镉平均含量接近标准限值，其中蟹的镉含量水平远高于虾；海产鱼和淡水鱼的镉的平均含量远低于标准限值。四类水产品中铅、汞两种重金属均无超标现象，海产贝类中铅平均含量水平较高，而海水鱼中汞平均含量较高	姜杰等（2011）
海南省海口、三亚、文昌和临高	超市和集贸市场	鱼类、软体类、甲壳类和双壳类	铅、镉	水产品样品中铅和镉含量均没有超标，说明海南省周边水域重金属污染较轻、食用的水产品目前处于安全状态。铅污染的平均值由高到低分别是双壳类、甲壳类、软体类、鱼类，镉污染平均值由高到低分别是双壳类、软体类、甲壳类和鱼类	叶海湄等（2012）
上海市	超市和集贸市场	海水鱼、淡水鱼、甲壳类、软体类	镉	上海市售水产品中镉含量平均值为0.0383 mg/kg，淡水鱼、海水鱼、甲壳类、软体类水产品中镉含量平均值分别为0.0082 mg/kg、0.0168 mg/kg、0.0469 mg/kg、0.0910 mg/kg；上海市居民食用水产品镉暴露水平偏高，4.80%的居民存在镉的健康危害风险	吴春峰等（2013）
江苏13个省辖市	大型菜场、超市、批发市场	市民经常食用的各类水产品	甲基汞	在售水产品甲基汞的含量均未超过评价标准，合格率100%；各省辖市均值含量范围中徐州市样品含量较高；银鳕鱼和带鱼的甲基汞含量明显高于其他水产品	谷静等（2013）

续表

地区	样品来源	水产种类	检测类别	检测结果	文献来源
辽宁省大连市	水产品批发市场、大型超市、农贸市场及流动商贩	鱼、虾、蟹、贝、藻、棘皮、环节类	铜、镉、铅、汞、砷	海水鱼的铜含量小于淡水鱼，但镉、铅、汞、砷含量均大于淡水鱼；鱼类中，孔鳐的镉、铅、汞含量最高；甲壳类中，虾蛄体内铜、镉、铅含量最高，蟹类体内汞含量最高；贝类中，牡蛎体内铜、镉含量最高，缢蛏体内砷含量最高；藻类中，紫菜的5种重金属含量均最高；单环刺螠铜含量最高，马粪海胆汞含量最高。总体来说，甲壳类体内铜、汞、砷含量最大，贝类体内镉含量最大	孙慧玲（2015）
广东省佛山市	农贸市场、超市	鲩鱼、鳙鱼、鲢鱼、鲈鱼、鲫鱼、塘鲺	甲基汞	不同鱼类含量由高到低依次为鳙鱼、鲈鱼、鲫鱼、鲢鱼、塘鲺、鲩鱼；高明区的含量最高，禅城区含量最低	林少英等（2016）

资料来源：作者根据中国知网检索整理得到。

三、农兽药残留

农兽药残留超标是影响我国水产品质量安全的一大传统问题，同时也是农业部和国家食品药品监督管理总局对水产品和水产制品检测的重点项目。对此，学者们从不同的角度展开研究（见表4-6）。抗生素是学者们重点关注的农兽药种类。毛新武等对广东省广州市餐饮单位、超市、肉菜综合市场的水产品展开检测，发现虾蟹类、贝壳类、鲜活鱼的土霉素残留超标率分别为72.2%、42.1%和18.9%，四环素残留超标率分别为33.3%、5.3%和16.2%，虾蟹类产品检出了被禁止使用的氯霉素。[①] 之后，

① 毛新武、李迎月、林晓华等：《广州市水产品污染状况调查》，《中国卫生检验杂志》2007年第12期，第2288—2290页。

林东明等对广州市番禺区石楼镇、东涌镇、大岗镇水产品的检测发现，对于四环素，贝类的超标率为 14. 3%，虾蟹类的超标率为 12. 5%，其他种类均合格；海水鱼的金霉素超标率为 9. 1%，其他种类均合格；淡水鱼的土霉素超标率为 8. 3%，其他种类均合格；各类水产品均未检出禁止使用的氯霉素。①

学者们还研究了水产品中孔雀石绿和硝基呋喃的情况。王敏娟等对陕西省 10 个地市的超市、农贸市场和批发市场中淡水鱼的检测结果显示，淡水鱼中孔雀石绿的检出率为 7. 32%，最大值为 428 μg/kg；不同品种淡水鱼中孔雀石绿的检出率差别较大，鲶鱼中的检出率最高，为 28. 57%；陕西省 10 个地市中榆林的检出率最高，为 33. 33%。② 刘书贵等对广东省广州市、佛山市水产批发市场中的鳜鱼、杂交鳢进行了跟踪检测，结果发现，2013 年，孔雀石绿的总检出率为 11. 7%，硝基呋喃类代谢物的总检出率为 20%；2014 年，孔雀石绿的总检出率为 25%，硝基呋喃类代谢物的总检出率为 12. 5%；孔雀石绿残留量在 0. 58—19. 1 μg/kg，总硝基呋喃类代谢物残留量在 0. 66—36. 6 μg/kg。③ 王鼎南等研究认为，浙江省杭州市、台州市、温州市、舟山市等地超市、农贸市场和养殖场出售的日本沼虾和罗氏沼虾中氨基脲检出率达 100%，日本沼虾及罗氏沼虾中氨基脲平均检出值均超过现行残留限量，凡纳滨对虾和中华绒螯蟹中的氨基脲含量较低。④ 付晓苹等对某市鱼类的检测发现，孔雀石绿及隐性孔雀石绿检出率为 2. 0%。⑤

除了四环素、土霉素、金霉素、氯霉素等抗生素以及孔雀石绿、硝基

① 林东明、吴利楠、麦洁梅等：《2009—2011 年广州市番禺区水产品污染状况分析》，《热带医学杂志》2012 年第 9 期，第 1150—1153 页。

② 王敏娟、聂晓玲、程国霞等：《陕西省淡水鱼中孔雀石绿的污染调查及居民膳食暴露评估》，《卫生研究》2015 年第 6 期，第 965—969 页。

③ 刘书贵、尹怡、单奇等：《广东省鳜鱼和杂交鳢中孔雀石绿和硝基呋喃残留调查及暴露评估》，《中国食品卫生杂志》2015 年第 5 期，第 553—558 页。

④ 王鼎南、周凡、李诗言等：《甲壳类水产品中呋喃西林代谢物氨基脲的本底调查及来源分析》，《中国渔业质量与标准》2016 年第 6 期，第 6—11 页。

⑤ 付晓苹、彭婕、李晋成等：《流通环节水产品及暂养水中孔雀石绿和麻醉剂风险监测》，《食品安全质量检测学报》2016 年第 12 期，第 5040—5045 页。

呋喃外，学者们还关注了其他农兽药种类。林东明等对广州市番禺区石楼镇、东涌镇、大岗镇水产品的检测发现，养殖场、水产批发市场、农贸市场、餐厅酒楼的水产品中六六六、滴滴涕含量均未超标。① 付晓苹等对某市水产批发市场及运输车、大型连锁超市的鱼类进行研究，重点检测丁香酚、间氨基苯甲酸乙酯甲磺酸盐两种麻醉剂，发现丁香酚的检出率为2.0%，所有水产品未检出间氨基苯甲酸乙酯甲磺酸盐残留。②

表 4-6　水产品中农兽药残留检测的相关典型文献

地区	样品来源	水产种类	检测类别	检测结果	文献来源
广东省广州市	餐饮单位、超市、肉菜综合市场	鲜活淡水鱼、虾蟹、贝壳、冰鲜产品	抗生素	鲜活虾蟹、鱼、贝壳类产品土霉素、四环素残留超标率较高，虾蟹类、贝壳类、鲜活鱼的土霉素残留超标率分别为72.2%、42.1%和18.9%；虾蟹类、贝壳类、鲜活鱼的四环素残留超标率分别为33.3%、5.3%和16.2%；虾蟹类产品检出了被禁止使用的氯霉素	毛新武等（2007）
广州市番禺区石楼镇、东涌镇、大岗镇	养殖场、水产批发市场、农贸市场、餐厅酒楼	鲜活鱼、虾蟹、贝类及冰鲜、生吃水产品	四环素、土霉素、金霉素、氯霉素等抗生素，六六六、滴滴涕等农药	对于四环素，贝类的超标率为14.3%，虾蟹类的超标率为12.5%，其他种类均合格；海水鱼的金霉素超标率为9.1%，其他种类均合格；淡水鱼的土霉素超标率为8.3%，其他种类均合格；各类水产品均未检出禁止使用的氯霉素；各类水产品中六六六、滴滴涕含量均未超标	林东明等（2012）

① 林东明、吴利楠、麦洁梅等：《2009—2011年广州市番禺区水产品污染状况分析》，《热带医学杂志》2012年第9期，第1150—1153页。

② 付晓苹、彭婕、李晋成等：《流通环节水产品及暂养水中孔雀石绿和麻醉剂风险监测》，《食品安全质量检测学报》2016年第12期，第5040—5045页。

续表

地区	样品来源	水产种类	检测类别	检测结果	文献来源
陕西省10个地市	超市、农贸市场和批发市场	淡水鱼	孔雀石绿	淡水鱼中孔雀石绿的检出率为7.32%，最大值为428 μg /kg；不同品种淡水鱼中孔雀石绿的检出率差别较大，鲶鱼中的检出率最高，为28.57%；陕西省10个地市中榆林的检出率最高，为33.33%	王敏娟等（2015）
广东省广州市、佛山市	水产批发市场	鳜鱼、杂交鳢	孔雀石绿、硝基呋喃	2013年，孔雀石绿的总检出率为11.7%，硝基呋喃类代谢物的总检出率为20%；2014年，孔雀石绿的总检出率为25%，硝基呋喃类代谢物的总检出率为12.5%；孔雀石绿残留量在0.58—19.1 μg/kg之间，总硝基呋喃类代谢物残留量在0.66—36.6 μg/kg之间	刘书贵等（2015）
浙江省杭州市、台州市、温州市、舟山市	超市、农贸市场和养殖场	甲壳类	呋喃西林代谢物氨基脲	在4种甲壳类水产品中，日本沼虾和罗氏沼虾中氨基脲检出率达100%，日本沼虾及罗氏沼虾中氨基脲平均检出值均超过现行残留限量，凡纳滨对虾和中华绒螯蟹中的氨基脲含量较低	王鼎南等（2016）
某市	水产批发市场及运输车、大型连锁超市	鱼类	孔雀石绿、丁香酚、间氨基苯甲酸乙酯甲磺酸盐	孔雀石绿及隐性孔雀石绿检出率为2.0%；丁香酚检出率为2.0%；所有水产品未检出间氨基苯甲酸乙酯甲磺酸盐残留	付晓苹等（2016）

资料来源：作者根据中国知网检索整理得到。

四、含有有毒有害物质

学者们对水产品中有毒有害物质的研究主要包括甲醛、挥发性N-亚硝胺和多环芳烃等（见表4-7）。杜永芳对山东省青岛市水产品市场中水产品的检测发现，淡水活鱼甲醛检出率为20.0%，海水活鱼、淡水冷冻鱼、海水冷冻鱼、水产干制品、水发水产品的检出率分别为28.6%、22.2%、70.2%、100%和100%，其中鱿鱼丝甲醛含量普遍很高，最高可达145.67 mg/kg。[①] 毛新武等对广东省广州市的研究结果表明，餐饮单位、超市、肉菜综合市场的水产品甲醛含量合格率为69.5%，不合格水产品的超标范围为1.5—852 mg/kg，平均值为226.6 mg/kg，其中冰鲜虾仁（852 mg/kg）、银鱼（484 mg/kg）、白饭鱼（246 mg/kg）的甲醛含量超出标准几十倍。[②] 刘淑玲对山东省、浙江省、辽宁省、广东省、福建省五个省份的研究发现，水产品市场和超市、大海捕获的不同种类水产品中甲醛含量由高到低分别为水产加工类、海水鱼类、虾蟹类、贝类和淡水鱼类，平均值分别为50.35 mg/kg、8.85 mg/kg、4.37 mg/kg、1.82 mg/kg和0.36 mg/kg。[③] 王秀元对浙江省舟山市农贸市场销售的腌制咸鱼中挥发性N-亚硝胺的检测结果显示，腌制咸鱼中的挥发性亚硝胺主要是N-二甲基亚硝胺、N-二乙基亚硝胺、N-二丙基亚硝胺、N-亚硝基吡咯烷，平均含量分别为1.08 μg/kg、1.52 μg/kg、0.81 μg/kg、2.19 μg/kg，均未超过国家的限量标准。[④] 王保锋等对浙江省宁波市最大的水产品交易市场即路林市场中水产品的检测结果表明，水产品中16种多环芳烃总含量（以湿重计）分别为（46.31±40.19）ng/g（春季）、（46.01±22.20）ng/g（秋季）、（31.93±19.13）ng/g（冬季）、（30.70±24.41）ng/g（夏季），水产品中多环芳烃的平均检出率较高的有苊烯（95.33%）、苊（91.00%）、菲（90.33%）、芴（86.67%）、萘为（76.67%）、蒽（76.00%）。[⑤]

① 杜永芳：《水产品中甲醛本底含量、产生机理与安全限量》，硕士学位论文，中国海洋大学，2006年，第60—61页。

② 毛新武、李迎月、林晓华等：《广州市水产品污染状况调查》，《中国卫生检验杂志》2007年第12期，第2288—2290页。

③ 刘淑玲：《水产品中甲醛的风险评估与限量标准研究》，硕士学位论文，中国海洋大学，2009年，第27—38页。

④ 王秀元：《腌制水产品中挥发性亚硝胺含量检测与控制技术研究》，硕士学位论文，浙江海洋学院，2013年，第29页。

⑤ 王保锋、翁佩芳、段青源等：《宁波居民食用水产品中多环芳烃的富集规律及健康风险评估》，《现代食品科技》2016年第1期，第304—312页。

表 4-7　水产品中有毒有害物质检测的相关典型文献

地区	样品来源	水产种类	检测类别	检测结果	文献来源
山东省青岛市	水产品市场	活淡水/海水鱼虾、水发水产品、水产干制品	甲醛	淡水活鱼检出率为 20.0%；海水活鱼检出率为 28.6%；淡水冷冻鱼检出率为 22.2%；海水冷冻鱼检出率为 70.2%；水产干制品检出率为 100%，其中鱿鱼丝甲醛含量普遍很高，最高可达 145.67 mg/kg；水发水产品检出率为 100%	杜永芳（2006）
广东省广州市	餐饮单位、超市、肉菜综合市场	鲜活淡水鱼、虾蟹、贝壳、冰鲜产品	甲醛	水产品甲醛含量合格率为 69.5%，不合格水产品的超标范围为 1.5—852 mg/kg，平均值为 226.6 mg/kg，其中冰鲜虾仁（852 mg/kg）、银鱼（484 mg/kg）、白饭鱼（246 mg/kg）的甲醛含量超出标准几十倍	毛新武等（2007）
山东省、浙江省、辽宁省、广东省、福建省	水产品市场和超市、大海捕获	淡水鱼、海水鱼、贝类、虾蟹类、水产加工类	甲醛	不同种类水产品中甲醛含量由高到低分别为水产加工类、海水鱼类、虾蟹类、贝类和淡水鱼类，平均值分别为 50.35 mg/kg、8.85 mg/kg、4.37 mg/kg、1.82 mg/kg 和 0.36 mg/kg	刘淑玲（2009）
浙江省舟山市	农贸市场	腌制咸鱼	挥发性 N-亚硝胺	腌制咸鱼中的挥发性亚硝胺主要是 N-二甲基亚硝胺、N-二乙基亚硝胺、N-二丙基亚硝胺、N-亚硝基吡咯烷，平均含量分别为 1.08 μg/kg、1.52 μg/kg、0.81 μg/kg、2.19 μg/kg，均未超过国家的限量标准	王秀元（2013）
浙江省宁波市	宁波市最大的水产品交易市场即路林市场	鱼类、软体动物类、节支动物类	多环芳烃	水产品中 16 种多环芳烃总含量（以湿重计）分别为（46.31±40.19）ng/g（春季）、（46.01±22.20）ng/g（秋季）、（31.93±19.13）ng/g（冬季）、（30.70±24.41）ng/g（夏季）；水产品中多环芳烃的平均检出率较高的有苊烯（95.33%）、苊（91.00%）、菲（90.33%）、芴（86.67%）、萘为（76.67%）、蒽（76.00%）	王保锋等（2016）

资料来源：作者根据中国知网检索整理得到。

第三节 经营环节重点水产品专项检查

2016年11月24日，国家食品药品监督管理总局监管二司发布《总局关于开展经营环节重点水产品专项检查的通知》(食药监食监二便函〔2016〕69号)，为进一步了解市场销售的水产品质量安全状况，摸排水产品的主要质量安全隐患，根据《国务院食品安全办等五部门关于印发〈畜禽水产品抗生素、禁用化合物及兽药残留超标专项整治行动方案〉的通知》(食安办〔2016〕15号) 部署，总局在部分城市组织开展经营环节重点水产品专项检查。

一、检查地点和对象

对北京、沈阳、石家庄、济南、上海、杭州、南京、武汉、成都、西安、广州、福州12个大中城市，经营鲜活水产品的集中交易市场、销售企业和餐饮服务单位组织开展随机性专项检查和抽样检验。各类单位检查比例按照餐馆40%、集中交易市场40%、超市20%进行分配，其中对集中交易市场的专项检查应优先选择水产品批发市场。

二、检查内容

第一，集中交易市场开办者管理责任落实情况，以及水产品销售者和餐饮服务提供者主体责任落实情况。重点检查市场开办者落实水产品市场准入、信息公示、抽样检验等管理责任情况，以及销售者和餐饮服务提供者建立并落实水产品进货查验记录等制度情况。

第二，重点水产品质量安全及其在经营环节违规使用违禁药物情况。主要针对近年来部门抽检监测问题相对突出的多宝鱼（大菱鲆）、黑鱼(乌鳢)、桂鱼（鳜鱼）和明虾4种鲜活水产品及其运输和销售过程中的养殖用水进行抽样，对其中硝基呋喃类药物、孔雀石绿、氯霉素等违禁药物残留情况进行检验。

三、检查方式

第一，相关省（市）食品药品监督管理局负责组织涉及城市的食品药品监督管理部门按程序和要求开展水产品专项监督检查，并提前通知对应的食品检验机构派员参加。

第二，总局指定的12家食品检验机构对口负责每个城市的抽样检验（抽样城市与检验机构对应情况、抽检方案另行制定）。食品检验机构应派员参加对应城市开展的水产品专项监督检查，对检查过程中发现经营的大菱鲆（多宝鱼）、乌鳢（黑鱼）、鳜鱼和明虾4种鲜活水产品，以及经营环节的养殖用水按要求进行抽样检验。对检验结果显示不符合食品安全国家标准要求，以及养殖用水中检出药物残留的，检验机构应按照有关规定及时通报相关食品药品监督管理部门。

第三，国家食品质量安全监督检验中心负责此次抽样检验工作的质量控制及数据的汇总分析，并编制分析报告。

四、进度安排

重点水产品专项检查实施时间为2016年11—12月，具体进度安排如下：

第一，11月10日之前，总局召集相关省（市）食品药品监管局和食品检验机构进行专项检查工作部署。

第二，12月10日之前，完成12个城市经营环节重点水产品专项检查和抽样检验工作。检测结果不合格的，由承检机构出具检验报告，并在报告出具2日内将相应的抽样单和有关票据递交给抽样地食品药品监管部门。

第三，12月20日之前，各省（市）食品药品监督管理局向总局报送专项检查工作报告。

第四，12月25日前，国家食品质量安全监督检验中心完成所有抽检数据的分析汇总，并将分析报告报送总局食品安全监管二司。

五、工作要求

第一，认真组织。涉及省（市）要将此次水产品专项检查纳入畜禽水产品抗生素、禁用化合物及兽药残留超标专项整治行动，以督促落实集中交易市场开办者管理责任和食品经营者主体责任为抓手，认真排查水产品经营质量安全隐患，进一步整治规范水产品市场销售行为以及食品经营者采购和暂养水产品行为。

第二，及时依法查处。负责专项检查的食品药品监管部门对在监督检查和抽样检验中发现的问题，要及时依法进行查处，认真排查问题的原因，并将相关情况按要求报送省级食品药品监管部门。相关省（市）食品药品监督管理局应在专项检查工作报告中，详细报告专项检查及抽样检验中发现的问题和具体核查处置情况。核查仍在进行中的，应详细报告处置进展，并在核查处置结束后及时向总局补充报告相关情况。

六、专项检查结果

（一）总体概况

2017 年 2 月 24 日，国家食品药品监督管理总局发布《总局关于经营环节重点水产品专项检查结果的通告》（2017 年第 34 号），根据国务院食品安全办等五部门联合印发的《畜禽水产品抗生素、禁用化合物及兽药残留超标专项整治行动方案》部署，国家食品药品监督管理总局在部分城市组织开展了经营环节重点水产品专项检查和抽样检验，在批发市场、集贸市场、超市以及餐馆等 468 家水产品经营单位，随机抽取了近年来抽检监测发现问题较多的多宝鱼（大菱鲆）、黑鱼（乌鳢）、桂鱼（鳜鱼）等鲜活水产品 808 批次，检验项目为孔雀石绿、硝基呋喃类代谢物、氯霉素，检验结果合格 739 批次，检出不合格样品 69 批次，合格率 91.46%，远低于农业部公布的生产环节水产品 95.9%的例行监测合格率和国家食品药品监督管理总局公布的水产制品 95.7%的抽查合格率。抽检鲜活水产品运输用水和销售暂养用水 327 批次，检验项目为孔雀石绿、氯霉素，检出不合

格样品 1 批次，合格率为 99.69%（见图 4-6）。

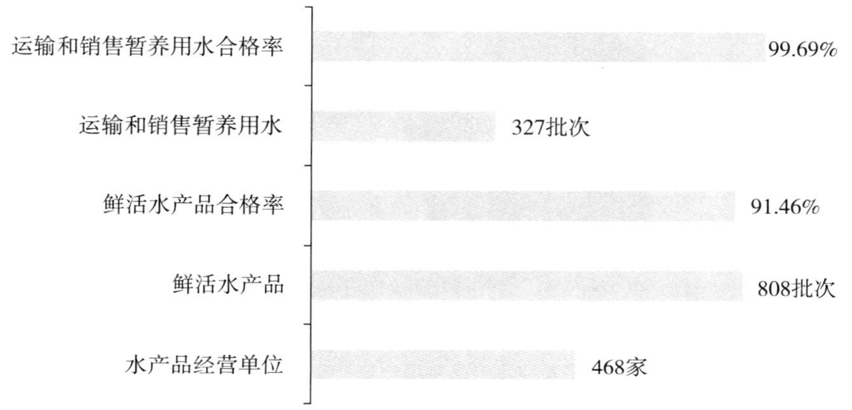

图 4-6　2016 年经营环节重点水产品专项检查

资料来源：国家食品药品监督管理总局官方网站，并由作者整理所得。

（二）主要城市水产品质量安全状况

如图 4-7 所示，本次经营环节重点水产品专项检查不合格水产品的城市分布是南京市（12 批次，17.39%）、上海市（9 批次，13.04%）、石家庄市（8 批次，11.59%）、沈阳市（7 批次，10.13%）、西安市（5 批次，7.25%）、广州市（5 批次，7.25%）、北京市（5 批次，7.25%）、济南市（4 批次，5.80%）、福州市（4 批次，5.80%）、成都市（4 批次，5.80%）、武汉市（3 批次，4.35%）、杭州市（3 批次，4.35%）。其中，南京市检出的不合格水产品最多，占所有不合格水产品批次的比重高达 17.39%，上海市、石家庄市、沈阳市的不合格批次也较多，所占比例均超过 10%，其他城市检出的不合格批次均在 5 批次或 5 批次以下。

根据国家食品药品监督管理总局发布的相关资料，本章计算了 12 个主要城市经营环节重点水产品专项检查合格率，具体如图 4-8 所示。由图 4-8可知，12 个主要城市重点水产品专项检查合格率由高到低依次是武汉市（97.00%）、成都市（96.36%）、西安市（95.45%）、杭州市（94.00%）、济南市（93.44%）、福州市（92.00%）、广州市（91.67%）、北京市

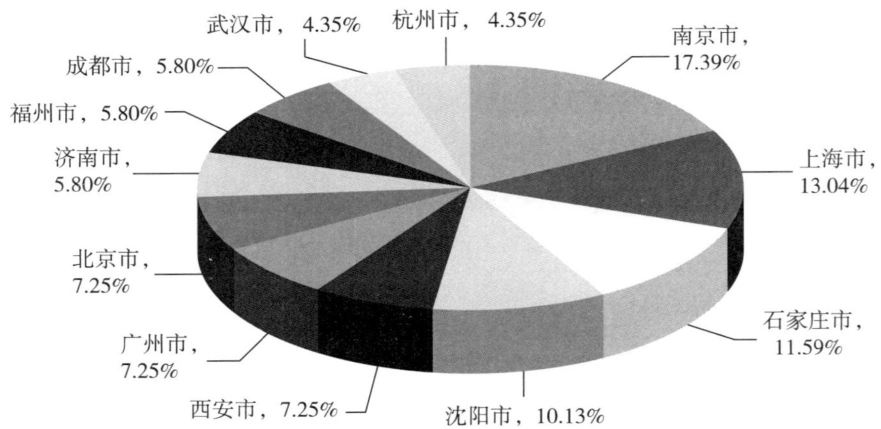

图 4-7 经营环节重点水产品专项检查不合格水产品的城市分布

资料来源：国家食品药品监督管理总局官方网站，并由作者整理计算所得。

(90.20%)、沈阳市（88.33%）、石家庄市（84.62%）、上海市（83.33%）、南京市（76.00%）。可见，12 个主要城市重点水产品专项检查合格率差距较大，其中武汉市的合格率最高，达到 97.00%；合格率最低的是南京市，仅为 76.00%；仅有武汉市和成都市的合格率高于 96%；武汉市、成都市、西安市、杭州市、济南市、福州市、广州市的合格率高于整体合格率；沈阳市、石家庄市、上海市、南京市的合格率低于 90%。

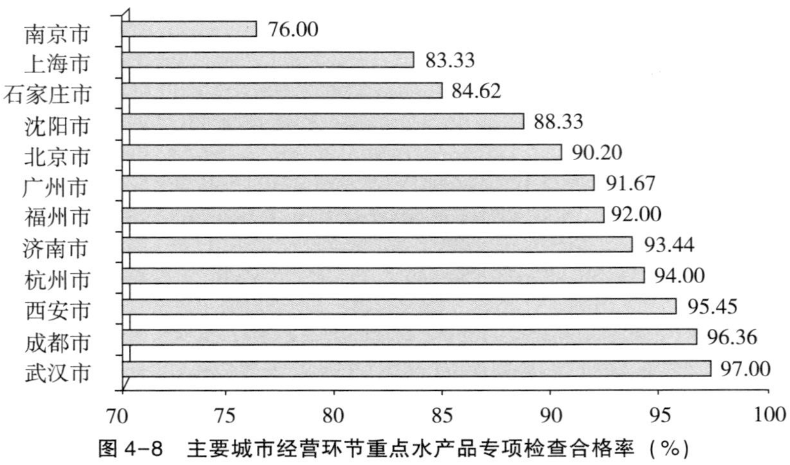

图 4-8 主要城市经营环节重点水产品专项检查合格率（%）

资料来源：国家食品药品监督管理总局官方网站，并由作者整理计算所得。

（三）不合格水产品的主要种类

本次专项检查的主要水产品是多宝鱼（大菱鲆）、黑鱼（乌鳢）、桂鱼（鳜鱼）和明虾，这四类水产品也是不合格水产品的主要种类。如图 4-9 所示，经营环节重点水产品专项检查的不合格水产品种类由高到低依次为桂鱼（43.47%）、黑鱼（23.18%）、河虾（5.80%）、多宝鱼（5.80%）、草鱼（5.80%）、明虾（2.90%）、鲈鱼（2.90%）、鲫鱼（2.90%）、武昌鱼（1.45%）、乌鱼（1.45%）、生鱼（1.45%）、对虾（1.45%）、彩虹鲷（1.45%）。其中，桂鱼和黑鱼是不合格水产品的最重要种类，两者所占比例之和约为三分之二，远远超过其他水产品。

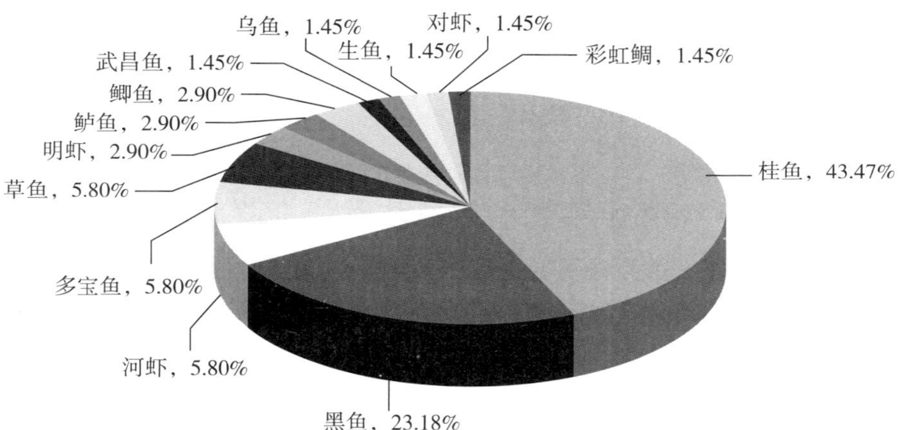

图 4-9　经营环节重点水产品专项检查不合格水产品的主要种类

资料来源：国家食品药品监督管理总局官方网站，并由作者整理计算所得。

（四）水产品不合格原因

图 4-10 是经营环节重点水产品专项检查不合格的主要原因。检出孔雀石绿是水产品不合格的主要原因，因检出孔雀石绿而不合格的水产品共计 46 批次，所占比例高达 66.67%；检出硝基呋喃代谢物也是水产品不合格的主要原因，因检出硝基呋喃代谢物而不合格的水产品共计 21 批次，所占比例为 30.43%；因检出氯霉素而不合格的水产品共计 3 批次，所占比例为 4.35%。此外，抽检鲜活水产品运输用水和销售暂养用水中有 1 批次

样品不合格，主要原因是检出氯霉素。

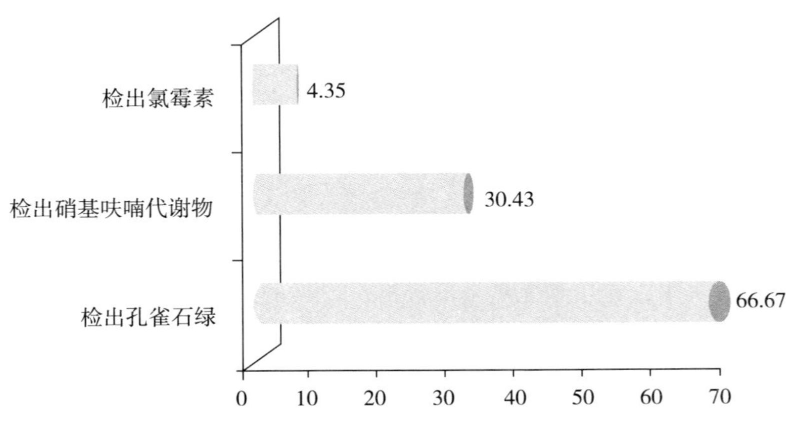

图 4-10　经营环节重点水产品专项检查不合格的主要原因（%）

资料来源：国家食品药品监督管理总局官方网站，并由作者整理计算所得。

第四节　消费环节水产品质量安全提示与预警

2013 年食品药品监督管理体制改革和新的国家食品药品监督管理总局成立以后，国家食品药品监督管理总局在经历一年左右的整合调整后，于 2014 年开始逐步发布食品消费提示与预警，其中水产品的相关提示与预警占绝大多数，这主要是由我国大多数消费者缺乏水产品消费知识决定的。如表 4-8 所示，国家食品药品监督管理总局近年来发布了 16 篇水产品质量安全相关的消费提示与预警，平均每年发布 4 篇，发布时间往往从当年的 6—7 月开始，这正是我国水产品消费的旺季，发布的时间比较恰当。

从具体内容看，国家食品药品监督管理总局发布的水产品消费提示与预警可以分为三类：第一类是关于国内水产品质量安全事件的解读和提示。例如，2014 年央视 3·15 晚会曝光浙江、广东、山东等地部分生产经营单位将鱼肝油变成针对婴幼儿销售的普通食品。事件曝光后，国家食品药品监督管理总局要求各地依法查处违法生产销售儿童鱼肝油类产品。随后，广东省、山东省、福建省、海南省等地方食药监局加大检查力度，查处违法生产销售儿童鱼肝油类产品，责令问题产品下架。与此同时，2014年7月18日，国家食品药品监督管理总局专门发布《关于央视曝光鱼肝油事件》的消费提示。此外，针对国内发生的织纹螺食物中毒事件和河鲀毒素食物中毒事件，国家食品药品监督管理总局分别于2014年10月27日和11月6日发布《关于预防织纹螺食物中毒的风险警示》《解读生物毒素系列——河鲀毒素食物中毒》，对织纹螺及河鲀毒素进行科学解读，并请专家提出专业的建议。

第二类是关于各类水产品的消费提示。2015年11月12日，国家食品药品监督管理总局发布关于磷虾油产品消费提示，2016年先后发布关于即食紫菜（海苔）、生食动物性水产品、小龙虾的消费提示，2017年又陆续发布了关于速冻虾仁、海水鱼、鲜活淡水鱼的消费提示。不仅消费提示的水产品种类多，而且内容简单易懂、可操作性强。例如，国家食品药品监督管理总局2017年7月24日发布的《海水鱼的消费提示》首先告诉消费者如何正确选购新鲜海水鱼，“海水鱼的捕获方式多样，提供市场的渔获物一般为冰鲜、冷冻产品。选购冰鲜海水鱼时需注意其新鲜度，相关特征是鱼体完整（鱼头未掉落、肛门未破肚）、肌肉有弹性或伴有少许僵直、眼球饱满透明、鳃丝鲜红、气味正常；或者购买冻结的海水鱼，除鱼体冻结外，其质量要求与鲜活鱼体基本一致，其中以生食为主的金枪鱼肉、三文鱼肉等其质量控制严格，建议从正规渠道选购。”其次，提出如何有效保鲜保藏海水鱼，“海水鱼的保鲜十分重要，为确保其食用品质，降温（冷却、冻结）、适度包装是保鲜的有效手段。冰鲜海水鱼需控制好冷却温度，因其保质期短，尤其在高温、高湿的夏秋季节应尽快销售、消费；为避免冻结海水鱼在长久冻藏中干耗与氧化影响其品质，建议可将冻品表面湿润后再冻（穿冰衣），并用食品袋包装存放于冰箱冻结室。生食的金枪鱼肉、三文鱼肉等品质要求高，一般需超低温冻结保藏条件，家用冰箱无法实现，尤其是购买解冻分割的生鱼片应立即消费，不建议长期保存”。最后，就合理消费海水鱼提出建议，“新鲜海水鱼一般经去头、去鳃、剖肚、去内脏，洗净后可选择多种烹饪方法尽快食用，活杀的海水鱼以鱼表涂抹少许食盐、料酒，与葱丝姜片一起清蒸为最佳；鲜度欠佳的海水鱼可考虑油炸、红烧等烹饪制作；冻鱼需解冻，然后按照鲜活鱼制作方式进行。生食鱼片必须确保食品卫生安全，只有鱼肉鲜度极佳方可以冷食方式消费。消费者不宜在家中自行加工处理、食用生鱼片，应在正规料理店少量、适当消费。经营生食鱼片的餐饮从业人员应高度强化食品安全意识，诚信经营，严格选材、规范操作、生熟分开和个人、餐具、用水的卫生控制，禁止将未及时销售的生鱼片留用择期销售；鲜度达不到生食条件的鱼片不能制作生鱼片，可考虑熟制后销售，消除食品安全隐患”。

第三类是关于境外发生的水产品质量安全事件的解读和风险解析。针对美国 11 个州爆发的食用金枪鱼寿司沙门氏菌感染事件，国家食品药品监督管理总局于 2015 年 9 月 2 日发布了《解读沙门氏菌食物中毒——关于美国金枪鱼寿司事件》，就沙门氏菌进行了科学解读。针对加拿大和美国召回可能被肉毒杆菌污染的鱼罐头等产品，2015 年 12 月 1 日发布《关于肉制品（鱼罐头）肉毒杆菌污染的科学解读》，向公众解读肉制品肉毒杆菌污染问题。针对新西兰初级产业部发出的贝类产品麻痹性贝类毒素超标的公共卫生预警，2016 年 6 月 7 日发布《解读生物毒素系列——关于“麻痹性贝类毒素”的科学解读》，详细讲解麻痹性贝类毒素。针对韩国食品药品安全处召回金黄色葡萄球菌超标鱼片的事件，国家食品药品监督管理总局又于 2017 年 7 月 5 日发布了《关于韩国召回金黄色葡萄球菌超标鱼片的风险解析》，就金黄色葡萄球菌进行了科学解析。

表 4-8 近年来国家食品药品监督管理总局发布的水产品消费提示与预警

序号	时 间	消费提示
1	2014 年 7 月 18 日	关于央视曝光鱼肝油事件的消费提示
2	2014 年 10 月 27 日	关于预防织纹螺食物中毒的风险警示
3	2014 年 11 月 6 日	解读生物毒素系列——河鲀毒素食物中毒
4	2015 年 9 月 2 日	解读沙门氏菌食物中毒——关于美国金枪鱼寿司事件
5	2015 年 11 月 12 日	磷虾油产品消费提示
6	2015 年 12 月 1 日	关于肉制品（鱼罐头）肉毒杆菌污染的科学解读

续表

序号	时　间	消费提示
7	2015年12月11日	关于水产品中使用鱼浮灵的科学解读
8	2016年6月7日	解读生物毒素系列——关于“麻痹性贝类毒素”的科学解读
9	2016年6月21日	即食紫菜（海苔）的消费提示
10	2016年6月21日	生食动物性水产品的消费提示
11	2016年8月12日	关于小龙虾的消费提示
12	2016年12月21日	关于生蚝微生物污染的风险解析
13	2017年7月5日	关于韩国召回金黄色葡萄球菌超标鱼片的风险解析
14	2017年7月17日	速冻虾仁的消费提示
15	2017年7月24日	海水鱼的消费提示
16	2017年7月24日	鲜活淡水鱼的消费提示

资料来源：国家食品药品监督管理总局官方网站，并由作者整理所得。

第五章　水产品出口贸易与质量安全

出口水产品是我国农产品和食品对外贸易的重要组成部分，在我国农食产品出口贸易中占有重要地位。保障出口水产品的质量安全，对促进我国农食产品出口贸易发展、维护我国出口食品国际形象具有重要意义。本章在具体阐述水产品出口贸易规模变化的基础上，重点考察出口水产品的质量安全，并提出强化出口水产品质量安全、保障我国水产品出口的政策建议。

第一节　水产品出口贸易的基本特征

一、水产品出口贸易的总体规模

水产品是我国出口额最大的农产品，从2000年起，水产品出口创汇额在农产品出口贸易中一直居于首位。[①] 2002年，我国水产品出口量位居世界第一，且近年来一直保持世界第一大水产品出口国的地位。与此同时，在我国食用农产品和食品进口持续增加的背景下，水产品是我国农产品对外贸易中少有的可以实现贸易顺差的种类，在我国农食产品中具有极其重要的地位。为了全面分析近年来我国水产品出口贸易的主要特征，同时考虑到数据的可获得性和可分析性，本节主要从2008年起展开分析。

2008年以来，我国水产品出口贸易总额变化见图5-1。2008年我国水产品出口贸易总额为106.74亿美元，之后，水产品出口贸易总额稳步增

① 林洪、杜淑媛：《我国水产品出口存在的主要质量安全问题与对策》，《食品科学技术学报》2013年第2期，第7—10页。

长，2009—2012 年分别增长到 107. 95 亿美元、138. 28 亿美元、177. 92 亿美元和 189. 83 亿美元。2013 年，水产品出口贸易总额首次突破 200 亿美元大关，达到 202. 63 亿美元。在此基础上，2014 年进一步增长到 216. 98 亿美元的历史最高水平。2015 年，水产品出口贸易总额首次出现下降，下降到 203. 33 亿美元。2016 年，我国水产品出口贸易总额为 207. 38 亿美元，较 2015 年增长 1. 99%，但距 2014 年的最高值还有一定差距。2008—2016 年，我国水产品出口贸易总额累计增长 94. 29%，年均增长 8. 66%，实现了高速增长。由此可见，在 2008—2016 年除个别年份有所波动外，我国水产品出口贸易总额整体呈现出平稳较快增长的特征。

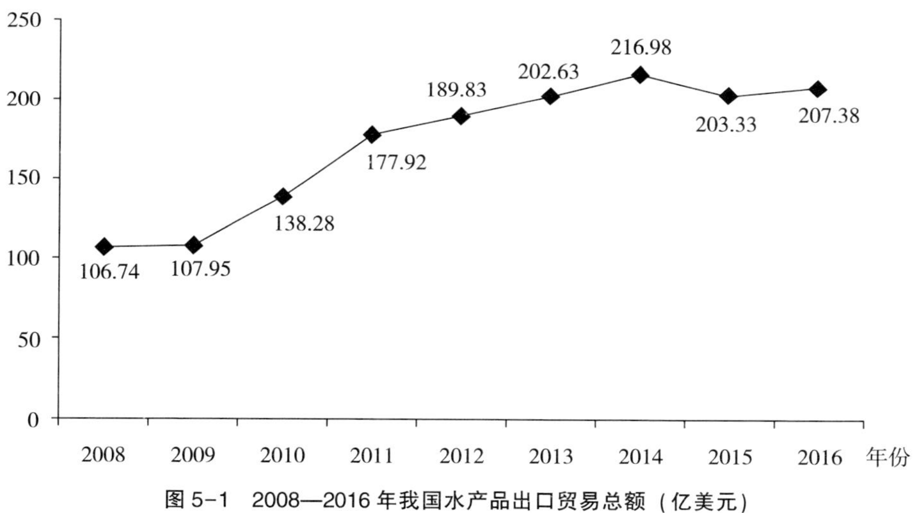

图 5-1　2008—2016 年我国水产品出口贸易总额（亿美元）

资料来源：农业部渔业渔政管理局：《中国渔业统计年鉴》，中国农业出版社 2009—2017 年版。

然而，与水产品出口贸易总额不同的是，我国水产品出口贸易数量的波动相对较大。2008 年以来，我国水产品出口贸易数量变化见图 5-2。2008 年，我国水产品出口贸易数量为 298. 56 万吨，2009—2011 年分别增长到 296. 51 万吨、333. 88 万吨和 391. 24 万吨。2012 年，水产品出口贸易数量下降到 380. 12 万吨。在此基础上，2013—2014 年上升为 395. 91 万吨和 416. 33 万吨。2015 年，水产品出口贸易数量再次出现下降，降为

406.03 万吨。2016 年，水产品出口贸易数量达到 423.76 万吨，创历史新高，较 2015 年增长 4.37%。2008—2016 年，我国水产品出口贸易数量累计增长 41.93%，年均增长 4.47%，低于水产品出口贸易总额的增长率。2008—2016 年除个别年份有所波动外，我国水产品出口贸易数量整体呈现出平稳较快增长的特征。

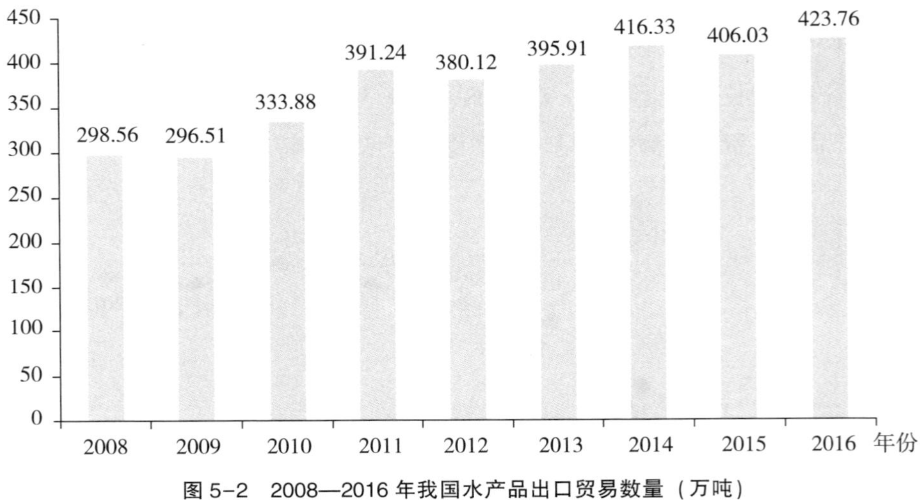

图 5-2 2008—2016 年我国水产品出口贸易数量（万吨）

资料来源：农业部渔业渔政管理局：《中国渔业统计年鉴》，中国农业出版社 2009—2017 年版。

二、水产品出口的省份分布

表 5-1 是 2015—2016 年我国水产品出口的省份分布。从水产品出口总额的角度，2015 年我国水产品出口的主要省份是福建（54.94 亿美元，27.02%）、山东（44.9 亿美元，22.08%）、广东（30.99 亿美元，15.24%）、辽宁（27.69 亿美元，13.62%）、浙江（18.79 亿美元，9.24%）、河北（4.56 亿美元，2.24%）、海南（4.48 亿美元，2.20%）、广西（4.11 亿美元，2.02%）、江苏（3.55 亿美元，1.75%）、江西（2.71 亿美元，1.33%）。上述 10 个省份的水产品出口贸易金额合计为 196.72 亿美元，占水产品出口贸易总额的 96.74%。2016 年，我国水产品出口的主要省份是

福建（58.54亿美元，28.23%）、山东（46.85亿美元，22.59%）、广东（32.27亿美元，15.56%）、辽宁（27.18亿美元，13.11%）、浙江（18.53亿美元，8.94%）、海南（4.59亿美元，2.21%）、广西（4.05亿美元，1.95%）、江苏（3.51亿美元，1.69%）、河北（3.34亿美元，1.61%）、湖北（2.29亿美元，1.10%）。上述10个省份的水产品出口贸易金额合计为201.15亿美元，占水产品出口贸易总额的96.99%（见图5-3）。

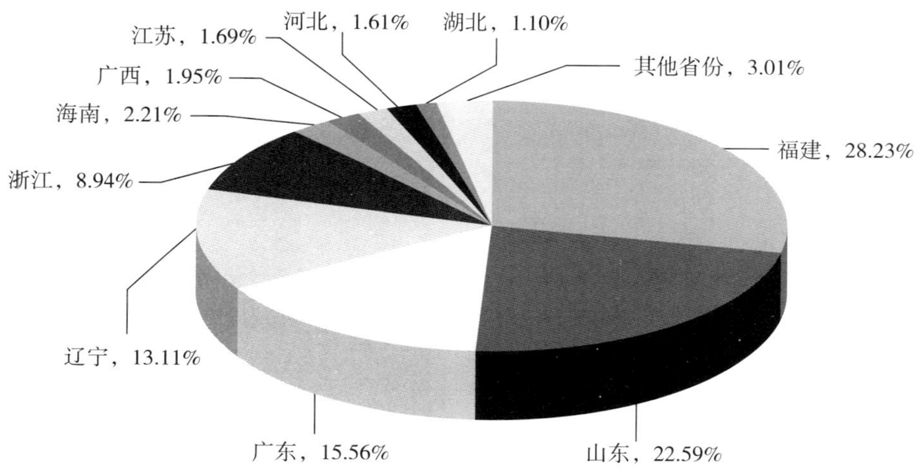

图5-3　2016年我国水产品出口贸易金额的主要省份

资料来源：农业部渔业渔政管理局：《中国渔业统计年鉴》，中国农业出版社2009—2017年版。

从水产品出口贸易数量的角度，2015年我国水产品出口的主要省份是山东（107.73万吨，26.53%）、福建（85.38万吨，21.03%）、辽宁（73.40万吨，18.08%）、广东（51.40万吨，12.66%）、浙江（46.80万吨，11.53%）、海南（12.19万吨，3.00%）、广西（8.20万吨，2.02%）、江苏（5.55万吨，1.37%）、河北（4.69万吨，1.16%）、吉林（4.28万吨，1.05%）。上述10个省份的水产品出口贸易数量合计为399.62万吨，占我国水产品出口贸易数量的98.43%。2016年，我国水产品出口的主要省份是山东（111.38万吨，26.28%）、福建（93.27万吨，22.01%）、辽宁（73.40万吨，17.32%）、广东（53.42万吨，12.61%）、浙江（51.18

万吨，12.08%）、海南（13.06 万吨，3.08%）、广西（7.21 万吨，1.70%）、江苏（5.06 万吨，1.19%）、吉林（4.83 万吨，1.14%）、河北（4.80 万吨，1.13%）。上述 10 个省份的水产品出口贸易数量合计为 417.61 万吨，占我国水产品出口贸易数量的 98.54%（见图5-4、表 5-1）。

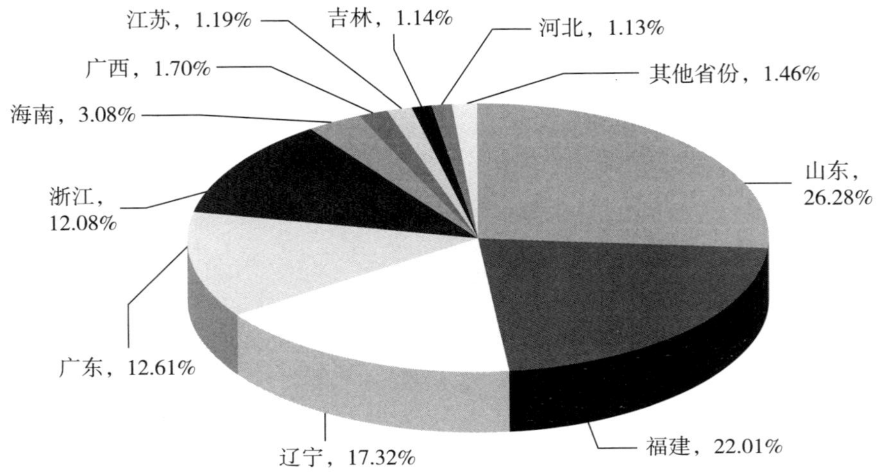

图 5-4 2016 年我国水产品出口贸易数量的主要省份

资料来源：农业部渔业渔政管理局：《中国渔业统计年鉴》，中国农业出版社 2009—2017 年版。

由以上分析可知，无论是从水产品出口贸易金额的角度，还是从水产品出口贸易数量的角度，福建、山东、广东、辽宁、浙江都是我国水产品出口最重要的省份，且以上 5 个省份的水产品出口贸易规模占我国水产品出口贸易规模的九成左右。

表 5-1 2015—2016 年我国水产品出口的省份分布

单位：亿美元、万吨、%

地区	2016 年出口金额	2015 年出口金额	2016 年比 2015 年增减	2016 年出口数量	2015 年出口数量	2016 年比 2015 年增减
北京	0.07	0.02	250.00	0.01	0.02	-50.00
天津	0.44	0.43	2.33	0.68	0.75	-9.33

续表

地区	2016 年出口金额	2015 年出口金额	2016 年比 2015 年增减	2016 年出口数量	2015 年出口数量	2016 年比 2015 年增减
河北	3.34	4.56	-26.75	4.80	4.69	2.35
辽宁	27.18	27.69	-1.84	73.40	73.40	0.00
吉林	1.50	1.25	20.00	4.83	4.28	12.85
黑龙江	0.02	0.01	100.00	0.05	0.04	25.00
上海	0.84	0.96	-12.50	0.82	1.04	-21.15
江苏	3.51	3.55	-1.13	5.06	5.55	-8.83
浙江	18.53	18.79	-1.38	51.18	46.80	9.36
安徽	0.42	0.41	2.44	0.39	0.40	-2.50
福建	58.54	54.94	6.55	93.27	85.38	9.24
江西	2.08	2.71	-23.25	0.84	0.90	-6.67
山东	46.85	44.90	4.34	111.38	107.73	3.39
河南	0.05	0.02	150.00	0.04	0.03	33.33
湖北	2.29	2.65	-13.58	2.15	2.17	-0.92
湖南	0.32	0.23	39.13	0.36	0.22	63.64
广东	32.27	30.99	4.13	53.42	51.40	3.93
广西	4.05	4.11	-1.46	7.21	8.20	-12.07
海南	4.59	4.48	2.46	13.06	12.19	7.14
四川	0.21	0.32	-34.38	0.12	0.13	-7.69
云南	0.23	0.20	15.00	0.64	0.55	16.36
青海	0.01	0.08	-87.50	0.01	0.12	-91.67
新疆	0.02	0.01	100.00	0.02	0.03	-33.33
全国	207.38	203.33	1.99	423.76	406.03	4.37

注：出口金额小于 0.01 亿美元或出口数量小于 0.01 万吨的省份在此不再列入。

资料来源：农业部渔业渔政管理局:《中国渔业统计年鉴》，中国农业出版社 2016—2017 年版。

三、出口水产品的案例分析：虾产品

虾产品是我国重要的出口水产品种类。接下来将以虾产品为案例，分析我国水产品出口贸易的主要特征。

（一）虾产品出口贸易的总体规模

2008 年以来，我国虾产品出口贸易总额变化见图 5-5。2008 年我国虾产品出口贸易总额为 2.48 亿美元，之后出口贸易总额迅速增长。2011 年，我国虾产品出口贸易总额突破 10 亿美元大关，达到 11.43 亿美元。2012 年，虾产品出口贸易总额突破 20 亿美元大关，达到 25.43 亿美元。2014 年，虾产品出口贸易总额达到 29.50 亿美元的历史最高水平。2015 年，虾产品出口贸易总额首次出现下降，为 22.00 亿美元，较 2014 年下降 25.42%。2016 年，我国虾产品出口贸易总额为 24.28 亿美元，较 2015 年大幅增长 10.36%，但距离 2014 年的最高值还有较大差距。2008—2016 年，我国虾产品出口贸易总额累计增长了 8.79 倍，年均增长率高达 133.00%。可见，近年来我国虾产品出口贸易总额增长迅猛。

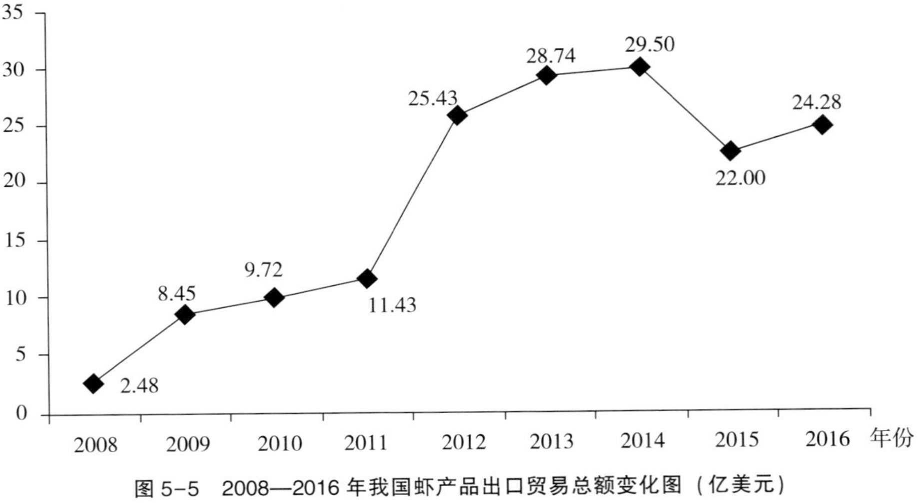

图 5-5　2008—2016 年我国虾产品出口贸易总额变化图（亿美元）

资料来源：商务部对外贸易司：《中国出口月度统计报告：虾产品》（2008—2016 年）。

（二）出口虾产品的主要种类

表 5-2 是 2015—2016 年我国出口虾产品的主要种类。小虾、对虾及虾仁是我国出口虾产品的主要种类，2015 年和 2016 年的出口贸易额分别为 19.18 亿美元和 21.52 亿美元，占虾产品出口贸易总额的 87.18% 和

88.63%，占绝大多数。淡水小龙虾及虾仁是我国出口虾产品的第二大种类，2015 年和2016 年的出口贸易额分别为2.64 亿美元和2.60 亿美元，占虾产品出口贸易总额的 12.00%和 10.71%。其他虾产品的出口贸易额均较小。

表 5-2　2015—2016 年我国出口虾产品的主要种类

单位：亿美元、%

出口虾产品种类	2016 年		2015 年	
	出口金额	所占比例	出口金额	所占比例
小虾、对虾及虾仁	21.52	88.63	19.18	87.18
淡水小龙虾及虾仁	2.60	10.71	2.64	12.00
螯虾	0.11	0.45	0.10	0.45
龙虾	0.03	0.13	0.05	0.23
北方长额虾	0.02	0.08	0.02	0.09
其他类			0.01	0.05
总　计	24.28	100.00	22.00	100.00

资料来源：商务部对外贸易司:《中国出口月度统计报告：虾产品》(2015—2016 年)。

（三）虾产品的主要出口地

1. 虾产品的主要出口大洲

2008 年，我国虾产品出口贸易的各大洲分布是欧洲（1.33 亿美元，53.63%）、亚洲（0.98 亿美元，39.52%）、北美洲（0.13 亿美元，5.24%）、非洲（0.02 亿美元，0.81%）、大洋洲（0.01 亿美元，0.40%）、南美洲（0.006 亿美元，0.40%）。2016 年我国虾产品出口贸易的各大洲分布则是亚洲（11.59 亿美元，47.73%）、北美洲（5.78 亿美元，23.81%）、欧洲（3.46 亿美元，14.25%）、南美洲（1.89 亿美元，7.78%）、大洋洲（1.47 亿美元，6.05%）、非洲（0.09 亿美元，0.38%）。

2008—2016 年我国虾产品出口贸易额的各大洲分布见图 5-6。图5-6 显示，亚洲于 2009 年超越欧洲成为我国虾产品的第一大出口地，之后一直稳居我国虾产品第一大出口地，占虾产品出口贸易总额的比重也明显上升；北美洲于2012年超越欧洲成为我国虾产品的第二大出口地，之后一直稳居我国虾产品第二大出口地，且占虾产品出口贸易总额的比重也有所提高；在被亚洲和北美洲超越后，欧洲目前位列第三位，所占比重出现明显下降，但较南美洲和大洋洲仍优势明显；我国虾产品对南美洲和大洋洲的出口贸易额相差不大，南美洲于2013年超越大洋洲位列第四位，2014年又被大洋洲超越，位列第五位，2015年南美洲再次超越大洋洲，目前位居第四位，大洋洲位居第五位；非洲于2009年被大洋洲和南美洲超越，近年来我国虾产品对其的出口贸易额一直很小，几乎可以忽略不计。

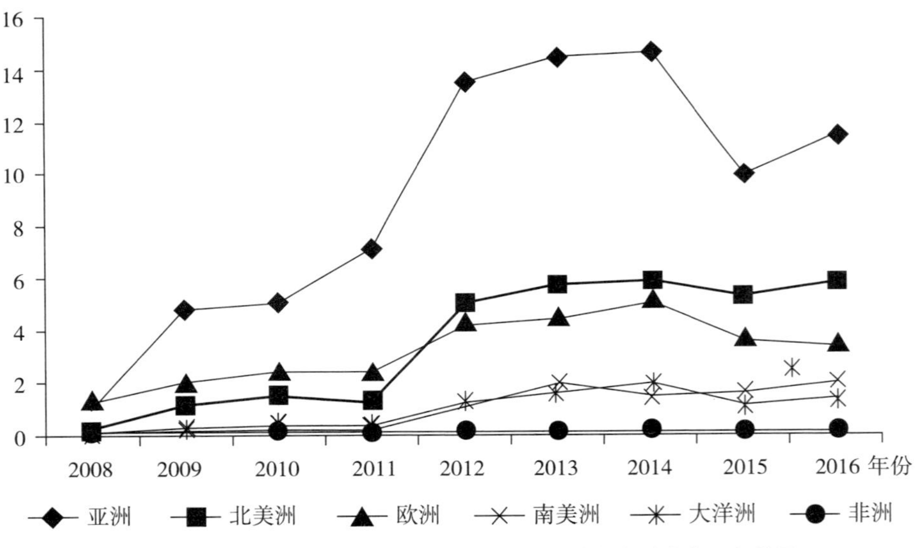

图5-6　2008—2016年我国虾产品出口贸易额的各大洲分布（亿美元）

资料来源：商务部对外贸易司：《中国出口月度统计报告：虾产品》（2008—2016年）。

2. 虾产品的主要出口地区

表5-3是2015年与2016年我国虾产品出口贸易额的地区分布。2016年，我国虾产品的主要出口地区是“一带一路”国家、欧盟和东盟，对上述三个地区的虾产品出口贸易额均超过2亿美元。我国虾产品对“一带一路”国家、东盟的出口贸易额在2016年均出现上升，而对欧盟的出口贸易额下降了19.82%。我国虾产品对拉美地区的出口贸易额也相对较高，

达到 1.89 亿美元；独联体国家、中东国家、海合会、中东欧国家、加勒比地区的市场份额则相对较小，出口贸易额均小于 1 亿美元，所占比例均低于 5%。较之 2015 年，我国虾产品对“一带一路”国家、东盟、拉美地区、独联体国家的出口贸易额保持了较快增长，相比之下，作为我国主要贸易地区的欧盟的出口贸易额出现了负增长。

表 5-3　2015 年与 2016 年我国虾产品出口贸易额的地区分布

单位：亿美元、%

地区分布	2016 年		2015 年	
	出口金额	所占比例	出口金额	所占比例
“一带一路”国家	3.20	13.18	2.57	11.68
欧盟	2.67	11.00	3.33	15.14
东盟	2.12	8.73	1.82	8.27
拉美地区	1.89	7.78	1.46	6.64
独联体国家	0.80	3.29	0.40	1.82
中东国家	0.28	1.15	0.36	1.64
海合会	0.17	0.70	0.21	0.95
中东欧国家	0.04	0.16	0.04	0.18
加勒比地区	0.03	0.12	0.02	0.09

资料来源：商务部对外贸易司：《中国出口月度统计报告：虾产品》（2015—2016 年）。

3. 虾产品的主要出口国家（地区）

2015 年我国虾产品的主要出口国家（地区）是美国（4.41 亿美元，20.05%）、中国香港（2.61 亿美元，11.86%）、日本（2.22 亿美元，10.09%）、中国台湾（1.89 亿美元，8.59%）、马来西亚（1.19 亿美元，5.41%）、澳大利亚（1.19 亿美元，5.41%）、韩国（1.13 亿美元，5.14%）、墨西哥（0.98 亿美元，4.45%）、西班牙（0.95 亿美元，4.32%）、加拿大（0.90 亿美元，4.09%），对上述 10 个国家和地区的虾产品出口贸易额达到 17.47 亿美元，占当年虾产品出口贸易总额的 79.41%。

2016 年我国虾产品的主要出口国家（地区）是美国（4.69 亿美元，19.32%）、中国香港（3.01 亿美元，12.40%）、日本（2.57 亿美元，10.58%）、中国台湾（2.30 亿美元，9.47%）、马来西亚（1.50 亿美元，6.18%）、澳大利亚（1.28 亿美元，5.27%）、韩国（1.26 亿美元，5.19%）、墨西哥（1.24 亿美元，5.11%）、加拿大（1.09 亿美元，4.49%）、俄罗斯（0.75 亿美元，3.09%），对上述 10 个国家和地区的虾产品出口贸易额达到 19.69 亿美元，占当年虾产品出口贸易总额的 81.10%。由此可见，近年来我国虾产品的主要出口国家（地区）基本稳定，且呈现集中的趋势（见表 5-4、图 5-7）。

表 5-4　2015 年与 2016 年我国虾产品出口贸易额的国家（地区）分布

单位：亿美元、%

2016 年虾产品主要出口国家（地区）	出口金额	所占比例	2015 年虾产品主要出口国家（地区）	出口金额	所占比例
美国	4.69	19.32	美国	4.41	20.05
中国香港	3.01	12.40	中国香港	2.61	11.86
日本	2.57	10.58	日本	2.22	10.09
中国台湾	2.30	9.47	中国台湾	1.89	8.59
马来西亚	1.50	6.18	马来西亚	1.19	5.41
澳大利亚	1.28	5.27	澳大利亚	1.19	5.41
韩国	1.26	5.19	韩国	1.13	5.14
墨西哥	1.24	5.11	墨西哥	0.98	4.45
加拿大	1.09	4.49	西班牙	0.95	4.32
俄罗斯	0.75	3.09	加拿大	0.90	4.09

资料来源：商务部对外贸易司：《中国出口月度统计报告：虾产品》（2015—2016 年）。

（四）虾产品出口的主要省份

2015 年我国虾产品出口的主要省份是广东（8.05 亿美元，36.59%）、福建（4.74 亿美元，21.55%）、浙江（2.37 亿美元，10.77%）、山东

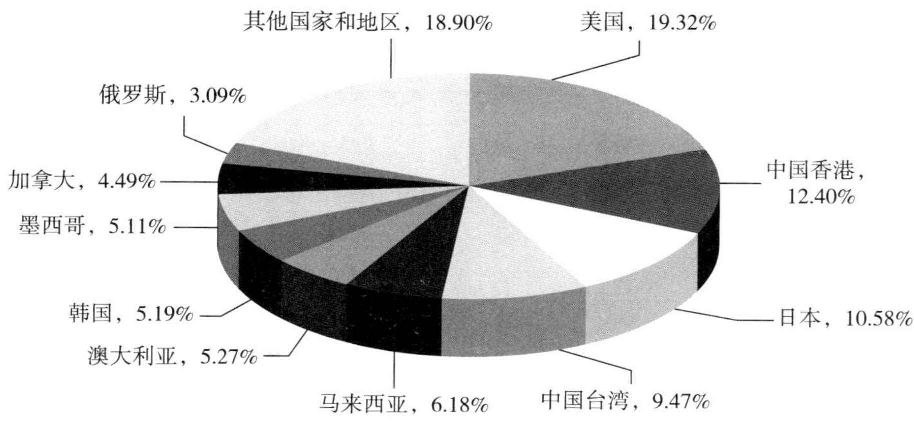

图 5-7　2016 年我国虾产品的主要出口国家（地区）

资料来源：商务部对外贸易司：《中国出口月度统计报告：虾产品》(2016 年)。

(1.76 亿美元，8.00%)、湖北（1.72 亿美元，7.82%)，上述 5 个省份的虾产品出口贸易额达到 18.64 亿美元，占当年虾产品出口贸易总额的 84.73%。2016 年我国虾产品出口的主要省份是，广东（8.99 亿美元，37.03%)、福建（6.26 亿美元，25.78%)、浙江（2.55 亿美元，10.50%)、湖北（1.65 亿美元，6.80%)、山东（1.61 亿美元，6.63%)，上述 5 个省份的虾产品出口贸易额达到 21.06 亿美元，占当年虾产品出口贸易总额的 86.74%。可见，广东、福建、浙江、湖北、山东是我国虾产品出口的主要省份，且占我国虾产品出口总额的比重呈逐年上升的趋势(见表 5-5、图 5-8)。

表 5-5　2015 年与 2016 年我国虾产品出口的省份分布

单位：亿美元、%

2016 年虾产品出口的主要省份	出口金额	所占比例	2015 年虾产品出口的主要省份	出口金额	所占比例
广东	8.99	37.03	广东	8.05	36.59
福建	6.26	25.78	福建	4.74	21.55
浙江	2.55	10.50	浙江	2.37	10.77

续表

2016 年虾产品出口的主要省份	出口金额	所占比例	2015 年虾产品出口的主要省份	出口金额	所占比例
湖北	1.65	6.80	山东	1.76	8.00
山东	1.61	6.63	湖北	1.72	7.82
广西	0.98	4.04	广西	1.24	5.64
辽宁	0.88	3.62	辽宁	0.83	3.77
江苏	0.49	2.02	江苏	0.41	1.86
安徽	0.27	1.11	海南	0.23	1.05
海南	0.23	0.95	安徽	0.22	1.00
上海	0.12	0.49	上海	0.14	0.64
湖南	0.11	0.45	湖南	0.11	0.50
天津	0.06	0.25	天津	0.07	0.32
河南	0.04	0.16	河北	0.04	0.18
河北	0.02	0.08	河南	0.02	0.09

资料来源：商务部对外贸易司:《中国出口月度统计报告：虾产品》(2015—2016 年)。

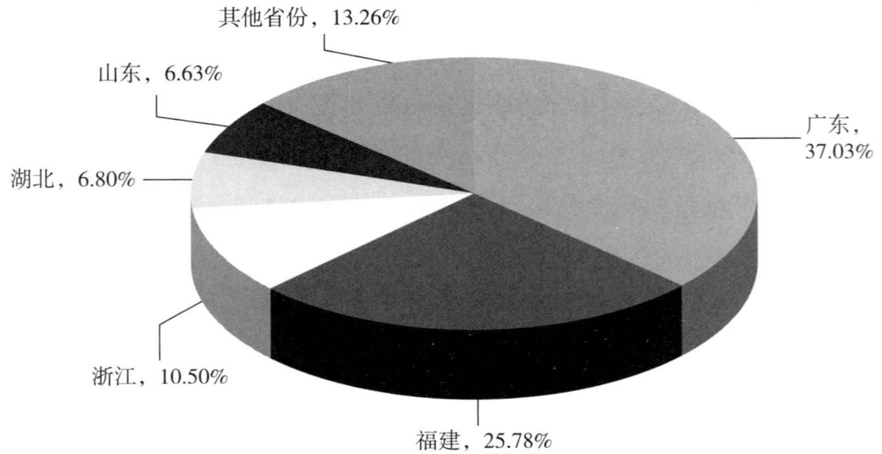

图 5-8 2016 年我国虾产品出口的主要省份

资料来源：商务部对外贸易司:《中国出口月度统计报告：虾产品》(2016 年)。

四、出口水产品的案例分析：烤鳗

烤鳗也是我国重要的出口水产品种类。接下来以烤鳗为案例，分析我国出口水产品的主要特征。

（一）烤鳗出口贸易的总体规模

2008 年以来，我国烤鳗的出口贸易总额变化见图 5-9。图 5-9 显示，2008 年我国烤鳗的出口贸易总额为 3.61 亿美元，之后出口贸易总额迅速增长，2009—2011 年分别增长到 4.09 亿美元、6.57 亿美元和 9.01 亿美元。2012 年，我国烤鳗出口贸易总额首次突破 10 亿美元大关，达到 10.40 亿美元的最好水平。然而，2012 年之后的烤鳗出口贸易总额整体呈下降趋势，2013—2015 年分别为 8.36 亿美元、7.87 亿美元和 8.27 亿美元。2016 年，我国烤鳗的出口贸易总额为 7.50 亿美元，创 2012 年以来新低，较 2015 年下降 9.31%，下降幅度明显。由此可见，近年来，我国烤鳗的出口形势不容乐观。

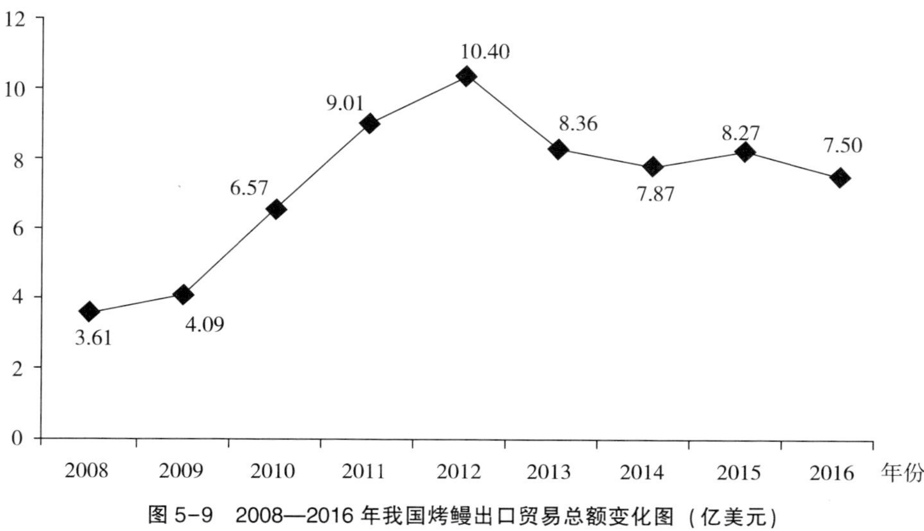

图 5-9　2008—2016 年我国烤鳗出口贸易总额变化图（亿美元）

资料来源：商务部对外贸易司：《中国出口月度统计报告：烤鳗》（2008—2016 年）。

（二）烤鳗的主要出口地

1. 烤鳗的主要出口大洲

2008 年我国烤鳗出口贸易的各大洲分布是亚洲（2.73 亿美元，75.62%）、北美洲（0.44 亿美元，12.19%）、欧洲（0.41 亿美元，11.36%）、大洋洲（0.02 亿美元，0.55%），对南美洲和非洲的出口贸易额较低，未统计在内。2016 年我国烤鳗出口贸易的各大洲分布则是亚洲（5.11 亿美元，68.13%）、北美洲（1.26 亿美元，16.80%）、欧洲（1.07 亿美元，14.27%）、大洋洲（0.06 亿美元，0.80%），对南美洲和非洲的出口贸易额较低，未统计在内。

2008—2016 年我国烤鳗出口贸易额的各大洲分布见图 5-10。图5-10 显示，亚洲一直是我国烤鳗的第一大出口地，且与其他大洲拉开较大差距，但占我国烤鳗出口贸易总额的比重出现下降。我国烤鳗对北美洲与欧洲的出口贸易额相差不大，2008 年北美洲是我国烤鳗的第二大出口地，但于 2012 年被欧洲超越，2015 年北美洲再次超越欧洲位居第二位，与之相对应，欧洲则位列第三位。我国烤鳗对大洋洲的出口贸易额相对较小，近

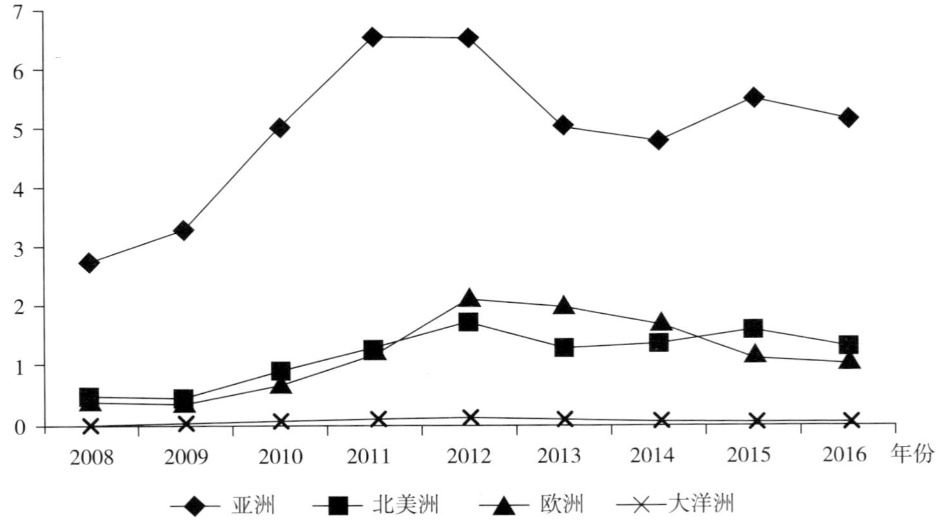

图 5-10　2008—2016 年我国烤鳗出口贸易额的各大洲分布（亿美元）

资料来源：商务部对外贸易司：《中国出口月度统计报告：烤鳗》（2008—2016 年）。

年来一直低于0.1亿美元，对南美洲和非洲的出口贸易额则几乎可以忽略不计。

2. 烤鳗的主要出口地区

2016年，我国烤鳗的主要出口地区是"一带一路"国家、独联体国家、东盟和欧盟。其中，我国烤鳗对"一带一路"国家的出口贸易额最高，高达1.24亿美元，虽然较2015年略有下降，但占我国烤鳗出口贸易总额的比重较2015年上升1.17个百分点。独联体国家位列第二位，2016年我国烤鳗对独联体国家的出口额为0.97亿美元，较2015年下降了0.04亿美元，但占我国烤鳗出口贸易总额的比重较2015年上升0.72个百分点。我国烤鳗对东盟和欧盟的出口贸易额相对较低，且均低于0.3亿美元（见表5-6）。

表5-6　2015年与2016年我国烤鳗出口贸易额的地区分布

单位：亿美元、%

地区分布	2016年		2015年	
	出口金额	所占比例	出口金额	所占比例
"一带一路"国家	1.24	16.53	1.27	15.36
独联体国家	0.97	12.93	1.01	12.21
东盟	0.25	3.33	0.23	2.78
欧盟	0.13	1.73	0.17	2.06

资料来源：商务部对外贸易司：《中国出口月度统计报告：烤鳗》（2015—2016年）。

3. 烤鳗的主要出口国家（地区）

2015年我国烤鳗的主要出口国家（地区）是日本（4.47亿美元，54.05%）、美国（1.42亿美元，17.17%）、俄罗斯（0.73亿美元，8.83%）、中国台湾（0.40亿美元，4.84%）、中国香港（0.28亿美元，3.39%）、白俄罗斯（0.20亿美元，2.42%）、加拿大（0.15亿美元，1.81%）、新加坡（0.10亿美元，1.21%）、韩国（0.07亿美元，0.85%）、泰国（0.07亿美元，0.85%），对上述10个国家和地区的烤鳗出口贸易额达到7.89亿美元，占当年烤鳗出口贸易总额的95.42%。

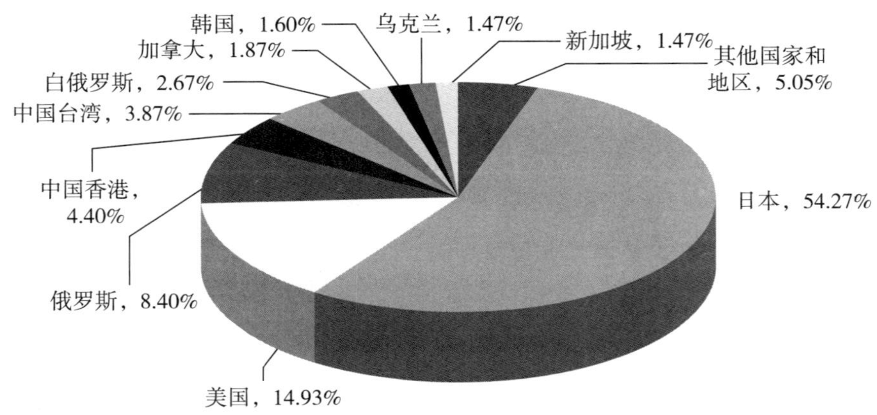

图 5-11 2016 年我国烤鳗的主要出口国家（地区）

资料来源：商务部对外贸易司：《中国出口月度统计报告：烤鳗》(2016 年)。

2016 年我国烤鳗的主要出口国家（地区）是日本（4.07 亿美元，54.27%）、美国（1.12 亿美元，14.93%）、俄罗斯（0.63 亿美元，8.40%）、中国香港（0.33 亿美元，4.40%）、中国台湾（0.29 亿美元，3.87%）、白俄罗斯（0.20 亿美元，2.67%）、加拿大（0.14 亿美元，1.87%）、韩国（0.12 亿美元，1.60%）、乌克兰（0.11 亿美元，1.47%）、新加坡（0.11 亿美元，1.47%），对上述 10 个国家和地区烤鳗出口贸易额达到 7.12 亿美元，占当年烤鳗出口贸易总额的 94.95%。由此可见，近年来我国烤鳗的主要出口国家（地区）基本稳定，其中日本是我国烤鳗最主要的出口国家，占我国烤鳗出口贸易总额的比重超过一半（见表 5-7、图 5-11）。

表 5-7 2015 年与 2016 年我国烤鳗出口贸易额的国家（地区）分布

单位：亿美元、%

2016 年烤鳗的主要出口国家（地区）	出口金额	所占比例	2015 年烤鳗的主要出口国家（地区）	出口金额	所占比例
日本	4.07	54.27	日本	4.47	54.05
美国	1.12	14.93	美国	1.42	17.17

续表

2016 年烤鳗的主要出口国家（地区）	出口金额	所占比例	2015 年烤鳗的主要出口国家（地区）	出口金额	所占比例
俄罗斯	0.63	8.40	俄罗斯	0.73	8.83
中国香港	0.33	4.40	中国台湾	0.40	4.84
中国台湾	0.29	3.87	中国香港	0.28	3.39
白俄罗斯	0.20	2.67	白俄罗斯	0.20	2.42
加拿大	0.14	1.87	加拿大	0.15	1.81
韩国	0.12	1.60	新加坡	0.10	1.21
乌克兰	0.11	1.47	韩国	0.07	0.85
新加坡	0.11	1.47	泰国	0.07	0.85

资料来源：商务部对外贸易司：《中国出口月度统计报告：烤鳗》（2015—2016 年）。

（三）烤鳗出口的主要省份

2015 年我国烤鳗出口的主要省份是福建（4.20 亿美元，50.79%）、江西（1.73 亿美元，20.92%）、山东（0.75 亿美元，9.07%）、浙江（0.67 亿美元，8.10%）、广东（0.59 亿美元，7.13%），上述 5 个省份的烤鳗出口贸易额达到 7.94 亿美元，占当年烤鳗出口贸易总额的 96.01%。2016 年我国烤鳗出口的主要省份是福建（3.68 亿美元，49.07%）、江西（1.54 亿美元，20.53%）、山东（0.73 亿美元，9.73%）、浙江（0.59 亿美元，7.87%）、广东（0.54 亿美元，7.20%），上述 5 个省份的烤鳗出口贸易额达到 7.08 亿美元，占当年烤鳗出口贸易总额的 94.40%。可见，福建、江西、山东、浙江、广东是我国烤鳗出口的主要省份，其中福建的出口贸易额最高，占我国烤鳗出口贸易总额的比重接近 50%（见图 5-12、表 5-8）。

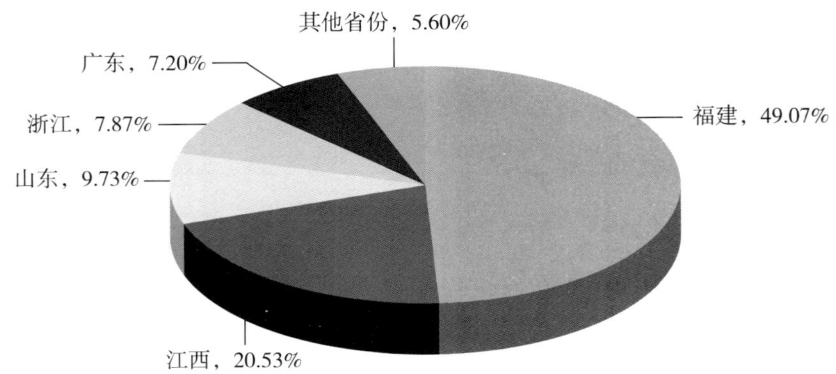

图 5-12　2016 年我国烤鳗出口的主要省份

资料来源：商务部对外贸易司：《中国出口月度统计报告：烤鳗》(2016 年)。

表 5-8　2015 年与 2016 年我国烤鳗出口的省份分布

单位：亿美元、%

2016 年烤鳗出口的主要省份	出口金额	所占比例	2015 年烤鳗出口的主要省份	出口金额	所占比例
福建	3.68	49.07	福建	4.20	50.79
江西	1.54	20.53	江西	1.73	20.92
山东	0.73	9.73	山东	0.75	9.07
浙江	0.59	7.87	浙江	0.67	8.10
广东	0.54	7.20	广东	0.59	7.13
江苏	0.31	4.13	江苏	0.30	3.63
安徽	0.06	0.80	安徽	0.02	0.24
北京	0.04	0.53			

资料来源：商务部对外贸易司：《中国出口月度统计报告：烤鳗》(2015—2016 年)。

第二节　不合格出口水产品的基本特征

改革开放以来，尤其是 2001 年我国加入世界贸易组织（WTO）之后，水产品成为我国最重要的出口食品种类之一。随着我国水产品出口量的增加，不合格出口水产品的批次也保持在较高水平，水产品出口受阻的情况时有发生。食品安全问题成为我国水产品出口受阻最重要的技术性贸易壁垒。如2001年爆发的出口欧盟虾仁氯霉素超标事件，导致欧盟于2002年1月25日通过2001/699/EC决议，对从中国进口的虾采取自动扣留并进行批检的保护性措施；2002年1月31日，欧盟又发布了第2002/69/EC号欧盟委员会决议，自2002年1月31日起禁止从中国进口供人类消费或用作动物饲料的动物源性产品，但肠衣及在海上捕捞、冷冻、最终包装并直接运抵共同体境内的渔业产品（甲壳类除外）不在禁止进口之列。事件直接导致2002年上半年我国水产品出口下降70%以上，蒙受高达6.23亿美元的经济损失。[①] 因此，分析研究具有安全风险的出口水产品的基本状况，提高我国出口水产品的质量安全并加强水产品出口企业的食品安全贸易壁垒应对能力建设就显得尤其重要。

一、不合格出口水产品的批次

2008年以来，除个别年份外，水产品及制品一直是我国不合格批次最多的出口食品种类。2008年，我国出口水产品的不合格批次为388批次，2009年小幅增长到394批次。2010年，出口水产品的不合格批次大幅增长到476批次，较2009年增长了20.81%，达到历史最高水平。之后，出口水产品的不合格批次呈逐年下降趋势，2011—2014年分别下降到433批次、347批次、341批次和277批次，下降幅度明显。然而，2015年的出口水产品不合格批次出现强势反弹，增长到353批次，较2014年增长了27.44%。2016年，我国被各国拒之门外的不合格出口水产品共计343批次，较2015年小幅下降2.83%，但水产品依然是我国不合格批次最多的出口食品种类（见图5-13）。

① 谢文、丁慧瑛、章晓氡：《高效液相色谱串联质谱测定蜂蜜、蜂王浆中氯霉素残留》，《分析化学》2005年第12期，第1767—1770页。

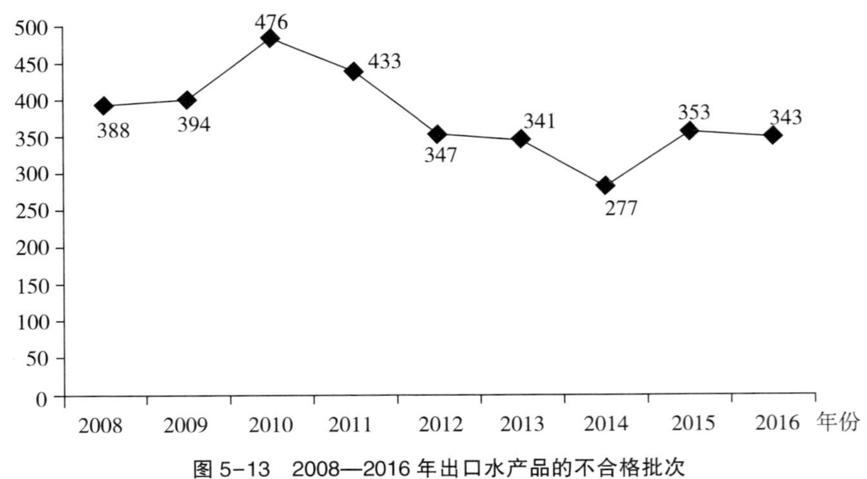

图 5-13　2008—2016 年出口水产品的不合格批次

资料来源：国家质量监督检验检疫总局国际检验检疫标准与技术法规研究中心：《国外扣留（召回）我国农食类产品情况分析报告》(2008—2016)。

二、不合格出口水产品的主要种类

2015 年，我国不合格出口水产品的主要种类依次是鱼产品（180 批次，50.99%）、其他水产品（63 批次，17.85%）、虾产品（33 批次，9.35%）、贝产品（24 批次，6.80%）、蟹产品（18 批次，5.10%）、海草及藻（18 批次，5.10%）、水产制品（17 批次，4.81%）。2016 年，我国不合格出口水产品的主要种类依次是鱼产品（144 批次，41.98%）、其他水产品（102 批次，29.74%）、贝产品（40 批次，11.66%）、虾产品（31 批次，9.04%）、水产制品（14 批次，4.08%）、海草及藻（8 批次，2.33%）、蟹产品（4 批次，1.17%）。比较 2015 年和 2016 年我国不合格出口水产品的主要种类，可以看出，鱼类是我国不合格出口水产品的第一大种类，虽然不合格批次和占不合格出口水产品批次的比重较 2015 年均出现下降，但占不合格出口水产品批次的比重依然超过四成。其他水产品、贝产品的不合格批次较 2015 年有所上升，占出口水产品不合格批次的比重也有所增加。虾产品的不合格批次和占出口水产品不合格批次的比重稍有下降，但与 2015 年相差不大。水产制品、海草及藻、蟹产品的不合格批次和占出口水产品不合格批次的比重均在 2016

年出现明显下降，质量安全状况逐步向好（见表 5-9、图 5-14）。

表 5-9　2015—2016 年我国不合格出口水产品的主要种类

单位：次、%

2016 年			2015 年		
不合格出口水产品种类	批次	所占比例	不合格出口水产品种类	批次	所占比例
鱼产品	144	41.98	鱼产品	180	50.99
其他水产品	102	29.74	其他水产品	63	17.85
贝产品	40	11.66	虾产品	33	9.35
虾产品	31	9.04	贝产品	24	6.80
水产制品	14	4.08	蟹产品	18	5.10
海草及藻	8	2.33	海草及藻	18	5.10
蟹产品	4	1.17	水产制品	17	4.81
总　计	343	100.00	总　计	353	100.00

资料来源：国家质量监督检验检疫总局国际检验检疫标准与技术法规研究中心：《国外扣留（召回）我国农食类产品情况分析报告》(2015—2016)。

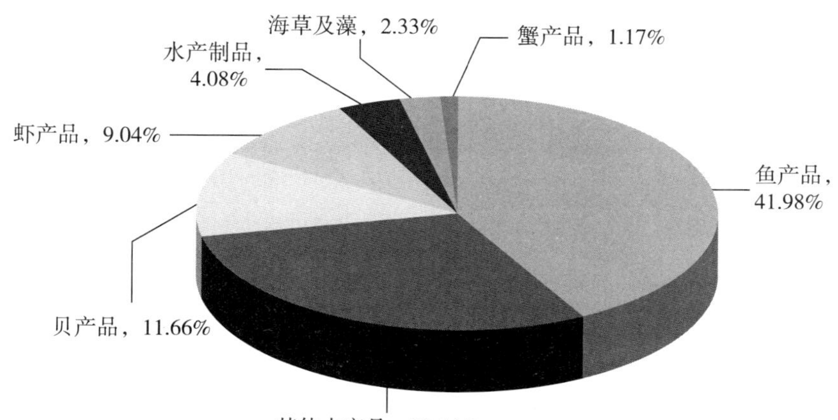

图 5-14　2016 年我国不合格出口水产品的主要种类

资料来源：国家质量监督检验检疫总局国际检验检疫标准与技术法规研究中心：《国外扣留（召回）我国农食类产品情况分析报告》(2016)。

三、不合格出口水产品的主要原因

分析国家质量监督检验检疫总局发布的相关资料，2015 年我国出口水产品不合格的主要原因是农兽药残留超标、品质不合格、微生物污染、食品添加剂不合格、检出污染物、标签不合格、证书不合格、不符合储运规定、辐照、包装不合格、检出有毒有害物质、携带有害生物等。整体来说，2015 年出口水产品不合格的前三大原因所占比例为 78.19%。

2016 年我国出口水产品不合格的主要原因是品质不合格、农兽药残留超标、微生物污染、食品添加剂不合格、检出污染物、标签不合格、证书不合格、包装不合格、不符合储运规定、不符合动物检疫规定等。整体来说，2016 年出口水产品不合格的前三大原因所占比例为 86.30%，明显高于 2015 年 78.19%的水平，表明近年来出口水产品不合格原因呈现出集中的趋势，这有利于有关部门加强水产品安全监管、保障出口水产品质量安全。在食品安全存在的问题中，农兽药残留超标、微生物污染、食品添加剂不合格、检出污染物是主要问题，占不合格出口水产品总批次的 50.14%；在非食品安全存在的问题中，品质不合格、标签不合格、证书不合格、包装不合格、不符合储运规定、不符合动物检疫规定则是主要问题，占检出不合格出口水产品总批次的 49.86%。2016 年，我国出口水产品不合格的原因共计有 10 种类型，较 2015 年的 12 种下降明显，这再次显示我国出口水产品不合格的原因呈现集中趋势（见表 5-10、图 5-15）。

表 5-10　2015—2016 年我国出口不合格水产品的主要原因分类

单位：次、%

2016 年			2015 年		
出口水产品不合格原因	批次	所占比例	出口水产品不合格原因	批次	所占比例
品质不合格	155	45.19	农兽药残留超标	115	32.58
农兽药残留超标	77	22.45	品质不合格	111	31.44
微生物污染	64	18.66	微生物污染	50	14.16
食品添加剂不合格	22	6.41	食品添加剂不合格	26	7.37
检出污染物	9	2.62	检出污染物	17	4.82
标签不合格	6	1.75	标签不合格	13	3.68
证书不合格	4	1.17	证书不合格	5	1.42

续表

2016 年			2015 年		
出口水产品不合格原因	批次	所占比例	出口水产品不合格原因	批次	所占比例
包装不合格	3	0.87	不符合储运规定	4	1.12
不符合储运规定	2	0.59	辐照	2	0.57
不符合动物检疫规定	1	0.29	包装不合格	2	0.57
			检出有毒有害物质	2	0.57
			携带有害生物	1	0.28
			其　他	5	1.42
总　计	343	100.00	总　计	353	100.00

资料来源：国家质量监督检验检疫总局国际检验检疫标准与技术法规研究中心:《国外扣留（召回）我国农食类产品情况分析报告》(2015—2016)。

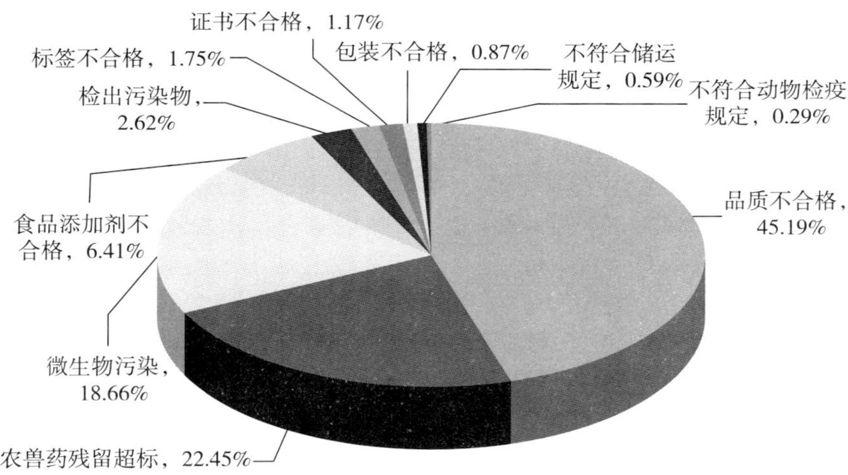

图 5-15　2016 年我国不合格出口水产品的主要原因分布

资料来源：国家质量监督检验检疫总局国际检验检疫标准与技术法规研究中心:《国外扣留（召回）我国农食类产品情况分析报告》(2016)。

（一）品质不合格

品质不合格是影响我国出口水产品质量安全的重要原因。2016 年，品质不合格超越农兽药残留超标成为影响我国出口水产品质量安全的最大因素。国家质量监督检验检疫总局的数据显示，2016 年我国因为品质不合格而被各国检疫部门扣留或召回的不合格出口水产品共计155批次，较2015年增长39.64%，占全年所有不合格出口水产品批次的比重由2015年的31.44%上升到2016年的45.19%，已接近一半。具体来说，2016年，品质检测不合格的出口水产品共计141批次，占品质不合格出口水产品的90.97%；感官检验不合格的出口水产品有14批次，占品质不合格出口水产品的9.03%。可见，品质检测不合格是我国出口水产品品质不合格的主要原因。

（二）农兽药残留超标

农兽药残留超标是影响我国出口水产品质量安全的又一重要原因。2016年，我国因农兽药残留超标而不合格的出口水产品共计77批次，较2015年的115批次下降了33.04%，占全年所有不合格出口水产品批次的比重由2015年的32.58%下降到22.45%。无论是从不合格批次的角度，还是从占所有不合格出口水产品批次比重的角度，农兽药残留超标的情况均下降明显，但依然是我国出口水产品质量安全的第二大影响因素。具体来说，2016年因兽药残留超标而不合格的出口水产品共计73批次，占农兽药残留超标不合格出口水产品的94.81%；因农药残留超标而不合格的出口水产品仅为4批次，占农兽药残留超标不合格出口水产品的5.19%。兽药残留超标成为我国出口水产品农兽药残留超标的主要原因。

（三）微生物污染

微生物个体微小、繁殖速度较快、适应能力强，在水产品的生产、加工、运输和经营过程中很容易因温度控制不当或环境不洁造成污染，是威胁我国出口水产品质量安全的重要因素。近年来，微生物污染一直是影响我国出口水产品质量安全的第三大因素。国家质量监督检验检疫总局的数据显示，2016年我国因为微生物污染而被各国检疫部门扣留或召回的不合格水产品共计64批次，较2015年的50批次增长了28.00%，占全年所有不合格出口水产品批次的比重由2015年的14.16%上升到2016年的18.66%，上升了4.50个百分点。

（四）食品添加剂不合格

食品添加剂超标或不当使用食用添加剂是我国出口水产品食品添加剂

不合格的主要原因。2016 年，我国因食品添加剂不合格而出口受阻的水产品共计 22 批次，较 2015 年的 26 批次下降了 15.38%，占全年所有不合格出口水产品批次的比重由 2015 年的 7.37%下降到 6.41%。无论是从不合格批次的角度，还是从占所有不合格出口水产品批次比重的角度，食品添加剂不合格的情况均有一定下降，显示我国出口水产品中食品添加剂不合格的风险正在降低。

（五）检出污染物

2015—2016 年，我国因检出污染物而不合格的出口水产品分别为 17 批次和 9 批次，占全年所有不合格出口水产品批次的比重分别为 4.82%和 2.62%，表明我国出口水产品中检出污染物的风险逐步降低。具体来说，2015—2016 年因检出有机污染物而不合格的出口水产品分别为 6 批次和 5 批次，因重金属超标而不合格的出口水产品分别为 11 批次和 4 批次，显示检出污染物中重金属超标的风险下降明显，检出有机污染物的风险几乎没有什么变化。

四、出口水产品受阻的主要国家（地区）

表 5-11 是 2015—2016 年我国出口水产品受阻的主要国家（地区）。据国家质量监督检验检疫总局发布的相关资料，2015 年我国出口水产品受阻的主要国家（地区）分别是美国（218 批次，61.76%）、加拿大（45 批次，12.75%）、日本（42 批次，11.90%）、欧盟（28 批次，7.93%）、韩国（12 批次，3.40%）、澳大利亚（8 批次，2.26%）。2016 年我国出口水产品受阻的主要国家（地区）分别是美国（227 批次，66.18%）、加拿大（46 批次，13.41%）、日本（38 批次，11.08%）、欧盟（13 批次，3.79%）、韩国（10 批次，2.92%）、澳大利亚（9 批次，2.62%）。

从出口水产品受阻的主要国家（地区）来看，美国是我国出口水产品受阻批次最多的国家，所占比例超过 6 成。出口加拿大和日本的受阻水产品批次位列第二位和第三位，2016 年的受阻批次分别为 46 批次和 38 批次，占所有不合格出口水产品批次的 13.41%和 11.08%。2016 年，出口欧盟的受阻水产品批次为 13 批次，较 2015 年下降 53.57%，对欧盟的水产品

表 5-11 2015—2016 年我国出口水产品受阻的主要国家（地区）

单位：次、%

2016 年出口水产品受阻的主要国家（地区）	不合格水产品批次	所占比例	2015 年出口水产品受阻的主要国家（地区）	不合格水产品批次	所占比例
美国	227	66.18	美国	218	61.76
加拿大	46	13.41	加拿大	45	12.75
日本	38	11.08	日本	42	11.90
欧盟	13	3.79	欧盟	28	7.93
韩国	10	2.92	韩国	12	3.40
澳大利亚	9	2.62	澳大利亚	8	2.26
合　计	343	100.00	合　计	353	100.00

资料来源：国家质量监督检验检疫总局国际检验检疫标准与技术法规研究中心：《国外扣留（召回）我国农食类产品情况分析报告》（2015—2016）。

出口形势较为乐观。出口韩国和澳大利亚的受阻水产品批次相对较少，2016 年的受阻批次仅分别为 10 批次和 9 批次，占所有不合格出口水产品批次的 2.92%和 2.62%，表明对韩国和加拿大的水产品出口形势相对较好（见图 5-16）。

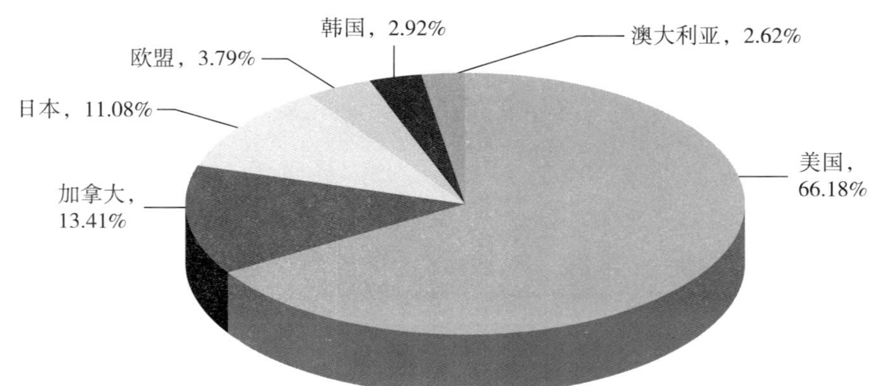

图 5-16 2016 年我国出口水产品受阻的主要国家（地区）

资料来源：国家质量监督检验检疫总局国际检验检疫标准与技术法规研究中心：《国外扣留（召回）我国农食类产品情况分析报告》（2016）。

第三节　出口水产品受阻主要国家的具体分析

在本章第二节分析的基础上，本节重点就我国出口美国、加拿大、日本、欧盟、韩国和澳大利亚等国家（地区）水产品受阻的特征展开有针对性的分析，寻找我国出口水产品在上述国家（地区）受阻的关键原因，为有效保障我国水产品出口寻找突破口。

一、美国

（一）出口美国不合格水产品的批次

近年来，美国一直是我国出口水产品受阻批次最多的国家。2008 年，我国出口美国的不合格水产品为 251 批次，2009 年下降到 170 批次，下降了 32.27%。2010—2011 年，出口美国的不合格水产品分别增长到 233 批次和 258 批次。之后，我国出口美国的不合格水产品批次逐渐下降，2012—2014 年分别下降到 181 批次、146 批次和 109 批次。然而，2014 年以后，出口美国的不合格水产品批次开始反弹，2015 年增长到 218 批次，是 2014 年的两倍，增长幅度惊人。2016 年，我国出口美国的不合格水产品合计为 227 批次，较 2015 年小幅增长 4.13%，我国水产品对美国的出口形势不容乐观（见图 5-17）。

（二）我国出口美国不合格水产品的主要种类

2015 年，我国出口美国不合格水产品的主要种类依次是鱼产品（137 批次，62.84%）、虾产品（28 批次，12.84%）、贝产品（19 批次，8.72%）、蟹产品（18 批次，8.26%）、其他水产品（11 批次，5.05%）、水产制品（3 批次，1.38%）、海草及藻（2 批次，0.91%）。2016 年，我国出口美国不合格水产品的主要种类依次是鱼产品（113 批次，49.78%）、其他水产品（51 批次，22.47%）、贝产品（31 批次，13.66%）、虾产品（23 批次，10.13%）、海草及藻（4 批次，1.76%）、水产制品（3 批次，1.32%）、蟹产品（2 批次，0.88%）。比较 2015 年和 2016 年我国出口美国不合格水

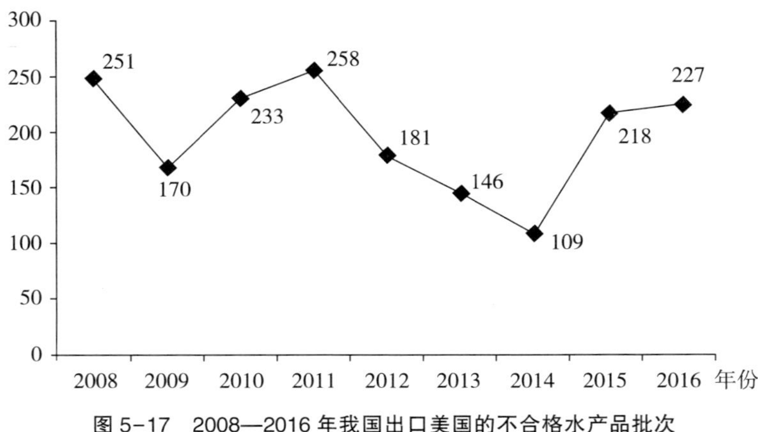

图 5-17　2008—2016 年我国出口美国的不合格水产品批次

资料来源：国家质量监督检验检疫总局国际检验检疫标准与技术法规研究中心：《国外扣留（召回）我国农食类产品情况分析报告》（2008—2016）。

产品的主要种类，可以看出，鱼类是我国出口美国不合格水产品的第一大种类，虽然不合格批次和占出口美国不合格水产品批次的比重较 2015 年均出现下降，但占出口美国不合格水产品批次的比重仍然接近 50%。其他水产品的不合格批次出现大幅上升，一跃成为出口美国不合格水产品的第二大种类，所占比重从 2015 年的 5. 05%增长到 2016 年的 22. 47%，需要引起有关部门的重视。贝产品、虾产品也是出口美国不合格批次较多的水产品种类，且不合格批次较 2015 年有所上升，占出口美国不合格水产品批次的比重也有所增加。蟹产品的不合格批次和占出口美国不合格水产品批次的比重均有明显的下降，其安全状况逐步向好（见表5-12、图 5-18）。

表 5-12　2015—2016 年我国出口美国不合格水产品的主要种类

单位：次、%

2016 年			2015 年		
不合格出口水产品种类	批次	所占比例	不合格出口水产品种类	批次	所占比例
鱼产品	113	49. 78	鱼产品	137	62. 84
其他水产品	51	22. 47	虾产品	28	12. 84
贝产品	31	13. 66	贝产品	19	8. 72

续表

2016 年			2015 年		
不合格出口水产品种类	批次	所占比例	不合格出口水产品种类	批次	所占比例
虾产品	23	10. 13	蟹产品	18	8. 26
海草及藻	4	1. 76	其他水产品	11	5. 05
水产制品	3	1. 32	水产制品	3	1. 38
蟹产品	2	0. 88	海草及藻	2	0. 91
总　计	227	100. 00	总　计	218	100. 00

资料来源：国家质量监督检验检疫总局国际检验检疫标准与技术法规研究中心：《国外扣留（召回）我国农食类产品情况分析报告》(2015—2016)。

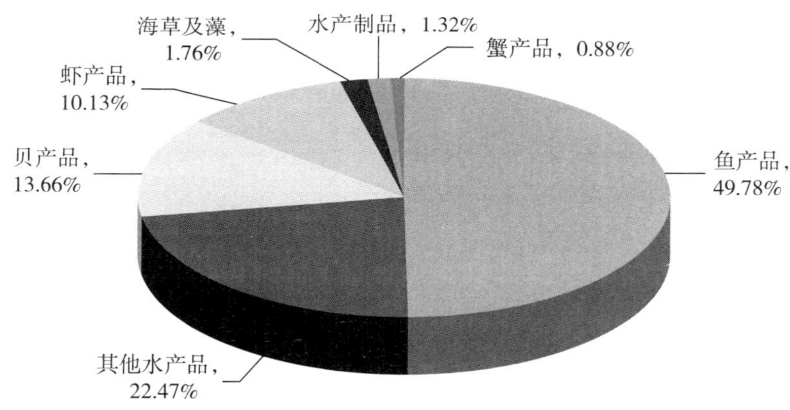

图 5-18　2016 年我国出口美国不合格水产品的主要种类

资料来源：国家质量监督检验检疫总局国际检验检疫标准与技术法规研究中心：《国外扣留（召回）我国农食类产品情况分析报告》(2016)。

（三）出口美国不合格水产品的主要原因

分析国家质量监督检验检疫总局发布的相关资料，2015 年，我国出口美国的水产品不合格的主要原因是农兽药残留超标、品质不合格、微生物污染、食品添加剂不合格、标签不合格、证书不合格、检出污染物、包装不合格等。整体来说，2015 年我国出口美国水产品不合格的前三大原因所占的比例为 85. 32%。

2016 年，我国出口美国的水产品不合格的主要原因是品质不合格、农兽药残留超标、食品添加剂不合格、微生物污染、标签不合格、证书不合格、检出污染物等。整体来说，2016 年出口美国水产品不合格的前三大原因所占的比例为 88.54%，略高于 2015 年的水平。在食品安全存在的问题中，农兽药残留超标、食品添加剂不合格、微生物污染、检出污染物是主要问题，占出口美国不合格水产品总批次的 42.73%；在非食品安全存在的问题中，品质不合格、标签不合格、证书不合格则是主要问题，占出口美国不合格水产品总批次的 57.27%（见表 5-13、图 5-19）。

表 5-13　2015—2016 年我国出口美国不合格水产品的主要原因分类

单位：次、%

2016 年			2015 年		
出口水产品不合格原因	批次	所占比例	出口水产品不合格原因	批次	所占比例
品质不合格	122	53.74	农兽药残留超标	101	46.33
农兽药残留超标	64	28.19	品质不合格	67	30.73
食品添加剂不合格	15	6.61	微生物污染	18	8.26
微生物污染	15	6.61	食品添加剂不合格	14	6.42
标签不合格	5	2.21	标签不合格	10	4.59
证书不合格	3	1.32	证书不合格	4	1.83
检出污染物	3	1.32	检出污染物	3	1.38
			包装不合格	1	0.46
总　计	227	100.00	总　计	218	100.00

资料来源：国家质量监督检验检疫总局国际检验检疫标准与技术法规研究中心：《国外扣留（召回）我国农食类产品情况分析报告》(2015—2016)。

1. 品质不合格

2016 年，品质不合格超越农兽药残留超标成为影响我国出口美国水产品质量安全的最大因素。国家质量监督检验检疫总局的数据显示，2016 年，我国因为品质不合格而被美国食品和药品管理局扣留或召回的不合格水产品共计 122 批次，较 2015 年增长 82.09%，占全年所有出口美国不合格水产品批次的比重由 2015 年的 30.73% 上升到 2016 年的 53.74%，已超过一半。2016 年，出口美国水产品品质不合格的主要原因全部为品质检测不合格。

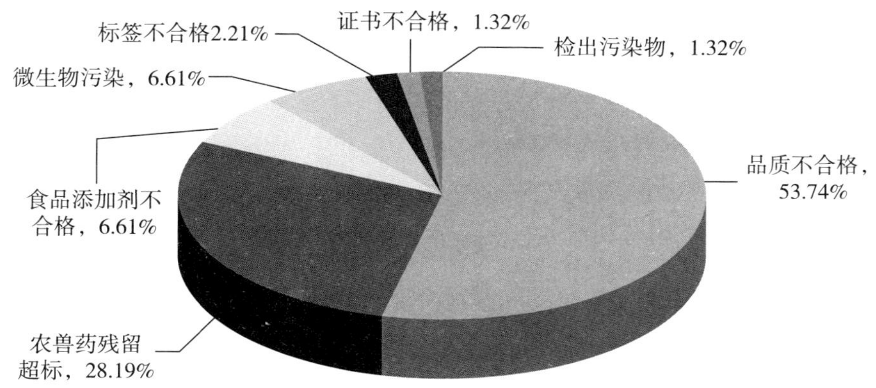

图 5-19 2016 年我国出口美国不合格水产品的主要原因分布

资料来源：国家质量监督检验检疫总局国际检验检疫标准与技术法规研究中心：《国外扣留（召回）我国农食类产品情况分析报告》(2016)。

2. 农兽药残留超标

2016 年，我国因农兽药残留超标而被美国食品和药品管理局扣留或召回的不合格水产品共计 64 批次，较 2015 年的 101 批次下降了 36. 63%，占全年所有出口美国不合格水产品批次的比重由 2015 年的 30. 73%下降到 28. 19%。无论是从不合格批次的角度，还是从占全年所有出口美国不合格水产品批次比重的角度，农兽药残留超标的情况均下降明显，但依然是影响我国出口美国水产品质量安全的第二大因素。具体来说，2016 年因兽药残留超标而不合格的出口美国水产品共计 62 批次，占农兽药残留超标不合格出口水产品的 96. 88%；因农药残留超标而不合格的出口水产品仅为 2 批次，占农兽药残留超标不合格出口水产品的 3. 12%。兽药残留超标是我国出口美国水产品农兽药残留超标的主要原因。

3. 微生物污染

2015—2016 年，微生物污染是影响我国出口美国水产品质量安全的第三大因素。国家质量监督检验检疫总局的数据显示，2016 年，我国因为微生物污染而被美国食品和药品管理局扣留或召回的不合格水产品共计 15 批次，较 2015 年的 18 批次下降了 16. 67%，占全年所有出口美国不合格水产品批次的比重由 2015 年的 8. 26%下降到 2016 年的 6. 61%，下降了 1. 65 个百分点。

4. 食品添加剂不合格

2016 年，我国出口美国食品添加剂不合格的水产品共计 15 批次，较 2015 年的 14 批次稍有增长，占全年所有出口美国不合格水产品批次的比重由 2015 年的 6.42%上升到 6.61%。可见，我国出口美国水产品中食品添加剂不合格的风险基本稳定。

二、加拿大

（一）出口加拿大不合格水产品的批次

我国从 2009 年开始统计出口加拿大的不合格水产品批次。2009 年以来，除个别年份外，加拿大一直是我国出口水产品受阻批次第二多的国家。2008 年，我国出口加拿大的不合格水产品为 101 批次，2010 年增长到 110 批次，增长了 8.91%。2011—2012 年，出口加拿大的不合格水产品分别下降到 76 批次和 51 批次。然而，2013 年出口加拿大的不合格水产品批次开始反弹，上升到 79 批次，增长了 54.90%。之后，不合格批次逐渐下降，2014—2016 年分别下降到 52 批次和 45 批次。2016 年，我国出口加拿大的不合格水产品合计为 46 批次，较 2015 年小幅增长 1 批次，对加拿大的水产品出口形势基本稳定（见图 5-20）。

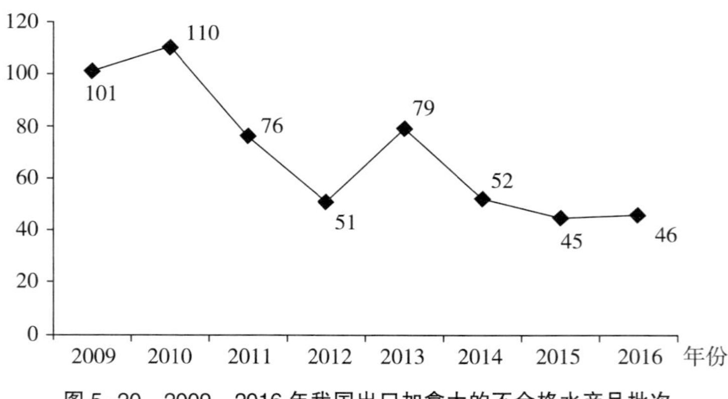

图 5-20　2009—2016 年我国出口加拿大的不合格水产品批次

资料来源：国家质量监督检验检疫总局国际检验检疫标准与技术法规研究中心：《国外扣留（召回）我国农食类产品情况分析报告》(2009—2016)。

（二）我国出口加拿大不合格水产品的主要种类

2015 年，我国出口加拿大不合格水产品的主要种类依次是其他水产品、海草及藻和鱼产品，不合格批次分别为 38 批次、5 批次和 2 批次。2016 年，我国出口加拿大不合格水产品的主要种类依次是其他水产品和鱼产品，不合格批次分别为 38 批次和 8 批次。可见，其他水产品是我国出口加拿大不合格水产品的最主要种类，海草及藻的不安全风险呈现显著下降，而鱼产品的不合格批次则明显上升，需要引起格外关注（见图 5-21）。

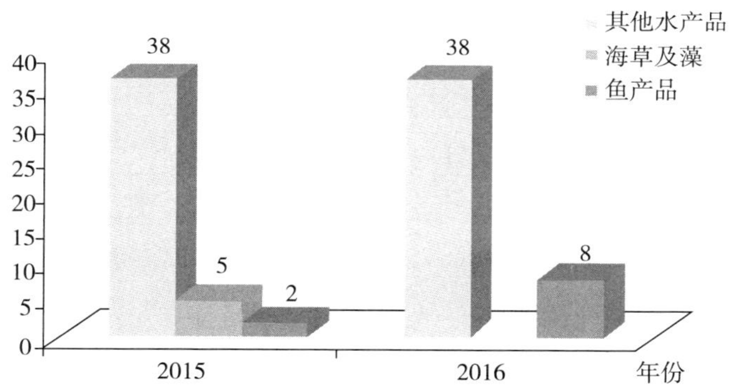

图 5-21　2015—2016 年我国出口加拿大不合格水产品的主要种类

资料来源：国家质量监督检验检疫总局国际检验检疫标准与技术法规研究中心：《国外扣留（召回）我国农食类产品情况分析报告》（2015—2016）。

（三）出口加拿大不合格水产品的主要原因

分析国家质量监督检验检疫总局发布的相关资料，2015 年我国出口加拿大的水产品不合格的主要原因是品质不合格（33 批次，73. 34%）、农兽药残留超标（5 批次，11. 11%）、食品添加剂不合格（5 批次，11. 11%）、检出污染物（1 批次，2. 22%）、包装不合格（1 批次，2. 22%）。2016 年我国出口加拿大的水产品不合格的主要原因是品质不合格（30 批次，65. 22%）、农兽药残留超标（5 批次，10. 87%）、包装不合格（3 批次，6. 52%）、微生物污染（3 批次，6. 52%）、食品添加剂不合格（3 批次，6. 52%）、检出污染物（2 批次，4. 35%）。总体来说，品质不合格是出口加拿大水产品不合格的最主要原因，所占比例超过六成。农兽药残留超标、包装不合格、微生物污染、食品添加剂不合格、检出污染物等所占的比例均较低。2016年，因品质不合格而被加拿大食品检验署扣留或召回的水产品中，感官检测不合格的水产品有23批次，占出口加拿大品质不合格水产品批次的69.70%；品质检测不合格的水产品有10批次，占出口加拿大品质不合格水产品批次的30.30%（见表5-14、图5-22）。

表5-14 2015—2016年我国出口加拿大不合格水产品的主要原因分类

单位：次、%

2016年			2015年		
出口水产品不合格原因	批次	所占比例	出口水产品不合格原因	批次	所占比例
品质不合格	30	65.22	品质不合格	33	73.34
农兽药残留超标	5	10.87	农兽药残留超标	5	11.11
包装不合格	3	6.52	食品添加剂不合格	5	11.11
微生物污染	3	6.52	检出污染物	1	2.22
食品添加剂不合格	3	6.52	包装不合格	1	2.22
检出污染物	2	4.35			
总　计	46	100.00	总　计	45	100.00

资料来源：国家质量监督检验检疫总局国际检验检疫标准与技术法规研究中心：《国外扣留（召回）我国农食类产品情况分析报告》（2015—2016）。

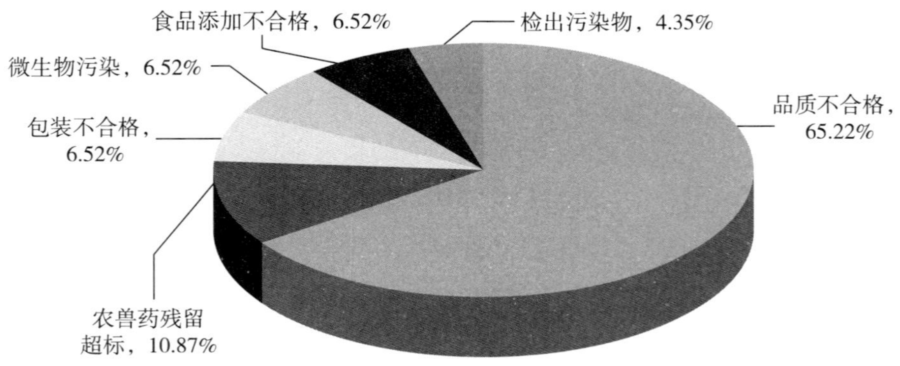

图5-22 2016年我国出口加拿大不合格水产品的主要原因分布

资料来源：国家质量监督检验检疫总局国际检验检疫标准与技术法规研究中心：《国外扣留（召回）我国农食类产品情况分析报告》（2016）。

三、日本

（一）出口日本不合格水产品的批次

近年来，日本一直是我国出口水产品受阻批次第三多的国家。2008年，我国出口日本的不合格水产品为67批次。受三鹿奶粉事件的影响，日本在2009年和2010年增加了对我国食品的抽检比例，2009—2010年的不合格批次分别增长到76批次和84批次。之后，出口日本的不合格水产品批次基本呈下降趋势，2011年为63批次，2012年小幅增长到68批次，2013—2015年分别下降到65批次、49批次和42批次。2016年，我国出口日本的不合格水产品合计为38批次，较2015年下降9.52%（见图5-23）。

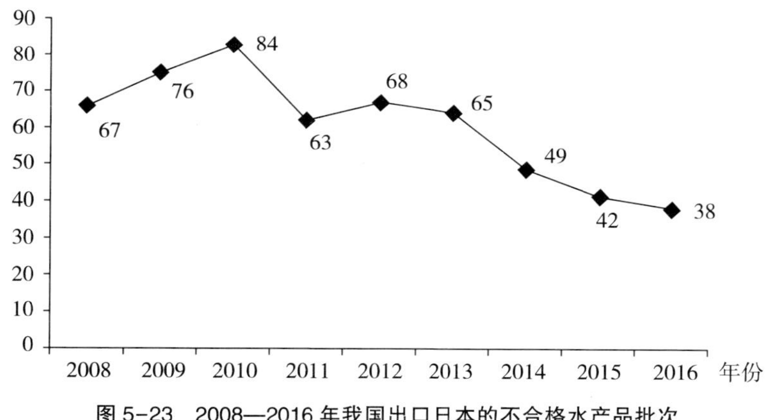

图5-23　2008—2016年我国出口日本的不合格水产品批次

资料来源：国家质量监督检验检疫总局国际检验检疫标准与技术法规研究中心：《国外扣留（召回）我国农食类产品情况分析报告》（2008—2016）。

（二）出口日本不合格水产品的主要种类

2015年，我国出口日本不合格水产品的主要种类依次是鱼产品（22批次，52.38%）、其他水产品（13批次，30.95%）、水产制品（5批次，11.90%）、贝产品（2批次，4.77%）。2016年，我国出口日本不合格水产品的主要种类依次是鱼产品（13批次，34.21%）、其他水产品（11批次，28.95%）、贝产品（8批次，21.06%）、虾产品（2批次，5.26%）、蟹产品（2 批次，5. 26%）、水产制品（2 批次，5. 26%）。比较 2015 年和 2016 年我国出口日本不合格水产品的主要种类，可以看出，鱼产品是我国出口日本不合格水产品的第一大种类，但不合格批次和占出口日本不合格水产品批次的比重较 2015 年均出现明显的下降。其他水产品的不合格批次和占出口日本不合格水产品批次的比重稍有下降，但与 2015 年相差不大。贝产品的不合格批次和占出口日本不合格水产品批次的比重较 2015 年均有明显的上升，成为出口日本不合格水产品的第三大种类。此外，2016 年，我国出口日本不合格水产品的种类由 2015 年的 4 类上升到 2016 年的 6 类，出口日本的不合格水产品种类呈扩散趋势（见表 5-15、图 5-24）。

表 5-15　2015—2016 年我国出口日本不合格水产品的主要种类

单位：次、%

2016 年			2015 年		
不合格出口水产品种类	批次	所占比例	不合格出口水产品种类	批次	所占比例
鱼产品	13	34. 21	鱼产品	22	52. 38
其他水产品	11	28. 95	其他水产品	13	30. 95
贝产品	8	21. 06	水产制品	5	11. 90
虾产品	2	5. 26	贝产品	2	4. 77
蟹产品	2	5. 26			
水产制品	2	5. 26			
总　计	38	100. 00	总　计	42	100. 00

资料来源：国家质量监督检验检疫总局国际检验检疫标准与技术法规研究中心：《国外扣留（召回）我国农食类产品情况分析报告》(2015—2016)。

（三）出口日本不合格水产品的主要原因

分析国家质量监督检验检疫总局发布的相关资料，2015 年，我国出口日本的水产品不合格的主要原因是微生物污染（28 批次，66. 67%）、农兽药残留超标（7 批次，16. 67%）、品质不合格（5 批次，11. 90%）、食品添加剂不合格（1 批次，2. 38%）。2016 年，我国出口日本的水产品不合

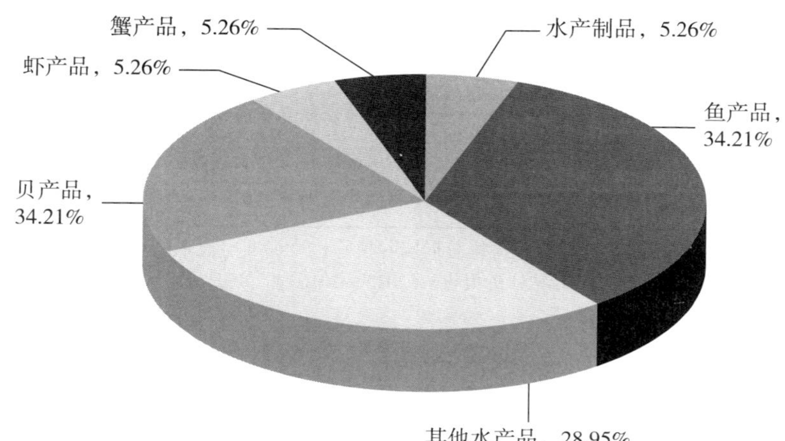

图 5-24　2016 年我国出口日本不合格水产品的主要种类

资料来源：国家质量监督检验检疫总局国际检验检疫标准与技术法规研究中心：《国外扣留（召回）我国农食类产品情况分析报告》(2016)。

格的主要原因是微生物污染（33 批次，86.84%）、农兽药残留超标（4 批次，10.53%）、食品添加剂不合格（1 批次，2.63%）。总体来说，微生物污染是出口日本水产品不合格的最主要原因，且占出口日本不合格水产品批次的比重由 2015 年的 66.67%上升到 2016 年的 86.84%。从出口日本不合格水产品具体原因的种类来看，2015 年我国出口日本不合格水产品的主要原因共计有 5 类，2016 年则下降到 3 类，显示我国出口日本不合格水产品的主要原因呈集中的趋势（见表 5-16、图 5-25）。

表 5-16　2015—2016 年我国出口日本不合格水产品的主要原因分类

单位：次、%

2016 年			2015 年		
出口水产品不合格原因	批次	所占比例	出口水产品不合格原因	批次	所占比例
微生物污染	33	86.84	微生物污染	28	66.67
农兽药残留超标	4	10.53	农兽药残留超标	7	16.67
食品添加剂不合格	1	2.63	品质不合格	5	11.90
			食品添加剂不合格	1	2.38

续表

2016 年			2015 年		
出口水产品不合格原因	批次	所占比例	出口水产品不合格原因	批次	所占比例
			检出有毒有害物质	1	2.38
总　计	38	100.00	总　计	42	100.00

资料来源：国家质量监督检验检疫总局国际检验检疫标准与技术法规研究中心：《国外扣留（召回）我国农食类产品情况分析报告》（2015—2016）。

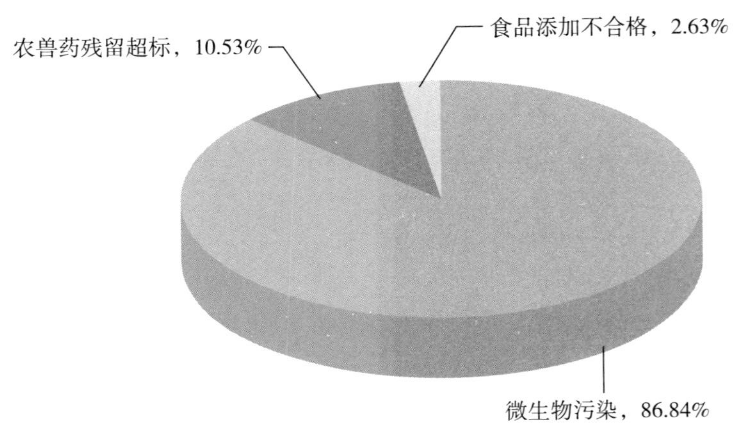

图 5-25　2016 年我国出口日本不合格水产品的主要原因分布

资料来源：国家质量监督检验检疫总局国际检验检疫标准与技术法规研究中心：《国外扣留（召回）我国农食类产品情况分析报告》（2016）。

四、欧盟

（一）出口欧盟不合格水产品的批次

图 5-26 是 2008—2016 年出口欧盟的不合格水产品批次。2008 年，我国出口欧盟的不合格水产品为 45 批次，2009 年下降到 22 批次。然而，2010 年的不合格批次上升到 36 批次。之后，出口欧盟的不合格水产品批次基本维持在 30 批次左右，2011—2015 年的不合格批次分别为 29 批次、31 批次、32 批次、28 批次和 28 批次。2016 年，我国出口欧盟的不合格水产品合计为 13 批次，较 2015 年下降了 53.57%，下降幅度明显，表明我国水产品对欧盟的出口形势逐步好转。

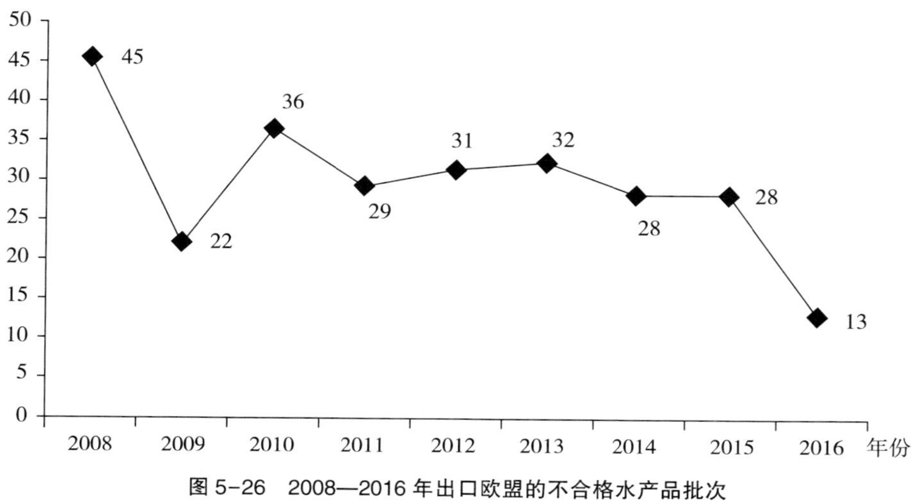

图 5-26　2008—2016 年出口欧盟的不合格水产品批次

资料来源：国家质量监督检验检疫总局国际检验检疫标准与技术法规研究中心：《国外扣留（召回）我国农食类产品情况分析报告》(2008—2016)。

（二）出口欧盟不合格水产品的主要种类

鱼产品是我国出口欧盟不合格水产品的最主要种类（见表 5-17），2016 年，我国出口欧盟的不合格鱼产品为 9 批次，较 2015 年的 13 批次下降了 30.77%，但占出口欧盟不合格水产品批次的比重由 2015 年的 46.43%上升到 2016 年的 69.23%。海草及藻、虾产品和水产制品的不合格批次均较低（见表 5-19）。

表 5-17　2015—2016 年我国出口欧盟不合格水产品的主要种类

单位：次、%

2016 年			2015 年		
不合格出口水产品种类	批次	所占比例	不合格出口水产品种类	批次	所占比例
鱼产品	9	69.23	鱼产品	13	46.43
海草及藻	2	15.39	海草及藻	5	17.86
虾产品	1	7.69	水产制品	5	17.86
水产制品	1	7.69	虾产品	4	14.29
			贝产品	1	3.56

续表

2016 年			2015 年		
不合格出口水产品种类	批次	所占比例	不合格出口水产品种类	批次	所占比例
总　计	13	100.00	总　计	28	100.00

资料来源：国家质量监督检验检疫总局国际检验检疫标准与技术法规研究中心：《国外扣留（召回）我国农食类产品情况分析报告》（2015—2016）。

（三）出口欧盟不合格水产品的主要原因

分析国家质量监督检验检疫总局发布的相关资料，2015 年，我国出口欧盟的水产品不合格的主要原因是检出污染物、品质不合格、不符合储运规定、食品添加剂不合格、标签不合格、农兽药残留超标、携带有害生物、辐照、证书不合格、检出有毒有害物质。2016 年，我国出口欧盟的水产品不合格的主要原因是农兽药残留超标、不符合储运规定、检出污染物、食品添加剂不合格、微生物污染、证书不合格、标签不合格、品质不合格。总体来说，我国出口欧盟不合格水产品的主要原因较多，且每种原因导致的不合格水产品的批次较少，尤其是 2016 年，每种原因导致的不合格水产品的批次均小于 5 批次（见表 5-18、图 5-27）。可见，我国出口欧盟水产品不合格的原因呈分散趋势，这将增加保障出口欧盟水产品质量安全的难度。

表 5-18　2015—2016 年我国出口欧盟不合格水产品的主要原因分类

单位：次、%

2016 年			2015 年		
出口水产品不合格原因	批次	所占比例	出口水产品不合格原因	批次	所占比例
农兽药残留超标	3	23.10	检出污染物	7	25.00
不符合储运规定	2	15.38	品质不合格	5	17.87
检出污染物	2	15.38	不符合储运规定	4	14.29
食品添加剂不合格	2	15.38	食品添加剂不合格	3	10.71
微生物污染	1	7.69	标签不合格	3	10.71
证书不合格	1	7.69	农兽药残留超标	2	7.14

续表

2016 年			2015 年		
出口水产品不合格原因	批次	所占比例	出口水产品不合格原因	批次	所占比例
标签不合格	1	7.69	携带有害生物	1	3.57
品质不合格	1	7.69	辐照	1	3.57
			证书不合格	1	3.57
			检出有毒有害物质	1	3.57
总　计	13	100.00	总　计	28	100.00

资料来源：国家质量监督检验检疫总局国际检验检疫标准与技术法规研究中心：《国外扣留（召回）我国农食类产品情况分析报告》(2015—2016)。

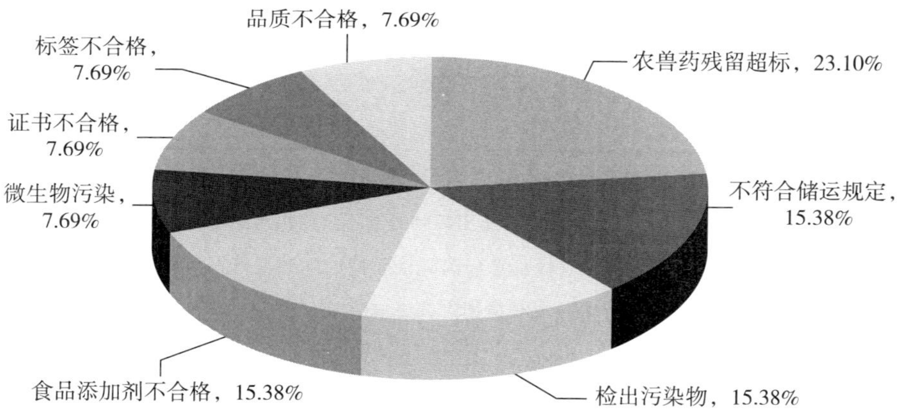

图 5-27 2016 年我国出口欧盟不合格水产品的主要原因分布

资料来源：国家质量监督检验检疫总局国际检验检疫标准与技术法规研究中心：《国外扣留（召回）我国农食类产品情况分析报告》(2016)。

五、韩国

（一）出口韩国不合格水产品的批次

近年来，我国出口韩国的不合格水产品批次波动明显，但一直未超过 25 批次，维持在相对较低的水平。2008 年，我国出口韩国的不合格水产品为 25 批次，2009 年仍然维持在 25 批次。2010—2011 年，出口韩国的不合格水产品下降到 13 批次和 7 批次，下降幅度明显。然而，2012—2013 年的不合格批次再次上升，分别增加到 16 批次和 19 批次。2013 年以后，出口韩国的不合格水产品批次呈下降趋势，2014—2016年分别下降到13批次、12批次和10批次，出口韩国的不合格水产品的情况逐步好转（见图5-28）。

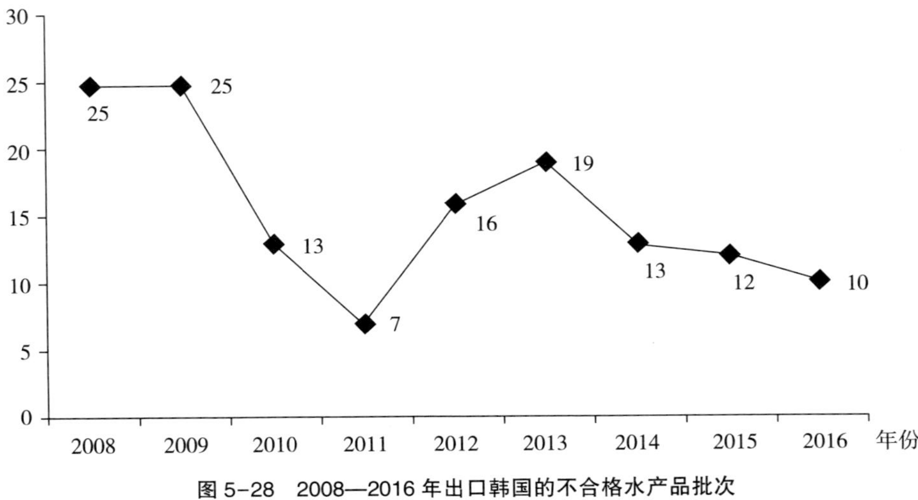

图5-28 2008—2016年出口韩国的不合格水产品批次

资料来源：国家质量监督检验检疫总局国际检验检疫标准与技术法规研究中心：《国外扣留（召回）我国农食类产品情况分析报告》（2008—2016）。

（二）出口韩国不合格水产品的主要种类

2015年，我国出口韩国的不合格水产品的主要种类是鱼产品、水产制品、贝产品。2016年，出口韩国的不合格水产品的主要种类则是水产制品、其他水产品、虾产品和贝产品。其中，水产制品成为出口韩国的不合格水产品的最主要种类，其他种类水产品的不合格批次均较低（见表5-19）。

表5-19 2015—2016年我国出口韩国不合格水产品的主要种类

单位：次、%

2016年			2015年		
不合格出口水产品种类	批次	所占比例	不合格出口水产品种类	批次	所占比例
水产制品	6	60.00	鱼产品	6	50.00
其他水产品	2	20.00	水产制品	4	33.33

续表

2016 年			2015 年		
不合格出口水产品种类	批次	所占比例	不合格出口水产品种类	批次	所占比例
虾产品	1	10.00	贝产品	2	16.67
贝产品	1	10.00			
总　计	10	100.00	总　计	12	100.00

资料来源：国家质量监督检验检疫总局国际检验检疫标准与技术法规研究中心：《国外扣留（召回）我国农食类产品情况分析报告》(2015—2016)。

（三）出口韩国不合格水产品的主要原因

分析国家质量监督检验检疫总局发布的相关资料，2015 年，我国出口韩国的水产品不合格的主要原因是食品添加剂不合格、微生物污染、辐照和品质不合格，其中食品添加剂不合格是最主要原因。2016 年，我国出口韩国的水产品不合格的主要原因是微生物污染、品质不合格、不符合动物检疫规定和食品添加剂不合格，其中微生物污染是最主要原因。由此可知，出口韩国的不合格水产品的主要原因由 2015 年的食品添加剂不合格变为 2016 年的微生物污染（见表 5-20）。

表 5-20　2015—2016 年我国出口韩国不合格水产品的主要原因分类

单位：次、%

2016 年			2015 年		
出口水产品不合格原因	批次	所占比例	出口水产品不合格原因	批次	所占比例
微生物污染	6	60.00	食品添加剂不合格	8	66.67
品质不合格	2	20.00	微生物污染	2	16.67
不符合动物检疫规定	1	10.00	辐照	1	8.33
食品添加剂不合格	1	10.00	品质不合格	1	8.33
总　计	10	100.00	总　计	12	100.00

资料来源：国家质量监督检验检疫总局国际检验检疫标准与技术法规研究中心：《国外扣留（召回）我国农食类产品情况分析报告》(2015—2016)。

六、澳大利亚

(一) 出口澳大利亚不合格水产品的批次

我国从 2014 年开始统计出口澳大利亚的不合格水产品批次。2014 年，我国出口澳大利亚的不合格水产品为 26 批次，这引起了有关部门的高度重视，并加强了对出口澳大利亚水产品的指导和监管。在有关各方的共同努力下，2015 年和 2016 年出口澳大利亚的不合格水产品分别为 8 批次和 9 批次，下降幅度明显，出口澳大利亚水产品的质量安全状况逐步向好（见图 5-29）。

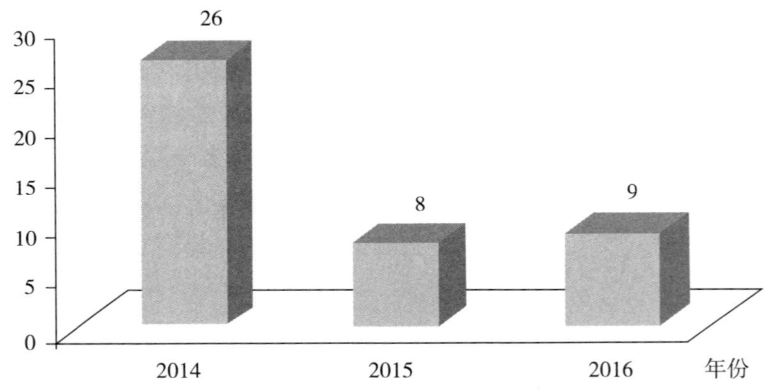

图 5-29 2014—2016 年出口澳大利亚不合格水产品批次

资料来源：国家质量监督检验检疫总局国际检验检疫标准与技术法规研究中心：《国外扣留（召回）我国农食类产品情况分析报告》(2014—2016)。

(二) 出口澳大利亚的不合格水产品的主要种类

2015 年，我国出口澳大利亚的不合格水产品的主要种类是海草及藻、虾产品和其他水产品。2016 年，我国出口澳大利亚的不合格水产品的主要种类则是虾产品、水产制品、海草及藻和鱼产品。各类别水产品的受阻批次均较低（见表 5-21）。

表 5-21　2015—2016 年我国出口澳大利亚的不合格水产品的主要种类

单位：次、%

2016 年			2015 年		
不合格出口水产品种类	批次	所占比例	不合格出口水产品种类	批次	所占比例
虾产品	4	44.45	海草及藻	6	75.00
水产制品	2	22.22	虾产品	1	12.50
海草及藻	2	22.22	其他水产品	1	12.50
鱼产品	1	11.11			
总　计	9	100.00	总　计	8	100.00

资料来源：国家质量监督检验检疫总局国际检验检疫标准与技术法规研究中心：《国外扣留（召回）我国农食类产品情况分析报告》（2015—2016）。

（三）出口澳大利亚的不合格水产品的主要原因

分析国家质量监督检验检疫总局发布的相关资料，2015 年，我国出口澳大利亚的水产品不合格的主要原因是检出污染物和微生物污染，不合格批次分别为 6 批次和 2 批次。2016 年，我国出口澳大利亚的水产品不合格的主要原因是微生物污染、检出污染物和农兽药残留超标，不合格批次分别为 6 批次、2 批次和 1 批次。由此可知，出口澳大利亚的不合格水产品的主要原因由 2015 年的检出污染物变为 2016 年的微生物污染（见表 5-22）。

表 5-22　2015—2016 年我国出口澳大利亚的不合格水产品的主要原因分类

单位：次、%

2016 年			2015 年		
出口水产品不合格原因	批次	所占比例	出口水产品不合格原因	批次	所占比例
微生物污染	6	66.67	检出污染物	6	75.00
检出污染物	2	22.22	微生物污染	2	25.00
农兽药残留超标	1	11.11			
总　计	9	100.00	总　计	8	100.00

资料来源：国家质量监督检验检疫总局国际检验检疫标准与技术法规研究中心：《国外扣留（召回）我国农食类产品情况分析报告》（2015—2016）。

第四节　水产品出口贸易发展的政策思考

针对我国水产品出口存在的食品安全风险及可能引发的技术性贸易壁垒问题，基于提高我国水产品质量安全、促进水产品出口的目标，现重点提出以下五个方面的对策建议。

一、加强对水产品质量安全的技术支撑

技术进步有助于提高水产品的质量安全，促进我国水产品出口。第一，加强水产品加工技术创新。我国出口水产品的不合格主要是由人为因素引起的，而且加工环节是人为因素诱发的重要环节。因此，减少加工环节的水产品质量安全风险，迫切需要加强水产品加工的技术创新，提高我国水产品加工的能力和水平，实现水产品加工环节的规范化和产业化。第二，构建水产品质量安全可追溯体系。加大对可追溯技术的研发力度，开发具有自主知识产权的技术产品，利用物理追溯、化学追溯、生物追溯等技术开展原产地溯源研究，建立全程可追溯的水产品质量安全可追溯体系，从技术的角度加强可追溯体系信息的及时性、有效性和真实性。第三，提升水产品检测技术。加大科研经费投入，利用分子生物学技术、免疫学技术以及自动化和计算机技术的研究成果，提高快速检测技术的灵敏度及准确度，达到出口国的检测限量要求，使水产品检测方法达到准确、可靠、方便、快速、经济、安全的要求。

二、加强政府对水产品质量安全的全程监管

政府是水产品质量安全治理体系中的重要监管主体，要充分发挥政府监管的职能，加强政府对水产品质量安全的全程监管。第一，加强对水产品出口企业备案前建设指导、备案后过程指导和出口后产品跟踪，健全水产品养殖管理、水产品捕捞管理、原料验收、批次和溯源管理等制度和管理体系。第二，建立企业信用等级制度，重点加强对信用较低的水产品出

口企业的监管，实现有限监管力量对大量水产品出口企业的重点监管。第三，进一步完善水产品准入、检验、追溯、召回等一整套安全法律法规，为建立健全中国水产品质量安全控制体系提供法律保障。第四，开展出口水产品质量安全的风险分析，深入调查分析出口水产品被扣留和召回的原因，对症下药解决水产品质量安全风险，落实相关责任部门和责任人。

三、落实水产品企业主体责任

加强出口水产品的质量安全，最主要的是落实水产品企业的主体责任。第一，加强企业自律，通过培训、宣传等手段，让水产品出口企业认识到质量安全对企业形象和出口收益的重要性，推动企业自觉保障水产品安全。第二，加强合作力度，实现企业自检。进一步提高水产品出口企业的组织化程度，构建以水产品质量安全为主体和特色的出口食品质量安全示范区，指导出口水产品企业加强技术合作，整合检测资源，共享自检自控检测设备，提升企业自检自控水平。第三，进一步加大政策扶持力度，推动水产品企业构建养殖、加工、销售、出口一体的“全产业链”发展模式，通过水产品行业的规模化运作保障水产品质量安全。第四，发挥水产品行业协会的作用，通过行业内部的制度公约等方式落实水产品出口企业的主体责任。第五，加大对水产品安全相关法律法规的执法力度，对违反水产品安全法律法规的企业进行严惩，让出口水产品企业不敢为。

四、推动水产品行业供给侧结构性改革

第一，推动水产品生产供给侧结构性改革，调整水产品产业经济结构，实现水产品行业生产要素的最优配置，根据市场需求生产国外消费者喜爱的水产品，扩展水产品的种类。第二，引导企业加大科技研发，将国外先进生产技术和设备引入企业产品深细化发展，着力提升产品质量、风味、包装，提高产品附加值并向国际水准靠拢，提倡健康养殖和绿色生产，以产品升级带动产业升级，增强企业竞争力。第三，落实“一厂一品一策”，推行分类管理、直通放行、通关单无纸化等通关便利化措施，开

辟实验室监测“绿色通道”，优先检测、优先出证，提高通过时效，确保出口水产品的质量安全符合要求。第四，实施市场多元化战略，在保证欧美、日本等传统出口市场份额的同时，引导水产品出口企业拓展中东等市场，规避单一市场风险。

五、加强国际合作并建立预警平台

第一，加强与美国、加拿大、日本、欧盟等我国水产品出口主要国家和地区的食品安全风险交流与合作，敦促这些国家和地区解除对我国出口水产品的不合理技术性贸易壁垒，维护我国水产品出口企业的合法权益。第二，完善出口水产品质量安全信息平台，建立水产品安全风险分析队伍，主动收集我国水产品主要出口国对水产品的技术要求、检测标准和方法，针对特定出口市场的要求系统整理水产品出口中的问题，对其关注项目进行重点监测。第三，实时收集国外风险信息，及时通过网站、报纸、电视、微信公众号等途径发布相关警示通报，快速、透明地向水产品出口企业发布风险警示信息，使出口企业及时规避相关风险，增强我国水产品企业对食品安全等技术性贸易壁垒的抵抗能力，提升中国出口水产品的国际竞争力。

第六章　水产品进口贸易与质量安全

进口水产品已经成为我国消费者重要的水产品来源，在满足国内多样化水产品消费需求方面发挥了日益重要的作用。确保进口水产品的质量安全，成为保障国内水产品质量安全的重要组成部分。本章在具体阐述进口水产品数量变化的基础上，重点考察进口水产品的质量安全，并提出强化进口水产品质量安全的政策建议。

第一节　水产品进口贸易的基本特征

一、水产品进口贸易的总体规模

虽然我国是世界上最大的水产品生产国和出口国，但同时是世界上最大的水产品进口国之一。2008 年以来，我国水产品进口贸易总额变化见图 6-1。图 6-1 显示，2008 年，我国水产品进口贸易总额为 54.06 亿美元，受全球金融危机的影响，2009 年的进口贸易总额下降到 52.64 亿美元，下降了 2.63%。之后，水产品进口贸易总额出现反弹，2010—2011 年分别增长到 65.36 亿美元和 80.17 亿美元。虽然 2012 年和 2015 年的水产品进口贸易总额出现过下降，但 2011 年后的水产品进口贸易总额基本呈上扬态势。其中，2014 年的水产品进口贸易总额首次突破 90 亿美元关口，达到 91.86 亿美元。2016 年，我国水产品进口贸易在高基数上继续实现新增长，进口贸易总额达到 93.74 亿美元，较 2015 年增长了 4.36%，再创历史新高。八年来，我国水产品进口贸易总额累计增长了 73.40%，年均增长率高达 7. 12%。由此可见，在 2008—2016 年除个别年份有所波动外，我国水产品进口贸易总额整体呈现出平稳较快增长的特征。

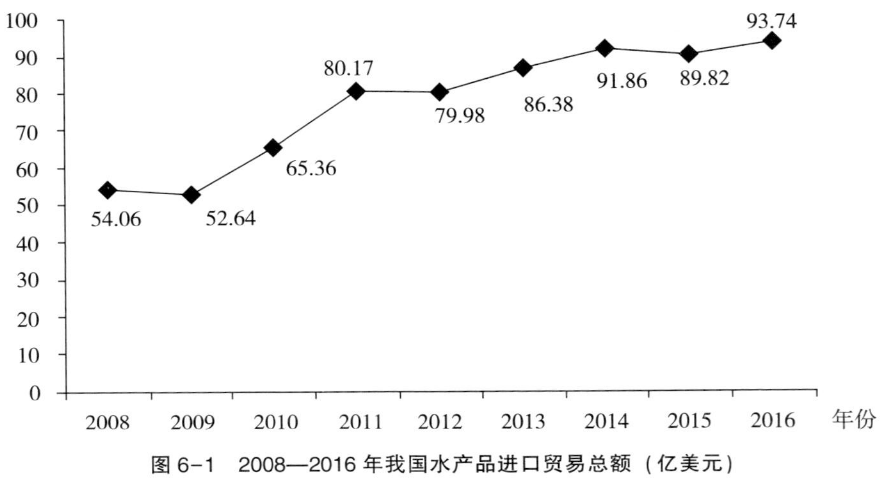

图 6-1　2008—2016 年我国水产品进口贸易总额（亿美元）

资料来源：农业部渔业渔政管理局：《中国渔业统计年鉴》，中国农业出版社 2009—2017 年版。

然而，与水产品进口贸易总额不同的是，我国水产品进口贸易数量的波动十分明显。2008 年以来，我国水产品进口贸易数量变化见图 6-2。图 6-2 显示，2008 年，我国水产品进口贸易数量为 388. 99 万吨，受全球金融危机的影响，2009 年的进口贸易数量下降到 374. 03 万吨，下降了 3. 85%。之后，水产品进口贸易数量出现反弹，2010—2011 年分别增长到 382. 18 万吨和 424. 88 万吨。2012 年，水产品进口贸易数量下降到 412. 38 万吨，下降了 2. 94%。在此基础上，2014 年的水产品进口贸易数量上升到 428. 10 万吨的历史峰值。2015—2016 年，水产品进口贸易数量在 2014 年的历史峰值后连续出现下降。2016 年，我国水产品进口贸易数量为 404. 15 万吨，较 2014 年历史最好水平下降了 5. 59%。综合水产品进口贸易总额和进口贸易数量可以发现，虽然水产品进口贸易数量波动较大且 2014 年以后呈下降趋势，但水产品的进口贸易总额呈上升趋势，这说明我国进口水产品的单位价值呈上升趋势，进口水产品的高端化倾向明显。

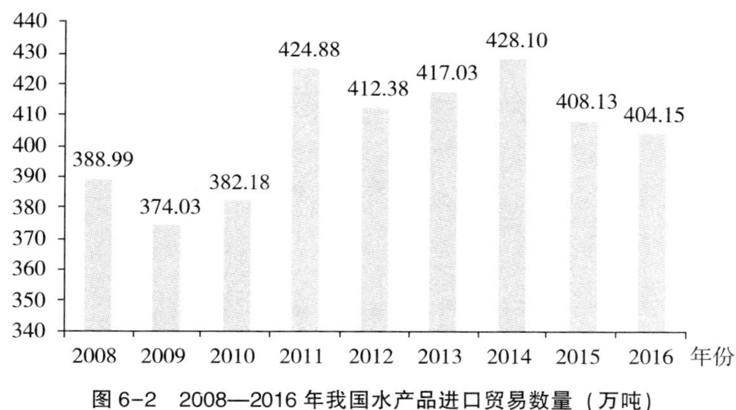

图 6-2　2008—2016 年我国水产品进口贸易数量（万吨）

资料来源：农业部渔业渔政管理局：《中国渔业统计年鉴》，中国农业出版社 2009—2017 年版。

二、进口水产品的重要性

从水产品进口贸易总额占食品进口贸易总额的比例和水产品进口贸易数量占我国水产品总量的比例两个方面考察水产品的重要性。如图 6-3 所示，2008 年，水产品进口贸易总额占食品进口贸易总额的比例为 23. 89%，2009 年则上升到 25. 70%，显示当年度的水产品进口贸易总额占食品进口贸易总额的比例超过四分之一。然而，2009 年之后，水产品进口贸易总额占食品进口贸易总额的比重持续下降，2016 年下降到 16. 90%。虽然水产品进口贸易总额占食品进口贸易总额的比例有所下降，但依然是我国最重要的进口食品种类之一。

水产品进口贸易数量占我国水产品总量的比例也呈现下降趋势。2008 年，水产品进口贸易数量占我国水产品总量的比例为 7. 95%，2016 年则下降到 5. 86%。总体来说，水产品进口贸易数量占国内水产品总量的 6%左右。水产品进口贸易数量占我国水产品总量的比例呈现下降的趋势，但进口水产品的高端化倾向显示进口水产品在我国高端水产品消费中占有重要地位。

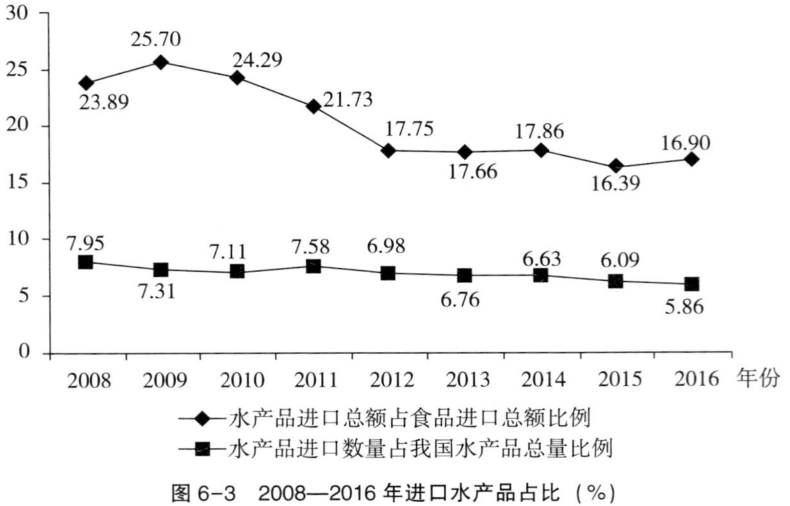

图 6-3 2008—2016 年进口水产品占比（%）

资料来源：农业部渔业渔政管理局：《中国渔业统计年鉴》，中国农业出版社 2009—2017 年版，商务部对外贸易司：《中国进出口月度统计报告：食品》（2008—2016 年），并由作者整理计算所得。

三、水产品进口的省份分布

表 6-1 是 2015—2016 年我国水产品进口的省份分布。从水产品进口贸易总额的角度，2015 年我国水产品进口的主要省份是山东（25.38 亿美元，28.26%）、广东（16.08 亿美元，17.90%）、辽宁（16.04 亿美元，17.86%）、上海（10.43 亿美元，11.61%）、福建（7.92 亿美元，8.82%）、浙江（3.26 亿美元，3.63%）、北京（3.01 亿美元，3.35%）、天津（2.82 亿美元，3.14%）、吉林（1.34 亿美元，1.49%）、江苏（0.90 亿美元，1.00%）。上述 10 个省市的水产品进口贸易额合计为 87.18 亿美元，占水产品进口贸易总额的 97.06%。2016 年我国水产品进口的主要省份是山东（24.74 亿美元，26.39%）、辽宁（18.74 亿美元，19.99%）、广东（14.09 亿美元，15.03%）、上海（13.11 亿美元，13.99%）、福建（8.03 亿美元，8.57%）、浙江（3.16 亿美元，3.37%）、北京（3.13 亿美元，3.34%）、吉林（2.04 亿美元，2.18%）、天津（2.01 亿美元，2.14%）、江苏（1.09 亿

美元，1.16%）。上述10个省市的水产品进口贸易额合计为90.14亿美元，占水产品进口贸易总额的96.16%（见图6-4）。

表6-1　2015—2016年我国水产品进口的省份分布

单位：亿美元、万吨、%

地区	2016年进口金额	2015年进口金额	2016年比2015年增减	2016年进口数量	2015年进口数量	2016年比2015年增减
北京	3.13	3.01	3.99	5.44	7.88	-30.96
天津	2.01	2.82	-28.72	4.71	8.42	-44.06
河北	0.28	0.15	86.67	1.11	0.73	52.05
山西	0.01	—	—	0.04	0.01	300.00
内蒙古	—	—	—	—	0.01	—
辽宁	18.74	16.04	16.83	104.63	96.74	8.16
吉林	2.04	1.34	52.24	11.26	7.32	53.83
黑龙江	0.08	0.04	100.00	0.44	0.12	266.67
上海	13.11	10.43	25.70	23.80	16.63	43.11
江苏	1.09	0.90	21.11	4.25	4.17	1.92
浙江	3.16	3.26	-3.07	14.82	17.59	-15.75
安徽	0.17	0.13	30.77	1.00	0.74	35.14
福建	8.03	7.92	1.39	49.91	49.77	0.28
江西	0.37	0.23	60.87	1.30	0.98	32.65
山东	24.74	25.38	-2.52	115.55	131.16	-11.90
河南	0.24	0.19	26.32	0.49	0.66	-25.76
湖北	0.12	0.12	0.00	0.42	0.53	-20.75
湖南	0.02	—	—	0.08	—	—
广东	14.09	16.08	-12.38	54.89	57.96	-5.30
广西	0.78	0.40	95.00	5.48	2.15	154.88
海南	0.30	0.21	42.86	0.30	0.18	66.67
重庆	0.47	0.31	51.61	2.53	1.78	42.13
四川	0.29	0.49	-40.82	0.79	1.71	-53.80

续表

地区	2016 年进口金额	2015 年进口金额	2016 年比 2015 年增减	2016 年进口数量	2015 年进口数量	2016 年比 2015 年增减
贵州	0.01	—	—	—	—	—
云南	0.30	0.28	7.14	0.56	0.61	-8.20
陕西	0.04	0.04	0.00	0.05	0.10	-50.00
宁夏	0.01	0.01	0.00	0.03	0.02	50.00
新疆	0.11	0.03	266.67	0.27	0.16	68.75
全国	93.74	89.82	4.36	404.15	408.13	-0.98

注："—" 代表小于 0.01 亿美元或 0.01 万吨。

资料来源：农业部渔业渔政管理局：《中国渔业统计年鉴》，中国农业出版社 2016—2017 年版。

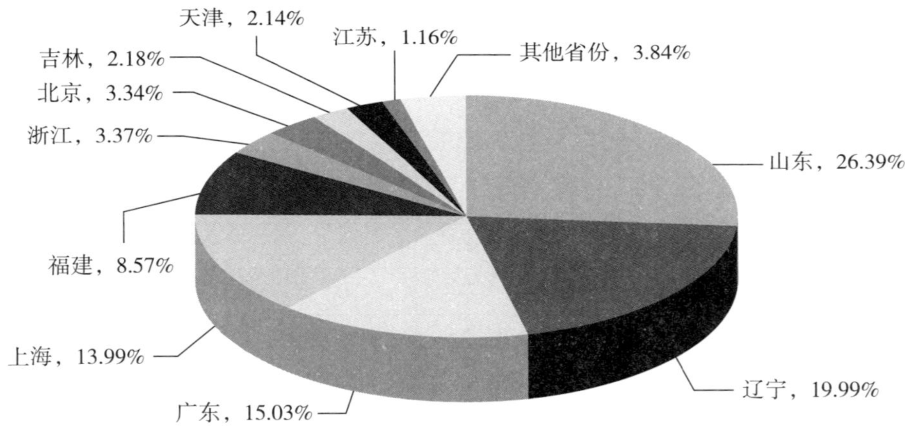

图 6-4　2016 年我国水产品进口贸易金额的主要省份

资料来源：农业部渔业渔政管理局：《中国渔业统计年鉴》，中国农业出版社 2017 年版。

从水产品进口贸易数量的角度，2015 年我国水产品进口的主要省份是山东（131.16 万吨，32.14%）、辽宁（96.74 万吨，23.70%）、广东（57.96 万吨，14.20%）、福建（49.77 万吨，12.19%）、浙江（17.59 万吨，4.31%）、上海（16.63 万吨，4.07%）、天津（8.42 万吨，2.06%）、北京（7.88 万吨，1.93%）、吉林（7.32 万吨，1.79%）、江苏（4.17 万吨，1.02%）。上述 10 个省市的水产品进口贸易数量合计为 397.64 万吨，占我国水产品进口贸易数量的 97. 43%。2016 年我国水产品进口的主要省份是山东（115. 55 万吨，28. 59%）、辽宁（104. 63 万吨，25. 89%）、广东（54. 89 万吨，13. 58%）、福建（49. 91 万吨，12. 35%）、上海（23. 80 万吨，5. 89%）、浙江（14. 82 万吨，3. 67%）、吉林（11. 26 万吨，2. 79%）、广西（5. 48 万吨，1. 36%）、北京（5. 44 万吨，1. 35%）、天津（4. 71 万吨，1. 17%）。上述 10 个省市的水产品进口贸易数量合计为 390. 49 万吨，占我国水产品进口贸易数量的 96. 62%（见图 6-5）。

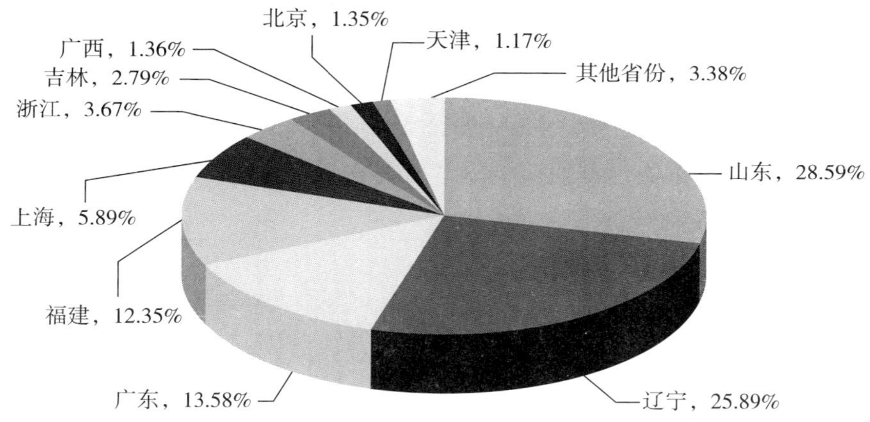

图 6-5　2016 年我国水产品进口贸易数量的主要省份

资料来源：农业部渔业渔政管理局：《中国渔业统计年鉴》，中国农业出版社 2017 年版。

四、进口水产品的案例分析：冻鱼

冻鱼是我国重要的进口水产品种类。接下来将以冻鱼为案例，分析我国水产品进口贸易的主要特征。

（一）冻鱼进口贸易的总体规模

图 6-6 是 2008—2016 年我国冻鱼进口贸易规模变化图。从图 6-6 可以看出，虽然近年来我国冻鱼的进口贸易数量波动较大，但基本维持在 180 万吨—220 万吨，保持相对稳定。其中，2011 年冻鱼的进口贸易数量最高，达到 216. 53 万吨。2016 年，我国冻鱼进口贸易数量为 193. 44 万

吨，较2015年增长2.47%。与进口贸易数量变化类似，我国冻鱼进口贸易金额波动也相对较大，但基本维持在25亿美元—40亿美元。其中，2009年的进口贸易金额最低，为27.11亿美元；2011年的进口贸易金额最高，为38.22亿美元。2016年，我国冻鱼进口贸易金额为32.37亿美元，较2015年增长6.52%。

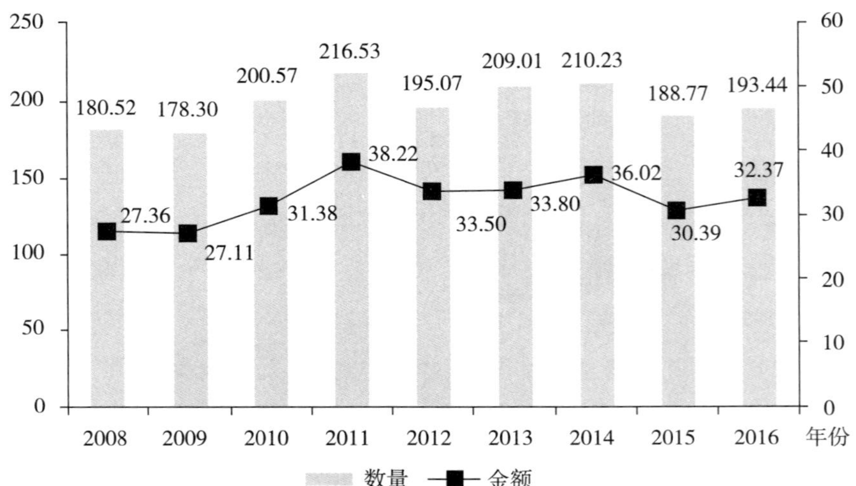

图6-6 2008—2016年我国冻鱼进口贸易规模（万吨、亿美元）

资料来源：商务部对外贸易司：《中国进出口月度统计报告：农产品》（2008—2016年）。

（二）进口冻鱼的重要性

图6-7是2008—2016年冻鱼进口规模占水产品进口规模的比例。从数量占比的角度看，2008年，冻鱼进口贸易数量占水产品进口贸易数量的比例为46.41%，2010年的这一比例增长到52.48%。之后，冻鱼进口贸易数量占比波动较大，但整体呈下降趋势。2016年，冻鱼进口贸易数量占水产品进口贸易数量的比例为47.86%，较2015年略有上升。从金额占比的角度看，冻鱼进口贸易金额占水产品进口贸易金额的比例持续下降，2008年的比例为50.61%，2016年则下降到34.53%，较2008年下降了16.08个百分点。由此可见，无论是从进口贸易数量占比还是从进口贸易金额占比的角度，冻鱼进口贸易规模占我国食品进口贸易规模的比重均有下降的趋

势，这可能与我国进口水产品种类不断扩大有关。但毋庸置疑的是，冻鱼依然是我国最重要的进口水产品种类。

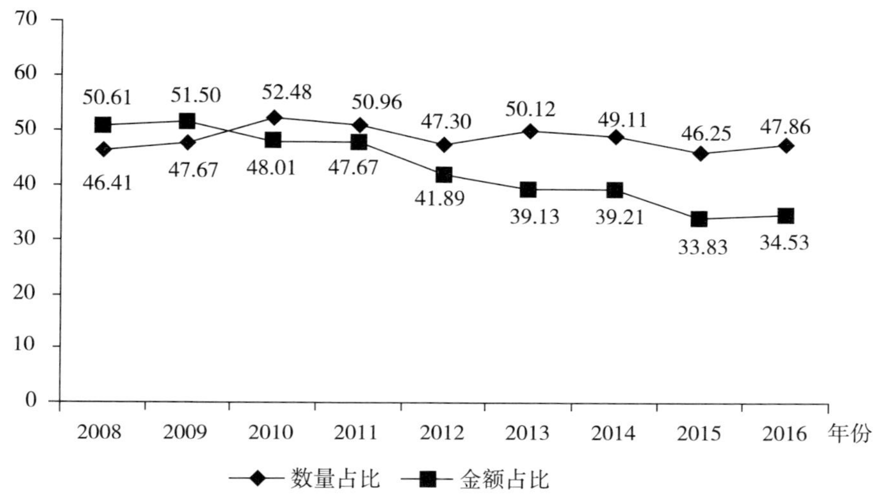

图 6-7　2008—2016 年冻鱼进口规模占水产品进口规模的比例（%）

资料来源：商务部对外贸易司：《中国进出口月度统计报告：农产品》（2008—2016 年），农业部渔业渔政管理局：《中国渔业统计年鉴》，中国农业出版社 2009—2017 年版，并由作者整理计算所得。

（三）进口冻鱼的主要来源地

俄罗斯、美国和挪威是我国进口冻鱼的主要来源地。其中，俄罗斯一直是我国进口冻鱼的最大来源地，对俄罗斯冻鱼的进口贸易额维持在 11 亿美元以上。美国是我国进口冻鱼的第二大来源地，虽然对美国冻鱼的进口贸易额变动较大，但 2011 年以后一直维持在 6 亿美元以上。相比于俄罗斯和美国，我国从挪威进口的冻鱼规模较小，但上升趋势明显，最近三年基本维持在 3 亿美元以上。2016 年，我国从俄罗斯、美国和挪威进口的冻鱼金额分别为 12. 62 亿美元、6. 45 亿美元和 3. 45 亿美元，较 2015 年分别增长 14. 73%、下降 11. 76%和增长 12. 01%（见图 6-8）。

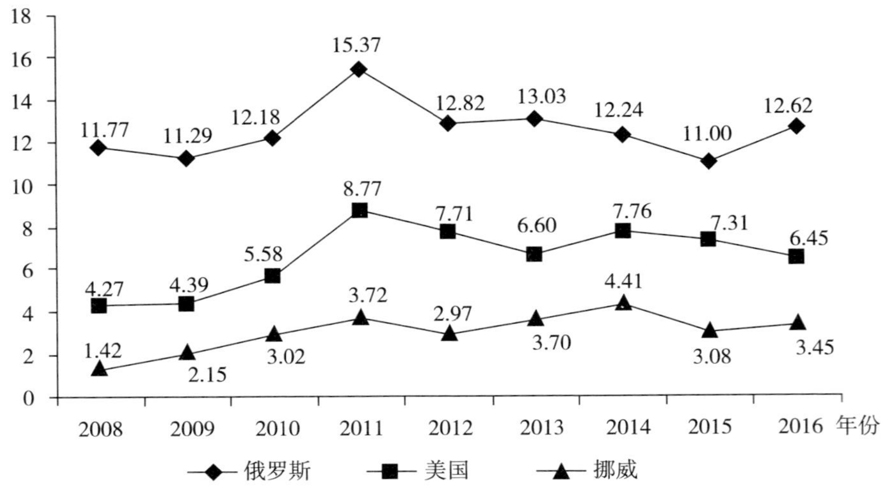

图 6-8　2016 年我国进口冻鱼的主要来源地（亿美元）

资料来源：商务部对外贸易司：《中国进出口月度统计报告：农产品》（2008—2016 年）。

第二节　不合格进口水产品的基本特征

经过改革开放三十多年的发展，水产品已经成为我国最重要的进口食品种类之一。虽然近年来我国没有发生过重大进口水产品质量安全问题，但进口水产品的质量安全形势日益严峻，食品安全风险逐步走高。从保障水产品消费安全的全局出发，基于全球水产品质量安全的视角，分析研究具有质量安全风险的进口水产品的基本状况，并由此加强包括水产品安全在内的食品安全的国际共治就显得尤为重要。

一、不合格进口水产品的批次

随着经济发展和城乡居民食品消费方式的转变，国内进口水产品的需求激增。伴随着进口水产品的大量涌入，近年来被我国出入境检验检疫机构检出的不合格进口水产品批次和数量整体呈现上升趋势。国家质量监督检验检疫总局的数据显示，2010 年，我国不合格进口水产品合计为 81 批次，2011 年增长到 129 批次，首次突破 100 批次关口。2012—2014 年的不合格进口水产品分别为 114 批次、155 批次和 150 批次。2015 年，我国不合格进口水产品批次首次突破 200 批次关口，增长到 239 批次的历史最高水平。2016 年，各地出入境检验检疫机构检出不符合我国食品安全国家标准和法律法规要求的进口水产品共 159 批次，较 2015 年下降 33.47%。虽然 2016 年的不合格进口水产品批次较 2015 年下降幅度较大，但 2016 年依然是 2010 年以来不合格批次第二高的年份，且未改变不合格进口水产品批次整体上升的趋势，进口水产品的质量安全问题依然严峻，其安全性备受国内消费者关注（见图 6-9）。

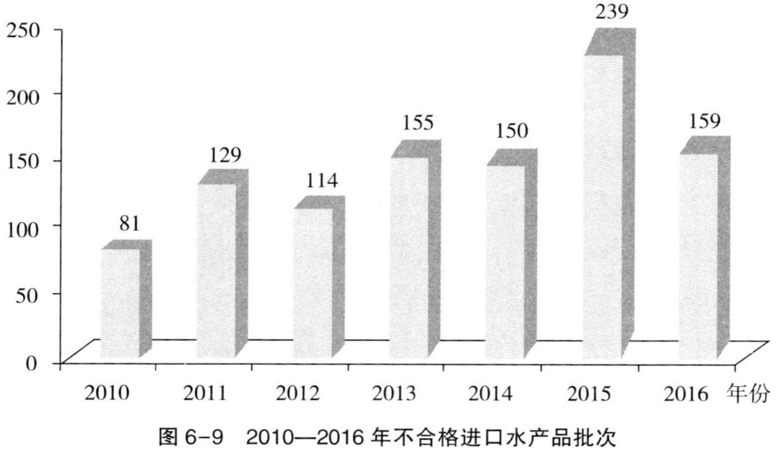

图 6-9 2010—2016 年不合格进口水产品批次

资料来源：国家质量监督检验检疫总局进出口食品安全局：2010—2016 年 1—12 月进境不合格食品、化妆品信息，并由作者整理计算所得。

从具体月份看，2016 年我国检出的不合格进口水产品主要集中在 1 月、3 月、8 月、11 月和 12 月，各地出入境检验检疫机构分别检出 33 批次、18 批次、30 批次、10 批次和 24 批次不合格进口水产品，占 2016 年不合格进口水产品总批次的比例分别为 20.75%、11.32%、18.87%、6.29%和 15.09%（见图 6-10）。

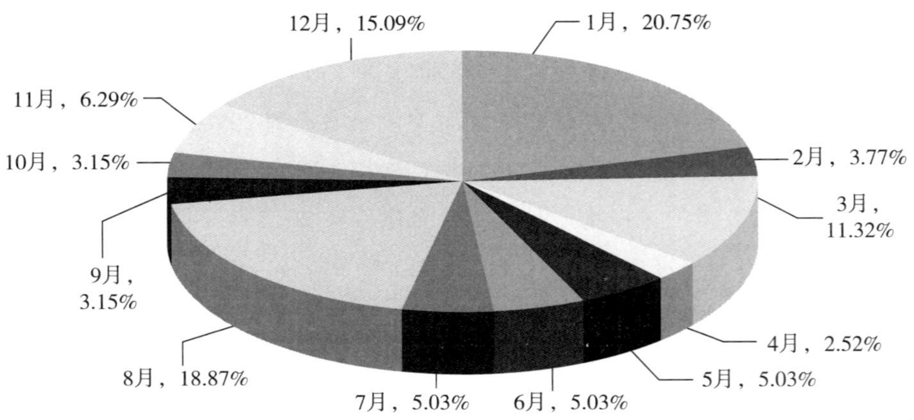

图 6-10 2016 年进口水产品不合格批次的月份分布

资料来源：国家质量监督检验检疫总局进出口食品安全局：2016 年 1—12 月进境不合格食品、化妆品信息，并由作者整理计算所得。

二、不合格进口水产品的主要种类

2015 年，我国不合格进口水产品的主要种类依次是鱼类（135 批次，56.49%）、藻类（41 批次，17.15%）、甲壳类（37 批次，15.48%）、贝类（12 批次，5.02%）、头足类（11 批次，4.6%）、其他类（3 批次，1.26%）。2016 年，我国不合格进口水产品的主要种类依次是藻类（56 批次，35.22%）、鱼类（39 批次，24.53%）、甲壳类（33 批次，20.75%）、头足类（26 批次，16.35%）、贝类（5 批次，3.15%）。比较 2015 年和 2016 年我国不合格进口水产品的主要种类，可以看出，不合格进口水产品的第一大种类由 2015 年的鱼类变成 2016 年的藻类，且 2016 年藻类的不合格批次较 2015 年有所上升，占不合格进口水产品总批次的比重也由 2015 年的 17.15%大幅上升到 2016 年的 35.22%。此外，2016 年，头足类的不合格批次较 2015 年也有所上升，从 2015 年的 11 批次上升到 2016 年的 26 批次。鱼类、甲壳类、贝类的不合格批次在 2016 年均有所下降（见表 6-2、图 6-11）。

表 6-2　2015—2016 年我国不合格进口水产品的主要种类

单位：次、%

2016 年			2015 年		
不合格进口水产品种类	批次	所占比例	不合格进口水产品种类	批次	所占比例
藻类	56	35.22	鱼类	135	56.49
鱼类	39	24.53	藻类	41	17.15
甲壳类	33	20.75	甲壳类	37	15.48
头足类	26	16.35	贝类	12	5.02
贝类	5	3.15	头足类	11	4.6
			其他类	3	1.26
总　计	159	100.00	总　计	239	100.00

资料来源：国家质量监督检验检疫总局进出口食品安全局：2015 年、2016 年 1—12 月进境不合格食品、化妆品信息，并由作者整理计算所得。

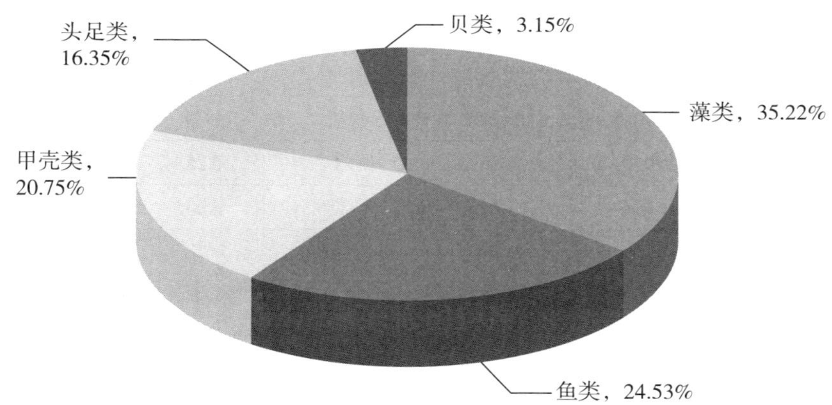

图 6-11　2016 年我国不合格进口水产品的主要种类

资料来源：国家质量监督检验检疫总局进出口食品安全局：2016 年 1—12 月进境不合格食品、化妆品信息，并由作者整理计算所得。

三、不合格进口水产品的主要来源地

表 6-3 是 2015—2016 年我国不合格进口水产品的来源地分布。据国家质量监督检验检疫总局发布的相关资料，2015 年我国不合格进口水产品批

次前五位来源地分别是中国台湾（57 批次，23.85%）、泰国（30 批次，12.55%）、韩国（28 批次，11.72%）、挪威（25 批次，10.46%）、日本（24 批次，10.04%）。上述 5 个国家和地区不合格进口水产品合计为 164 批次，占全部不合格 239 批次的 68.62%。2016 年我国不合格进口水产品批次前五位来源地分别是韩国（46 批次，28.93%）、中国台湾（24 批次，15.09%）、中国[①]（16 批次，10.06%）、日本（13 批次，8.18%）、智利（6 批次，3.76%）。上述 5 个国家和地区不合格进口水产品合计为 105 批次，占全部不合格 159 批次的 66.02%（见图 6-12）。

表 6-3　2015—2016 年我国不合格进口水产品的来源地分布

单位：次、%

2016 年不合格水产品的来源国家或地区	不合格水产品批次	所占比例	2015 年不合格水产品的来源国家或地区	不合格水产品批次	所占比例
韩国	46	28.93	中国台湾	57	23.85
中国台湾	24	15.09	泰国	30	12.55
中国*	16	10.06	韩国	28	11.72
日本	13	8.18	挪威	25	10.46
智利	6	3.76	日本	24	10.04
加拿大	5	3.14	美国	12	5.02
美国	5	3.14	新加坡	6	2.51
泰国	5	3.14	中国*	6	2.51
冰岛	4	2.52	基里巴斯	5	2.09
菲律宾	4	2.52	巴基斯坦	4	1.67
新西兰	4	2.52	越南	4	1.67
莫桑比克	3	1.88	新西兰	3	1.26
阿根廷	2	1.26	印度尼西亚	3	1.26
澳大利亚	2	1.26	智利	3	1.26

① 货物的原产地是中国，是出口水产品不合格退运而按照进口处理的不合格水产品批次。

续表

2016 年不合格水产品的来源国家或地区	不合格水产品批次	所占比例	2015 年不合格水产品的来源国家或地区	不合格水产品批次	所占比例
秘鲁	2	1.26	中国香港	3	1.26
印度尼西亚	2	1.26	德国	2	0.83
越南	2	1.26	俄罗斯	2	0.83
中国香港	2	1.26	法国	2	0.83
爱尔兰	1	0.63	加拿大	2	0.83
巴基斯坦	1	0.63	马来西亚	2	0.83
巴西	1	0.63	阿根廷	1	0.42
厄瓜多尔	1	0.63	冰岛	1	0.42
法罗群岛	1	0.63	厄瓜多尔	1	0.42
格陵兰	1	0.63	菲律宾	1	0.42
马来西亚	1	0.63	哈萨克斯坦	1	0.42
毛里塔尼亚	1	0.63	荷兰	1	0.42
缅甸	1	0.63	几内亚	1	0.42
南非	1	0.63	立陶宛	1	0.42
斯里兰卡	1	0.63	缅甸	1	0.42
意大利	1	0.63	葡萄牙	1	0.42
			瑞典	1	0.42
			土耳其	1	0.42
			西班牙	1	0.42
			意大利	1	0.42
			印度	1	0.42
			英国	1	0.42
合　计	159	100.00	合　计	239	100.00

注：“*”表示货物的原产地是中国，是出口水产品不合格退运而按照进口处理的不合格水产品批次。

资料来源：国家质量监督检验检疫总局进出口食品安全局：2015 年、2016 年 1—12 月进境不合格食品、化妆品信息。

从不合格进口水产品的来源地来看，2016 年，韩国成为我国不合格进口水产品的第一大来源地，中国台湾则从2015年的第一位变成2016年的第二位，日本从2015年的第三位上升到2016年的第四位，中国和智利在2016年进入前五位。从来源地的数量来看，我国不合格进口水产品来源地的数量由2015年36个国家或地区下降到30个国家或地区，不合格进口水产品来源地呈现出逐步集中的趋势。

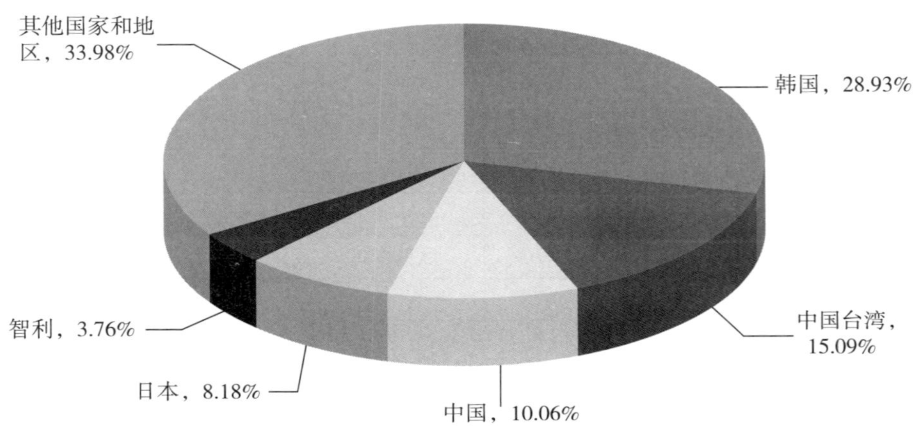

图6-12 2016年我国不合格进口水产品主要来源地分布

资料来源：国家质量监督检验检疫总局进出口食品安全局：2016年1—12月进境不合格食品、化妆品信息，并由作者整理计算所得。

四、不合格进口水产品的检出口岸

表6-4是2015—2016年我国不合格进口水产品的检出口岸分布。据国家质量监督检验检疫总局发布的相关资料，2015年我国检出不合格进口水产品批次前五位口岸分别是山东（45批次，18.83%）、福建（38批次，15.90%）、厦门（38批次，15.90%）、上海（24批次，10.04%）、深圳（23批次，9.62%）。上述5个口岸检出不合格进口水产品合计为168批次，占全部不合格239批次的70.29%。2016年我国检出不合格进口水产品批次前五位口岸分别是山东（40批次，25.16%）、福建（21批次，13.21%）、厦门（20批次，12.58%）、浙江（19批次，11.95%）、广东

(12 批次，7.55%)。上述 5 个口岸检出不合格进口水产品合计为 112 批次，占全部不合格 159 批次的 70.45%（见图 6-13）。

表 6-4　2015—2016 年我国不合格进口水产品的检出口岸

单位：次、%

2016 年不合格水产品检出口岸	不合格水产品批次	所占比例	2015 年不合格水产品检出口岸	不合格水产品批次	所占比例
山东	40	25.16	山东	45	18.83
福建	21	13.21	福建	38	15.90
厦门	20	12.58	厦门	38	15.90
浙江	19	11.95	上海	24	10.04
广东	12	7.55	深圳	23	9.62
上海	9	5.66	广东	18	7.53
深圳	9	5.66	北京	14	5.86
北京	7	4.40	浙江	10	4.18
宁波	7	4.40	珠海	7	2.93
广西	3	1.89	辽宁	5	2.09
江苏	3	1.89	宁波	5	2.09
辽宁	3	1.89	重庆	5	2.09
湖北	2	1.26	新疆	4	1.68
陕西	2	1.26	海南	1	0.42
重庆	1	0.62	内蒙古	1	0.42
珠海	1	0.62	四川	1	0.42
合计	159	100.00	合计	239	100.00

资料来源：国家质量监督检验检疫总局进出口食品安全局：2015 年、2016 年 1—12 月进境不合格食品、化妆品信息，并由作者整理计算所得。

从不合格进口水产品的检出口岸来看，山东、福建和厦门一直是我国检出不合格进口水产品的前三大口岸。2016 年，浙江、广东超越上海和深圳位列第四位和第五位，上海、深圳则并列第六位。其他口岸检出不合格进口水产品的批次均相对较少。

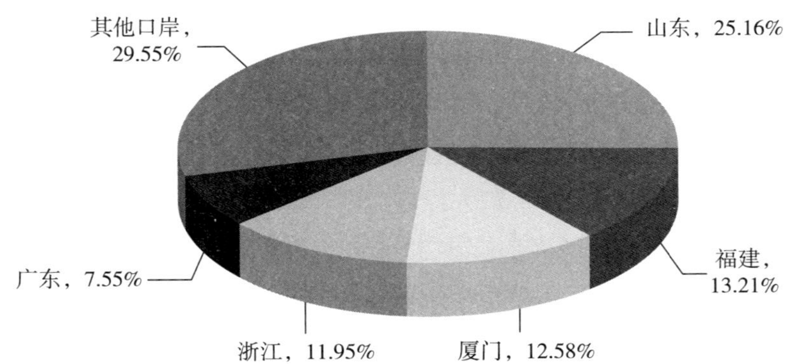

图 6-13 2016 年我国不合格进口水产品的主要检出口岸

资料来源：国家质量监督检验检疫总局进出口食品安全局：2016 年 1—12 月进境不合格食品、化妆品信息，并由作者整理计算所得。

五、不合格进口水产品的处理措施

针对不合格进口水产品，2015 年，我国出入境检验检疫部门采取退货进口水产品 82 批次，所占比例为 34. 31%；销毁进口水产品 157 批次，所占比例为 65. 69%。2016 年，我国出入境检验检疫部门采取退货进口水产品 77 批次，虽然较 2015 年小幅下降，但所占比例上升到 48. 43%，较 2015 年上升了 14. 12 个百分点；销毁进口水产品 82 批次，较 2015 年下降 47. 77%，下降幅度较大，所占比例也下降到 51. 57%（见图 6-14）。

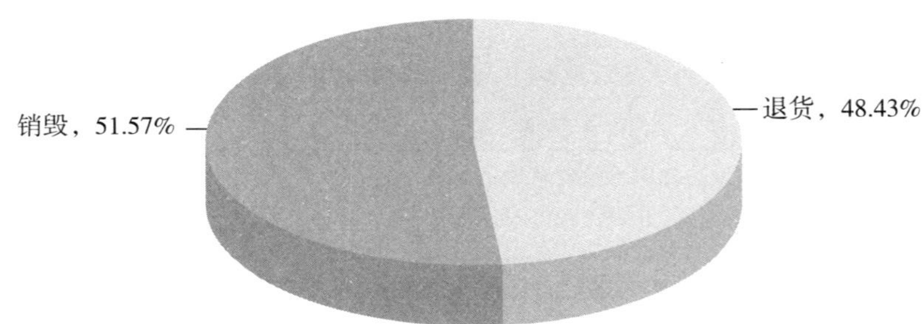

图 6-14 2016 年我国不合格进口水产品的处理措施

资料来源：国家质量监督检验检疫总局进出口食品安全局：2016 年 1—12 月进境不合格食品、化妆品信息，并由作者整理计算所得。

第三节　不合格进口水产品的主要原因

分析国家质量监督检验检疫总局发布的相关资料，2016 年我国进口水产品不合格的主要原因是微生物污染、品质不合格、食品添加剂不合格、证书不合格、货证不符、重金属超标、未获准入许可、包装不合格、标签不合格、检出有毒有害物质、农兽药残留超标、超过保质期等。整体来说，2016 年进口水产品不合格的前 5 大原因所占的比例为 81.76%，明显高于 2015 年 72.38%的水平，表明近年来进口水产品不合格原因呈现出集中的趋势，这有利于加强对进口水产品安全的重点监测。在食品安全存在的问题中，微生物污染、食品添加剂不合格与重金属超标是主要问题，占检出不合格进口水产品总批次的 58.49%；在非食品安全存在的问题中，品质不合格、证书不合格、货证不符、未获准入许可则是主要问题，占检出不合格进口水产品总批次的 34.58%。2016 年，微生物污染、品质不合格、食品添加剂不合格成为我国进口水产品不合格的最主要原因，共有 109 批次，占全年所有不合格进口水产品批次的 68.56%（见表 6-5、图 6-15）。

表 6-5　2015—2016 年我国不合格进口水产品的主要原因分类

单位：次、%

2016 年			2015 年		
进口水产品不合格原因	批次	所占比例	进口水产品不合格原因	批次	所占比例
微生物污染	60	37.74	微生物污染	55	23.01
品质不合格	26	16.35	品质不合格	43	17.99
食品添加剂不合格	23	14.47	食品添加剂不合格	30	12.55
证书不合格	11	6.92	标签不合格	25	10.46
货证不符	10	6.28	感官检验不合格	20	8.37
重金属超标	10	6.28	证书不合格	19	7.95
未获准入许可	8	5.03	重金属超标	18	7.53

续表

2016 年			2015 年		
进口水产品不合格原因	批次	所占比例	进口水产品不合格原因	批次	所占比例
包装不合格	4	2.52	携带有害生物	8	3.35
标签不合格	2	1.26	未获准入许可	6	2.51
检出有毒有害物质	2	1.26	货证不符	5	2.09
农兽药残留超标	2	1.26	农兽药残留超标	4	1.67
超过保质期	1	0.63	包装不合格	2	0.84
			超过保质期	2	0.84
			检出有毒有害物质	2	0.84
总　计	159	100.00	总　计	239	100.00

资料来源：国家质量监督检验检疫总局进出口食品安全局：2015 年、2016 年 1—12 月进境不合格食品、化妆品信息，并由作者整理计算所得。

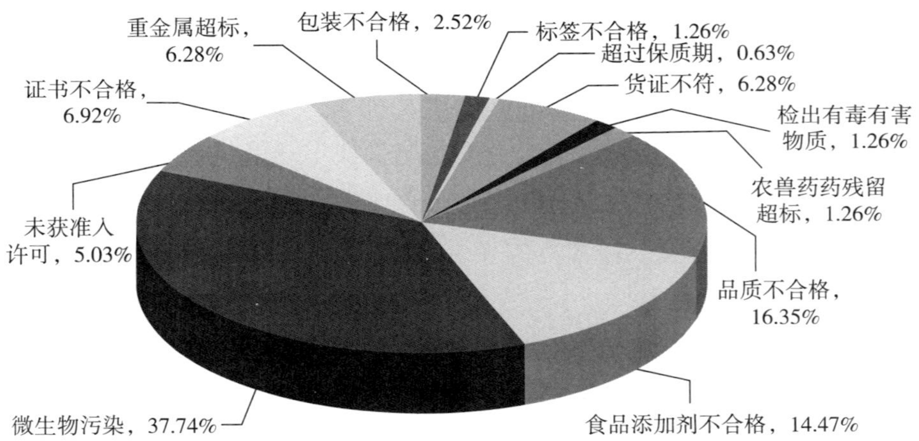

图 6-15　2016 年我国不合格进口水产品的原因分布

资料来源：国家质量监督检验检疫总局进出口食品安全局：2016 年 1—12 月进境不合格食品、化妆品信息。

一、微生物污染

（一）具体情况

微生物个体微小、繁殖速度较快、适应能力强，在水产品的生产、加工、运输和经营过程中很容易因温度控制不当或环境不洁造成污染，是威胁全球水产品质量安全的主要因素。2016 年，国家质量监督检验检疫总局检出的因微生物污染而不合格的进口水产品共有 60 批次，较 2015 年的 55 批次小幅上升，占全年所有不合格进口水产品批次的 37.74%，不合格批次所占比重较 2015 年上升 14.73 个百分点，上升明显。微生物污染中菌落总数超标、大肠菌群超标的情况较为严重，其中菌落总数超标的情况尤为严重，2016 年因菌落总数超标而不合格的进口水产品共计 45 批次，较 2015 年的 25 批次上升 80.00%。此外，2016 年因微生物污染而不合格的水产品的具体原因仅有 4 种，较 2015 年的 7 种下降明显，显示进口水产品微生物污染的具体原因有集中的趋势。表 6-6 分析了在 2015—2016 年由微生物污染引起的不合格进口水产品的具体原因分类。

表 6-6　2015—2016 年由微生物污染引起的不合格进口水产品的具体原因分类

单位：次、%

2016 年				2015 年		
序号	进口水产品不合格的具体原因	批次	比例	进口水产品不合格的具体原因	批次	比例
1	菌落总数超标	45	28.3	菌落总数超标	25	10.46
2	大肠菌群超标	8	5.03	大肠菌群超标	13	5.44
3	检出单增李斯特菌	4	2.52	检出单增李斯特菌	5	2.09
4	菌落总数、大肠菌群超标	3	1.89	检出沙门氏菌	4	1.67
5				检出金黄色葡萄球菌	3	1.26
6				菌落总数、大肠菌群超标	3	1.26
7				检出霍乱弧菌	2	0.83
	总　计	60	37.74	总　计	55	23.01

资料来源：国家质量监督检验检疫总局进出口食品安全局：2015 年、2016 年 1—12 月进境不合格食品、化妆品信息，并由作者整理计算所得。

（二）主要来源地

如图 6-16 所示，2016 年由微生物污染引起的不合格进口水产品的主要来源国家和地区分别是韩国（45 批次，75.00%）、中国台湾（6 批次，

10.00%)、泰国(3批次，5.00%)、智利(2批次，3.32%)、澳大利亚(1批次，1.67%)、法罗群岛(1批次，1.67%)、马来西亚(1批次，1.67%)、中国香港(1批次，1.67%)。其中，韩国成为我国进口水产品微生物污染的最大来源地，所占的比例为75.00%，应引起相关部门的重视。

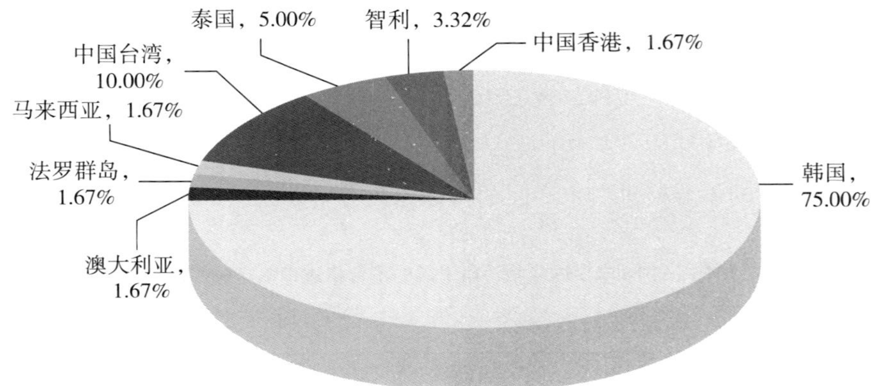

图6-16　2016年微生物污染引起的不合格进口水产品的主要来源

资料来源：国家质量监督检验检疫总局进出口食品安全局：2016年1—12月进境不合格食品、化妆品信息，并由作者整理计算所得。

（三）典型案例

韩国海苔大肠菌群超标和菌落总数超标是进口水产品微生物污染的典型案例。2016年8月，韩国韩百食品生产的6批次海苔因大肠菌群超标和菌落总数超标被检测为不合格，包括韩式调味海苔、虾味韩式海苔、咖喱味韩式海苔、待烤调味海苔、待烤辣味调味海苔、果仁韩式海苔等类型，共计855.2 kg。这6批次海苔是由威海真汉白贸易有限公司进口的，最终都被山东省检验检疫部门做退货处理。①

① 《2016年8月进境不合格食品、化妆品信息》，2016年9月26日，见http://jckspaqj.aqsiq.gov.cn/jcksphzpfxyj/jjspfxyj/201609/t20160926_474619.htm。

二、品质不合格

（一）具体情况

品质不合格是影响我国进口水产品质量安全的重要因素之一。2015年，因品质不合格而被我国拒绝入境的进口水产品共计43批次，占所有不合格进口水产品批次的17.99%。2016年，因品质不合格而被我国拒绝入境的进口水产品共计26批次，占所有不合格进口水产品批次的16.35%。可见，相比于2015年，进口水产品品质不合格的批次和占所有不合格进口水产品批次的比重在2016年出现双下降，分别下降39.53%和1.64个百分点，但品质不合格依然是导致我国进口水产品不合格的第二大原因。

（二）主要来源地

如图6-17所示，2016年由品质不合格引起的不合格进口水产品的主要来源国家和地区分别是中国（10批次，38.46%）、日本（8批次，30.76%）、美国（3批次，11.53%）、新西兰（1批次，3.85%）、智利（1批次，3.85%）、秘鲁（1批次，3.85%）、阿根廷（1批次，3.85%）、中国台湾（1批次，3.85%）。除货物的原产地是中国且出口水产品不合格

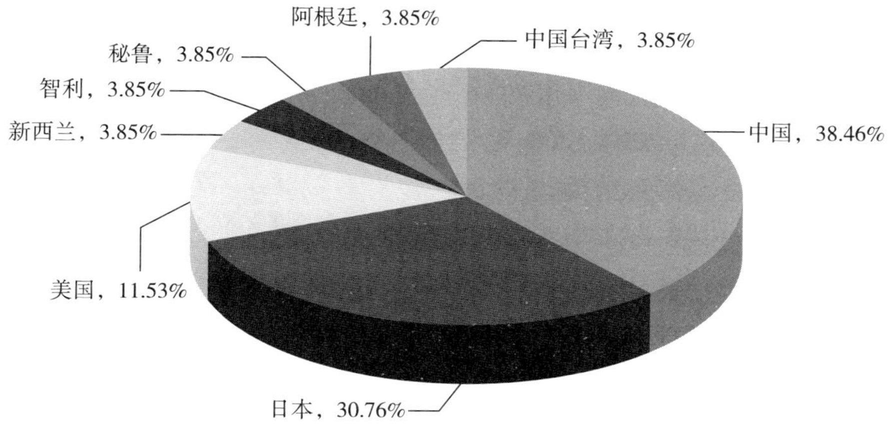

图6-17　2016年品质不合格引起的不合格进口水产品的主要来源

资料来源：国家质量监督检验检疫总局进出口食品安全局：2016年1—12月进境不合格食品、化妆品信息，并由作者整理计算所得。

退运而按照进口处理的不合格水产品批次外，日本和美国是我国进口水产品品质不合格的主要来源地，两者所占比例之和超过 40%。

（三）典型案例

进口自美国的冷冻亚洲鲤鱼品质不合格是近年来的典型案例。2016 年 7 月，进口自美国梅溪渔业有限公司（American Meixi Fishing Industry Inc）的两批次冷冻亚洲鲤鱼被湖北出入境检验检疫部门拒绝入境，主要原因是品质不合格。这两批次的冷冻亚洲鲤鱼分别重 21.6 吨和 21.7 吨，合计重 43.3 吨，由天津市彬森汽车销售有限公司进口，目前均已做销毁处理。①

三、食品添加剂不合格

（一）具体情况

食品添加剂超标或不当使用食用添加剂是影响全球水产品质量安全的又一重要因素。2016 年，因食品添加剂不合格而被我国拒绝入境的进口水产品共计 23 批次，较 2015 年下降 23.33%，但占所有不合格进口水产品批次的比例由 2015 年的 12.55%上升到 2016 年的 14.47%，呈现小幅上升趋势。可见，食品添加剂不合格一直是我国进口水产品不合格的主要原因之一。2016 年由食品添加剂不合格引起的进口不合格水产品，主要是由漂白剂、甜味剂、营养强化剂、着色剂、防腐剂、抗结剂、抗氧化剂、增稠剂等违规使用所致（见表 6-7）。

表 6-7 2015—2016 年由食品添加剂不合格引起的不合格进口水产品的具体原因分类

单位：次、%

2016 年				2015 年		
序号	进口水产品不合格的具体原因	批次	比例	进口水产品不合格的具体原因	批次	比例
1	漂白剂	6	3.77	营养强化剂	13	5.44

① 《2016 年 7 月进境不合格食品、化妆品信息》，2016 年 8 月 25 日，见 http://jckspaqj.aqsiq.gov.cn/jcksphzpfxyj/jjspfxyj/201608/t20160825_472874.htm。

续表

2016 年				2015 年		
序号	进口水产品不合格的具体原因	批次	比例	进口水产品不合格的具体原因	批次	比例
2	甜味剂	6	3.77	防腐剂	8	3.35
3	营养强化剂	5	3.14	着色剂	4	1.67
4	着色剂	2	1.27	膨松剂	3	1.26
5	防腐剂	1	0.63	抗氧化剂	2	0.83
6	抗结剂	1	0.63			
7	抗氧化剂	1	0.63			
8	增稠剂	1	0.63			
	总　计	23	14.47	总　计	30	12.55

资料来源：国家质量监督检验检疫总局进出口食品安全局：2015 年、2016 年 1—12 月进境不合格食品、化妆品信息，并由作者整理计算所得。

（二）主要来源地

如图 6-18 所示，2016 年由食品添加剂不合格引起的不合格进口水产品的主要来源国家和地区分别是中国台湾（8 批次，34.78%）、中国（4 批次，17.39%）、加拿大（3 批次，13.03%）、毛里塔尼亚（1 批次，

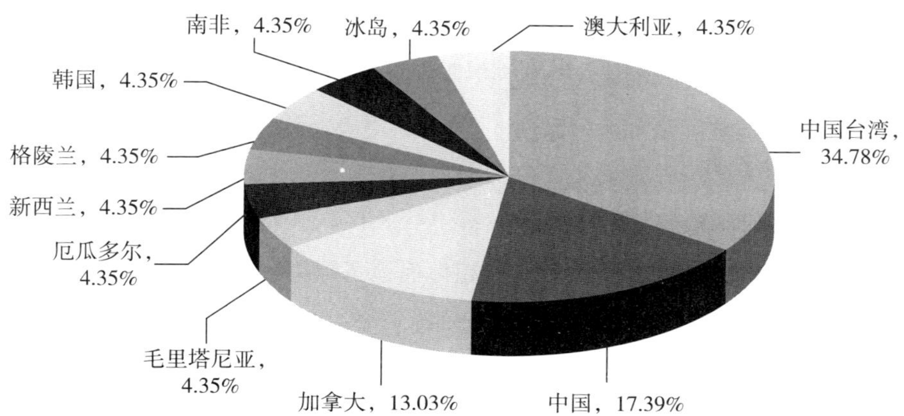

图 6-18　2016 年食品添加剂不合格引起的不合格进口水产品的主要来源

资料来源：国家质量监督检验检疫总局进出口食品安全局：2016 年 1—12 月进境不合格食品、化妆品信息，并由作者整理计算所得。

4. 35%）、厄瓜多尔（1 批次，4. 35%）、新西兰（1 批次，4. 35%）、格陵兰（1 批次，4. 35%）、韩国（1 批次，4. 35%）、南非（1 批次，4. 35%）、冰岛（1 批次，4. 35%）、澳大利亚（1 批次，4. 35%）。其中，中国台湾是进口水产品食品添加剂不合格的主要来源地，所占比例超过三分之一。

（三）典型案例

2016 年 3 月，由山东爱通海丰国际储运有限公司进口的 3 批次水产品被检出超范围使用食品添加剂二氧化硫。这 3 批次水产品分别是由格陵兰丹麦北极海产品公司（POLAR SEAFOOD DENMARK. A/S）生产的冻北方长额虾和加拿大北鹰公司（M. V. NORTHERN EAGLE）生产的冻生北极甜虾、冻熟北极甜虾，合计约 44. 32 吨。水产品中的二氧化硫主要是因为在生产过程中使用了会残留二氧化硫的亚硫酸钠、亚硫酸氢钠、低亚硫酸钠、焦亚硫酸钠和硫黄等漂白剂，起到漂白、脱色、抗氧化和防腐的作用。二氧化硫遇水会形成亚硫酸盐。亚硫酸盐的毒性较小，人少量摄取亚硫酸盐时，会在体内迅速氧化成硫酸盐，排出体外。但是过量摄取将可能损害肠胃和肝脏，引起头痛或造成激烈腹泻。人体长期摄入二氧化硫残留过高的食品，会破坏维生素 B_1，引起慢性中毒，引发支气管痉挛。食用过量的二氧化硫可能造成呼吸困难、呕吐等症状，还可能引发哮喘。① 目前，这三批次水产品均已被山东出入境检验检疫部门做退货处理。②

四、重金属超标

（一）具体情况

表 6-8 显示，2016 年因重金属超标而被我国拒绝入境的进口水产品共计 10 批次，批次规模呈现出明显的下降，较 2015 年下降 49. 37%，占所有不合格进口水产品批次的比例也由 2015 年的 7. 95%下降到 2016 年的

---

① 何柳、王联珠、郭莹莹等：《水产品中二氧化硫残留量的调查分析》，《食品安全质量检测学报》2017 年第 1 期，第 50—55 页。

② 《2016 年 3 月进境不合格食品、化妆品信息》，2016 年 4 月 28 日，见 http://www. aqsiq. gov. cn/zxfw/ptxfz/jksp/201604/t20160428_465515. htm。

6.28%。2015年，进口水产品重金属超标的主要原因是砷超标、镉超标和汞超标；2016年，进口水产品重金属超标的主要原因是镉超标、汞超标和铝超标。可见，砷超标已经不再是我国进口水产品重金属超标的主要原因，镉超标、汞超标则一直是我国进口水产品重金属超标的主要原因。

表6-8　2015—2016年由重金属超标引起的不合格进口水产品的具体原因分类

单位：次、%

2016年				2015年		
序号	进口食品不合格的具体原因	批次	比例	进口食品不合格的具体原因	批次	比例
1	镉超标	6	3.76	砷超标	12	5.02
2	汞超标	2	1.26	镉超标	5	2.09
3	铝超标	2	1.26	汞超标	2	0.84
	总　计	10	6.28	总　计	19	7.95

资料来源：国家质量监督检验检疫总局进出口食品安全局：2015年、2016年1—12月进境不合格食品、化妆品信息，并由作者整理计算所得。

（二）主要来源地

2016年，我国由重金属超标引起的不合格进口水产品的主要来源国家和地区分别是泰国、秘鲁、冰岛、斯里兰卡、菲律宾、爱尔兰、新西兰、中国台湾。未来，需要对以上国家和地区进口的水产品重点开展重金属超标的检测，以保证我国进口水产品的质量安全。

（三）典型案例

2016年2月，进口自秘鲁的1批次冻鱿鱼胴被宁波市出入境检疫部门拒绝入境，主要原因是镉超标。这批冻鱿鱼胴是由宁波飞润海洋生物科技有限公司进口的，共计81吨，是2016年我国检出的最大的不合格进口水产品之一，这批冻鱿鱼胴已被做退货处理。[①]

① 《2016年2月进境不合格食品、化妆品信息》，2016年3月29日，http://www.aqsiq.gov.cn/zxfw/ptxfz/jksp/201603/t20160329_463576.htm。

第四节　加强进口水产品质量安全监管的政策建议

面对日益严峻的进口水产品质量安全问题，着力完善覆盖全过程的具有中国特色的进口食品安全尤其是水产品质量安全监管体系，保障国内水产品质量安全已非常迫切。立足于保障进口水产品质量安全的现实与未来需要，应该构建以源头监管、口岸监管、流通监管和消费者监管为主要监管方式，以风险分析与预警、召回制度为技术支撑，以食品安全国际共治为外部环境保障，以安全卫生标准与法律体系为基本依据，构建与完善中国特色的进口食品安全监管体系，重点加强进口水产品质量安全监管。由于篇幅的限制，本节重点思考的建议是以下六个方面。

一、实施进口水产品的源头监管

实施进口水产品的源头监管是保障进口水产品质量安全的首要步骤。然而，与发达国家相比，我国对进口水产品的源头监管能力还有待提升。应该借鉴欧美等发达国家的经验，进一步加强对水产品输出国的水产品质量安全风险分析和注册管理，尤其是针对进口量大、问题多、风险高的重点进口水产品种类，明确要求水产品出口商在向所在国家取得类似于HACCP认证等安全认证。同时由于进口水产品往往具有在境外生产、加工的特征，我国的国家质量监督检验检疫总局和国家食品药品监督管理总局的监管者很难在本国境内全程监管这些水产品的加工与生产过程，因此必要时可以对外派出食品安全官，到出口地展开实地调查和抽查，督查水产品生产企业按我国食品安全国家标准进行生产，这就需要与水产品出口国加强合作，构建以水产品质量安全治理为重点的食品安全国际共治的格局。

二、强化进口水产品的口岸监管

进口水产品的口岸监督监管是指利用口岸在进出口水产品贸易中的特

殊地位，对来自境外的进口水产品进行入市前管理，对不符合要求的水产品实施拦截的监管方式。[①] 强化进口水产品的口岸监管，核心的问题是根据各个口岸进口不合格水产品的类别、来源的国别地区，实施有针对性的监管。目前，我国对不同种类的进口食品的监管采用统一的标准和方法，不同种类的进口食品均处于同一尺度的口岸监管之下，这可能并不完全符合现实要求。相对于其他食品，水产品具有独特的特征。如我国进口的水产品中有很大一部分是冰鲜水产品，这对运输过程中温度控制的要求很高。在进行跨国、跨境运输的过程中，由于运输距离远、时间长等原因，很难保证冰鲜水产品运输过程中的温度控制能够达到要求，导致微生物繁殖影响冰鲜水产品的质量安全。因此，微生物污染往往成为大多冰鲜水产品不合格的主要原因，针对于此，有必要对冰鲜水产品的微生物污染情况进行重点监测。所以，要对不同的进口水产品进行分类，针对不同水产品的风险特征展开不同种类的重点检测。

三、实施口岸检验与后续监管的无缝对接

在 2000 年我国政府机构管理体制的改革中，口岸由国家质检系统管理，市场流通领域由工商系统管理，进口食品经过口岸检验进入国内市场，相应的检测部门就由质检系统转向工商系统，前后涉及两个政府监管系统。相比于发达国家实行的“全过程管理”，我国进口食品的分段式管理容易造成进口食品监管的前后脱节。2013 年 3 月，我国对食品安全监管体制实施了新的改革，水产品等食品市场流通领域由食品药品监管系统负责，但口岸监管仍然属于质检系统，并没有发生改变，进口水产品等进口食品监管依然是分段式管理的格局。口岸对进口水产品等进口食品监管属于抽查性质，在整个进口食品的监管中具有“指示灯”的作用。然而，进口水产品的质量是动态的，尤其是冰鲜类水产品，在进入流通、消费等后续环节后仍有很大可能产生安全风险。因此，对进口水产品流通、消费环

① 陈晓枫：《中国进出口食品卫生监督检验指南》，中国社会科学出版社 1996 年版，第 117 页。

节的后续监管是对口岸检验工作的有力补充，实施口岸检验和流通监管的无缝对接就显得十分必要。

四、完善食品安全国家标准

为进一步保障进口水产品的安全性，国家卫生和计划生育委员会应协同相关部门努力健全与国际接轨，同时与我国食品安全国家标准、法律体系相匹配的进口食品安全标准，最大程度地通过技术标准、法律体系保障进口水产品等进口食品的安全性。第一，提高水产品等食品安全的国家标准，努力与国际标准接轨。我国食品安全标准采用国际标准和国外先进标准的比例为23%，远远低于我国国家标准44.2%采标率的总体水平。[①] 我国食品安全国家标准有相当一部分都低于CAC等国际标准。以铅含量为例，CAC标准中鱼类中铅限量指标为0.3 mg/kg，而我国的铅限量指标为0.5 mg/kg，[②] 标准水平明显低于CAC标准，在境外不合格的某些水产品通过口岸流入我国就成为合格水产品。第二，提高食品安全标准的覆盖面。与CAC食品安全标准相比，我国食品安全标准涵盖的内容范围小，提高食品安全标准的覆盖面十分迫切，尤其是针对新兴水产品，进行种类的全覆盖监管十分重要。第三，确保食品安全国家标准清晰明确，努力减少交叉。我国现有的食品安全标准存在相互矛盾、相互交叉的问题，这往往导致标准不一，虽然近年来我国食品安全国家标准在清理、整合上取得了重要进展，但仍然不适应现实要求。第四，提高食品安全标准的制定、修订速度。发达国家的食品技术标准修改的周期一般是3—5年，[③] 而我国很多的食品标准实施已经达到10年甚至是10年以上，严重落后于食品安全的现实需求。因此，要加快食品安全标准的更新速度，使食品安全标准的制

① 江佳、万波琴:《我国进口食品侵权的相关问题思考》,《广州广播电视大学学报》2010年第3期，第93—96页。

② 邵懿、王君、吴永宁:《国内外食品中铅限量标准现状与趋势研究》,《食品安全质量检测学报》2014年第1期，第294—299页。

③ 江佳:《我国进口食品安全监管存在的问题及对策》,《云南电大学报》2011年第2期，第66—70页。

定和修改与食品技术发展、食品安全需求相匹配。

五、推动食品安全国际共治机制建设

我国作为全球最大的水产品贸易国家之一，可以推动以水产品安全治理为重点的食品安全国际共治机制建设。第一，推动建立食品安全突发事件的信息通报制度。加强与主要国家以及世界卫生组织等国际组织的合作，尽快建立畅通的国际食品安全常规信息与国家之间食品安全突发事件信息的通报机制，构筑遍布全球的立体的食品安全信息网络体系，使各国都能够及时的获得食源性疾病以及相关食品安全生产信息，以便各国之间协调行动，共同妥善应对。第二，加强与其他国家的互信。与其他国家签署协议，加强对各国行为的约束，增强彼此互信，为我国参与食品安全国际共治奠定基础。第三，推动建立全球性的食品安全监管及责任追究机制。在发生食品安全问题后，能够科学客观地认定食品安全风险的源头，并对引发食品安全问题的国家或企业主体进行责任追究和处罚。第四，在以上工作的基础上，推动食品安全突发事件和重大事故应急体系建设。与主要国家和国际组织合作，开发一套完善的、科学严谨的、可操作性强的食品安全应急体系，以建立应急工作机制为主要内容，具体包括食品安全监测机制、预警机制、报告机制、举报机制、通报机制、重大食品安全事故应急响应机制、善后处置机制、责任追究机制、评估总结机制等内容，最大限度地降低水产品安全等食品安全重大事故造成的危害。

六、加强水产品安全技术合作

我国需要与其他国家展开水产品安全技术合作，共同应对科技发展所带来的挑战。第一，与其他国家签订水产品安全技术合作协议，进行联合科技攻关，开展水产品安全领域的基础研究、高技术研究、关键技术研究和水产品质量安全科研基础数据共享平台建设，合作研制开发快速准确测定水产品中有害物质含量的技术和方法。第二，与其他国家签订技术转让协议，从制度层面上保证这些技术的有序流动以造福人类，满足水产品生产、流通、消费全过程质量安全监管的需要。同时，寻求发达国家对我国在内的发展中国家的技术支持和援助，促进全球水产品质量安全技术水平的共同提高。第三，与其他国家联合培养水产品质量安全高级人才，学习国外先进的水产品质量安全技术和管理经验，为水产品质量安全技术的研究与开发提供充足的人才储备。第四，举办水产品质量安全国际论坛，不仅吸引全球主要国家参与，而且要大力支持国际组织、水产品相关企业、媒体和专家学者加入，就水产品安全问题展开讨论，分享技术成果和监管经验，为加强水产品质量安全科技合作提供智力支持。

第七章　主流媒体报道的水产品质量安全事件研究

本章主要通过大数据的方法探究了我国水产品质量安全事件的基本特征，然后分析了我国食品安全网络舆情的发展趋势与基本特征，在此基础上将水产品质量安全事件与食品安全事件进行对比，为我国水产品质量安全风险治理寻找有效路径。

第一节　基于大数据的食品安全事件分析方法

一、文献回顾

食品安全事件一直是学术界研究的重点问题之一，近年来学者们对此展开了广泛的研究。李清光等通过汇总“掷出窗外”网站数据库的数据，发现 2005 年 1 月 1 日至 2014 年 12 月 31 日我国发生了有明确时空定位的 2617 起食品安全事件，[①] 同样通过“掷出窗外”网站数据库，王常伟和顾海英发现 2004—2012 年我国共发生了 2173 起食品安全事件。[②] 李强等选择了我国 43 个主要网站及食品专业网站，通过网络扒虫自行抓扒以及人工筛选的方式，发现自 2009 年 1 月 1 日至 2009 年 6 月 30 日共发生 5000 起食品

① 李清光、李勇强、牛亮云等:《中国食品安全事件空间分布特点与变化趋势》,《经济地理》2016 年第 3 期，第 9—16 页。

② 王常伟、顾海英:《我国食品安全态势与政策启示——基于事件统计、监测与消费者认知的对比分析》,《社会科学》2013 年第 7 期，第 24—38 页。

安全事件。[①] 罗昶和蒋佩辰在慧科中文报纸数据库及方正（Apabi）报纸资源数据库中双重检索了北京、河北两地的报纸媒体，发现2008年北京奥运会后至2015年7月由河北生产、制造或加工并输入北京的食品中引发的食品安全事件报道共有86篇。[②] 陈静茜和马泽原通过分析“北京市食品药品监督管理局网站”中发布的“食品安全信息”、“食品伙伴网”发布的“食品资讯”和“掷出窗外”网站整理的食品安全事件报道发现，2008—2015年媒体首发报道的发生在北京的食品安全事件有101起。[③] 江美辉等发现2014年7月20日至2015年3月22日，凤凰网、搜狐网、腾讯网、网易网、新浪网等主要门户网站上关于“上海福喜”事件的报道共2308篇。[④] 莫鸣等构建了中国农业大学课题组“2002—2012年中国食品安全事件集”，认为2002年1月1日至2012年12月31日全国共发生了4302起食品安全事件，其中超市359起。[⑤] 张红霞等选择政府行业网站、食品行业专业网站和新闻媒体3类共40个网站，搜集并进行重复性和有效性筛选，结果表明2010年1月1日至2012年12月31日发生了628起涉及生产企业的食品安全事件，2004—2012年共发生了3300起食品安全事件。[⑥] 厉曙光等收集并整理了纸媒、各大门户网站、新闻网站及政府舆情专报，结果显示2004年1月1日至2012年12月31日共有2489起食品安全事件发

---

① 李强、刘文、王菁等:《内容分析法在食品安全事件分析中的应用》,《食品与发酵工业》2010年第1期，第118—121页。

② 罗昶、蒋佩辰:《界限与架构：跨区域食品安全事件的媒体框架比较分析——以河北输入北京的食品安全事件为例》,《现代传播》(中国传媒大学学报）2016年第5期，第162—164页。

③ 陈静茜、马泽原:《2008—2015年北京地区食品安全事件的媒介呈现及议程互动》,《新闻界》2016年第22期，第21—27页。

④ 江美辉、安海忠、高湘昀等:《基于复杂网络的食品安全事件新闻文本可视化及分析》,《情报杂志》2015年第12期，第121—127页。

⑤ 莫鸣、安玉发、何忠伟:《超市食品安全的关键监管点与控制对策——基于359个超市食品安全事件的分析》,《财经理论与实践》2014年第1期，第137—140页。

⑥ 张红霞、安玉发:《食品生产企业食品安全风险来源及防范策略——基于食品安全事件的内容分析》,《经济问题》2013年第5期，第73—76页。张红霞、安玉发、张文胜:《我国食品安全风险识别、评估与管理——基于食品安全事件的实证分析》,《经济问题探索》2013年第6期，第135—141页。

生。[①] 文晓巍和刘妙玲随机选取并筛选了国家食品安全信息中心、中国食品安全资源信息库、医源世界网的“安全快报”等权威报道，研究发现2002年1月至2011年12月全国共发生1001起食品安全事件。[②]

由以上文献可以看出，由于目前国内尚没有成熟的大数据挖掘工具，故现有研究文献中有关食品安全事件的数据主要来源于学者们根据各自研究需要而进行的专门收集，收集的范围主要是门户网站、新闻网站、食品行业网站等，收集网站的数量一般在40个左右，收集的方法大多为人工搜索或网络扒虫，收集后再人工进行重复性和有效性筛选。部分学者直接选取“掷出窗外”网站（http://www.zccw.info）食品安全事件数据库，该网站2012年之前数据系统性较高，2012年后采用网友补充的方式，新增数据的重复性较高，可靠性明显下降。目前，学者们研究的食品安全事件发生的时间区间大多在2002—2015年，总量在5000起以内，而且在目前的研究文献中，学者们并没有明确指出食品安全事件数量等数据的具体来源，不同数据库得出的结论不尽相同甚至差异很大，故食品安全事件数量的准确性、可靠性难以进行有效性考证。

二、食品安全大数据监测平台

本章的主要数据来源于江南大学食品安全风险治理研究院、江苏省食品安全研究基地与江苏无锡食品安全大数据有限公司联合开发的食品安全事件大数据监测平台（Data Base V1.0版本）。[③] 这是目前在国内食品安全治理研究中率先投入使用、具有自主知识产权且最为先进的食品安全事件分析的大数据挖掘平台。

该系统采用新型模块化分布式架构设计，分别规划采集区域、清洗区

① 厉曙光、陈莉莉、陈波：《我国2004—2012年媒体曝光食品安全事件分析》，《中国食品学报》2014年第3期，第1—8页。

② 文晓巍、刘妙玲：《食品安全的诱因、窘境与监管：2002—2011年》，《改革》2012年第9期，第37—42页。

③ 本章的数据主要采用食品安全事件大数据监测平台（Data Base V1.0版本），为了更好地展开研究，同时采用了百度指数和问卷调查的数据作为补充，具体见下文。

域、展示区域三大模块，各模块均实现了统一部署和独立部署两种方式，并在实际部署过程中开发了平台管理软件模块，基于数据采集和分析情况的压力，灵活的增加或减少处理节点，根据各节点的压力灵活的配比任务，各区域的节点数量均可以增加或减少配置，最终实现以合理的资源投入，满足最快的处理速度（见图 7-1）。同时，针对食品安全类信息数据量庞大、数据重复更新情况较普遍的现象，一方面，针对食品安全事件的核心分析目标，构建食品安全事件模板和数据文本分层结构模型，有效进行数据重复率检测，识别出重复的食品安全事件报道，计算出重复报道的次数和转载及引用关系，事件属性准确率达 80%以上。另一方面，引入搜索引擎领域广泛应用的基于海明距离的 simhash 去重算法，将去重效率提高 40 余倍，有效性达 90%以上，显著提升了数据采集的准确性。

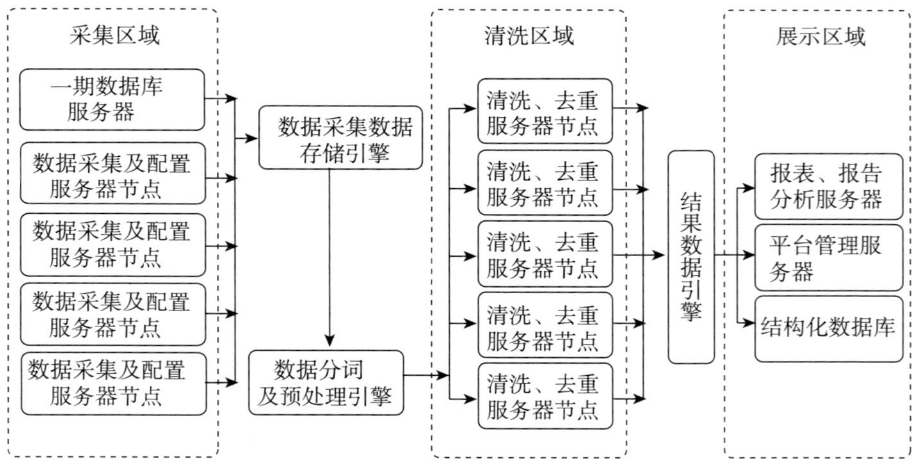

图 7-1 大数据挖掘平台数据处理系统流程示意图

三、统计时间与研究范围

本章通过大数据挖掘工具抓取涵盖政府网站、食品行业网站、新闻报刊等主流媒体（包括网络媒体）报道的食品安全事件。在抓取过程中，所确定的食品安全事件必须同时具备明确的发生时间、清楚的发生地点、清晰的事件过程“三个要素”。凡是缺少其中任何一个要素，或由社会舆情报道的与食品安全问题相关的事件均不统计在内。为了能全面分析近年来我国水产品质量安全事件的基本特征，本章主要考察“十二五”以来的水产品质量安全事件，时间段设定为2011年1月1日至2016年12月31日。与此同时，为了将水产品质量安全事件与食品安全事件进行比较，并在较长时间周期内探究我国食品安全网络舆情的发展趋势及基本特征，将食品安全事件的研究时间段设定在2007年1月1日至2016年12月31日。

第二节　我国水产品质量安全事件的基本特征与治理路径

通过大数据挖掘工具的研究显示，水产品已成为我国最具风险的食品种类之一，保障水产品质量安全刻不容缓。

一、水产品质量安全事件的基本特征

通过大数据挖掘工具的研究发现，2011—2016年由国内主流网络舆情所报道的我国发生的水产品质量安全事件，具有以下五个基本特征：

（一）发生数量较高且近年来呈增长态势

图7-2是2011—2016年中国发生的水产品质量安全事件数。在

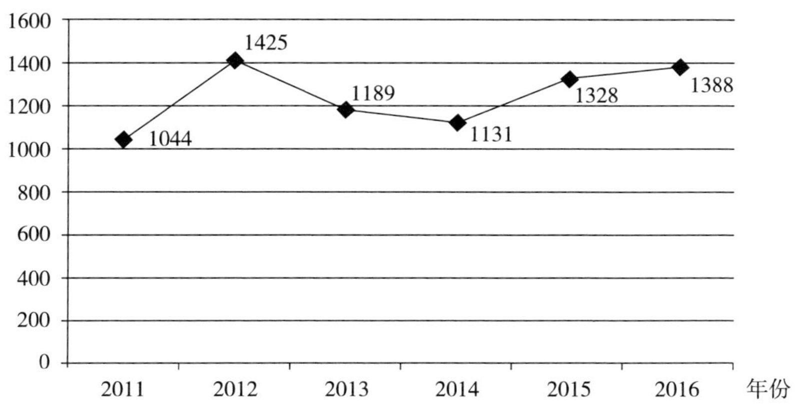

图7-2　2011—2016年中国发生的水产品质量安全事件数（起）

资料来源：食品安全事件大数据监测平台（Data Base V1.0版本）。

2011—2016 年全国共发生了 7505 起水产品质量安全事件，约占此时段内所发生的全部食品安全事件（约 148320 起）总量的 5.06%，位居全部食品大类的第三位。从时间序列上分析，2011—2016 年水产品质量安全事件发生的数量虽有波动，但总体上呈上升的态势。2011 年共发生了 1044 起水产品质量安全事件，2012 年发生了 1425 起并达到了此时段的最峰值。以 2012 年为拐点，2013 年、2014 年的水产品质量安全事件的发生量出现下降，分别下降至 1189 起、1131 起。然而，水产品质量安全事件的数量在 2015 年出现反弹，上升到 1328 起。2016 年水产品质量安全事件数量继续缓慢上升，较 2015 年增加 60 起，达到 1388 起。

（二）淡水鱼类是事件发生量最多的水产品种类

图 7-3 是 2011—2016 年中国发生的水产品质量安全事件的种类分布。海水产品和淡水产品质量安全事件的发生量分别为 2290 起和 5215 起，两者之比为 30.51∶69.49，接近七成的质量安全事件由淡水产品引起。从更具体的种类分布看，鱼类、虾类、蟹类、贝类、其他类五类水产品在此时段内发生的质量安全事件数量分别为 4933 起、1345 起、975 起、64 起和 188 起。鱼类是发生事件量最多的水产品，所占比例高达 65.73%，其中淡水鱼类引发的质量安全事件占鱼类全部事件总量的 62.40%，淡水鱼类成

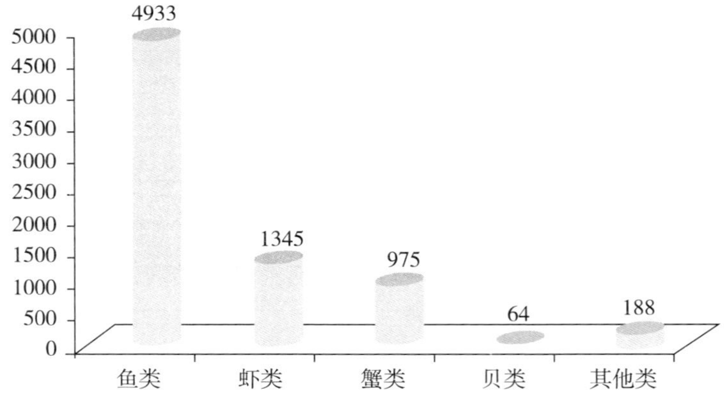

图 7-3 2011—2016 年中国发生的水产品质量安全事件的种类分布（起）

资料来源：食品安全事件大数据监测平台（Data Base V1.0 版本）。

为我国事件发生量最多的水产品种类。虾类的风险主要源于小龙虾，占虾类事件总量的22.38%；大闸蟹则是蟹类的主要风险种类，占到蟹类事件总量的32.00%；贝类则以生蚝、海螺为主，分别占比18.75%和12.50%。

（三）餐饮与家庭食用环节是主要的风险环节

研究表明，在水产品全程供应链体系中的各个主要环节均不同程度地发生了质量安全事件。其中，52.01%的水产品质量安全事件发生在餐饮与家庭食用环节；批发与零售环节的占比也较高，达到23.55%；其他环节依次是生产与加工、养殖、仓储与运输，事件发生量分别占总量的14.12%、7.45%和2.87%（见图7-4）。

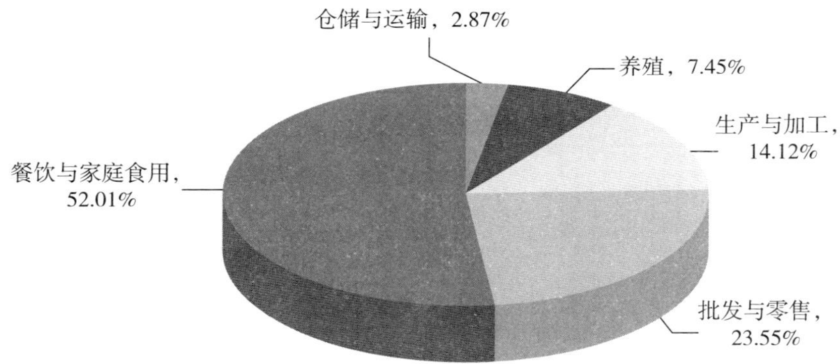

图7-4　2011—2016年中国发生的水产品质量安全事件的环节分布

资料来源：食品安全事件大数据监测平台（Data Base V1.0版本）。

（四）人源性因素是事件发生的最主要因素

如图7-5所示，根据引发质量安全事件的风险因素性质来分析，61.52%的水产品质量安全事件由人源性因素导致，其中水产品造假和欺诈引发的事件最多，占所有水产品质量安全事件总数的44.19%，其他依次为在水产品中非法添加违禁物，售卖死亡、腐败变质的初级加工水产品，无证或无照的生产经营水产品，违规使用水产品添加剂，分别占水产品质量安全事件总数的7.45%、4.56%、3.60%、1.72%。在非人为因素所产生的事件中，由于技术与自然原因而产生的发霉、变质或受到蚊虫、老鼠、蟑螂、微生物等污染引发的事件量最多，占所有水产品质量安全事件总数的24.28%，其他因素为农兽药残留、重金属超标、物理性异物，分别占水产品质量安全事件总数的10.15%、3.44%和0.62%。

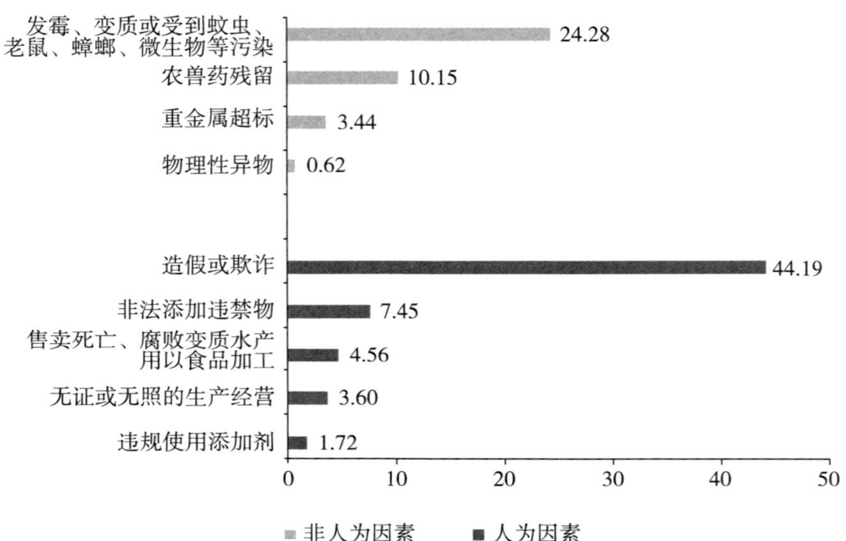

图7-5　2011—2016年中国发生的水产品质量安全事件的风险分布（%）

资料来源：食品安全事件大数据监测平台（Data Base V1.0版本）。

（五）具有明显的区域差异与聚集特点

在2011—2016年所发生的水产品质量安全事件中，能确认发生区域的事件数共6692起。31个省、自治区、直辖市（以下简称“省区”）均不同程度地发生水产品质量安全事件（如图7-6所示）。其中，上海、广东、北京、山东、江苏、浙江是事件量发生最多的六省区，累计发生事件总量3007起，占水产品质量安全事件总量的44.93%；西藏、宁夏、新疆、内蒙古、青海、甘肃是发生数量最少的六省区，累计发生事件总量为58起，占水产品质量安全事件总量的0.87%。值得关注的是，事件报道量最多的六个省区均是地处东部沿海的经济发达省区，而且也都是水产品生产或消费大省区，如山东2016年的水产品产量为950.19万吨，约占全国水产品总产量的13.77%。而报道量最少的五个省区均分布于西部地区，不仅经济与社会发展水平相对滞后，而且也是水产品生产或消费量相对较小的省区。由此可见，我国所发生的水产品质量安全事件在区域空间分布上呈现出明显的聚集性与差异性。

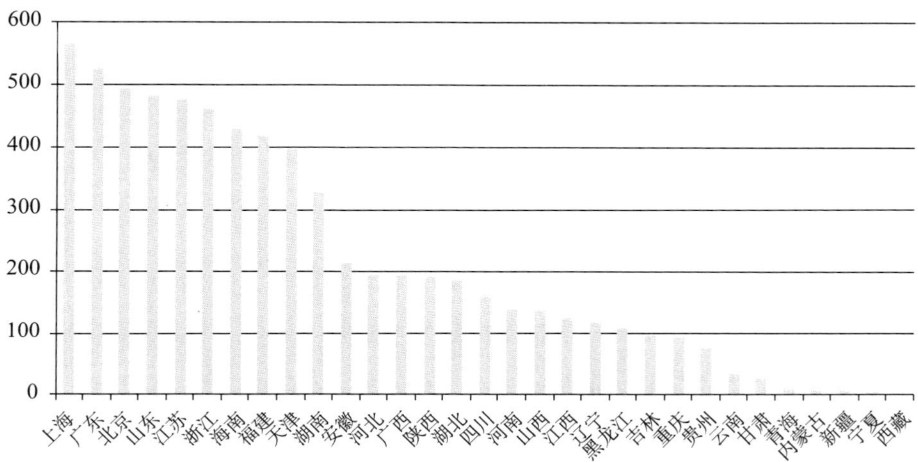

图7-6　2011—2016年中国发生的水产品质量安全事件的地域分布（起）

资料来源：食品安全事件大数据监测平台（Data Base V1.0版本）。

二、水产品质量安全事件发生的主要原因

水产品质量安全事件发生的成因十分复杂，最基本的成因是：

（一）水体环境污染严重

农业部和环境保护部联合发布的《中国渔业生态环境状况公报2015》显示，2015年全国渔业生态环境监测网对我国渤海、黄海、东海、南海、黑龙江流域、黄河流域、长江流域、珠江流域及其他区域的167个重要渔业水域的水质、沉积物、生物等18项指标进行了监测，设置监测站位超2000个，监测总面积1051.9万公顷。其中，对海水重点养殖区监测面积为76万公顷，无机氮、活性磷酸盐、石油类、化学需氧量超标面积占所监测面积的比例分别为68.1%、52.1%、36.3%和0.5%，主要污染指标为无机氮、活性磷酸盐和石油类；对江河天然重要渔业水域监测面积为45.4

万公顷，总氮、总磷、非离子氨、高锰酸盐指数的超标面积占所监测面积的比例分别为 97.3%、46.9%、20.8%、19.3%，总磷、总氮超标比例相对较高。[①] 虽然近年来渔业水域生态环境保护不断加强，水体环境保持稳定且有所改善，但水体环境污染仍然相当严重，直接威胁水产品的质量安全。

(二) 水产品行业结构不尽合理

2016 年，我国海水产品产量 3490.15 万吨，淡水产品产量 3411.10 万吨，两者之比为 50.57：49.43，形成海水产品和淡水产品平分秋色的局面。然而，淡水产品的养殖与捕捞比例为 93.20：6.80，且淡水养殖中鱼类的比例高达 88.56%；海水产品的养殖与捕捞比例为 56.25：43.75，且海水养殖中贝类的比例高达 72.37%。[②] 相比捕捞，人工养殖水产品的过程中容易为了保证成活率和产出率而超量使用添加剂甚至非法添加违禁化学品，导致养殖水产品的质量安全水平相对较低。如农业部公布的福建省东山县欧某等生产、销售含有违禁物质水产品案中，其养殖的石斑鱼、虎斑鱼以及养殖场水样中均检出被禁止使用的呋喃西林、孔雀石绿。而且，相比于海水，淡水离人类生活区域更近，更容易遭遇污染。因此，淡水产品的质量安全事件更多，且淡水产品的质量安全事件主要以鱼类为主，海水的质量安全事件主要以贝类为主。与此同时，虽然近年来水产品生产加工经营企业的结构转型取得了积极成效，但以“小、散、低”为主的格局并未发生根本性改观，而且大小企业间争夺资源，造成先进产能闲置。出于市场竞争需要，更由于诚信和道德的缺失，以及经济与法律制裁不到位，一些水产品企业必然采用非常手段，由此诱发人源性的水产品安全事件。

(三) 公众的水产品安全消费知识匮乏

虽然水产品是城乡居民最常食用的食品之一，但由于水产品来源广泛，种类众多，我国公众的水产品安全消费素养与水产品质量认知严重不

① 农业部、环境保护部:《中国渔业生态环境状况公报 2015》，农业部资料，2015 年，第 2 页。

② 具体见《报告》第一章。

足。这一问题的最直接表现就是我国水产品质量安全谣言频发，已经成为食品安全谣言的重灾区之一。如“塑料紫菜”、针眼螃蟹、黄鳝喂避孕药、小龙虾喜欢脏污环境、虾头里有白色寄生虫等。以虾头里有白色寄生虫谣言为例，谣言发布者竟然将雄虾的精巢当成了寄生虫，而大多数公众却浑然不知并在网上大量转发。[①] 由于对水产品相关知识了解甚少，餐饮与家庭食用环节成为水产品质量安全事件的多发环节就难以避免。

（四）人为因素占主导具有现实基础

截至 2016 年年底，我国拥有渔业户 495.48 万户，渔业从业人员 1381.69 万人，[②] 分散化与小规模渔业户是水产品养殖、捕捞与经营的基本主体，其自身普遍具有有限理性，出于提高经济收益的迫切需要，在监管不力的现实背景下难以避免地出现不规范的水产品养殖与经营行为。以渔药使用为例。随着养殖产量的增长，鱼塘使用周期长，清塘不彻底，鱼类水产品疾病频发，多数养殖户由于专业知识的限制，对药物的危害及影响用药效果的因素了解少，使用渔药的随意性大，只凭经验用药，效果不明显则加大用量；同时市场上假劣渔药随处可买，其剂量越用越大，疗程越来越长，鱼体内的药物残留也越来越多；有的则盲目将杀虫药、杀菌药交替或混合使用，不论配制后药物的协同作用还是抵抗作用，都将产生新的更加严重的药物残留问题。

（五）监管职能交叉是制度原因

食品安全监管体制经过多次改革形成了目前由农业部门与食品药品监督部门为主体的相对集中的监管模式，但并没有从根本上解决水产品监管体制的缺陷，水产品质量安全监管“九龙治水”的问题仍然突出。食品监管部门主导监管农贸市场食品安全的同时，农业、商务、工商、卫生等部门分别监管鲜活水产品、可追溯水产品、假冒伪劣水产制品、场地环境卫生等，在实际监管过程中极易产生监管交叉或空白。

---

① 具体见《报告》第九章。

② 具体见《报告》第一章。

三、水产品质量安全风险的治理路径

水产品是我国城乡居民最具大众化的食品之一，在居民膳食结构中具有不可替代的重要地位。全面贯彻习近平总书记“最严谨的标准、最严格的监管、最严厉的处罚、最严肃的问责”的要求，防范与遏制水产品质量安全事件，切实保障与提升水产品质量安全水平是当前我国食品安全风险治理领域必须优先解决的重大问题之一。

（一）深化改革与提升能力相结合，形成有效治理的微观基础

水产品生产、加工、流通与消费环节的质量监督分别属于农业（渔业与海洋）、食品药品两个部门，外加卫生、工商、质检等部门仍承担着部分监管任务，水产品质量安全监管“九龙治水”的状况仍然存在，极容易产生监管交叉或空白的状况。因此，必须进一步厘清各级政府间、同一层级政府相关监管部门间的职能与权限，特别是要在实践中探索解决多个部门间存在的水产品质量安全的监管缝隙。郡县治，天下安。以县级行政区为基本单元，优先向县及乡镇倾斜与优化配置监管力量，形成横向到边、纵向到底的监管体系。不论实行独立的食品监管局体制还是“多合一”的市场监管局体制，必须按照中央的要求，以食品监管为首要任务。在食品监管体制改革过程中，县级政府在充分发挥农业（渔业与海洋）与食品药品监管部门职能的同时，要整合检疫、商务、工商、卫生、城管、保险等多个部门的资源，努力避免多头向下，以合力提升基层监管能力。

（二）专项治理与系统治理相结合，营造有效治理的法治环境

依托农业、渔业与海洋部门重点加强水产品养殖环节的监管，严厉打击水产品养殖过程中非法使用禁用兽药、渔药等犯罪行为；依托“食药警察”或食品执法的专业队伍依法惩处水产品加工、运输、销售等环节中非法添加或使用违禁物、造假、欺诈、以次充好等非法行为；依托环保部门、渔业与海洋局等部门力量，对河流、湖泊、湿地、海洋等水域进行生态环境的综合整治。统筹不同行政区域间、城市与农村间的联合行动，努力消除地方保护主义，确保相关法律法规在实际执行中的严肃性，防范区

域性、系统性风险。以“零容忍”的态度，依法治理执法人员的不作为、乱作为问题，扎实提高监管效能。

（三）结构性改革与技术进步相结合，大力构建水产品可追溯体系

推进水产品供给侧改革，提高精深加工水产制品的比重，实现水产品及其制品“由粗变精、由生变熟、由量的满足转向质的提高”。加快应用信息技术，逐步实施水产品大中型加工与流通销售企业的全程信息化监控。集养殖、加工、流通、消费、信息认证等可追溯属性于一体，以需求为导向，努力推进可追溯体系建设。对水产品养殖、捕捞与加工企业密集的区域，科学确定不同层次的随机抽查的分工体系，构建纵横衔接的信息主平台，彻底解决水产品质量安全信息分散与残缺不全的状况，及时发布“双随机”抽查监管结果，推进市场治理。

（四）政府主导与社会参与相结合，构建社会共治新格局

分层完善投诉举报体系，尤其在农村与水产品养殖、捕捞密集的偏远地区设立专项举报奖励机制，发挥社会力量的作用，举报揭露在水产品养殖、加工与流通过程中滥用渔药与假劣渔药、超量使用添加剂与非法添加违禁化学品等犯罪行为。支持新闻媒体参与舆论监督。在水产品养殖、捕捞与加工企业密集的区域，加快培育法律地位明确、公益属性强的社会组织，尤其要逐步推广自治监管的治理方式，推进治理力量的增量改革，实现水产品质量安全风险治理体系的重构。与此同时，要全面加强包括水产品在内的食品质量安全法律法规和科普知识的宣传普及教育，着力提高城乡居民水产品质量安全常识和自我保护意识。

第三节 我国食品安全网络舆情的发展趋势及基本特征

一、研究背景

民以食为天，食以安为先，食品安全关乎人的生命健康安全，受到社会的广泛关注。食品安全水平是一个动态演化的过程，与所在国家的经济

发展水平紧密相关，在不同的经济发展阶段会呈现出不同的发展特征，[①]对于经济与社会结构深刻转型的中国更是如此。进入21世纪以来，我国发生了一系列食品安全事件，导致公众普遍对食品安全产生信任危机。食品安全涉及生命健康安全，食品安全事件发生后，越来越多的公众习惯于在网络平台上发布、传播对食品安全事件的态度、观点、情绪等，与政府、媒体交流互动，形成了独具特色的食品安全网络舆情。[②] 可见，在食品安全网络舆情中，政府、媒体、网民是重要的参与主体，食品安全事件是客体，互联网则是其传播、发展的载体。[③] 在信息化加速发展的今天，食品安全网络舆情业已成为公众参与食品安全风险社会共治的重要平台，成为政府把握观察食品安全社会舆情走势的重要途径，对于推动食品安全风险治理具有积极意义。[④]

然而，食品安全网络舆情的影响还远不止于此。网络应用的迅猛发展和自媒体时代的到来使互联网成为社会各方利益表达和博弈的重要场所，成为各种热点事件及其相关信息的集聚中心，成为社会舆情产生和发展的重要平台，对我国的传媒生态和社会舆论环境产生了难以估量的影响。[⑤]近年来，“瘦肉精”“地沟油”“毒豆芽” 等食品安全事件的频发对网民造成了极大地冲击，大量关于食品安全的恐慌、嘲讽、愤怒、谩骂等负面言论出现在网络之中，在“焦距放大”效应的作用下，诸如此类的负面情绪会进一步扩大，给食品企业甚至整个行业造成巨大损失。以酒鬼酒塑化剂事件为例，事件爆发当天就造成酒鬼酒股票临时停牌、两市白酒股总市值蒸

---

① Econnomist, *Global Food Security Index 2013*, Longdon, 2013, p. 8.

② 刘文、李强:《食品安全网络舆情监测与干预研究初探》,《中国科技论坛》2012年第7期，第44—49页。

③ 洪巍、吴林海:《中国食品安全网络舆情发展报告2013》，中国社会科学出版社2013年版，第279页。

④ 吴林海、黄卫东:《中国食品安全网络舆情发展报告2012》，人民出版社2012年版，第17—27页。

⑤ 洪巍、吴林海:《中国食品安全网络舆情发展报告2014》，中国社会科学出版社2014年版，第126页。

发近330亿元的后果。[①] 此外，在开放、自由、隐蔽的网络环境中，由于网民与媒体等群体的食品安全专业知识相对匮乏，导致夸大、虚假甚至谣言信息大肆传播，不仅在一定程度上削弱了政府的公信力，还会造成舆情的爆发，引发公众对食品安全的恐慌心理，严重危害社会稳定。

基于此，探究近年来我国食品安全网络舆情的发展趋势和基本特征，对科学地采取管控措施，正确引导食品安全网络舆情，稳定食品工业发展，促进社会稳定具有重要意义。本节在采用百度指数平台数据分析2007—2016年我国食品安全网络舆情的发展趋势的基础上，基于食品安全事件大数据监测平台（Data Base V1.0版本）获取的数据，探究我国食品安全网络舆情中政府、媒体、网民等主体的行为特征和食品安全事件等客体的风险特征。

二、食品安全网络舆情的发展趋势

学术界已有关于网络舆情发展阶段的相关研究，例如，田卉和柯惠新将单一网络舆情事件划分为舆论潜伏期、突发期、蔓延期、终结期四个发展时期。[②] 吴林海等将近七年间的转基因食品安全网络舆情概括为舆情萌芽、突发、发展、井喷四个不同的发展阶段。[③] 与单一的食品安全事件或转基因食品安全网络舆情相比，食品安全网络舆情具有时间跨度长、地域范围广、事件数量多、参与主体多样化、影响因素复杂化的特征。因此，以上学者的研究结果并不完全适用于食品安全网络舆情。为此，借鉴相关学者的经验并根据我国食品安全网络舆情的现状，将我国2007—2016年食品安全网络舆情的发展大致划分为舆情萌芽、发展、井喷、衰退、平稳五个阶段（见图7-7）。

① 吴林海、吕煜昕、洪巍等：《中国食品安全网络舆情的发展趋势及基本特征》，《华南农业大学学报》（社会科学版）2015年第4期，第130—139页。

② 田卉、柯惠新：《网络环境下的舆论形成模式及调控分析》，《现代传播》2010年第1期，第40—45页。

③ 吴林海、吕煜昕、吴治海：《基于网络舆情视角的我国转基因食品安全问题分析》，《情报杂志》2015年第4期，第85—90页。

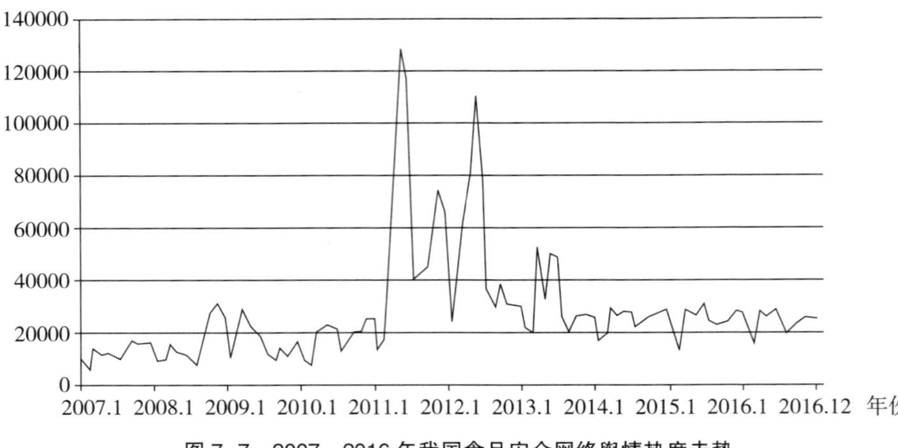

图 7-7 2007—2016 年我国食品安全网络舆情热度走势

资料来源：百度指数平台，并由作者整理计算所得。

（一）舆情萌芽阶段

2008 年爆发的“三鹿”奶粉含三聚氰胺事件是我国食品安全历史上影响极大的事件，成为我国食品安全网络舆情发展的一个关键转折点。“三鹿”奶粉含三聚氰胺事件爆发以前，虽然我国也发生了多起具有较大影响的食品安全事件，如 2003 年的“金华火腿敌敌畏”、2004 年安徽阜阳“大头娃娃”、2005 年肯德基“苏丹红一号”、2006 年上海“瘦肉精”、2007 年“思念”水饺被检出金黄色葡萄球菌等事件，但尚未形成较大的网络舆情，舆情热度一直处于 20000 以下，且走势相对平稳。这一时期，由于网络的普及性与便捷性相对不足，公众对食品安全问题的认知度较低，食品安全网络舆情只引起了知识阶层、城市群体等部分人群的关注，属于食品安全网络舆情发展的萌芽阶段。

（二）舆情发展阶段

2008 年“三鹿”奶粉含三聚氰胺事件的爆发在很大程度上提升了国人对食品安全问题的关注度，关注群体由知识阶层、城市群体转为社会多数阶层。2008 年 9 月，不同业态的媒体开始大范围报道“三鹿”奶粉含三聚氰胺事件，舆情热度迅速突破 20000，事件本身的巨大影响力不仅引发国内轰动，而且也引起了国际社会的广泛关注，形成持续时间长达四个月的高热度舆情。食品安全网络舆情由此开始大面积地进入不同层次网民的视野，中国进入食品安全网络舆情的发展阶段。

2009—2010 年的中国食品安全网络舆情基本延续了 2008 年的走势，重大的食品安全事件时有发生，如农夫山泉“砒霜门”、惠氏奶粉“结石门”、真功夫“问题排骨”等，舆情的热度在某些时段内也超过了 20000，但较 2008 年并未发生质的变化。这段时期内，虽然不断有食品安全事件爆出，但网民对食品安全网络舆情的热情在“三鹿”奶粉含三聚氰胺事件后有所减退，网络舆情发展整体平稳。值得注意的是，这段时期不断发生的食品安全事件持续挑动着网民的神经，网民对食品安全的认知越来越高，对食品安全问题也越来越关注，虽未形成较大的网络舆情，但却为后来我国食品安全网络舆情的“井喷式”的爆发奠定了群体性基础。

（三）舆情井喷阶段

发展阶段爆发的食品安全事件所导致的网民对食品安全问题的负面情绪在 2011 年被全面点燃。2011 年央视在“3·15”期间曝光了双汇在食品生产中使用“瘦肉精”猪肉的新闻，舆情热度从当年 2 月的 16436 迅速飙升到 3 月的 43356。同年 4 月，台湾塑化剂、上海“染色馒头”、辽宁沈阳“毒豆芽”等事件相继爆发，推动舆情热度迅速攀升到 81907，到 5 月峰值时舆情热度已迅速跨越 100000，达到了 128468 的历史新高，创下中国食品安全网络舆情热度的历史性记录。多起重大食品安全事件的爆发使 2011 年 2 月以后的食品安全网络舆情热度一直保持在 40000 以上。至此，中国的食品安全网络舆情全面爆发，并由此进入井喷阶段。

2011 年重大食品安全事件的不断发生使得食品安全问题成为 2012 年年初网民最关心的五个热点话题之一，[①] 而 2012 年的食品安全网络舆情继续延续了 2011 年高热度的势头。白酒塑化剂、45 天“速成鸡”、果冻老酸奶明胶制作、湖南“黄金大米”等食品安全事件被接连曝出，在很大范围

① 《中国网事：2012 年两会网民最关注的“五个热点话题”》，2012 年 3 月 1 日，见 http://news.xinhuanet.com/politics/2012-03/01/c_111589337.htm。

内引发了网民的集体吐槽，舆情最热的时候热度依然超过了100000，到达109372。连续两年的高热度使中国食品安全网络舆情热度达到顶峰。

（四）舆情衰退阶段

2011—2012年我国不断发生的重大食品安全事件极大地牵动了国内网民的敏感神经，并在网络上形成了较大的食品安全网络舆情，网民的负面态度引起了政府的高度重视，政府不断采取措施加大治理食品安全问题，食品安全总体形势在近年来稍有好转。[①] 2013年上半年，虽然也有一些较大的食品安全事件爆发，如黄浦江死猪事件、农夫山泉“质量门”等事件，但网络舆情热度已经大为减少，最高热度只有2012年最高峰值的一半。中国的食品安全网络舆情开始进入舆情衰退阶段。这一方面得益于政府的严厉治理，另一方面网民对食品安全事件也有了视觉疲劳，对网络上曝光的食品安全事件不再过于关注，在关注食品安全问题的同时，也将关注的目光转向雾霾、反腐等热点问题。[②]

（五）舆情平稳阶段

在经历了约半年的衰退阶段后，我国的食品安全网络舆情于2013年7月开始进入平稳阶段。2014年爆发的上海“福喜”事件、兰州自来水苯超标事件，以及2015年以来一直存在的微商平台食品安全问题、网购食品安全问题、外卖平台食品安全问题等引起了社会各界广泛的关注，但并未引起舆情热度的较大波动，食品安全网络舆情的热度一直保持在30000点以下，而且这一趋势一直持续到2016年12月，表明我国的食品安全治理工作取得了积极的进展，食品安全水平总体稳定，趋势向好。然而，需要注意的是，舆情平稳阶段的食品安全网络舆情的热度基本上仍保持在20000点以上，远没有回落到2007年的水平。因此，对食品安全的治理工作还需要进一步加强。此外，也不排除在某些食品安全事件发生后，网络舆情再

① 吴林海、王建华、朱淀：《中国食品安全发展报告2013》，北京大学出版社2013年版，第158页。

② 《2014年两会网民关注的“六个热点话题”》，2014年3月1日，见http://news.xinhuanet.com/politics/2014-03/01/c_119563413.htm。

度井喷的可能。

由此可见，我国食品安全网络舆情的阶段性特征十分明显。而在食品安全网络舆情中，食品安全事件是引发网络舆情的基础，政府、媒体、网民是推动网络舆情发展的重要力量，这两个方面均是食品安全网络舆情基本特征的重要组成部分。为了能客观反映近年来我国食品安全网络舆情的基本特征，本书利用食品安全事件大数据监测平台（Data Base V1.0 版本）检索了主流媒体报道的 2007—2016 年共 256287 起食品安全事件，同时结合作者 2011—2016 年对江苏省、贵州省、吉林省、内蒙古自治区等 12 个省、自治区、直辖市约 2400 名网民的跟踪调查数据，① 探究我国食品安全网络舆情的基本特征。

三、食品安全网络舆情主体的行为特征

为了客观地反映形成我国食品安全网络舆情的基本环境，分析食品安全网络舆情中政府、媒体、网民等主体的行为特征就显得十分重要。一直以来，网民对政府在披露食品安全事件中的作用十分诟病，认为食品安全事件总是由媒体首先曝光。为了同时考察政府在披露食品安全事件过程中的作用，本书将单列由政府曝光的食品安全事件。研究表明，尽管近年来我国食品安全网络舆情的阶段性特征十分明显，尤其是从 2011 年的舆情井喷阶段转变到 2013 年上半年的舆情衰退阶段和 2013 年 7 月以后的舆情平稳阶段，舆情热度变化十分显著，但我国食品安全网络舆情的环境并未发生根本的变化。

（一）政府和媒体在食品安全事件信息发布中的作用

表 7-1 显示，在 2007—2016 年发生的 256287 起食品安全事件中，由政府部门首先曝光的食品安全事件的比例最高，超过三分之一。可见，政府部门依然是曝光食品安全事件的重要力量，如 2016 年 3 月 14 日，国家食品药品监督管理总局曝光了 2015 年食品安全十大典型案例，包括浙江温

① 2011—2016 年，作者连续 6 年对全国 12 个省市的约 2400 名网民展开跟踪调查，本节中所用的调研数据均出于此，在文中不再做特别说明。

州赖中超卤味烤肉店加工销售有毒有害食品案、江苏南京“7·21”特大生产销售有毒有害食品案、广东省惠州市老铁烤鱼店生产销售有毒有害食品案等案件，① 在全国引起轰动。然而，政府部门在曝光食品安全事件中的实际作用与网民的感受并不一致，主要原因可能是另外近三分之二的食品安全事件仍然由媒体首先曝光，网民认为政府应该承担起更大的责任。

除政府外，报纸和食品行业网站是曝光食品安全事件最重要的媒体类型，所占比例分别为34.19%和15.33%，电视所占的比例为10.31%。从更大的层面来说，报纸、电视等传统媒体的首次报道比例为44.50%，远超食品行业网站。可见，虽然近年来网络媒体迅速发展并在食品安全报道中发挥着越来越重要的作用，但食品安全事件的首次报道依然主要来源于传统媒体。

2016年在全国12个省市的调查显示，网络和电视成为网民获取食品安全信息的最重要的渠道，所占比例均超过60%；另外，报纸杂志和人际传播的比重也相对较高，分别为38.80%和31.93%。由此可知，网民获取食品安全信息的主要渠道与食品安全事件报道的主要来源并不一致。作为网民获取食品安全信息的主要渠道，网络和电视在食品安全事件报道中的作用需要进一步加强。

表7-1 食品安全事件报道的来源与网民获取渠道

单位：起、个、%

特征描述	具体特征	样本数	比例
食品安全事件的首次报道来源	政府部门	93279	36.40
	报纸	87634	34.19
	食品行业网站	39288	15.33
	电视	26413	10.31
	其他	9673	3.77

① 《食品安全十大典型案例》，2016年3月14日，见http://www.sda.gov.cn/WS01/CL0051/147080.html。

续表

特征描述	具体特征	样本数	比例
2016 年网民获取食品安全信息的渠道（多选）	网络	1631	65.50
	电视	1557	62.53
	报纸杂志	966	38.80
	人际传播	795	31.93
	科普宣传	314	12.61
	培训讲座	193	7.75
	其他	164	6.59

资料来源：食品安全事件大数据监测平台（Data Base V1.0 版本）、2016 年食品安全网络舆情问卷调查。

（二）媒体行为与网民信任特征

如表 7-2 所示，对媒体的食品安全事件报道态度的跟踪研究显示，2011 年媒体贬义报道的比例接近一半，为 48.82%，而中性和褒义的报道仅分别为 21.93%和 29.25%。可见，媒体对食品安全的报道呈现出明显的负面态度倾向。2012—2016 年的媒体报道态度基本延续了 2011 年的状态，虽然贬义报道比例较 2011 年略有下降，但下降幅度有限。六年来，媒体对食品安全的负面报道比例一直在 40%以上而且所占比例最高，表明近年来媒体的食品安全事件的报道态度并未发生本质的变化，我国的食品安全网络舆情环境不容乐观。

与之相对应，网民是媒体报道的直接受众，媒体对食品安全事件的报道态度会对网民的食品安全态度产生重要影响。连续的跟踪调查显示，2011 年网民对媒体食品安全报道信任的比例为 53.71%，虽然在其他年份略有波动，但 2011 年以来网民对食品安全报道的信任比例变化不大且一直保持在 50%以上，说明网民对食品安全报道的信任特征也未发生根本性的变化。媒体的报道态度与网民对食品安全报道的信任特征表明，虽然 2011 年以来网民对食品安全的关注度逐渐降低，但我国食品安全网络舆情的环境并未发生根本变化，负面舆论仍是主流。

表 7-2 食品安全事件的媒体报道态度与网民信任特征

单位:%

特征描述	具体特征	2011 年	2012 年	2013 年	2014 年	2015 年	2016 年
媒体对食品安全事件的报道态度	贬义	48.82	48.71	43.21	46.73	45.33	46.17
	中性	21.93	19.04	19.92	17.34	20.14	18.78
	褒义	29.25	32.25	36.87	35.93	34.53	35.05
网民对媒体食品安全报道的信任特征	不信任	17.57	2.22	9.50	13.51	8.99	12.53
	一般信任	28.72	35.84	34.21	32.31	31.71	30.12
	信任	53.71	61.94	56.29	54.18	59.30	57.35

资料来源：食品安全事件大数据监测平台（Data Base V1.0 版本）、2011—2016 年食品安全网络舆情问卷调查。

（三）政府行为与网民信任特征

表 7-3 显示，2016 年网民对政府食品安全事件报道一般信任和不信任的比例分别为 31.57%和 26.06%，对政府食品安全事件报道信任的比例仅为 42.37%，明显低于网民对媒体食品安全事件报道的信任水平。同时，信任政府辟谣信息的网民只有 35.14%，不信任和一般信任的比例之和接近 65%。这表明网民对政府食品安全事件报道的信任水平较低，究其原因，主要是由政府在处理部分食品安全事件中的表现欠佳造成的。以转基因食品安全为例，研究表明，重要的转基因食品安全网络舆情都是由政府不公开、不透明的行为引发的，显示政府对舆情引导的严重缺位。① 在“焦距放大”效应的作用下，由政府部门自身行为造成的网民对政府报道的不信任会进一步加剧，因此，政府采用公开透明的方式发布食品安全信息是提高政府公信力的重要途径。

① 吴林海、吕煜昕、吴治海：《基于网络舆情视角的我国转基因食品安全问题分析》，《情报杂志》2015 年第 4 期，第 85—90 页。

表 7-3　2016 年网民对政府食品安全事件报道的信任特征

单位：个、%

特征描述	具体特征	样本数	比例
网民对政府食品安全事件报道的信任特征	不信任	649	26.06
	一般信任	786	31.57
	信任	1055	42.37
网民对政府辟谣信息的信任特征	不信任	532	21.37
	一般信任	1083	43.49
	信任	875	35.14

资料来源：2016 年食品安全网络舆情问卷调查。

四、食品安全网络舆情客体的风险特征

食品安全网络舆情能通过媒体和网民的关注反映现实存在的食品安全问题，网民关注度较高的食品领域与存在高食品安全风险的领域相吻合，[①]而食品安全网络舆情主要由食品安全事件引发。因此，通过分析网络上关注度较高的食品安全事件的风险特征能较好地说明我国食品安全存在的风险。

（一）食品安全事件的食品种类

图 7-8 是 2007—2016 年发生的 256287 起食品安全事件的食品种类。最具大众化的肉与肉制品、蔬菜与蔬菜制品、酒类、水果与水果制品、饮料、乳制品、水产与水产制品是我国发生食品安全事件量最多的食品种类，事件发生量分别为 23424 起、21807 起、21494 起、19024 起、18174 起、17778 起和 17667 起，占食品安全事件发生总量的比例分别为 9.14%、8.51%、8.39%、7.42%、7.09%、6.94%和 6.89%，发生事件量之和占总量的 54.38%，这些应该成为政府食品安全治理的重点。以发生食品安全事件最多的肉与肉制品为例，比较典型的案例有 2011 年的双汇“瘦肉精”

① 尹世久：《信息不对称、认证有效性与消费者偏好：以有机食品为例》，中国社会科学出版社 2013 年版，第 18 页。

事件、北京“美容猪蹄”事件和2012年的江苏65万斤病死鸡流向餐桌事件、45天“速成鸡”事件等，正是这些网民关注度较高的食品安全事件推动舆情进入井喷阶段。进入舆情衰退阶段和舆情平稳阶段后，依然有较多的肉及制品的食品安全事件发生，如2013年的山东“注水猪肉”事件、狐狸老鼠肉冒充羊肉事件，2014年的广西“病死猪肉”事件、上海“福喜”事件，2015年的深圳走私冻肉事件、沃尔玛“瘦肉精”猪肉事件，2016年的重庆“发光猪肉”事件等。可见，猪肉、鸡肉等肉类产品是食品安全事件发生次数较多的肉类品种。其他食品种类所占比例由高到低依次为粮食加工品、食用油和油脂及其制品、蜂产品、糕点、调味品、特殊膳食食品、炒货食品及坚果制品、茶叶及相关制品、淀粉及淀粉制品、豆制品、糖果制品（含巧克力及制品）、饼干、薯类和膨化食品、方便食品、速冻食品、罐头、可可及焙炒咖啡产品、食糖、冷冻饮品、蛋与蛋制品。

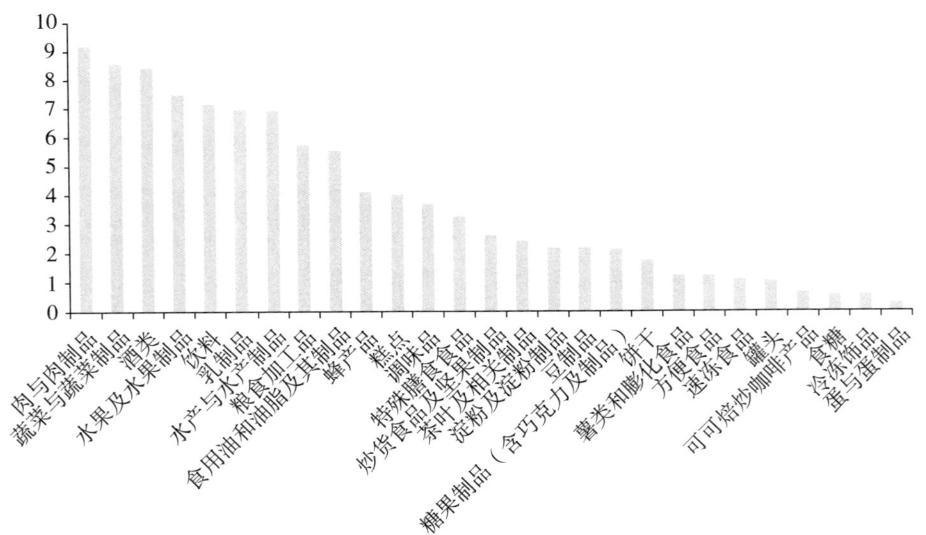

图7-8 2007—2016年中国发生的食品安全事件的种类分布（%）

资料来源：食品安全事件大数据监测平台（Data Base V1.0版本）。

（二）食品安全事件的发生原因

虽然我国发生的食品安全事件的原因相当的复杂，但关键的原因十分明显。如表 7-4 所示，72.32%的食品安全事件是由人源性因素所导致，其中违规使用添加剂引发的事件最多，占食品安全事件总数的 33.90%，其他依次为造假或欺诈、使用过期原料或出售过期产品、无证或无照的生产经营、非法添加违禁物，分别占食品安全事件总量的 13.75%、10.95%、8.91%、4.81%。在非人源性因素所产生的事件中，含有致病微生物或菌落总数超标引发的事件量最多，占食品安全事件总量的 10.75%，其他因素依次为农兽药残留、重金属超标、物理性异物，分别占食品安全事件总量的 8.11%、6.56%、2.26%。综上所述，在 2007—2016 年引发食品安全事件因素中，虽然也有技术不足、环境污染等方面的原因，但更多的是生产经营主体不当行为、不执行或不严格执行已有的食品技术规范与标准体系等人源性违规违法行为造成的。人源性风险占主体的这一基本特征将在未来一个很长历史时期继续存在，难以在短时期内发生根本性改变，由此决定了我国食品安全风险防控的长期性与艰巨性。因此，食品安全风险治理能力提升的重点是防范人源性因素，且政府未来有效的监管资源也要向此方面重点倾斜。

表 7-4　2007—2016 年中国发生的食品安全事件的原因分布

单位：起、%

	发生原因	事件数	有效比例
人为因素	违规使用添加剂	86887	33.90
	造假或欺诈	35246	13.75
	使用过期原料或出售过期产品	28066	10.95
	无证或无照的生产经营	22824	8.91
	非法添加违禁物	12331	4.81
	合　计	185354	72.32

续表

	发生原因	事件数	有效比例
非人为因素	含有致病微生物或菌落总数超标	27539	10.75
	农兽药残留	20774	8.11
	重金属超标	16816	6.56
	物理性异物	5804	2.26
	合　计	70933	27.68

资料来源：食品安全事件大数据监测平台（Data Base V1.0 版本）。

（三）食品安全事件的发生环节与责任主体

表 7-5 是 2007—2016 年中国发生的食品安全事件的环节与主体分布。食品供应链各个主要环节均不同程度地发生了安全事件，但发生在食品生产与加工环节的食品安全事件的比例为 66.86%，表明绝大多数食品安全事件发生在生产与加工环节，这是政府食品安全治理的重点环节，同时再次表明我国食品安全事件的频发主要是由人源性因素造成的。其他环节依次是批发与零售、餐饮与家庭食用、初级农产品生产、食品仓储与运输，发生事件量分别占总量的 11.08%、8.87%、8.06%和 5.13%。

对于食品安全事件的责任主体，个体生产经营者发生的事件数高达 129154 起，所占比例超过一半；小型食品企业、大中型食品企业发生的事件数分别为 86348 起、40785 起，所占比例分别为 33.69%和 15.91%。这与我国食品行业中以“小、散、低”为主的产业格局相关，数量巨大、地域分布广泛的个体生产经营者为我国食品安全风险治理带来了严峻的挑战。事实上，在我国现有的食品产业格局下，相对无限的监管对象与相对有限的监管力量构成了我国食品安全领域的根本性矛盾。

值得关注的是，虽然大中型食品企业发生的食品安全事件数量占比仅为 15.91%，但吴林海等的研究显示，在公众关注的热点食品安全事件中，大中型食品企业所占的比例接近 60%，其中不乏肯德基、麦当劳、可口可乐等国际食品巨头。[①] 可见，近年来关注度较高的食品安全事件的责任主

① 吴林海、吕煜昕、洪巍等：《中国食品安全网络舆情的发展趋势及基本特征》，《华南农业大学学报》（社会科学版）2015 年第 4 期，第 130—139 页。

体主要是大中型食品企业。这可能是因为品牌食品企业具有较高的知名度，一旦发生食品安全事件更容易引起媒体和网民的关注。与此同时，舆情的累积效应进一步提高了媒体和网民对大中型食品企业的关注度。近年来，有不少企业多次爆发高热度的食品安全事件，以麦当劳为例，麦当劳先后爆发过2011年的麦当劳“蛆虫门”事件、麦当劳面包“暴晒门”事件，2012年的麦当劳过期产品加工出售事件、沈阳麦当劳误把洗涤剂当可乐卖事件，2013年的麦当劳午餐吃出塑胶手套事件，以及2014年的麦当劳热巧克力中喝出蟑螂事件等。由于食品安全网络舆情是涉及民生的热点舆情，其生成过程中的累积效应比其他领域更为显著。而食品安全网络舆情的累积效应让公众对关系自身安全的食品安全问题十分敏感，对于已经发生食品安全事件的企业，网民会更加关注，一旦出现问题便会迅速发展成网民高度关注的食品安全事件。

表7-5　2007—2016年中国发生的食品安全事件的环节与主体分布

单位：起、%

特征描述	具体特征	事件数	有效比例
发生环节	食品生产与加工环节	171358	66.86
	批发与零售	28395	11.08
	餐饮与家庭食用	22730	8.87
	初级农产品生产	20658	8.06
	食品仓储与运输	13146	5.13
责任主体	个体生产经营者	129154	50.39
	小型食品企业	86348	33.69
	大中型食品企业	40785	15.91

资料来源：食品安全事件大数据监测平台（Data Base V1.0版本）。

（四）食品安全事件的地域分布

2007—2016年中国大陆31个省、自治区、直辖市发生的食品安全事件数量分布如图7-9所示。全国发生的食品安全事件具有明显的区域差异与聚集特点。北京市发生的食品安全事件最多，达30327起，所占比例为

11.83%，其他前五名的省份依次为广东（22838 起，8.91%）、上海（19049 起，7.43%）、山东（18782 起，7.33%）、浙江（12393 起，4.84%），以上五个省区累计发生的食品安全事件为 103389 起，占此时间段发生总量的 40.34%。贵州（3804 起，1.48%）、新疆（2663 起，1.04%）、宁夏（2408 起，0.94%）、青海（2017 起，0.79%）、西藏（683 起，0.27%）则是发生数量最少的五个省区，累计发生事件总量为 11574 起，占总量的 4.52%。值得关注的是，事件发生量最多的五个省区均地处发达的东部沿海地区，而发生量最少的五个省区均分布于西部地区，区域空间分布上呈现明显的差异性。需要说明的是，北京、广东、上海、山东、浙江等经济发达地区发生的食品安全事件数量远远高于经济欠发达的区域，但这并不能够说明这些省区食品安全状况比发生食品安全事件数最少的省区差，一个重要的原因是，经济社会比较发达省区人口集聚且流动性大、所需食品的外部输入性强，其食品安全信息公开状况相对较好，也更为国内主流媒体所关注，因此食品安全问题的报道相对更多。

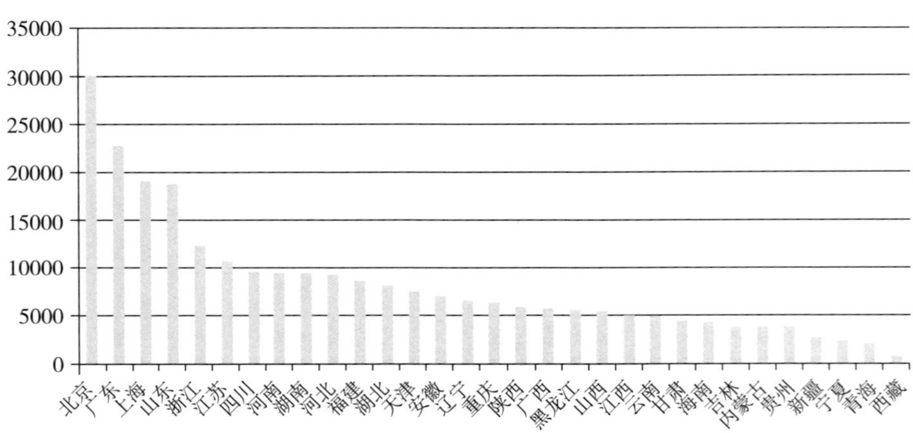

图 7-9　2007—2016 年中国发生的食品安全事件的地域分布（起）

资料来源：食品安全事件大数据监测平台（Data Base V1.0 版本）。

五、主要结论与政策建议

本节研究的主要结论与所包含的政策含义，可以归纳为：

第一，2007—2016 年我国的食品安全网络舆情发展演化历程的阶段性特征非常明显，先后经历了舆情萌芽、发展、井喷、衰退、平稳五个阶段。虽然在经历了 2011 年和 2012 年的高峰之后，网络舆情的热度在 2013 年呈逐步减弱的特征，但并没有从根本上改变负面舆论占主导的局面，网络舆情的环境没有发生本质变化。从根本上改善我国食品安全网络舆情的环境，内在地取决于提供食品社会共治，最大限度地减少食品安全事件，逐步恢复公众的食品安全消费信心，这是净化我国食品安全网络舆论环境的基本路径。与此同时，还要加强对食品安全网络舆情的引导，引领媒体、网民科学地发布信息、公正地发表观点。

第二，政府在曝光食品安全事件方面发挥着重要作用，但网民对政府的信任程度低。总体而言，政府部门在 2007—2016 年披露了超过三分之一的食品安全事件，是曝光食品安全事件的重要力量，但网民对此并不满意。2016 年表示信任政府食品安全事件报道的网民比例仅为 42. 37%，明显低于网民对媒体食品安全事件报道的信任水平，同时只有 35. 14% 的网民信任政府辟谣信息，这主要是由政府在处理部分食品安全事件时不公开、不透明的行为造成的。因此，加强对突发食品安全舆情事件处理能力的建设，采用公开透明的方式发布食品安全信息是提高政府公信力的重要途径。

第三，食品安全网络舆情客体的风险特征十分明显。肉与肉制品、蔬菜与蔬菜制品、酒类、水果与水果制品、饮料、乳制品、水产与水产制品是爆发食品安全事件的主要食品种类，所占比例较高；食品安全事件的发生原因主要为违规使用添加剂、造假或欺诈、使用过期原料或出售过期产品，表明人源性因素是我国食品安全事件频发的主要原因；接近 70% 的食品安全事件发生在食品生产与加工环节，个体生产经营者是主要的食品安全事件责任主体，所占比例超过一半，但大中型食品企业往往容易成为舆论关注的焦点；北京、广东、上海、山东、浙江等经济发达的东部沿海地区是爆发食品安全事件的主要地区。未来的食品安全治理需要根据食品安全事件的风险特征，对容易发生食品安全事件的重点食品种类、原因、发生环节、责任主体与地域分布进行重点治理，提高我国的食品安全水平。

第四节　水产品与食品安全事件的比较分析

水产品作为我国居民消费的重要食品种类之一，其质量安全事件既具有食品安全事件的共性特征，又具有自身的个性特征。

一、发展趋势不同

当前，我国的食品安全网络舆情已经进入平稳阶段，食品安全水平总体稳定、趋势向好。然而，水产品质量安全事件在 2015 年和 2016 年连续两年出现反弹，显示我国爆发的水产品质量安全事件的数量呈现上升的趋势。与此同时，2007—2016 年发生的水产品质量安全事件数量仅位列所有食品种类的第七位，但 2011—2016 年发生的水产品质量安全事件数量在所有食品种类种的排名跃升到第三位，这再次显示近年来我国发生的水产品质量安全事件的数量呈上升的趋势。可见，与总体稳定、趋势向好的食品安全水平不同，我国水产品质量安全风险仍有向负面方向发展的趋势，是我国食品安全的薄弱环节之一。

二、发生环节不同

食品生产与加工环节是我国食品安全事件发生的主要环节，所占比例高达 66. 86%。水产品质量安全事件则主要发生在餐饮与家庭食用环节，所占比例为 52. 01%，生产与加工环节所占的比重仅为 14. 12%。究其原因，与传统的畜禽等肉类产品不同，我国水产品种类多、来源广泛，消费者对水产品的消费知识十分匮乏，导致餐饮与家庭食用环节成为水产品质量安全事件发生的主要环节，这为政府加强水产品质量安全治理、提高水产品质量安全消费水平找到了突破口。

三、发生原因不同

研究显示，61.52%的水产品质量安全事件由人源性因素导致，72.32%的食品安全事件是由人源性因素导致，可见，无论是水产品质量安全事件还是食品安全事件，人源性因素都是最主要的因素。然而，造成两者的原因却各不相同。水产品造假和欺诈引发的事件最多，占所有水产品质量安全事件总数的44.19%；由于技术与自然原因而产生的发霉、变质或受到蚊虫、老鼠、蟑螂、微生物等污染等引发的事件量位居第二位，所占比例为24.28%。而违规使用添加剂引发的食品安全事件最多，占食品安全事件总数的33.90%；造假或欺诈引发的事件量位居第二位，所占比例为13.75%。这显示了水产品质量安全风险来源的特殊性。

四、地域分布基本一致

北京、广东、上海、山东、浙江、江苏是我国食品安全事件发生的主要省区，水产品质量安全事件发生的主要省区依次是上海、广东、北京、山东、江苏、浙江。由此可知，虽然排名略有不同，但地处东部沿海发达地区的北京、广东、上海、山东、浙江、江苏六个省区均是我国水产品和食品安全事件发生的主要区域。与之相对应，发生水产品和食品安全事件最少的省区则主要集中在西部地区。以上结果显示，无论是水产品质量安全事件还是食品安全事件，在区域空间分布上均呈现出明显的聚集性与差异性。

第八章　食品安全风险社会共治理论的研究进展及启示

第七章的研究显示，治理水产品质量安全风险需要构建社会共治格局。事实上，从我国实际出发，正确处理政府、市场、企业与社会等方面的关系，构建包含水产品质量安全治理体系的中国特色的“食品安全风险国家治理体系”，实施真正意义上的社会共治（Co-Goverance），才能够从根本上防范食品安全风险。然而，食品安全风险社会共治在我国是一个全新的概念，国内在此方面的实践刚刚起步，在理论层面上的研究更是空白。近年来，国内学者虽然发表了一定数量的研究文献，但就基于社会共治的本质内涵来考量，目前在此领域的研究存在明显缺失，不仅研究的水平与国外具有相当的差距，而且更由于国内实践的不足，难以真正认识社会共治。如何在借鉴西方理论研究成果的基础上，根据中国的国情，将食品安全风险社会共治理论应用于水产品质量安全领域，对我国水产品质量安全风险治理具有重大意义。本章在介绍国外食品安全风险社会共治理论研究进展的基础上，提出食品安全风险社会共治理论对水产品质量安全风险治理的启示。

第一节　基于全球视角的食品安全风险社会共治的产生背景

从经济学的视角来考量，食品信息不对称是食品安全问题产生的根源，同时也是政府在食品安全治理领域进行行政干预的根本原因。① 因此，

① J. M. Antle, “Efficient Food Safety Regulation in the Food Manufacturing Sector”, *American Journal of Agricultural Economics*, Vol. 78, 1996, pp. 1242-1247.

大多数发达国家的食品安全规制集中在利用强制性标准规范食品的生产方式或安全水平上。但1996年爆发的源自英国且引起全世界恐慌的疯牛病与其他后续发生的一系列恶性食品安全事件，严重打击了公众对政府食品安全治理能力的信心。[①] 政府亟须寻找新的、更有效的食品安全治理方法以应对公众的期盼和媒体舆论的压力。[②] 因此，从20世纪末期开始，发达国家的政府开始对食品安全规制的治理结构等进行改革。[③] 作为一种更透明、更有效地团结社会力量参与的治理方式，食品安全风险社会共治应运而生并不断发展。[④]

国际上大量的社会实践业已证明，在公共治理领域将部分公共治理功能外包可以有效地避免政府财政预算紧张和治理资源有限的问题。[⑤] 在食品生产技术快速发展、供应链日趋国际化的背景下，企业、行业协会等非政府力量在食品生产技术与管理等方面具有独一无二的优势，[⑥] 可以成为

---

① M. Cantley, "How should Public Policy Respond to the Challenges of Modern Biotechnology", *Current Opinion in Biotechnology*, Vol. 15, No. 3, 2004, pp. 258–263. B. Halkier, L. Holm, "Shifting Responsibilities for Food Safety in Europe: An Introduction", *Appetite*, Vol. 47, No. 2, 2006, pp. 127–133.

② L. Caduff, T. Bernauer, "Managing Risk and Regulation in European Food Safety Governance", *Review of Policy Research*, Vol. 23, No. 1, 2006, pp. 153–168.

③ S. Henson, J. Caswell, Food Safety Regulation: An Overview of Contemporary Issues, *Food Policy*, Vol. 24, No. 6, 1999, pp. 589–603. S. Henson, N. Hooker, "Private Sector Management of Food Safety: Public Regulation and the Role of Private Controls", *International Food and Agribusiness Management Review*, Vol. 4, No. 1, 2001, pp. 7–17. J. M. Codron, M. Fares, E. Rouvière, "From Public to Private Safety Regulation? The Case of Negotiated Agreements in the French Fresh Produce Import Industry", *International Journal of Agricultural Resources Governance and Ecology*, Vol. 6, No. 3, 2007, pp. 415–427.

④ C. Ham, "What's the Beef? The Contested Governance of European Food Safety", *Global Public Health*, Vol. 4, No. 3, 2006, pp. 315–317. A. Flynn, L. Carson, R. Lee, et al., *The Food Standards Agency: Making A Difference*, Cardiff: The Centre for Business Relationships, Accountability, Sustainability and Society (Brass), Cardiff University, 2004, p. 33. E. Vos, "EU Food Safety Regulation in the Aftermath of the BES Crisis", *Journal of Consumer Policy*, Vol. 23, No. 3, 2000, pp. 227–255.

⑤ D. Osborne, T. Gaebler, *Reinventing Government: How the Entrepreneurial Spirit is Transforming the Public Sector*, Reading, Ma: Addison-Wesley, 1992, p. 51. C. Scott, "Analysing Regulatory Space: Fragmented Resources and Institutional Design", *Public Law Summer*, Vol. 1, 2001, pp. 229–352.

⑥ Gunningham, Sinclair, *Discussing the "Assumption that Industry Knows Best how to Abate its Own Environmental Problems"*, Supra Note 17, 2007, p. 11.

政府食品安全治理力量的有效补充，在保障食品安全上发挥重要作用。[①]与传统的治理方式相比较，社会共治能以更低的成本、更有效的资源配置方式保障食品安全。[②] 食品安全风险的社会共治已是大势所趋。然而，社会共治在我国还是一个新概念。学术界、政府和社会等对食品安全风险社会共治的概念界定、基本内涵、内在逻辑等重大理论问题的研究处于起步阶段，尚未形成统一的认识。这非常不利于正确认识食品安全风险社会共治的重大意义，并将其应用于治理实践。鉴于此，基于近年来国外文献，本章从食品安全风险社会共治的内涵、运行逻辑、各方主体的边界等若干个视角，全面回顾与梳理食品安全风险社会共治的相关理论问题的演进脉络，并提出食品安全风险社会共治理论对水产品质量安全风险治理的启示，旨在为学者们深入展开研究提供借鉴。

第二节 食品安全风险社会共治的内涵

从国际上食品安全风险社会共治概念的提出至今，至少已有十多年的历史，其内涵随着实践的不断发展而日益丰富。

一、社会治理

20 世纪后期，西方福利国家的政府“超级保姆”的角色定位产生出职能扩张、机构臃肿、效率低下的积弊，在环境保护、市场垄断、食品安全等问题的治理上力不从心，引起公众的不满。与此同时，非政府组织和公民群体力量等的崛起可以有效弥补政府和市场在社会事务处理上的缺陷。到 20 世纪末，强调多元的分散主体达成多边互动的合作网络的社会治理理

---

① S. Henson, J. Humphrey, *The Impacts of Private Food Safety Standards on the Food Chain and on Public Standard-Setting Processes*, Rome: Joint FAO/WHO Food Standards Programme, Codex Alimentarius Commission, Alinorm 09/32/9d-Part Ii Fao Headquarters, p. 77.

② G. M. Marian, A. Fearneb, J. A. Caswellc, et al., “Co-Regulation as a Possible Model for Food Safety Governance: Opportunities for Public-Private Partnerships”, *Food Policy*, Vol. 32, No. 3, 2007, pp. 299-314.

论开始兴起，[①] 形成了内涵丰富且具有弹性的社会治理概念。

社会共治是社会共同治理的简称。无论对社会共治还是社会治理而言，治理都是最重要的关键词。目前，基于角度不同，学术界对治理的认识也有所区别。总体来看，学者们对治理概念的认识的差异主要是考虑问题角度与背景的不同所致。

（一）基于治理目标

米勒（R. K. Mueller）把治理定义为关注制度的内在本质和目标，推动社会整合和认同，强调组织的适用性、延续性及服务性职能，包括掌控战略方向、协调社会经济和文化环境、有效利用资源、防止外部性、以服务顾客为宗旨等内容。[②] 米勒的定义突出了治理的目标，对治理的参与主体没有较多的阐述。

（二）基于治理主体

全球治理委员会（Commission on Global Governance）对治理的定义则弥补了米勒的缺陷，强调了治理的主体构成。全球治理委员会认为，治理是各种公共或私人机构与个人管理其共同事务的诸多方式的总和，是使相互冲突的或不同的利益得以调和并采取联合行动的持续的过程，既包括正式的制度安排也包括非正式制度安排。[③]

（三）基于治理模式

布莱斯（T. A. Bressersh）进一步细化了治理的形式、主体和内容，认为治理包括法治、德治、自治、共治，是政府、社会组织、企事业单位、社区以及个人等，通过平等的合作型伙伴关系，依法对社会事务、社会组织和社会生活进行规范和管理，最终实现公共利益最大化的过程。[④]

---

① Commission on Global Governance, *Our Global Neighbourhood: The Report of the Commission on Global Governance*, London: Oxford University Press, 1995, p. 132.

② R. K. Mueller, "Changes in the Wind in Corporate Governance", *Journal of Business Strategy*, Vol. 1, No. 4, 1981, pp. 8-14.

③ Commission on Global Governance, *Our Global Neighbourhood: The Report of the Commission on Global Governance*, London: Oxford University Press, 1995, p. 132.

④ T. A. Bressersh, *The Choice of Policy Instruments in Policy Networks*, Worcester: Edward Elgar, 1998.

在总结各国学者们治理概念与相关理论研究的基础上，斯托克（G. Stoker）阐述了治理的内涵，认为治理的内涵应包含五个主要方面，分别是：(1) 治理意味着一系列来自政府但又不限于政府的社会公共机构和行为者；(2) 治理意味着在为社会和经济问题寻求解决方案的过程中存在着界限和责任方面的模糊性；(3) 治理明确肯定了在涉及集体行为的各个社会公共机构之间存在着权力依赖；(4) 治理意味着参与者最终将形成一个自主的网络；(5) 治理意味着办好事情的能力并不仅限于政府的权力，不限于政府的发号施令或运用权威。①

从学者们的研究来看，治理内涵的界定是一个多角度、多层次的论辩过程。总体来说，治理的主体包括政府、社会组织、企事业单位、社区以及社会个人等；治理的目标包括掌控战略方向、协调社会经济和文化环境、协调不同群体的利益冲突、有效利用资源、防止外部性、服务顾客，并最终实现社会利益的最大化；治理的形式包括法治、德治、自治、共治等。值得注意的是，治理中各主体之间是平等的合作型伙伴关系，这与自上而下的纵向的、垂直的、单向的政府管理活动不同。

二、社会共治

作为治理众多形式中的一种，社会共治是在社会治理理论的基础上提出的，是对社会治理理论的细化。② 目前，学者们主要从以下两个角度来定义社会共治。

（一）治理方式角度

艾尔斯（I. Ayres）和布雷思韦特（J. Braithwaite）将社会共治定义为政府监管下的社会自治，③ 坎宁安（N. Gunningham）和里斯（J. Rees）

---

① G. Stoker, "Governance as Theory: Five Propositions", *International Social Science Journal*, Vol. 155, No. 50, 1998, pp. 17-28.

② T. A. Bressersh, *The Choice of Policy Instruments in Policy Networks*, Worcester: Edward Elgar, 1998, p. 23.

③ I. Ayres, J. Braithwaite, *Responsive Regulation*, *Transcending the Deregulation Debate*, New York: Oxford University Press, 1992, p. 201.

认为社会共治是传统政府监管和社会自治的结合，[①] 可莱尼茨（C. Coglianese）和拉泽（D. Lazer）认为社会共治是以政府监管为基础的社会自治，[②] 而费尔曼（R. Fairman）和亚普（C. Yapp）则认为社会共治是有外界力量（政府）监管的社会自治。[③] 可见，尽管表述有所不同，但学者们对社会共治定义趋于一致。归纳起来，就是认为社会共治是将传统的政府监管与无政府监管的社会自治相结合的第三条道路。在此基础上，辛克莱（D. Sinclair）认为，因政府监管与社会自治的结合程度具有多样性，所以社会共治的形式也必将千差万别。[④]

（二）治理主体的角度

20 世纪 90 年代初，荷兰政府认为，在法律框架内明确政府与包括公民、社会组织在内的社会力量之间的协调合作关系对提高立法质量非常重要，并在相关文件中明确提出了辅助性原则，这是社会共治在政府文件中的早期形式。[⑤] 2000 年，英国政府在《通讯法案 2003》（*Communications Act* 2003）中明确纳入了社会共治的内容，并将其看作社会各方积极参与以确保达成一个有效的、可接受的方案过程。[⑥] 这实际上就是把社会共治视作社会治理中政府机构和企业之间合作的一种模式。[⑦] 在这种合作模式中，治理的责任由政府和企业共同承担。[⑧] 艾伦朗（P. Eijlander）从法律的角

---

① N. Gunningham, J. Rees, "Industry Self Regulation: An Institutional Perspective", *Law and Policy*, Vol. 19, No. 4, 1997, pp. 363-414.

② C. Coglianese, D. Lazer, "Management-Based Regulation: Prescribing Private Management to Achieve Public Goals", *Law & Society Review*, Vol. 37, 2003, pp. 691-730.

③ R. Fairman, C. Yapp, "Enforced Self-Regulation, Prescription, and Conceptions of Compliance within Small Businesses: The Impact of Enforcement", *Law & Policy*, Vol. 27, No. 4, 2005, pp. 491-519.

④ D. Sinclair, "Self-Regulation Versus Command and Control? Beyond False Dichotomies", *Law & Policy*, Vol. 19, No. 4, 1997, pp. 527-559.

⑤ 参见 Zicht Op Vetgeving, Kamerstukken II 1990/1991, 22 008, Nos. 1-2。

⑥ Department for Trade and Industry and Department for Culture, Media and Sport, *A New Future for Telecommunications*, London: The Stationery Office Cm 5010, 2000, p. 5.

⑦ I. Bartle, P. Vass, *Self-Regulation and the Regulatory State: A Survey of Policy and Practices*, Research Report, University of Bath, 2005, p. 14.

⑧ Organisation for Economic Cooperation and Development (OECD), *Regulatory Policies in OECD Countries, from Interventionism to Regulatory Governance*, Report OECD, 2002, p. 19.

度进一步完善了社会共治的定义，认为社会共治是在治理过程中政府和非政府力量之间协调合作来解决特定问题的混合方法。这种协调合作可能产生各种各样的治理结果，如协议、公约，甚至是法律。[①] 艾洛蒂（R. Elodie）和朱莉（A. C. Julie）则进一步完善了社会共治的参与主体，认为社会共治就是企业、消费者、选民、非政府组织和其他利益相关者共同制定法律或治理规则的过程。[②]

与此同时，学者们进一步将社会共治的概念扩展到食品安全领域。弗恩（A. Fearne）和马丁内斯（M. G. Martinez）将食品安全风险社会共治定义为在确保食品供应链中所有的相关方（从生产者到消费者）都能从治理效率的提高中获益的前提下，政府和企业一起合作构建有效的食品系统，以保障最优的食品安全水平并确保消费者免受食源性疾病等风险的伤害。[③] 玛丽安（G. M. Marian）等认为食品安全风险社会共治是指政府部门和社会力量在食品安全的标准制定、进程实现、标准执行、实时监测四个阶段中展开合作，以较低的治理成本提供更安全的食品。[④]

三、法案中社会共治的补充条款

（一）补充条款的提出

基于社会共治的丰富实践，虽然学者们和一些国家政府从多个方面阐述了社会共治的概念与定义，但仍然难以涵盖其全部内涵。为此，欧盟的相关法案在定义社会共治的同时，增加了补充条款作为对社会共治定义的

---

① P. Eijlander, "Possibilities and Constraints in the Use of Self-Regulation and Coregulation in Legislative Policy: Experience in the Netherlands-Lessons to be Learned for the EU", *Electronic Journal of Comparative Law*, Vol. 9, No. 1, 2005, pp. 1-8.

② R. Elodie, A. C. Julie, "From Punishment to Prevention: A French Case Study of the Introduction of Co-Regulation in Enforcing Food Safety", *Food Policy*, Vol. 37, No. 3, 2012, pp. 246-254。

③ A. Fearne, M. G. Martinez, "Opportunities for the Coregulation of Food Safety: Insights from the United Kingdom", *Choices: The Magazine of Food, Farm and Resource Issues*, Vol. 20, No. 2, 2005, pp. 109-116.

④ G. M. Marian, F. Andrew, A. C. Julie, H. Spencer, "Co-Regulation as a Possible Model for Food Safety Governance: Opportunities for Public-Private Partnerships", *Food Policy*, Vol. 32, No. 3, 2007, pp. 299-314.

重要补充。2001 年，欧盟出台法案将社会共治的概念应用到整个欧盟层面，指出社会共治是政府和社会共同参与的、用来解决特定问题的混合方法，其实施有两个附加条件：(1) 在法律框架下确定参与主体的基本权利和义务，并通过后续立法和自治工作来补充相关信息；(2) 在参与共治的过程中，保证社会力量作出的承诺具有约束力。①

（二）补充条款的拓展

2002 年，欧盟的《简化完善监管环境法案》(*Simplifying and Improving the Regulatory Environment*) 进一步扩展了社会共治的补充条款：(1) 社会共治可以作为立法工作的基础框架；(2) 社会共治的工作机制必须代表整个社会的利益；(3) 社会共治的实施范围必须由法律确定；(4) 社会共治框架下的相关利益方（企业、社会工作者、非政府组织、有组织的团体）的行为必须受法律的约束；(5) 如果某一领域的社会共治失败，保留恢复传统治理方式的权利；(6) 社会共治必须保证透明性原则，各主体之间达成的协定和措施必须向社会公布；(7) 参与的主体必须具有代表性，并且组织有序、能承担相应的责任。②

2003 年，欧盟的《关于更好立法的机构间协议》(*The Interinstitutional Agreement on Better Law-Making*) 第 18 条款将社会共治定义为在法律的框架下，社会中的相关利益团体（如企业、社会参与者、非政府组织或团体）与政府共同完成特定目标的机制。该协议的第 17 条款补充认为：(1) 社会共治必须在法律的框架下实行；(2) 满足透明性原则（尤其是协议的公开）；(3) 相关的参与主体要有代表性；(4) 必须能为公众的利益带来附加价值；(5) 社会共治不能以破坏公民的基本权利或政治选择为前提；(6) 保证治理的迅速和灵活，但社会共治不能影响内部市场的竞争和统一。③

---

① White Paper On European Governance, Work Area No. 2, Handling the Process of Producing and Implementing Community Rules, Group 2c, May 2001.

② 参见 Action Plan "Simplifying and Improving the Regulatory Environment", Com (2002) 278 Final。

③ 参见 The Inerinstitutional Agreement on Better Law-makig, Oj 2003, C 321/01。

四、食品安全风险社会共治内涵的标识

综合国际学界对社会治理、社会共治、食品安全风险社会共治的定义与法案中社会共治的补充条款的论述，以及发达国家的具体实践，本节构建了如图 8-1 所示的食品安全风险社会共治内涵框架示意图，并对食品安全风险社会共治作出了科学的定义，食品安全风险社会共治是指在平衡政府、企业和社会（社会组织、个人等）等各方主体利益与责任的前提下，各方主体在法律的框架下平等地参与标准制定、进程实现、标准执行、实时监测等阶段的食品安全风险的协调管理，运用政府监管、市场激励、社会监督等手段，以较低的治理成本和公开、透明、灵活的方式来保障最优的食品安全水平，实现社会利益的最大化。政府、企业、社会等主要参与主体在食品安全风险社会共治中的作用等，将在本章后续的研究中作进一步的阐述。

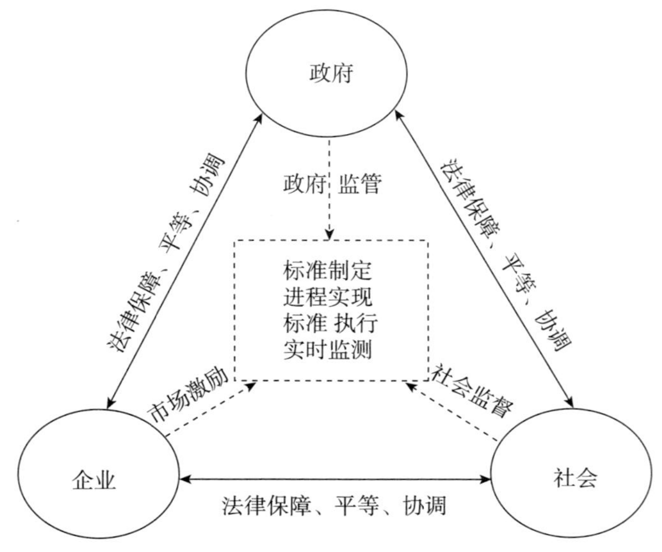

图 8-1 食品安全风险社会共治内涵框架示意图

第三节　食品安全风险社会共治的运行逻辑

20世纪90年代以来，公共治理理论发展迅速，并成为社会科学来源的研究热点。与传统社会管理理论相比较，公共治理理论成功地突破了传统的政府和市场两分法的简单思维界限，认为“政府失灵”和“市场失灵”已客观存在，甚至在某些领域同时存在政府和市场双失灵的问题，必须引入第三部门（The Third Sector，又称“第三只手”）参与公共事务的治理，且主张政府、市场与第三部门应处于平等的地位，并通过形成协调有效的网络，才能更有效地分配社会利益，确保社会福利的最大化。基于公共治理的理论，食品安全具有效用的不可分割性，消费的非竞争性和收益的非排他性，因此，食品安全具有公共物品属性，[①] 一旦食品发生质量安全事件，将给公众带来身体健康的损害，也对食品产业的健康发展带来重大影响，甚至给社会与政治稳定造成巨大的威胁，故食品安全风险属于社会公共危机，[②] 因而防范食品安全风险，确保食品安全是政府的责任。但食品也是普通商品，应该依靠市场的力量，运用市场机制来解决全社会的食品生产与供应。然而，由于食品具有搜寻品（Search Good）、经验品（Experience Good）、信任品（Credence Good）等多种属性，而其中的信任品属性是购买一段时间后甚至永远不能被消费者发现的，如蔬菜中的农药残留、火锅中的用油等，但生产者对此却往往比较清楚。[③] 生产者和消费

---

① M. Edwards, "Participatory Governance into the Future: Roles of the Government and Community Sectors", *Australian Journal of Public Administration*, Vol. 60, No. 3, 2001, pp. 78 - 88. Skelcher, Mathur, *Governance Arrangements and Public Sector Performance: Reviewing and Reformulating the Research Agenda*, 2004, pp. 23-24.

② H. Christian, J. Klaus, V. Axel, "Better Regulation by New Governance Hybrids? Governance Styles and the Reform of European Chemicals Policy", *Journal of Cleaner Production*, Vol. 15, No. 18, 2007, pp. 1859-1874. W. Krueathep, "Collaborative Network Activities of Thai Subnational Governments: Current Practices and Future Challenges", *International Public Management Review*, Vol. 9, No. 2, 2008, pp. 251-276.

③ J. Tirole, *The Theory of Industrial Organization*, The MIT Press, 1988, p. 2.

者之间的食品安全信息的不对称导致“市场失灵”,[①] 因此需要政府监管介入以有效解决“市场失灵”。传统的食品安全风险治理的理论与实践主要以“改善政府监管”为基本范式，从食品安全风险治理制度的变迁过程来看，西方发达国家一开始也主要采取政府监管为主导的模式。然而，随着经济社会的不断发展，西方发达国家逐渐认识到，单一的政府监管为主导的模式也存在“政府失灵”现象。[②] 由于食品安全问题具有复杂性、多样性、技术性和社会性，单纯依靠政府部门无法完全应对食品安全风险治理。所以，食品安全风险治理必须引进消费者、非政府组织等社会力量的参与，引导全社会共同治理。[③]

作为一种新的监管方式，食品安全风险社会共治的出现彻底改变了人们对食品风险事后治理方式的认识，弥补了传统政府监管模式的缺陷。[④] 艾洛蒂和朱莉根据美（P. May）和伯比（R. Burby）的研究成果,[⑤] 构建了如图 8-2 所示的食品安全风险社会共治实施机制的分析框架（A Framework for Analyzing Co-regulation in Enforcement Regimes）。[⑥] 无论是从治理原理还是从治理策略的角度，食品安全风险社会共治的方法更具积极性、主动性和创造性。例如，传统政府直接监管的方式主要是通过随机的检查发现违规的食品企业，然后对其进行严厉的处罚。而食品安全风险社会共治则是

① J. M. Antle, "Efficient Food Safety Regulation in the Food Manufacturing Sector", *American Journal of Agricultural Economics*, Vol. 78, No. 5, 1996, pp. 1242-1247.

② A. W. Burton, L. A. Ralph, E. B. Robert, et al., "Thomas, Disease and Economic Development: The Impact of Parasitic Diseases in St. Luci", *International Journal of Social Economics*, Vol. 1, No. 1, 1974, pp. 111-117.

③ J. L. Cohen, A. Arato, *Civil Society and Political Theory*, Cambridge, Ma: MIT Press, 1992, p. 77. A. Mutshewa, "The Use of Information by Environmental Planners: A Qualitative Study Using Grounded Theory Methodology", *Information Processing and Management: An International Journal*, Vol. 46, No. 2, 2010, pp. 212-232.

④ J. Black, "Decentring Regulation: Understanding the Role of Regulation and Self Regulation in a 'Post-Regulatory' World", *Current Legal Problems*, Vol. 54, 2001, pp. 103-147.

⑤ P. May, R. Burby, "Making Sense out of Regulatory Enforcement", *Law and Policy*, Vol. 20, No. 2, 1998, pp. 157-182.

⑥ R. Elodie, A. C. Julie, "From Punishment to Prevention: A French Case Study of the Introduction of Co-Regulation in Enforcing Food Safety", *Food Policy*, Vol. 37, No. 3, 2012, pp. 246-254.

将各种力量聚合起来，通过教育、培训等一系列手段预防食品企业违法，并通过有目的性的检查和市场激励促使企业遵法守法。因此，社会共治使更多的参与主体加入到食品安全治理的过程中，提高了治理方式的灵活性，增加了政策的适用程度，节省了公共成本。① 实践证明，在发达国家食品安全风险社会共治对食品安全风险治理产生了显著的变化。基于文献可以将这些显著的变化归纳为三个层面。

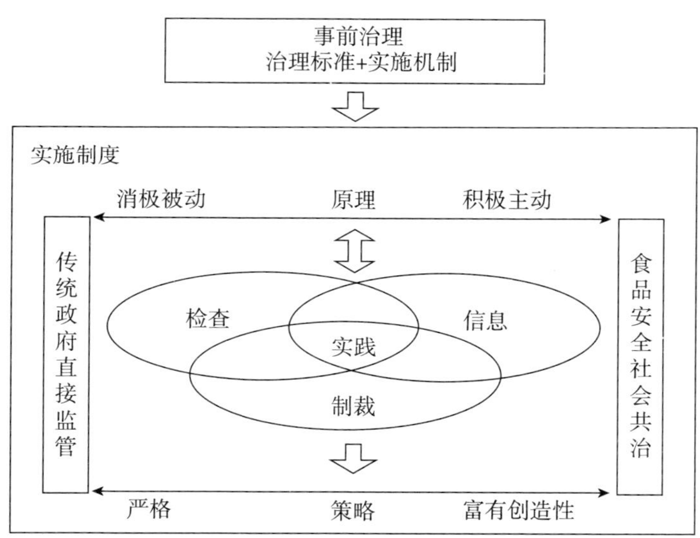

图 8-2　食品安全风险社会共治实施机制的分析框架

资料来源：R. Elodie, A. C. Julie, "From Punishment to Prevention: A French Case Study of the Introduction of Co-Regulation in Enforcing Food Safety", *Food Policy*, Vol. 37, No. 3, 2012, pp. 246-254。

一、治理力量实现了新组合且实现了质变式的倍增

与有限的政府治理资源相比，食品安全风险社会共治能够吸纳企业、

① I. Ayres, J. Braithwaite, *Responsive Regulation: Transcending the Deregulation Debate*, New York: Oxford University Press, 1992, p. 58. C. Coglianese, D. Lazer, "Management-Based Regulation: Prescribing Private Management to Achieve Public Goals", *Law and Society Review*, Vol. 37, No. 4, 2003, pp. 691-730.

社会组织和个人等非政府力量的加入。这极大地扩展了治理的主体，丰富了治理的力量。[①] 社会力量在提供更高质量、更安全食品方面发挥着重要作用，其所采用和实施的治理方法都是对政府治理行为的补充。[②] 食品的行业组织和食品生产厂商通常对食品的质量更了解，而政府能够产生以信誉为基础的激励来监控食品质量，则政府治理和企业、社会治理之间具有很强的互补性。[③] 因此，社会共治能够结合各治理主体的力量，充分发挥其各自的优势，[④] 其效用比传统的治理方法都要强。[⑤] 如在欧盟食品卫生法案的框架下，政府、企业、社会组织、公民等积极参与食品安全的治理，已经在保障食品安全方面发挥了重要作用。[⑥]

二、法律标准的严谨性与可操作性实现新提高

食品安全风险社会共治能够提高法律标准的严谨性与可操作性。一方面，对食品质量安全专业知识的了解是制定优秀法律的基础。[⑦] 企业、行业组织等非政府力量在这方面具有独特优势，将其纳入食品安全法律标准的制定中有助于使制定的法律标准更加严谨。[⑧] 另一方面，政府也会将企

① G. M. Marian, F. Andrew, A. C. Julie, et al., "Co-Regulation as a Possible Model for Food Safety Governance: Opportunities for Public-Private Partnerships", *Food Policy*, Vol. 32, No. 3, 2007, pp. 299-314.

② E. Rouvière, J. A. Caswell, "From Punishment to Prevention: A French Case Study of the Introduction of Co-Regulation in Enforcing Food Safety", *Food Policy*, Vol. 37, No. 3, 2012, pp. 246-255.

③ J. Nuñez, "A Model of Selfregulation", *Economics Letters*, Vol. 74, No. 1, 2001, pp. 91-97.

④ Commission of the European Communities, *European Governance*, *A White Paper*, *Com (2001) 428*, http://Eur-Lex. Europa. Eu/Lexuriserv/Site/En/Com/2001/Com2001_0428en01. Pdf, 2001-04-28.

⑤ S. Henson, J. Caswell, "Food Safety Regulation: An Overview of Contemporary Issues", *Food Policy*, Vol. 24, No. 6, 1999, pp. 589-603. P. Eijlander, Possibilities, "Constraints in the Use of Self-Regulation and Co-Regulation in Legislative Policy: Experiences in the Netherlands-Lessons to be Learned for the EU", *Electronic Journal of Comparative Law*, Vol. 9, No. 1, 2005, pp. 1-8.

⑥ Commission of the European Communities, *Report from the Commission to the Council and the European Parliament on the Experience Gained from the Application of the Hygiene Regulations (Ec) No 852/2004, (Ec) No 853/2004 and (Ec) No 854/2004 of the European Parliament and of the Council of 29 April 2004, Sec (2009) 1079*, Brussels, 2009, p. 10.

⑦ D. Sinclair, "Self-Regulation Versus Command and Control? Beyond False Dichotomies", *Law and Policy*, Vol. 19, No. 4, 1997, pp. 529-559.

⑧ Gunningham, Sinclair, *Discussing the "Assumption that Industry Knows Best how to Abate its Own Environmental Problems"*, Supra Note 17, 2007, p. 33.

业或行业组织等制定的非政府的标准直接升格为整个国家的法律标准。[①]由于这些标准是以食品行业专业知识为基础的，因此能相对完美地适用于食品工业，被认为是最充分和最有效的。[②] 而且，因为食品企业自身参与到法律标准的制订中，因而食品企业对新的法律标准有归属感和拥有感，[③]也更容易理解和遵守。[④] 也就是说，由食品企业参与制定的法律标准更容易被企业遵守。[⑤] 在欧盟，食品安全法律标准已经实现了政府标准与行业标准、企业标准等标准间的融合。[⑥] 法国于 2006 年 1 月 1 日生效的《卫生包装法案》(*Hygiene Package*) 便是这种模式，在保障食品从“农田到餐桌”安全方面具有的良好表现，成为保证产品质量、指导实践的典范。[⑦]

三、治理效率与治理成本实现了新变化

食品安全风险社会共治能够减轻政府和企业的食品安全治理的负担，提高治理效率，节约治理成本。多主体的加入有助于制定出符合企业或行业实际情况的决策，因而使得治理决策更具可操作性，并减轻了各方的负

① A. Fearne, M. G. Martinez, “Opportunities for the Coregulation of Food Safety: Insights from the United Kingdom”, *Choices: The Magazine of Food, Farm and Resource Issues*, Vol. 20, No. 2, 2005, pp. 109-116.

② D. Kerwer, “Rules that Many Use: Standards and Global Regulation”, *Governance*, Vol. 18, No. 4, 2005, pp. 611 - 632. D. Demortain, “Standardising through Concepts, the Power of Scientific Experts in International Standard-Setting”, *Science and Public Policy*, Vol. 35, No. 6, 2008, pp. 391 - 402.

③ Freeman, *Collaborative Governance*, Supra Note 17, 2013, p. 13.

④ R. Baldwin, M. Cave, *Understanding Regulation: Theory, Strategy, and Practice*, Oxford: Oxford University Press, 1999, p. 186.

⑤ Commission of the European Communities, European Governance' (White Paper) Com (2001) 428, 2001-07-25.

⑥ C. K. Ansell, D. Vogel, *What's the Beef? The Contested Governance of European Food Safety*, Cambridge, Ma: MIT Press, 2006, p. 257. Marsden, T. R. Lee, A. Flynn, *The New Regulation and Governance of Food: Beyond the Food Crisis*, New York and London: Routledge, 2010, p. 91.

⑦ N. Brunsson, B. Jacobsson, *A World of Standards*, Oxford: Oxford University Press, 2000, p. 45.

担。[①] 与此同时，食品安全风险社会共治能区分高风险企业和低风险企业，使政府能够集中力量有针对性地展开检查。高风险企业由此压力增加，而遵守法律的企业的负担将会减轻。[②] 在英国，政府对参与农场保险体系的农场的平均检测率为2%，而对非体系成员的农场的平均检测率为25%。这可以使参与保险体系的农场每年减少57.1万英镑的成本，同时会使当地的政府机构减少200万英镑的费用。[③]

可见，与传统的政府监管模式相比，食品安全风险社会共治的运行更加灵活、高效。在食品安全风险社会共治的运行逻辑下，食品安全治理的模式实现了从传统型的惩罚导向向现代化的预防导向的转变。[④]

第四节　政府与食品安全风险社会共治

传统的食品安全风险治理的理论研究以"改善政府监管"为主流范式，解决办法是强调严惩重典。20世纪90年代，在恶性食品安全事件频发所引致的民众压力下，西方发达国家政府基于"严惩重典"的思路，加强了对食品安全的监管力度，主要措施包括事前的法规制定和事后的直接干预。[⑤] 然而，食品安全风险治理集复杂性、多样性、技术性和社会性交织于一体，千头万绪。在治理实践中，西方发达国家政府逐渐认识到，单纯依靠行政部门应对食品安全风险治理存在很多问题。如，克雷格（R. D. Cragg）的研究发现，单纯政府监管在保障消费者食品安全需求的同时，

① M. M. Garcia, P. Verbruggen, A. Fearne, "Risk-Based Approaches to Food Safety Regulation: What Role for Co-Regulation", *Journal of Risk Research*, Vol. 16, No. 9, 2013, pp. 1101-1121.

② P. Hampton, *Reducing Administrative Burdens: Effective Inspection and Enforcement*, London: HM Treasury, 2005, p. 72.

③ Food Standards Agency, *Safe Food and Healthy Eating for All*, *Annual Report 2007/08*, London: The Food Standards Agency, 2008, p. 8.

④ E. Rouvière, J. A. Caswell, "From Punishment to Prevention: A French Case Study of the Introduction of Co-Regulation in Enforcing Food Safety", *Food Policy*, Vol. 37, No. 3, 2012, pp. 246-255.

⑤ S. Henson, J. Caswell, "Food Safety Regulation: An Overview of Contemporary Issues", *Food Policy*, Vol. 24, No. 6, 1999, pp. 589-603.

也可能会破坏市场机制的正常运行;[①] 科林（M. Colin）等的研究认为，政府监管机构在组织和形式上的碎片化，导致其治理能力被显著耗散和弱化，甚至会发生政府寻租、设租的行为，出现行政腐化。[②]

尽管在传统食品安全风险治理中政府自身也存在诸多问题，甚至由于组织形式上的碎片化产生负面影响，但在新的食品安全风险社会共治框架中，政府仍然具有不可取代的作用。[③] 实际上，对政府而言，明确其在食品安全风险社会共治中的职能定位和治理边界至关重要。大卫（O. David）和泰德（G. Ted）提出政府的职能是掌舵而不是划桨，是授权而不是服务。[④] 珍妮特（V. D. Janet）和罗伯特（B. D. Robert）则主张政府的职责是服务，而不是掌舵，政府要尽量满足公民个性化的需求，而不是替民做主。[⑤] 具体到食品安全问题，监管优化专项小组（Better Regulation Task Force）的研究认为，对于任意给定的食品安全问题，政府的干预水平可以从什么都不做、让市场自己找到解决办法，到直接管制。[⑥] 玛丽安等根据政府在食品安全治理中的介入程度，进一步将政府治理划分为无政府干预、企业自治、社会共治、信息与教育、市场激励机制、政府直接命令和管控六个阶段,[⑦] 具体如表 8-1 所示。社会共治作为其中的第三阶段，政府在其中的功能与作用是具体而明确的。

---

① R. D. Cragg, *Food Scares and Food Safety Regulation: Qualitative Research on Current Public Perceptions (Report Prepared for Coi and Food Standards Agency)*, London: Cragg Ross Dawson Qualitative Research, 2005, p. 9.

② M. Colin, K. Adam, L. Kelley, et al., "Framing Global Health: The Governance Challenge", *Global Public Health*, Vol. 7, No. 2, 2012, pp. 83-94.

③ B. M. Hutter, *The Role of Non State Actors in Regulation*, London: The Centre for Analysis of Risk and Regulation (Carr), London School of Economics And Political Science, 2006, p. 60.

④ O. David, G. Ted, *Reinventing Government*, Penguin, 1993, p. 171.

⑤ V. D. Janet, B. D. Robert, *The New Public Service: Serving, Not Steering*, M. E. Sharpe, 2002, p. 143.

⑥ Better Regulation Task Force, *Imaginative Thinking for Better Regulation*, http://www.brtf.gov.uk/docs/pdf/imaginativeregulation.pdf, 2003, p. 117.

⑦ G. M. Marian, F. Andrew, A. C. Julie, et al., Co-Regulation as a Possible Model for Food Safety Governance: Opportunities for Public-Private Partnerships, *Food Policy*, Vol. 32, No. 3, 2007, pp. 299-314.

表 8-1 政府在食品安全治理中的介入程度

阶段	介入程度	具体描述
阶段一	无政府干预	不作为
阶段二	企业自治	自愿的行为规范 农场管理体系 企业的质量管理体系
阶段三	社会共治	依法管理 依靠政府的政策和管理措施治理
阶段四	信息与教育	向社会发布食品安全监管相关信息 对消费者提供信息和指导 对违规企业实名公示
阶段五	市场激励机制	奖励安全生产的企业 为食品安全投资创造市场激励
阶段六	政府直接命令和管控	直接规制 执法与检测 对违规企业制裁与惩罚

资料来源：G. M. Marian, F. Andrew, A. C. Julie, et al., "Co-Regulation as a Possible Model for Food Safety Governance: Opportunities for Public-Private Partnerships", *Food Policy*, Vol. 32, No. 3, 2007, pp. 299-314。

进一步分析，政府在食品安全社会共治中的基本功能是：

一、构建保障市场与社会秩序的制度环境

在食品安全风险社会共治的框架下，作为引导者，政府最重要的责任是构建保障市场与社会秩序的制度环境。① 政府有责任对企业的生产过程进行监管，确保企业按照法律标准生产食品。② 同时，政府有责任建立有效的惩罚机制，在法律的框架下对违规企业进行处罚，这有利于建立消费

① A. Hadjigeorgiou, E. S. Soteriades, A. Gikas, "Establishment of a National Food Safety Authority for Cyprus: A Comparative Proposal Based on the European Paradigm", *Food Control*, Vol. 30, No. 2, 2013, pp. 727-736.

② E. Rouvière, J. A. Caswell, "From Punishment to Prevention: A French Case Study of the Introduction of Co-Regulation in Enforcing Food Safety", *Food Policy*, Vol. 37, No. 3, 2012, pp. 246-255.

者对食品安全治理的信心。[①] 然而，如何确定政府监管和惩罚的程度，既可以促使企业自愿实施类似于危害分析和关键控制点的质量保证系统，又不损害企业的生产积极性和自主生产行为决策的灵活性，是对政府的一大挑战。[②]

二、构建紧密、灵活的治理结构

食品安全治理的效果取决于治理结构的水平，分散的、不灵活的治理结构会严重限制治理各方主体有效应对不断变化的食品安全风险的能力。[③] 因此，政府需要根据本国的实际情况，运用不同的政策工具组合来构建最优的社会共治结构，实现治理结构的紧密性和灵活性。[④] 考虑到食品供应链体系中主体间的诚信缺失会严重影响各个主体间的进一步合作，[⑤] 信息交流的制度与法规建设应成为治理结构的重要组成部分，通过信息的公开、交流来解决治理结构中的不信任问题。[⑥]

三、构建与企业、社会的友好合作的伙伴关系

作为公共治理领域的主要部门，政府应发挥自身优势，不断加强与企

---

① R. D. Cragg, *Food Scares and Food Safety Regulation: Qualitative Research on Current Public Perceptions (Report Prepared for Coi and Food Standards Agency)*, London: Cragg Ross Dawson Qualitative Research, 2005, p. 21.

② C. Coglianese, D. Lazer, "Management-Based Regulation: Prescribing Private Management to Achieve Public Goals", *Law and Society Review*, Vol. 37, No. 4, 2003, pp. 691-730.

③ L. J. Dyckman, *The Current State of Play: Federal and State Expenditures on Food Safety*, Washington, DC: Resource for the Future Press, 2005, p. 106. R. A. Merrill, *The Centennial of Us Food Safety Law: A Legal and Administrative History*, Washington, DC: Resource for the Future Press, 2005, p. 39.

④ B. Dordeck-Jung, M. J. G. O. Vrielink, J. V. Hoof, et al., "Contested Hybridization of Regulation: Failure of the Dutch Regulatory System to Protect Minors from Harmful Media", *Regulation & Governance*, Vol. 4, No. 2, 2010, pp. 154-174. F. Saurwein, "Regulatory Choice for Alternative Modes of Regulation: How Context Matters", *Law & Policy*, Vol. 33, No. 3, 2011, pp. 334-366.

⑤ A. Fearne, M. G. Martinez, "Opportunities for the Coregulation of Food Safety: Insights from the United Kingdom", *Choices: The Magazine of Food, Farm and Resource Issues*, Vol. 20, No. 2, 2005, pp. 109-116. G. M. Marian, F. Andrew, A. C. Julie, et al., "Co-Regulation as a Possible Model for Food Safety Governance: Opportunities for Public-Private Partnerships", *Food Policy*, Vol. 32, No. 3, 2007, pp. 299-314.

⑥ C. Jia, D. Jukes, "The National Food Safety Control System of China-Systematic Review", *Food Control*, Vol. 32, No. 1, 2013, pp. 236-245.

业、社会组织、个人等治理主体在食品安全治理领域的友好合作，成为团结企业、社会的重要力量。[①] 在食品安全风险治理的过程中，政府应广泛吸收多方力量的参与，在公民、厂商、社会组织与政府之间构建一种相互信任、合作有序的伙伴关系，以便有效抑制治理主体的部门本位主义，减少部门间的扯皮推诿现象，提高治理政策的有效性和公平性。[②] 同时，为了更好地与企业、社会展开合作，政府应开诚布公地公开自身信息，增进其他主体对自己的信任，构建和谐有序的社会共治环境。[③] 除此之外，为食品企业及时提供信息和教育培训可以改善政府和企业之间的关系。[④]

第五节　企业与食品安全风险社会共治

企业是食品生产的主体，其生产行为直接或间接决定着食品的质量安全。食品安全风险社会共治要求食品企业承担更多的食品安全责任。[⑤] 然而，企业的最终目的是获取经济收益，食品生产者和经营者会根据生产和销售过程中的成本与收益来决定是否遵守食品安全法规，其行动的范围包括完全遵守到完全不遵守。[⑥] 食品企业还会评估其内部（资源）激励和外部（声誉、处罚）激励的成本与收益，根据预算额度的限制、销售策略和

① P. Eijlander, "Possibilities and Constraints in the Use of Self-Regulation and Co-Regulation in Legislative Policy: Experience in the Netherlands- Lessons to be Learned for the EU", *Electronic Journal of Comparative Law*, Vol. 9, No. 1, 2005, pp. 1-8.

② D. Hall, "Food with a Visible Face: Traceability and the Public Promotion of Private Governance in the Japanese Food System", *Geoforum*, Vol. 41, No. 5, 2010, pp. 826-835.

③ A. P. J. Mol, "Governing China's Food Quality through Transparency: A Review", *Food Control*, Vol. 43, 2014, pp. 49-56.

④ R. Fairman, C. Yapp, "Enforced Self-Regulation, Prescription, and Conceptions of Compliance within Small Businesses: The Impact of Enforcement", *Law & Policy*, Vol. 27, No. 4, 2005, pp. 491-519. A. Fearne, M. M. Garcia, M. Bourlakis, *Review of the Economics of Food Safety and Food Standards*, *Document Prepared for the Food Safety Agency*, London: Imperial College London, 2004, p. 82.

⑤ E. Rouvière, J. A. Caswell, "From Punishment to Prevention: A French Case Study of the Introduction of Co-Regulation in Enforcing Food Safety", *Food Policy*, Vol. 37, No. 3, 2012, pp. 246-255.

⑥ S. Henson, M. Heasman, "Food Safety Regulation and the Firm: Understanding the Compliance Process", *Food Policy*, Vol. 23, No. 1, 1998, pp. 9-23.

市场结构决定相应的保障措施来达到一定的食品安全水平。[①] 因此，要运用市场机制实现企业在食品安全风险社会共治中的主体责任。

一、加强企业自律与自我管理

对于企业而言，较高的食品质量不仅可以保证企业免受政府的惩罚，还可以形成良好的声誉并获取收益，加强企业自律与自我管理是保证食品质量的重要环节。[②] 企业的自我管理意味着风险分析与控制。鉴于此，欧盟和美国的很多食品企业采纳的 HACCP 管理体系是国际上公认度最高的食品安全治理工具之一。[③] 食品质量和销量的激励能促进企业实施 HACCP 管理体系，但食品企业规模会限制企业实施该体系的能力。[④] 由于缺少资金和技术，占食品企业绝大多数的中小企业很难实施类似的管理体系，需要根据企业的实际情况来实现自我管理。[⑤]

二、通过契约机制保障食品质量

西方发达国家的食品企业往往通过纵向契约激励来实现食品产出和交易的质量安全，食品供应链体系中下游厂商的作用尤为明显。为了更好地控制产品质量，食品供应链体系中农户、加工企业、运输企业和零售企业

---

① R. Loader, J. Hobbs, "Strategic Responses to Food Safety Legislation", *Food Policy*, Vol. 24, No. 6, 1999, pp. 685–706.

② A. Fearne, M. G. Martinez, "Opportunities for the Coregulation of Food Safety: Insights from the United Kingdom", *Choices: The Magazine of Food, Farm and Resource Issues*, Vol. 20, No. 2, 2005, pp. 109–116.

③ S. L. Jones, S. M. Parry, S. J. O'Brien, et al., "Are Staff Management Practices and Inspection Risk Ratings Associated with Foodborne Disease Outbreaks in the Catering Industry in England and Wales", *Journal of Food Protection*, Vol. 71, No. 3, 2008, pp. 550–557.

④ P. K. Dimitrios, L. P. Evangelos, D. K. Panagiotis, "Measuring the Effectiveness of the HACCP Food Safety Management System", *Food Control*, Vol. 33, No. 2, 2013, pp. 505–513.

⑤ R. Fairman, C. Yapp, "Enforced Self-Regulation, Prescription, and Conceptions of Compliance within Small Businesses: The Impact of Enforcement", *Law and Policy*, Vol. 27, No. 4, 2005, pp. 491–519. L. M. Fielding, L. Ellis, C. Beveridge, et al., "An Evaluation of HACCP Implementation Status in UK SME's in Food Manufacturing", *International Journal of Environmental Health Research*, Vol. 15, No. 2, 2005, pp. 117–126.

之间的契约激励将会越来越普遍。当出售产品的特征容易被识别时，契约条款会更多地关注财务激励；而当出售产品的特征很难被识别时，契约条款会更加细化具体的投入和行为要求。[①] 下游企业可以通过提高检测系统的精度来保障购入食品的质量安全，并在出现食品质量问题后通过契约机制获得上游企业的赔偿。这促使上游企业采取措施保障生产食品的质量安全。[②] 所以，食品供应链体系中的参与者能够通过有效的契约条款控制最终到达消费者手中产品的质量。[③]

三、向消费者传递安全信息

食品企业可以通过标识认证、可追溯系统等工具向消费者传递安全信息，解决食品安全信息不对称问题。在标识认证方面，除了国际认证标准和政府认证标准，国外的标识认证还有地方、私有组织或者农场层面的认证体系以及零售企业制定的质量安全标准。[④] 例如，在遵循反托拉斯法（*Anti - Trust Act*）的前提下，欧洲零售商组织（Euro - Retailer Produce Working Group，EUREP）制定了良好农业规范（Good Agricultural Practice，EUREP GAP）标准，包括综合农场保证、综合水产养殖保证、茶叶、花卉和咖啡的技术规范等。[⑤] 这些技术规范体现在设备标准、生产方式、包装过程、质量管理等诸多方面，有时甚至比相关法律规范更为严格。[⑥] 在可追溯系统方面，企业实施可追溯系统能够提高食品供应链管理效率，使具

---

① L. Wu, D. Zhu, *Food Safety in China: A Comprehensive Review*, CRC Press, 2014, p. 201.

② S. A. Starbird, V. Amanor-Boadu, "Contract Selectivity, Food Safety, and Traceability", *Journal of Agricultural & Food Industrial Organization*, Vol. 5, No. 1, 2007, pp. 1-23.

③ D. Ajay, R. Handfield, C. Bozarth, *Profiles in Supply Chain Management: An Empirical Examination*, 33rd Annual Meeting of the Decision Sciences Institute, 2002, p. 66.

④ J. A. Caswell, E. M. Mojduszka, "Using Information Labeling to Influence the Market for Quality in Food Products", *American Journal of Agricultural Economics*, Vol. 78, No. 5, 1996, pp. 1248-1253.

⑤ E. Roth, H. Rosenthal, "Fisheries and Aquaculture Industries Involvement to Control Product Health and Quality Safety to Satisfy Consumer-Driven Objectives on Retail Markets in Europe", *Marine Pollution Bulletin*, Vol. 53, No. 10, 2006, pp. 599-605.

⑥ C. Grazia, A. Hammoudi, "Food Safety Management by Private Actors: Rationale and Impact on Supply Chain Stakeholders", *Rivista Di Studi Sulla Sostenibilita'*, Vol. 2, No. 2, 2012, pp. 111-143.

有安全信任属性的食品差异化，提高食品质量安全水平，降低因食品安全风险而引发的成本，满足消费市场需求，最终获得净收益。①

第六节　社会力量与食品安全风险社会共治

社会力量是食品安全风险社会共治的重要组成部分，是对政府治理、企业自律的有力补充，决定着公共政策的成败。② 社会力量是指能够参与并作用于社会发展的基本单元。作为相对独立于政府、市场的“第三领域”，社会力量主要由公民与各类社会组织等构成。③ 社会组织主要包括有成员资格要求的社团、俱乐部、医疗保健组织、教育机构、社会服务机构、倡议性团体、基金会、自助团体等。④ 作为联系国家—社会与公—私领域的纽带，社会组织有利于产生高度合作、信任以及互惠性行为，降低治理政策的不确定性，是对“政府失灵”和“市场失灵”的积极反应和有力制衡。⑤ 一方面，社会组织可以监督政府行为，通过自身力量迫使政府改正不当行为，起到弥补“政府失灵”的作用；⑥ 另一方面，在市场面临契约失灵困境时，不以营利为目的社会组织可以有效制约生产者的机会主

① L. Wu, H. Wang, D. Zhu, “Analysis of Consumer Demand for Traceable Pork in China Based on a Real Choice Experiment”, *China Agricultural Economic Review*, Vol. 7, No. 2, 2015, pp. 303-321.

② E. Bardach, *The Implementation Game: What Happens after a Bill Becomes a Law*, Cambridge, Ma: The MIT, 1978, p. 98. J. L. Pressman, A. Wildavsky, *Implementation: How Great Expectations in Washington are Dashed in Oakland 3rd Edn*, Los Angeles, Ca: University of California Press, 1984, p. 66. M. Lipsky, *Street-Level Bureaucracy: Dilemmas of the Individual in Public Services*, New York: Russell Sage Foundation, 2010, p. 131.

③ S. Maynard-Moody, M. Musheno, *Cops, Teachers, Counsellors: Stories from the Frontlines of Public Services*, Ann Arbor, Mi: University of Michigan Press, 2003, p. 221. G. Jeannot, “Les Fonctionnaires Travaillent-Ils De Plus En Plus? Un Double Inventaire Des Recherches Sur L'Activité Des Agents Publics”, *Revue Française De Science Politique*, Vol. 58, No. 1, 2008, pp. 123-140.

④ M. S. Lester, S. W. Sokolowski, *Global Civil Society: Dimensions of the Nonprofit Sector*, Johns Hopkins Center for Civil Society Studies, 1999, p. 54.

⑤ R. D. Putnam, *Making Democracy Work: Civic Traditions in Modern Italy*, Princeton: Princeton University Press, 1993, p. 76.

⑥ A. P. Bailey, C. Garforth, “An Industry Viewpoint on the Role of Farm Assurance in Delivering Food Safety to the Consumer: The Case of the Dairy Sector of England and Wales”, *Food Policy*, Vol. 45, 2014, pp. 14-24.

义，从而补救“市场失灵”，以满足公众对社会公共物品的需求。[①] 美国、欧盟等西方国家的社会组织常常通过组织化和群体化的示威、抗议、宣传、联合抵制等社会活动进行监管。[②]

个人是其自己行为的最佳法官，[③] 因此，每一个社会公民都是食品安全的最佳监管者。社会公民可以通过各种各样的途径随时随地参与食品安全监管，如公众可以通过网络参与食品安全的治理，网络的便捷性可以让公众轻松地监管食品安全。[④] 然而，食品安全科技知识相对不足限制了公众参与食品安全治理的实际水平。提高食品安全系统的透明度和可溯源性能显著增强消费者的监管能力。[⑤] 以转基因食品为例，对转基因食品安全性的担忧促使公民强烈要求根据科技知识和自身偏好进行食品消费决策，并要求政府提供畅快的信息、企业贴示转基因标签等方式保障其知情权，维护自身权益。[⑥]

第七节　社会共治理论对水产品质量安全风险治理的启示

对食品安全风险社会共治相关外文文献进行梳理归纳的研究发现，国外现有的研究已较为深入地探讨了食品安全风险社会共治的概念内涵、运行逻辑、主体定位与边界。但国外的研究也有诸多缺失，主要是目前的研

---

① J. M. Green, A. K. Draper, E. A. Dowler, “Short Cuts to Safety: Risk and Rules of Thumb in Accounts of Food Choice”, *Health, Risk and Society*, Vol. 5, No. 1, 2003, pp. 33-52.

② G. F. Davis, D. Mcadam, W. R. Scott, *Social Movements and Organization Theory*, Cambridge: Cambridge University Press, 2005, p. 52. B. G. King, K. G. Bentele, S. A. Soule, “Protest and Policy-making: Explaining Fluctuation in Congressional Attention to Rights Issues”, *Social Forces*, Vol. 86, No. 1, 2007, pp. 137-163.

③ A. P. Richard, *Economic Analysis of Law*, Aspen, 2010, p. 132.

④ G. G. Corradof, “Food Safety Issues: From Enlightened Elitism towards Deliberative Democracy? An Overview of Efsa's Public Consultation Instrument”, *Food Policy*, Vol. 37, No. 4, 2012, pp. 427-438.

⑤ F. V. Meijboom, F. Brom, “From Trust to Trustworthiness: Why Information is not Enough in the Food Sector”, *Journal of Agricultural and Environmental Ethics*, Vol. 19, No. 5, 2006, pp. 427-442.

⑥ Todto, “Consumer Attitudes and the Governance of Food Safety”, *Public Understanding of Science*, Vol. 18, No. 1, 2009, pp. 103-114.

究仅仅从治理方式和治理主体两个层面上定义食品安全风险社会共治，尚难以清楚地阐述食品安全风险社会共治的丰富内涵；单纯聚焦食品安全风险社会共治体系中各个主要主体的定位与边界，尚难以科学反映食品安全风险社会共治框架下各个主要主体之间的内在联系。而且由于政治制度、经济发展阶段、社会治理结构与食品工业发展水平等存在差异，国外现有的理论研究成果与社会共治的实践难以完全适合中国的现实。但食品安全风险社会共治具有世界性的共同规律，国际上对食品安全风险社会共治的理论研究和不同实践对我国的食品安全风险社会共治建设具有重要的借鉴价值，对我国的水产品质量安全风险治理具有一定的启示意义。

一、政府对水产品质量安全的监管具有边界性

毫无疑问，政府在水产品质量安全社会共治体系中处于核心地位，没有政府的组织参与和积极推动，水产品质量安全社会共治体系就无从谈起。然而，相对有限的政府监管资源很难对相对无限的水产品生产、加工、流通、经营主体进行全方位监管。因此，政府对水产品质量安全的监管具有边界性，在相关监管活动中应坚持有所为，有所不为。在水产品质量安全领域，政府最重要的作用就是制定严谨的水产品质量安全标准和符合我国实际的水产品质量安全法律体系，构建公平有序的水产品市场环境，对违反水产品质量安全法律法规的水产品生产经营主体进行惩罚。

二、进一步发挥社会组织的作用

在我国水产品质量安全风险治理领域，水产品经济合作组织、水产品行业协会、村民自治组织、媒体组织等社会组织需要在未来发挥越来越重要的作用。(1) 水产品经济合作组织。水产品经济合作组织可以对养殖饲料、渔药等渔业生产资料的质量安全进行统一管理，规范组织内农户的水产品养殖、加工等行为，保障我国水产品的源头安全。(2) 水产品行业协会。水产品行业协会以促进水产品行业发展为主要职责，为了水产品行业的发展，一方面需要制定水产品质量安全领域的行业标准；另一方面需要

对协会的会员企业单位进行监督管理，组织会员企业为保障水产品的质量安全而共同努力。(3) 村民自治组织。村民自治组织是我国最重要的基层自治组织，法律地位明确、分布广泛、根植于乡土，具有实体性与草根性、自主性与多样性，可以通过村规民约等途径引导水产品质量安全村民自治。(4) 媒体组织。媒体组织在水产品质量安全风险社会共治中的作用十分巨大，可以通过暗访、调查等方式将水产品生产经营主体的违法行为进行曝光，让不安全风险暴露在公众面前，做水产品质量安全的监督者。

三、把握水产品质量安全风险的本质特征

管理者在寻求解决复杂的社会公共问题的路径时，必须适应所治理对象（系统）的复杂性，把握其最本质的特征。公共社会问题基本特征的研究应该是当代国家治理理论与实践研究的一个重要领域与基础性主题。因此，考察国内外“社会管理”到“社会治理”演变的历史轨迹，并基于社会学理论尤其是新公共治理理论来研究中国的水产品质量安全风险社会共治体系，应该达成的一个最基本的共识是，必须首先深入研究水产品质量安全风险这一公共社会问题的本质特征。现实的水产品质量安全风险公共社会问题的本质特征是水产品质量安全风险社会共治体系构建的基础来源与逻辑起点。任何一个国家或地区的水产品质量安全风险社会共治体系与治理能力的有效性，首先取决于其与所面临的现实水产品质量安全风险本质特征的契合程度。因此，构建水产品质量安全风险社会共治体系必须要把握我国水产品质量安全风险的本质特征。

四、水产品质量安全风险社会共治体系的基本特点

基于食品安全风险社会共治理论，水产品质量安全风险社会共治体系的基本特点主要包括：(1) 风险治理的实践特色。构建的中国特色水产品质量安全风险社会共治体系应该努力建立在实践的基础上，主要总结中央“自上而下”的推进实践、基层“自下而上”的推动实践、地方与部门连接上下的促进实践，科学地总结中央经验、地方与部门经验、基层经验等

相互组合的"中国经验"，在理论研究上凝练中国特色的水产品质量安全风险社会共治体系的实践特色，丰富与发展理论体系的内涵。(2) 共治体系的系统特色。应该将政府、市场、社会三个主要治理主体作为一个有机的系统，从不同主体的基本职能出发，整体性地系统设计在共治体系中的相互关系。不仅如此，系统特色还体现在将水产品全程产业链上各种生产经营主体，人源性、化学性、生物性、物理性等各种水产品质量安全风险，技术、法治、制度、信息等各种风险治理工具分别作为相对独立的子系统，分别构成行为共治主体子系统、安全风险子系统、治理工具子系统，并把这些子系统分别嵌入食品安全风险治理的大系统之中，用系统、辩证的视野研究理论体系，体现系统治理、综合治理、依法治理、源头治理的特色。(3) 将治理体系与治理能力、技术保障实现有机统一。水产品质量安全风险社会共治能否达到理想的治理目标，不仅仅取决于体系的制度安排与运行机制，也取决于主体的治理能力与体系的技术能力。因此，要研究共治主体的基本职能，探讨主体治理工具的设计与创新，而且把依靠科技进步，实现治理能力的现代化纳入其中。

五、未来需要研究的主要问题

在借鉴学习国外食品安全风险社会共治理论的基础上，未来需要深入探究中国特色的水产品质量安全风险社会共治体系。(1) 水产品质量安全风险社会共治中主体的基本功能与相互关系。政府、市场、社会这三个最关键主体在水产品质量安全风险共治中的基本职能、相互关系、运行机制与保障主体间有效协同的法治体系是什么？(2) 如何从我国"点多、面广、量大"的水产品生产经营主体构成的复杂性出发，着眼于水产品质量安全风险危害程度的分类，基于不同的风险类别，政府、市场与社会实施不同方式的组合治理？(3) 治理体系与治理能力相辅相成。现代社会治理理论对水产品质量安全风险治理提出了新要求，治理工具或政策工具的探索与应用是关键环节。政府、市场与社会实施不同方式的组合治理，应该采取哪些适当的治理工具、这些治理工具如何组合、工具的治理效率如何评估？

第九章　水产品质量安全谣言及治理路径

水产品质量安全谣言成为我国水产品质量安全领域的突出问题，对我国水产品产业发展和社会稳定造成巨大冲击。因此，探究水产品质量安全谣言的治理路径对促进水产品产业发展和维护社会稳定具有重要意义。本章首先介绍相关研究背景，然后论述我国水产品质量安全领域的十大谣言，最后以“塑料紫菜谣言”为例探究水产品质量安全谣言的治理路径。

第一节　水产品质量安全谣言研究的相关背景

科学技术的发展和网络时代的到来，改变了信息传播方式，公众接受和传播信息的速度得到了极大地提高，具有数字化特征媒体形式的新媒体的出现，使得每个人都可以成为新闻的制造者，而我国正处于社会转型的关键时期，社会各种矛盾凸显，又为网络谣言的产生创造了条件。如果对谣言放任不管任其发展不仅会对网络环境和人们的日常生活造成影响，还可能会扰乱社会秩序、危害国家安定。因此，有必要对网络谣言进行研究和控制。据统计，网络谣言中有近一半是关于食品类的，民以食为天，食品安全问题是老百姓最关注的问题之一，食品安全问题涉及每个人自身利益问题，所以食品安全谣言的防范和治理就具有更加重要的意义。而由于水产品种类多、公众对水产品不了解等原因，水产品质量安全谣言成为食品安全谣言的重灾区，这些流传的谣言不仅影响居民的正常水产品质量安全消费，而且对我国的水产品产业造成巨大冲击，严重影响我国的经济安全。

目前，针对网络谣言的研究比较丰富，有关食品安全网络谣言的研究还很少，而具体到水产品质量安全谣言的研究更是鲜有文献报道。如康乐等从政务微博的角度研究政务微博在网络谣言应对中的作用，并对网络谣言的应对提出了相应的建议。① 张鹏等通过对网络谣言进行分类，从认知的角度对网络谣言进行了研究。② 赖泽栋和张建州从风险认知的角度研究了食品谣言容易产生的原因和生成机制，并认为食品安全风险认知与食品风险传播行为关系密切。③ 王锦东以微信公众号为研究对象，从法律规制的角度进行了食品安全网络谣言的研究。④ 王英翠通过对微信食品安全网络谣言的产生原因和特征的分析，提出了相应的防止措施。⑤ 李亚卓等以微信公众平台为研究对象，探究专业、准确的食品安全信息在微信公众平台的传播可行性，认为在保证内容真实的情况下，专业的食品安全信息在微信公众平台中传播具有可行性且较传统媒体可操作性更强。⑥ 成昕等从管理学、心理学及新闻传播学角度分析了政府在食品安全谣言应对中陷入“塔西佗陷阱”的原因，并提出相应的建议。⑦ 侯青蜓、任燕分别以具体的食品安全事件为研究对象，从科技发展和政府食品安全监管的角度对食品安全问题进行了研究。⑧

在借鉴已有的研究成果和经验的基础上，本章重点展开水产品质量安

① 康乐、王勇、熊烁：《政务微博应对网络谣言研究》，《中国报业》2016年第20期，第25—26页。

② 张鹏、兰月新、李昊青等：《基于认知过程的网络谣言综合分类方法研究》，《图书与情报》2016年第4期，第8—15页。

③ 赖泽栋、张建州：《食品谣言为什么容易产生？——食品安全风险认知下的传播行为实证研究》，《科学与社会》2014年第1期，第112—125页。

④ 王锦东：《微信公众号食品安全谣言与法律规制》，《青年记者》2015年第25期，第78—79页。

⑤ 王英翠：《微信食品安全类谣言的传播逻辑》，《青年记者》2016年第5期，第52—53页。

⑥ 李亚卓、张立南、马凌霄等：《基于微信平台的专业食品安全信息传播可行性研究》，《商》2016年第11期，第221页。

⑦ 成昕、温少辉、孙丽娜：《从“塔西佗陷阱”谈食品安全谣言的政府应对》，《研究与探讨》2016年第6期，第65—67页。

⑧ 侯青蜓：《食品安全问题的科学分析——基于毒奶粉案例的思考》，《农村经济与科技》2011年第3期，第35—36页。任燕、安玉发、多喜亮：《政府在食品安全监管中的职能转变与策略选择——基于北京市场的案例调研》，《公共管理学报》2011年第1期，第16—25页。

全谣言的研究。首先汇总了我国水产品质量安全领域的十大谣言，并对每个谣言展开具体分析。在此基础上，以“塑料紫菜”为例，从辟谣信息发布、辟谣的影响力、辟谣的形式和内容以及对网民评论的文本分析几个方面，利用定量和定性两个角度阐释各辟谣主体在辟谣过程中的辟谣效果和存在的问题，进而对水产品质量安全网络谣言的应对提出相应的对策和建议。

第二节　我国十大水产品质量安全谣言

系统分析农业部、国家食品药品监督管理总局等政府网站发布的相关资料，结合中国食品辟谣网、果壳网谣言粉碎机、微信等网站、平台的相关报道，作者汇总形成了中国水产品质量安全的谣言数据库。通过对谣言数据库的进一步筛选、分析，详细探究谣言的来龙去脉，并综合把握谣言的传播时间、传播地域、受影响人群范围以及对行业、社会造成的负面影响程度等因素，本章最终评选出了近年来我国水产品质量安全领域的十大谣言，详细披露谣言背后的真实内容，以正视听。水产品质量安全十大谣言的排名先后与重要程度无关。从十大水产品质量安全谣言所包含的水产品种类来看，关于甲壳类的谣言最多，共有 5 个，其中虾类 4 个，蟹类 1 个；关于鱼类的谣言有 3 个，藻类的谣言有 1 个，还有 1 个谣言主要涉及海产品问题。总体来说，小龙虾应该是产生谣言最多、被黑最为严重的食品种类之一，早在 2003 年，网络上就流传着小龙虾含有害物质且生活环境肮脏的说法，且越脏的环境小龙虾生活得越好。2005 年 6 月，一则“小龙虾是第二次世界大战时期用来处理尸体的”的谣言在百度贴吧出现，随后被各大论坛广泛转载。之后，关于小龙虾的谣言越来越多，出现了“小龙虾不是虾是虫子”“外国人都不敢吃”“小龙虾浑身是虫”“小龙虾用来处理污水”等衍生谣言，每到吃小龙虾的旺季，这些谣言就会再次出现。本节选取了两个与小龙虾质量安全紧密相关的谣言展开分析。我国十大水产品质量安全谣言具体如下：

一、"塑料紫菜"

（一）谣言内容

2017年2月中下旬，一段号称"塑料紫菜"的视频在网上疯传，视频中有人将紫菜泡水撕扯，声称该品牌的紫菜很难扯断，然后用火烧，点燃后还有刺鼻的味道，"紫菜居然是塑料做的，这些黑心的商家，转起来，让更多人知道"。很快，网上爆发式地传播了20多个不同版本的"塑料紫菜"视频，其中仅涉及福建晋江的"阿一波"品牌的视频就有5个。

（二）事实真相

我国销售的紫菜主要以坛紫菜和条斑紫菜为主，福建、浙江温州等地主要养殖坛紫菜，江苏等地以养殖条斑紫菜为主，由于品种不同，外加加工工艺的差异，不同紫菜的韧性不同，可能有的紫菜好撕开，有的不好撕开。但无论是哪种紫菜，其韧性远低于塑料。塑料本身含有浓重的化工材料气味，坚韧且不溶于水，在气味、口感、味道上与紫菜有天壤之别，不可能发生混淆。事发后，晋江市市场监督管理局迅速组织开展紫菜专项检查，针对受"塑料紫菜"谣言波及的55家紫菜公司开展现场抽样，均未发现企业掺杂使用塑料或者塑料制品的现象。2017年2月27日，国家食药监总局局长毕井泉在国新办发布会上专门出面辟谣"塑料紫菜"，而各地公安机关陆续抓获了一批制造、传播"塑料紫菜"谣言以及实施敲诈勒索的涉案人员。①

（三）事件影响

"塑料紫菜"网络谣言的社会影响十分恶劣，波及范围蔓延至福建、天津、四川、甘肃、青海等全国多个省区市，且引发紫菜的舆论热度在短时间内暴增，并于2017年2月21日达到7141的热度峰值（见图9-1）。此外，"塑料紫菜"谣言还对紫菜行业造成严重冲击，从2月17日至3月28日，黑龙江、广西、甘肃等多家超市下架"阿一波"产品，18家经销

① 李丹青：《"塑料紫菜"：一则谣言重创一个行业》，《工人日报》2017年6月26日。

商退货，退货金额达 468 万元。福建晋江紫菜行业的收购价格下降三成左右，商超的紫菜订货量缩减了 30%。①

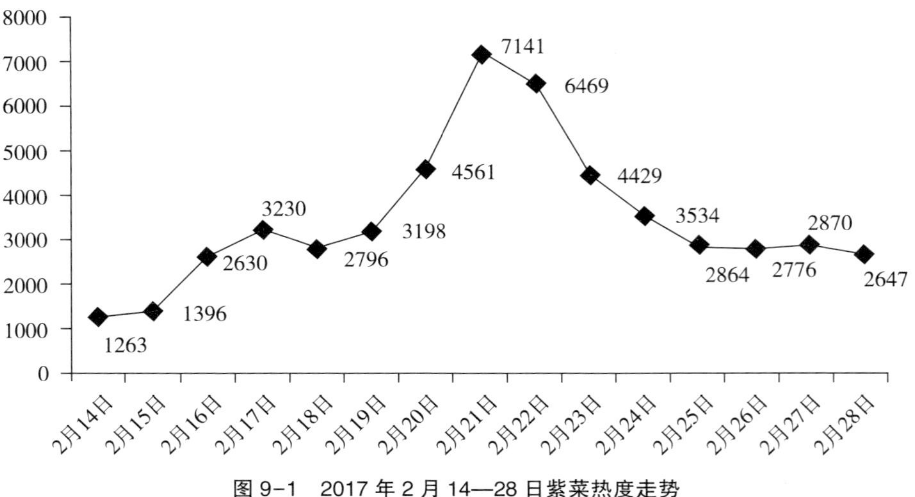

图 9-1　2017 年 2 月 14—28 日紫菜热度走势

资料来源：百度指数平台，并由作者整理所得。

二、针眼螃蟹

（一）谣言内容

2016 年 7 月 15 日，一则给青蟹打针注射的视频在社交平台疯传。该视频显示，一位大妈手持注射器向青蟹注射不明液体，网民纷纷猜测注射物为水、胡萝卜素、黄粉、蟹黄膏和尿素精等，引发公众的广泛讨论。网民们纷纷认为，注水是为了增加螃蟹的重量，注射胡萝卜素等物质是为了增加螃蟹的颜色。此外，很多人怀疑这段视频的拍摄地点是台州三门，因为台州三门以青蟹出名。还有网友说，看了这段视频，“不敢去市场买青蟹了”。

（二）事实真相

事实上，“针眼螃蟹”的谣言在之前就已经出现过，早在 2015 年 8 月

① 李丹青：《“塑料紫菜”：一则谣言重创一个行业》，《工人日报》2017 年 6 月 26 日。

12 日，"三门食品安全台州市场监管"就发布了《青蟹打针?! 不可信!!!》的消息。[①] 螃蟹注水是根本不可能的事情，第一，注水一般是需要注入肌肉比较多的个体里面，而螃蟹的蟹肉一般比较少，很多都是蟹膏组成，承载水的能力非常有限；第二，因为螃蟹的肌肉比较少，所以组织器官会快速吸收，吸收之后，组织器官的渗透压会很快失去平衡，细胞破裂，导致螃蟹死亡，死螃蟹和活螃蟹的价格差距非常大，相对来说，注水带来的"效益"微不足道；第三，螃蟹是甲壳类动物，注水之后，钙壳会留下一个孔，没办法收缩，注入的水会流出来。而螃蟹注膏也不可能，注入的"膏"是半固体的流体物质，一旦将其注入，很快就会把螃蟹的鳃附着上或堵住，而螃蟹的脏器空间都非常有限，这些流体物质会加速消亡螃蟹的一些代谢和生命体征，会导致螃蟹很快死亡。[②] 因此，针眼螃蟹是谣言！

三、黄鳝喂避孕药

（一）谣言内容

从 20 世纪 90 年代起，黄鳝是避孕药等激素催肥的说法开始流传开来。时至今日，关于黄鳝喂避孕药的新闻报道仍然铺天盖地。有网友还以资深人士教导他人如何选购黄鳝，"喂了避孕药的黄鳝长得快长得粗，所以尽量不要买太粗的"。总体来说，网上大约有 4 种关于黄鳝的说法：第一，人工养殖的黄鳝都是被避孕药催大的；第二，饲料中添加激素可以催肥黄鳝，缩短其生长周期；第三，用雄性激素给黄鳝洗澡，可加快其由雌性变雄性，达到催长的目的；第四，样子肥大的黄鳝都是用激素催肥的。

（二）事实真相

针对黄鳝喂避孕药的说法，相关研究显示，以上四类说法均为谣言。第一，试验发现，饲料中添加激素的黄鳝，一个月内生长速度比不用激素

---

① 《网传"给青蟹打针视频"专家：不靠谱不可信》，2016 年 7 月 17 日，见 http://sd.people.com.cn/n2/2016/0717/c172837-28680092-3.html。

② 程纯明：《螃蟹保卫战打响！专家企业力挺：别让河蟹成为下一条"多宝鱼"!》，《当代水产》2016 年第 8 期，第 40、42 页。

的黄鳝快了大约10%，但在一个月后这些黄鳝开始大批死亡，高剂量组死亡率高达90%，中剂量组为70%，低剂量组为50%。发生这种现象的主要原因是黄鳝吃了添加激素的饲料后，可能导致体内代谢紊乱，增加了身体脂肪的沉积，随之表现出抗病力差直至死亡的情况。第二，在饲料中添加激素让黄鳝口服，需要黄鳝驯食配合饲料技术，这种方法很难掌握，且黄鳝味觉、嗅觉特殊，常拒食有异味的饲料。此外，国家明确规定饲料中禁止添加激素。第三，实验证明，如果养殖密度超过15尾/平方米，黄鳝卵巢就自动退化体内吸收，不会排卵繁殖。在生产中，黄鳝养殖的密度至少都是50尾/平方米以上，大大高于15尾/平方米，因此，不吃激素也能将雌鳝养得很大。第四，黄鳝养殖的饲料是专门的鱼粉，里面添加了矿物质、蛋白质、维生素，而且饲料投喂量大，食物充足，少运动，所以肥大。根据农业部2008—2011年对黄鳝的产地监督抽查结果，黄鳝的乙烯雌酚激素超标率为零，黄鳝药残监测合格率达到98.78%。①

四、吃酸菜鱼感染SB250病毒

（一）谣言内容

2016年2月12日，网络上开始流传一则新闻，“汕头市人民医院昨天凌晨二点二十一分，一孕妇感染SB250病毒死亡，年龄31岁，双胞胎孩子还在妈妈肚子里，参与抢救的医生已经被隔离，据悉孕妇是在市场买草鱼回家做酸菜鱼吃后发觉呕吐头晕送院，中央250套电视新闻已播出，暂时别吃鱼肉、酸菜，特别是草鱼、酸菜鱼、水煮鱼，因汕头市到揭阳市250x10个鱼塘已感染。收到马上发给你关心的人，预防永远胜过治疗。”之后，这则新闻又出现了广东肇庆版、广东顺德版、浙江绍兴版、福建龙岩版、山东聊城版、辽宁葫芦岛版、河北唐山版、黑龙江黑河版等多个版本，在网络上大肆传播。

---

① 肖潘潘、张文、李刚：《求证·探寻喧哗背后的真相·关注水产品质量安全（二）黄鳝是激素催肥的吗?》，《中国水产》2012年第7期，第11—13页。

（二）事实真相

仔细阅读这则新闻后，可以发现新闻中有很多漏洞和疑点，第一，根本没有“SB250”这种病毒，可以说，“SB250”是一个骂人的词；第二，根本没有“中央250套”这样的电视台；第三，新闻中说的是吃酸菜鱼、水煮鱼感染的，但后面却提到汕头市到揭阳市250x10个鱼塘已感染，明显前言不搭后语。可以说，这是一个非常明显的假消息，但从这则消息的流传范围和版本来看，此谣言的传播能力十分强大，需要引起我们的注意。

五、海鲜和维C一起吃会严重中毒

（一）谣言内容

2016年10月14日，盐城一对小姐妹吃了螃蟹和柿子致一死一伤的新闻被多家网络论坛报道，死亡原因是螃蟹和柿子发生反应生成毒药导致人体中毒，这引起网民的广泛关注。早在几年前，还有一则类似的消息在国内各大论坛流传，大体内容是我国台湾省的一名女孩突然七窍流血暴毙，经初步验尸，断定为因砒霜中毒而死亡。一名医学院的教授被邀赶来协助破案，他仔细地察看了死者胃中取物后说：“砒霜是在死者腹内产生的。”死者生前每天会服食“维他命C”，晚餐又吃了大量的虾。问题就出在这里！

（二）事实真相

海鲜和维C生成毒药（砒霜）的说法早就众人皆知，这似乎成了一个基本的常识。然而，事实真的如此吗？研究发现，维生素C可以使五价砷转变为毒性很强的三价砷（砒霜的主要成分），但这是在实验室条件下才容易发生的反应。海鲜里的砷主要以有机砷的形式存在，无机砷的含量在海鲜里最多不超过总砷含量的4%，其中多是五价砷，少量是三价砷。而占主体地位的有机砷的危害非常之小，绝大部分以砷甜菜碱（Arsenobetaine）的形式存在，它们基本上会被原封不动地排出体外。[①] 且即使海鲜

① J. Borak, H. D. Hosgood, “Seafood Arsenic: Implications for Human Risk Assessment”, *Regulatory Toxicology and Pharmacology*, No. 47, 2007, pp. 204-212.

中的五价砷全部可以在人体内还原到三价砷，按照我国国家标准 GB 2762-2005，虾蟹类无机砷的上限是 0.5 mg/kg 鲜重，对于健康的成年人来说，砒霜的经口致死量为 100—300 mg，按 100 mg 砒霜来算，其中含有的砷元素为 75 mg（100 mg×150/198）。假设流言中的受害者吃的全都是污染较重的，达到无机砷含量上限的虾，那么，她也需要吃下整整 150 公斤（75mg÷0.5 mg/kg）的虾，才足以“保证”被砒霜毒死。即使按照砒霜中毒下限 5 mg，食用的虾无机砷超标 10 倍来计算，那起码也得 0.76 kg 的虾才足以被还原出来，这对于谣言中的女生来说这几乎是不可能的。①

六、鱼浮灵致癌

（一）谣言内容

2011 年 7 月，新浪微博上的一则消息称，往水中加点鱼浮灵，鱼缸里奄奄一息的鱼立刻就恢复了活力，鱼浮灵添加剂过多使用将会使鱼类出现铅、砷含量严重超标，人类食用可能致癌，还影响智力，引起媒体的广泛报道。2015 年，几乎是同样内容的消息再次在微信朋友圈流传，引发网友疯转，即使至今，这则消息仍然大有市场。

（二）事实真相

鱼浮灵俗称“固体双氧水”，主要成分是过氧碳酸钠，将其投放水中后，会水解为碳酸钠和双氧水，这时碳酸钠将提高水的 pH，双氧水碱性条件下更容易释放氧气，从而起到提高水体溶解氧的效果。鱼浮灵的作用一般是应急增氧，当连续阴天或者光照强烈时，可以通过加入这类化学增氧剂来控制水体微生物的平衡，改善水质。在活体水产品运输过程中，使用鱼浮灵能为鱼、虾、蟹等迅速提供其呼吸所必需的、充足的氧分，这不仅延长了它们的生命，还可以使因缺氧而萎靡的鱼虾活跃起来。从具体成分看，鱼浮灵含有的钠离子和钙离子在日常生活中很常见，而双氧水会很快地分解为水和氧气，也不会留下其他影响鱼虾以及消费者健康的成分，如

① Ent:《“维生素 C 与虾不能同吃”?》，2010 年 12 月 14 日，见 http://www.guokr.com/article/3332/。

农业部第235号公告《动物性食品中兽药最高残留限量》中规定，过氧化氢属于动物性食品允许使用，但不需要制定残留限量的药物；我国《食品安全国家标准　食品添加剂使用标准》（GB 2760-2014）中规定，过氧化氢属于可在各类食品加工过程中使用，残留量不需限定的加工助剂。因此，不存在网上所说的铅、砷含量超标的问题，更不可能致癌。但需要强调的是，不排除个别不法商贩可能使用不符合要求的化工品过氧碳酸钠来替代渔业用鱼浮灵，这种情况下确实有可能存在引入重金属等有害成分的风险，但渔业用的鱼浮灵是安全的。[①]

七、小龙虾浑身是虫

（一）谣言内容

2016年微信平台关于食品安全的谣言中，"小龙虾浑身是虫"传播量最高，高达5400多万。引起大家关注的是在朋友圈疯传的一段视频，视频中苏州一位爱吃龙虾的夏女士突然咯血、发烧，医生发现其肺部出现了多处空洞，被诊断为感染了肺吸虫病，而究其原因是因为吃了不干净的小龙虾。一时间，"小龙虾浑身是虫""吃小龙虾致命"等说法甚嚣尘上。

（二）事实真相

经过深入分析，微信朋友圈传播的视频确有出处。2016年4月13日，浙江卫视《新闻深一度》节目讲述了夏女士感染肺吸虫病的事。与此同时，这位夏女士的肺部穿孔的故事，也出现在了湖南经视的节目中，并被当作"本地新闻"播出。同一个新闻经两家地方台播出，导致大家认为这两个地方都有人因吃小龙虾感染寄生虫，外加其他媒体的加工和夸大，最终形成了"小龙虾浑身是虫""吃小龙虾致命"的效果。事实上，不仅仅是小龙虾，任何生的动物源性食品都有可能携带寄生虫，因生食或半生食含有感染期寄生虫的食物而感染的寄生虫病，称为食源性寄生虫病。但是，只要对小龙虾进行高温处理，就可以有效杀死其携带的寄生虫，保障

① 谷悦：《科学解读水产品中使用的鱼浮灵》，《中国食品》2016年第3期，第141页。

小龙虾的食品消费安全。[①] 如倪治明的研究显示，在煮熟的小龙虾中未检出肺吸虫囊蚴，其合格率为100%。[②]

八、小龙虾喜欢脏污环境

（一）谣言内容

近年来，关于小龙虾的又一谣言是，小龙虾喜欢脏污的环境，水越脏、重金属含量越高，小龙虾活得越滋润，水越干净，小龙虾死得越快。为了让小龙虾长得又大又肥，缩短它的生长期，那些黑心的养虾人往池子里用大皮管子灌化学铅、汞和生活垃圾，更甚的还有金属油，而经过小龙虾不断吸收营养后，那本来从皮管子里输出的黑垃圾，在池子里却是越来越清净，越是肮脏的龙虾，就越是肥硕。

（二）事实真相

相关研究显示，在小龙虾面前放置腐蚀性食物及新鲜食物，小龙虾选择腐蚀性食物与新鲜食物的比例为1∶10，且清水里生长的小龙虾活力强，而污染环境下的小龙虾生命活力很差，难以繁殖。[③] 南京大学的一项实验显示，将一个2米长的“Y”形水槽加满清水，水槽左前端放置一块沾满氯化铵（脏水中常见物质）溶液的海绵，右前端放置一块沾满清水的海绵。将小龙虾放在水槽后端，当虾沿着水槽爬至前方路径交界处时，经左右试探，最终选择爬往右端的清水水槽。[④] 由此可见，小龙虾并不像谣言中所讲的那样喜欢脏污环境，且脏污环境对小龙虾的繁殖等具有较大的负面影响。对于我国小龙虾的养殖环境，根据新华网的报道，湘南小龙虾养殖村养殖小龙虾所用的水均为井水、自然水，水质相当好，而且还会根据不同季节调整池塘水的深浅，保证水的质量，喂养小龙虾的饲料则以大豆

---

① 信娜、薛珺：《小龙虾怎样吃才更安全》，《农村新技术》2016年第8期，第57页。

② 倪治明：《浙北地区餐饮业小龙虾重点危害因子调查及风险评估》，硕士学位论文，浙江大学，2013年，第41页。

③ 薛梅：《“小龙虾喜欢污水沟”传言不实》，《扬州晚报》2012年7月28日。

④ 沈小根、王梦纯、李浩燃：《小龙虾调查（上）——小龙虾被妖魔化了》，《中国水产》2012年第9期，第3—5页。

和小麦为主。[①]

九、虾头里有白色寄生虫

（一）谣言内容

2017 年 6 月，微信朋友圈流传的一个关于虾头里有白色寄生虫的小视频引起人们的恐慌。视频中，一个没露脸的人剪开虾头后，用牙签挑出两条细长的白线，视频制作者声称这是虾的寄生虫，并告诫广大网友以后少吃虾，还号召让大家为了亲戚、朋友的健康，动动手指把视频传出去。

（二）事实真相

虾头剪开的确会有白线，但这两条白线并不是所谓的寄生虫，而是雄虾的精巢。它们总是 1 对同时出现，未成熟的精巢无色透明，成熟后为乳白色。不仅对虾有，皮皮虾也有，龙虾也有，而且更为粗壮。虾的生殖腺主要成分为蛋白质，完全可以食用。而视频制作者称这类寄生虫叫肝吸虫，视频里的虾应为南美对虾，实际上，目前尚未在南美对虾里发现过肝吸虫，而且肝吸虫在鱼虾肉里寄生时，肉眼根本看不到，需要借助显微镜才可看到，视频里听起来很专业的解释实则是谬论。[②]

十、注胶虾蛄

（一）谣言内容

2017 年 4 月中旬，一段“注胶皮皮虾”的视频在网络上流传，视频里，一名女子剥开桌上一盘煮熟的皮皮虾，掏出或白或黄的胶状体。该女子称，这是早上在市场买来的皮皮虾，虾肉里都被黑心商贩注入胶水增重，“皮皮虾吃不得，都被黑心商打了胶水增重！每个里面都有，这皮皮虾可千万别去吃了”。引发网民对皮皮虾安全的担忧。

---

① 《探访湘南小龙虾养殖村：供不应求带来可观收入》，2017 年 6 月 3 日，见 http://xw.xinhuanet.com/news/572505。

② 王国义：《虾头里真的有寄生虫吗》，《知识就是力量》2017 年第 8 期，第 88—89 页。

（二）事实真相

皮皮虾正式名为虾蛄，每年 4 月左右是其生殖季节，在发育未彻底成熟前，虾体内会出现胶状物，母虾的胶状物最终会长成一粒粒的卵，集中在胸至尾的位置，呈黄或红色，公虾的则呈白色。也就是说，视频中说的胶其实是皮皮虾的生殖腺，也称虾黄、虾膏。视频中说商家注胶是为了增重，我国之前确实也出现过“注胶虾”，但给虾注胶仅限于冻虾，一方面，可以增加虾的重量，一只虾经过注胶处理后，重量可增加 20%—30%；另一方面，注胶会令虾身更丰满、保持新鲜的手感，甚至可以掩盖虾肉腐败变质的缺点，还能防止运输途中虾头与身体脱落。① 但是，对活虾注胶则是毫无利益可图，水产品最主要是保证成活率，成活率高才能卖到好价钱，而给虾注胶很容易造成虾的死亡，对养殖户和商贩来说是得不偿失的事情，他们不会这么做。

第三节　水产品质量安全谣言的治理路径：以“塑料紫菜”为例

面对不断出现、反复重复的水产品质量安全谣言，如何防止谣言产生或在谣言产生后如何进行有效治理就成了关键问题。因此，本节以 2017 年 2 月发生的“塑料紫菜”谣言为例，探究我国水产品质量安全谣言的治理路径。

一、研究方法

（一）样本选择

为了能够更好地分析水产品质量安全谣言产生、发展以及辟谣的整个过程，本节选择了 2017 年影响力和关注度都比较高的水产品质量安全谣言“塑料紫菜”事件作为研究对象，并以“塑料紫菜”为关键词，通过百度

① 付丽丽：《科学解读关于水产海鲜的谣言》，《中国食品》2017 年第 10 期，第 150—153 页。

和新浪微博以及清博舆情平台搜索和收集相关信息。

（二）数据获取

在2016年也曾经出现过“塑料紫菜”的相关信息，但并没有引起公众的太多关注，直到2017年2月中旬该事件重回公众视野并引起公众的广泛关注，对整个紫菜行业产生了重大的影响。所以，本节主要选择2017年2月中旬到3月这个时间段中新浪微博和百度新闻的“塑料紫菜”相关信息和网民评论。

（三）案例回顾

2017年2月中旬，几段声称紫菜是塑料做的视频在网上广泛传播，视频中的人声称福建晋江几家企业生产的紫菜是塑料做的，表示嚼不烂，并劝诫网友不要再吃了。这几段视频出现后引起公众的广泛关注，引起一轮“紫菜风波”。随后，涉事企业“阿一波”“海佳”等公司纷纷表示从未生产过“塑料紫菜”，晋江市市场监督管理局对此组织开展了紫菜专项检查，针对受“塑料紫菜”谣言事件影响的紫菜公司开展现场抽样，未发现企业掺杂使用塑料或是塑料制品的现象。晋江市紫菜加工行业协会联合发表声明：生产的紫菜产品严格执行国家规定的食品安全标准，不存在质量问题，媒体此次报道的“塑料紫菜”事件已经对福建等地紫菜产业造成近亿元损失。之后，国家食品药品监督管理总局也对“塑料紫菜”进行食品安全谣言辟谣，各大媒体也分别就“塑料紫菜”发表文章评论。就此，“塑料紫菜”事件暂时平息。

二、辟谣过程分析

（一）辟谣的形式和内容

为了能够更加全面梳理“塑料紫菜”事件发展的全过程，作者通过百度新闻和新浪微博两个平台搜索“塑料紫菜”，整理的网络媒体和传统媒体辟谣过程中关注点的变化如表9-1和表9-2所示。

对于谣言受众来说，选择相信谣言是因为谣言更符合他们的生活经验和心理预期，而对于辟谣者来说想要打破谣言受众对谣言的固有认知，辟谣信息就必须有足够的可信度和事实依据。如最早对“塑料紫菜”进行辟谣的是中国新闻网的《紫菜是废旧塑料袋做的？可别闹了！》报道。在这篇报道中，首先，通过对比塑料和紫菜的特征来区分，同时又配上做对比实验的图增加可信性；其次，拿出2016年一篇专家已经辟谣的“塑料紫菜”的报道，在之前已经有过相关“塑料紫菜”的谣言，这次只是换换形式而已，以提醒公众注意辨别；最后，又采访塑料方面的专家进行辟谣，呼吁公众不要再继续传播谣言。媒体在辟谣时没有选择纯文字叙述方式，而是通过做实验的方式并配图说明实验的真实性，对于公众来说这种方式更加容易接受，又有事实依据，更具有说服力，此外，还通过与该谣言无关的第三方权威专家来进行辟谣，使辟谣信息更具权威性，迎合了公众的心理。这种辟谣方式就具有更好地辟谣效果。

表9-1　2017年“塑料紫菜”事件中网络媒体辟谣过程中关注点的变化

时　间	媒　体	标　题	内　容
2月19日	中国新闻网	紫菜是废旧塑料袋做的？可别闹了！	专家进行辟谣称“塑料袋的成本太高，不划算”
2月20日	网易	你可能吃到了塑料做的假紫菜？真相是……	记者从市场上买了4种紫菜并做实验以区分紫菜和塑料的区别
2月21日	新华网	“耐撕紫菜”塑料造？专家：不太可能	中国食品辟谣联盟专家钟凯表示视频中产品不符合塑料特征，而且制成塑料袋获利更多
2月22日	晋江新闻网	晋江紫菜企业联合行业声明：不存在“塑料紫菜”	晋江市紫菜加工行业协会联合发表声明：生产的紫菜产品严格执行国家规定的食品安全标准，不存在质量问题，“塑料紫菜”纯属造谣，将会追究法律责任
2月25日	荆楚网	怎样才能终结“塑料紫菜”谣言	通过法律惩罚制止谣言的产生
2月25日	四川在线	“塑料紫菜”又是假的，信任还有多远？	食品安全谣言造成严重影响的根本是对食品安全的不信任

续表

时 间	媒 体	标 题	内 容
2月27日	中国广播网	食药监总局回应“塑料紫菜”谣言：不要盲目传播	对食品药品安全的虚假新闻要严厉打击，消费者应增强判断意识，不要盲目传播谣言消息
2月28日	红网	“塑料紫菜”何以忽悠了全社会	“塑料紫菜”的背后是社会的诚信度已经遭受了重创，让“阴暗心理”成了主流
3月2日	新华网	“塑料紫菜”：一句谣言“暴击”一个产业	造谣者已被锁定，但“紫菜谣言”造成福建、浙江、广东、江苏等地紫菜产业损失惨重

2017年2月22日，在晋江市渔业局的主持下，联合多家紫菜加工企业，发表联合声明，对“塑料紫菜”进行辟谣，通过政府、企业、媒体等多方的联合辟谣充分发挥了各方的优势。2月24日，晋江经济报发表了《“紫菜是塑料做的”谣言致福建紫菜产业损失近亿》的报道，传统媒体通过议题设置将舆情话题引导到“塑料紫菜”谣言所造成的后果上面来，从最初的告知公众是谣言，到让公众意识到传播谣言所造成的后果，不仅不要再继续传播谣言，而且要能够向周围的人传播正面信息，避免谣言对相关企业造成更大的损失，从而能进一步强化辟谣的效果。直到27日，国务院新闻办公厅召开发布会，国家食品药品监督管理总局对“塑料紫菜”进行辟谣。27号以后，“塑料紫菜”的谣言热度开始呈现下降趋势。

表9-2 2017年“塑料紫菜”事件中传统媒体辟谣过程中关注点的变化

时 间	媒 体	标 题	内 容
2月20日	法制晚报	紫菜是废旧塑料袋做的？可别闹了！	专家进行辟谣称“塑料袋的成本太高，不划算”
2月23日	光明日报	“塑料袋制紫菜”是谣言	专家称从紫菜和塑料袋特性可以区分，“塑料紫菜”的说法靠不住
2月24日	晋江经济报	“紫菜是塑料做的”谣言致福建紫菜产业损失近亿	“紫菜是塑料做的”的视频谣言对晋江、福建紫菜产业将造成近亿元的损失，多家紫菜厂商接到勒索电话

续表

时　间	媒　体	标　题	内　容
2月24日	北京青年报	"塑料紫菜"的谣言该怎么破	拟将编造、散布、传播虚假食品安全信息列为食品安全欺诈行为
2月24日	长沙时报	对"塑料紫菜"谣言不能止于辟谣补救	"塑料紫菜"不能止于辟谣补救，更需要依法对造谣传谣者进行惩戒
3月3日	中国消费者报	"塑料紫菜"纯属谣言随意转发或可被判刑	编造、散布、传播虚假食品安全信息会受到法律惩罚

每种媒介都有自身的优势和劣势，它也会将这些强加在所携带的信息上，新媒介通常不会消灭旧媒介，它们只是将旧媒介推到它们具有相对优势的领域。① 随着网络媒体的崛起，传统媒体的影响力和议程设置能力都在逐渐的弱化，网络媒体的新闻时效性强、互动性强、网民更容易参与到新闻的评论中来，但缺乏权威性。相较网络媒体而言，传统媒体在新闻发布上更具权威性，能够保证新闻的真实性和客观性。在"塑料紫菜"事件的发展过程中，传统媒体和网络媒体在辟谣的过程中都发挥了很重要的作用，如在谣言产生后，中国新闻网在第一时间发布了辟谣信息。2017年2月22日，晋江新闻网发布了《晋江紫菜企业联合行业声明》；2月24日，晋江经济报发表了题为《"紫菜是塑料做的"谣言致福建紫菜产业损失近亿》的报道，通过议题的设置引导公众舆论的发展，很多传统媒体通过开通微博账号的方式将辟谣信息及时传达给公众，扩大辟谣信息的传播面。

（二）辟谣信息的发布

通过在新浪微博搜索关键词"塑料紫菜"，发现最早对"塑料紫菜"相关信息进行辟谣的时间在2017年2月18日，通过对认证用户条件的筛选，统计了2月18日到3月4日对"塑料紫菜"进行辟谣的信息，总共566条，在对辟谣信息进行统计的时候，将辟谣主体分成了政府组织、媒

① 任燕、安玉发、多喜亮：《政府在食品安全监管中的职能转变与策略选择——基于北京市场的案例调研》，《公共管理学报》2011年第1期，第16—25页。

体机构、意见领袖和民间组织四类。在 2 月 18 日到 3 月 4 日对“塑料紫菜”进行辟谣的四类主体发布辟谣信息的数量如图 9-2 所示。在四类辟谣主体中，媒体机构发布的辟谣信息的数量最多，达到了 226 条；其次是意见领袖，政府组织和民间组织分列第三位和第四位，表明在对谣言信息进行辟谣的过程中媒体机构是第一主力军。但是，从谣言传播时间和辟谣时间来看，早在 2 月 15 日就已经出现“塑料紫菜”相关谣言信息，而最早进行辟谣的时间却是 2 月 18 日，已经比谣言信息晚了 3 天，在信息传播方式如此发达的今天，一条信息在网络上传播只需要短短几个小时的时间就能够让成千上万的人所知晓，在先入为主的影响下，谣言可能已经占据舆论的高地，这就大大增加了辟谣的难度。

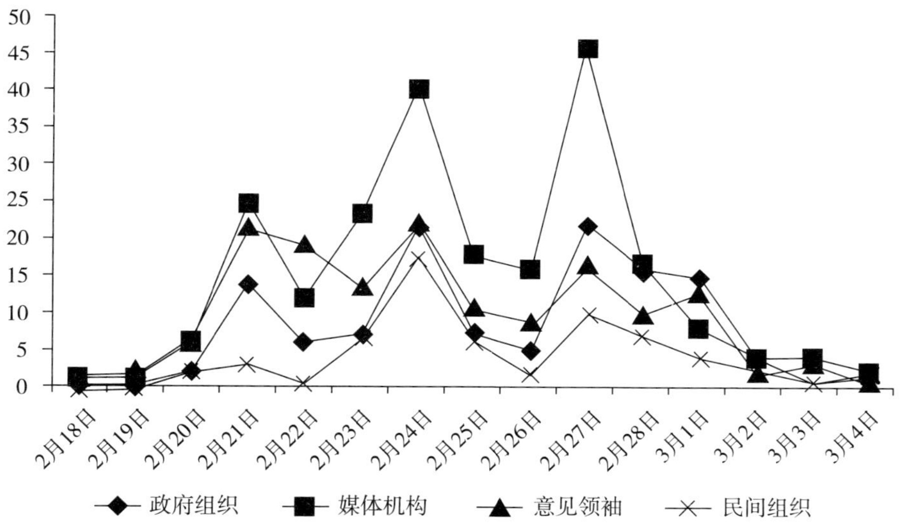

图 9-2 2017 年“塑料紫菜”事件中新浪微博各辟谣主体发布辟谣信息数量（条）

资料来源：新浪微博，并由作者整理计算所得。

“塑料紫菜”视频谣言在网上传播后，接收到该信息的公众并不都一定能够辨别出该信息的真实性，之后的很长一段时间公众都处于信息的真空期，这就为谣言的传播创造了条件，在面对食品安全问题时，公众一般都会秉持着“宁可信其有，不可信其无”的态度，大部分公众一般都会选择观望，不会再选择购买紫菜，而是等待权威部门对该信息进行解读，而且即使证明是谣言信息，公众在选择购买紫菜时也会更加谨慎。视频中出现的“海佳”牌紫菜，该公司2017年2月18日在新浪微博注册了账号并对“塑料紫菜”进行了辟谣，且在2月18日当天发表了2条微博，微博中发布了“诚意声明”和公司产品的检验报告，并称“网传的塑料袋制紫菜不实，属于诽谤，并将依法追究法律责任”。作为涉事公司，是“塑料紫菜”事件中的直接受害者，也应该是最具有发言权的。但通过对评论的分析，该公司发布的辟谣信息并没有达到理想的辟谣效果，由于频繁发生的食品安全问题，已经使得食品企业缺乏公众的信任，在公众的潜意识里食品企业只是为了利益，而不会去考虑食品安全和公众的健康。涉事企业虽然在第一时间站出来辟谣，但辟谣的方式却缺乏可信度，难以赢得公众的信任。而且涉事公司在辟谣时，只是单一主体方式进行辟谣，缺乏影响力，并没有联系政府和权威媒体，让更多的受众知晓辟谣信息，扩大辟谣信息的传播范围和影响力，导致辟谣的效果大大降低。

（三）辟谣信息的影响力

为了分析在“塑料紫菜”辟谣过程中的各主体的情况，作者对新浪微博中认证用户所发布辟谣信息的转发量和评论量进行了统计（见图9-3）。从统计结果可以看出，2017年2月18日开始到3月4日，在“塑料紫菜”事件全过程中媒体机构的转发量和评论量都远远高于其他辟谣主体。2月18日到2月24日，意见领袖的转发量和评论量仅次于媒体机构，政府组织和民间组织的转发量和评论量没有明显差别。2月24日到3月4日，意见领袖、政府组织和民间组织的转发量和评论量基本相差不大。从整体特征来看，在多个辟谣主体的影响下“塑料紫菜”的舆情发展呈现一波三折的状态，出现多个舆论高潮和衰退期。

谣言学家奥尔波特认为谣言的辟谣效果取决于三个要素：主体效度、信息效度和传播效度，即 $Ar \sim A \times C \times S$，其中 Ar = Anti-rumor 辟谣效果，A = Authority（辟谣主体的权威性），C = Credibility（辟谣信息的可信度），S = Scope（辟谣信息的有效传播面），公式可以表述为：辟谣效果~

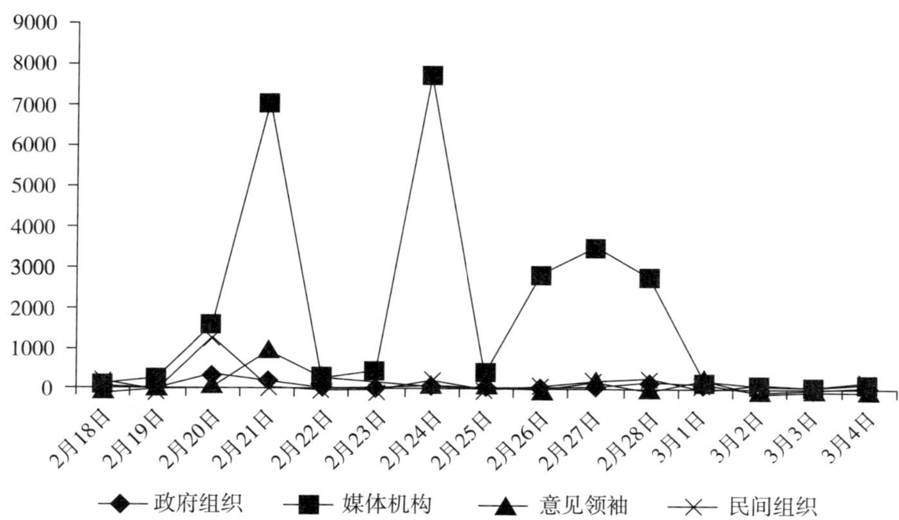

图 9-3　2017 年"塑料紫菜"事件中新浪微博各辟谣主体发布辟谣信息转发量和评论量（条）

资料来源：新浪微博，并由作者整理计算所得。

权威性×可信度×有效传播面。① 辟谣主体的权威性是指社会公信力和辟谣主体的专业性，公信力可以看作是一种"关系"，即信息接受者对信息发布者的信任程度。媒体公信力评价是公众通过社会体验形成的，对于媒介作为社会公共产品所应承担的社会职能的信用程度的感知、认知基础上的评价，而媒介公信力则是指媒介所具有的赢得公众信赖的职业品质与能力。② 从图 9-3 中也可以看出，媒体辟谣信息的转发量和评论量都要远远高于其他三个主体，主要是因为媒体在公众中所具有强大的影响力，不管是网络媒体还是传统媒体，在进行辟谣时都会以自己的方式影响公众的态度和舆论的发展，很多传统媒体也借助微博等平台扩大自己的影响力。据统计，在 2016 年新浪微博认证的政务机构微博和媒体机构的数量分别超过了 12 万和 3 万，但从图 9-2 中看到政务微博最早发布辟谣信息是在 2 月 20 日，此时离微博上的谣言传播已经过去 5 天的时间，从辟谣信息的数量

① 喻国明：《大众媒介公信力理论探索（上）——兼论我国大众媒介公信力的现状与问题》，《新闻与写作》2005 年第 1 期，第 11—13 页。

② ［美］杰克富勒：《信息时代的新闻价值观》，展江译，新华出版社 1999 年版，第 23 页。

上来看，2 月 20 日到 3 月 4 日政务微博所发布的辟谣信息数量都要少于媒体所发布的辟谣数量，政务微博作为一个平台是连接政府和公众的桥梁，虽然各地方政府都积极开通了政务微博，但更多地却成为一种“摆设”，并没有发挥应有的作用。通过对政务微博所发布的辟谣信息的内容进行分析发现，大部分政务微博在进行辟谣时，只是简单地转发了相关媒体的辟谣报道，并没有拿出有力的证据，主动告知是谣言信息，停止传播并引导舆论的走向，而且缺少与公众的互动，政务微博只是起到了传播信息的作用，这样政务微博的辟谣效果就会大打折扣。

图 9-4 是“塑料紫菜”事件中网民情感变化，是根据清博舆情平台的统计数据绘制而成。由图 7-4 可以看出，在谣言发展的整个过程中公众的情感都以中性和负面为主。从 2017 年 2 月 26—27 日，公众的负面情绪呈现爆发式的上升，在 27 日达到顶点后开始下降，3 月 2 日，公众的负面情绪再次出现小幅度升高，之后就一直处于下降趋势。中性情感在 2 月 28 日达到顶点后就一直处于下降状态。2 月 27 日，国家食品药品监督管理总局召开新闻发布会对前段时间发生的“塑料紫菜”事件进行辟谣，由于历次公众事件发生后，政府和媒体一味地封锁信息和不当的处理方式，使得政府和媒体的公信力大大降低，缺乏公众的信任。但在公众接收到食品谣言的时候，公众在第一时间还是希望得到权威部门的发声，所以在国家食品

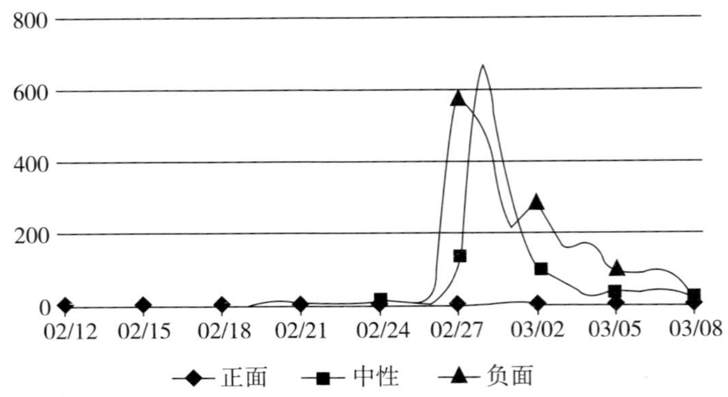

图 9-4 2017 年“塑料紫菜”事件中网民情感变化

资料来源：清博舆情平台。

药品监督管理总局对“塑料紫菜”谣言进行辟谣后，公众的负面情绪就呈现下降趋势，说明公众对官方辟谣信息的认可度要远远高于民间辟谣信息。

三、网民评论内容分析

作者通过八爪鱼爬虫软件对新浪微博中网民关于“塑料紫菜”事件的微博评论内容进行文本提取，为了保证提取数据的有效性，只抓取微博的一级评论作为样本，总共提取到 1235 条评论，经过人工处理，剔除无评论内容、符号等无效数据后，共得到 1045 条有效评论，并对评论内容进行文本分析如图 9-5 所示。

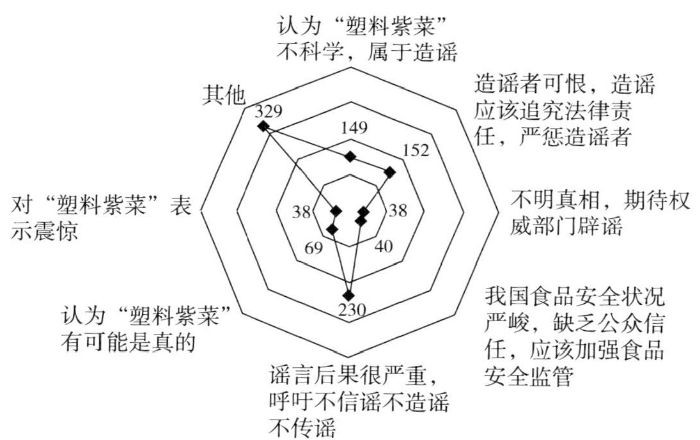

图 9-5　2017 年“塑料紫菜”事件中网民微博评论关注议题（条）

资料来源：新浪微博，并由作者整理计算所得。

根据评论的文本分析结果可以看出网民在“塑料紫菜”事件中的主要态度和观点。其中，认为谣言后果很严重，呼吁不信谣、不造谣、不传谣的网民最多，这类评论有 230 条，所占比例约为 22%，如“一则谣言毁了多少沿海老百姓的生计啊”“大家不要造谣、信谣、传谣”；认为造谣者可恨，造谣者应该追究法律责任，严惩造谣者的评论有 152 条，所占比例约为 15%，如“微信圈造谣的人该负法律责任”“造谣的抓起来罚个倾家荡产的赔偿行业损失就好”；认为“塑料紫菜”不科学，属于造谣的评论有149条，所占比例约为14%，如“朋友圈天天上年纪的人发让人啼笑皆非的谣言”“塑料做的紫菜比真紫菜的成本高多了”；认为“塑料紫菜”有可能是真的，这类评论有69条，所占比例约为7%，如“确实发现了有些紫菜”“真的紫菜超市为什么要下架呢”；认为我国食品安全状况严峻，缺乏公众信任，应该加强食品安全监管，这类评论有40条，所占比例约为4%，如“从一个侧面再次反映了中国现阶段食品安全问题的严峻形势”“谣言起来的根本原因是中国食品安全本身就有严重的问题”；对“塑料紫菜”表示震惊，这类评论有38条，所占比例约为4%，如“为什么中国人要害中国人”“现在社会是怎么了”；“其他”是网民针对“塑料紫菜”发表的一些评论，诸如“造谣成本太低了”“朋友圈里面这类谣言太多了”“和塑料大米的谣言一样”等。

从统计结果来看，有超过一半的网友能主动辨别出谣言或者在经过权威部门的辟谣后认为“塑料紫菜”是谣言，接受辟谣信息。说明经过多次类似食品安全谣言的造谣和辟谣，网民的媒介素养有所提高，在面对鱼龙混杂的网络信息时，有一定的主观辨别能力，而不是盲目地传播谣言。在“塑料紫菜”事件中，媒体的议程设置和舆论引导也起到了很大的作用，通过对谣言所造成严重后果的报道，引导公众认识到无意的食品类谣言和盲目的传播都会对一个食品行业造成无法挽回的损失，强化公众对谣言危害性的认知。但也看到有约15%的网友认为对于散布谣言的应该受到法律的严惩，我国虽然对造谣、传谣者有相关的法律规定，但在以往的食品安全类谣言事件来看，最后的结果一般都是不了了之，或者处罚力度太轻，没有起到法律惩罚的效果。以至于很多网友都表示“造谣的成本太低”，很多食品安全类谣言依旧频繁发生。

四、加强水产品安全谣言的对策建议

第一，加强对水产品安全谣言等信息的网络舆情的监测。政府可以建立危机预警、舆情监测点、舆情信息员三层次的舆情监测网络，利用先进的网络技术，进行及时、全面的信息采集，对网络负面信息进行提取并进行统计分析，及时发现谣言产生的预兆，并对负面信息进行跟踪检测，时刻关注舆情的发展变化，及时准确地发布相关信息并对舆情进行引导，尽可能地避免造成严重社会影响。

第二，政府等权威部门和机构及时发布真实信息。水产品安全类谣言能够广泛传播的原因在于：政府和公众之间的信息不对称以及信息发布渠道的不畅通，公众并不能准确判断信息的真实性。在谣言产生后，公众一般最希望得到的是权威部门的信息，政府等部门应及时主动发布客观公正的权威信息，减少谣言传播的机会。向公众表明政府对事件的态度和处置办法，树立一个良好的正面形象，在谣言发展过程中注重时效性，掌握辟谣的主动权。信息的公开要符合网络的叙事风格，要避免以自我为主，注重与公众双向互动的公开方式，语言表述避免过多的官方形式，尽可能提供实质信息和理论依据，通过附加图片、视频、链接等方式增加可读性，使公众更容易接受和理解。

第三，提高网民的信息辨别能力和媒介素养。媒介素养是指人们面对媒介各种信息时的选择能力、理解能力、质疑能力、评估能力、创造和生产能力以及思辨的反应能力。作为一名负责任的社会公民，在享受现代新媒体技术带来的便利的同时，应当承担社会责任，在面对谣言信息时应当根据自己掌握的信息和知识储备对其可信度进行思考和辨别，而不是盲目地认同所谓的“意见领袖”或是随波逐流，防止情感因素和情绪偏见的干扰与影响。提高公众对网络信息的理性辨别能力和媒介认知力，使网络谣言失去生存空间，进而从源头上遏制谣言的产生和传播。

第四，增强政府和媒体的议程设置和舆论引导能力。媒体对一个事件报道数量的增加会导致公众看法的改变。政府和媒体可以凭借自身资源优势，通过构建多层次信息互动平台，扩大信息的影响范围，通过议题设置达到引导公众议程设置的目的，从而正确引导舆情方向，对谣言进行有效的控制。传统媒体和网络媒体积极发挥各自在新闻传播中的优势，占据舆论的制高点，传统媒体的权威性和网络媒体的互动性可以及时地发现公众的关注点，并对谣言信息进行有效的辟谣，实现优势互补。

第五，多方联合辟谣，增强与谣言受众的互动。消除网络谣言，需要政府、媒体、互联网企业和广大网民一起，协调合作。形成一股合力，建立互动、互利、互信的传播生态，培育网络传播健康生态的土壤。在谣言应对过程中，各辟谣主体具有不同的优势，涉事企业具有辟谣的动力和物力、财力，政府具有统筹协调的能力，媒体则具备完整的信息传播能力和社会调查体系，意见领袖则对公众的关注点和兴趣很了解，具有很强的舆论号召能力，单一的辟谣主体很难有效地完成辟谣的全部流程，而且会使辟谣的效果大打折扣。政府和媒体等应注重通过博客、论坛、微博等平台加强同公众的互动，及时了解公众的想法，才能做到有效应对。

第四节　政府治理水产品质量安全谣言的努力

面对日益严峻的水产品质量安全谣言等食品安全谣言问题，2017 年 7 月 14 日，国务院食品安全委员会办公室、中共中央宣传部、工业和信息化部、公安部、农业部、国家卫生和计划生育委员会、国家质量监督检验检疫总局、国家新闻出版广电总局、国家食品药品监督管理总局、国家互联网信息办公室 10 部门联合发布了《国务院食品安全办等 10 部门关于加强食品安全谣言防控和治理工作的通知》(食安办〔2017〕23 号)，就食品安全谣言的防控和治理工作进行了部署，主要内容如下：

当前我国食品安全总体状况稳定向好，社会共治氛围日益浓厚。但由于食品安全的敏感性，传播媒介的多样性，舆论环境的复杂性，围绕食品安全的各类谣言时有发生，引发社会公众担忧和恐慌，影响了产业健康发展和公共安全。为坚持正确舆论导向，净化网络空间，营造科学健康的消费环境，现就加强食品安全谣言防控和治理工作通知如下：

一、主动公开政务信息

各级食品安全监管部门（指农业、卫生计生、质检、食品药品监管等部门）应当严格执行“公开为常态、不公开为例外”的要求，采取多种方式，及时公开准确、完整的食品安全监管信息，挤压谣言流传的空间。新闻媒体、网站要以食品安全监管权威信息为依据，及时准确客观做好涉食品安全的新闻报道和舆论引导。要大力开展食品安全科学知识普及，加强食品安全法律法规宣传，提高从业人员专业水平和质量安全管理能力。

二、加强动态监测

凡没有事实根据或者缺乏科学依据的食品质量安全信息均可判定为食品安全谣言。对于这类谣言，各级食品安全监管部门要及时识别、抓取和整理，采取截图、截屏、保存视频和链接地址等方式留存证据，追踪信源，对谣言制造者及时依法组织查处。

三、及时组织辟谣

谣言涉及的当事企业是辟谣的第一责任主体。对谣言明确指向具体企业的，食品安全监管部门要责成相关企业发声澄清；指向多个企业或者没有具体指向的，要组织研判，采取措施制止谣言传播，并采取适当方式澄清真相。要加强食品谣言的规律、特点分析，建立谣言案例库，对类似谣言、季节性谣言，提高识别、判定的工作效率。

四、落实媒体抵制谣言的主体责任

新闻媒体、网站及微博、微信等自媒体要切实履行主体责任，加强涉食品安全新闻的内容和导向管理，积极营造抵制食品谣言的社会舆论环境。网站要加大自查自纠力度，实行全方位全流程把关，凡经权威部门认定的食品谣言，一经发现，应立即采取删除、屏蔽、断开链接等必要措施。微博、微信等自媒体要及时清查发布食品谣言信息的相关平台账号，对违规内容和评论一律不予通过，对严重违规的账号要严肃查处。

五、积极稳妥开展舆论监督

新闻媒体、网站在加强食品安全正面宣传的同时，对相关违法企业和违法行为要开展依法、科学、建设性舆论监督，有力促进解决食品安全存在的问题。开展舆论监督要注意把握平衡，要核实新闻信息，防止片面、虚假报道；对造成社会恐慌的不实报道，要严肃追究责任。

六、加强食品安全信息发布管理

任何组织和个人未经授权不得发布国家食品安全总体情况、食品安全风险警示信息，不得发布、转载不具备我国法定资质条件的检验机构出具的食品检验报告，以及据此开展的各类评价、测评等信息。各级食品安全监管部门发现违法违规发布食品安全信息，应会同有关部门依法严肃查处，并向社会公告。

七、严惩谣言制造者

各级网信、通信主管部门要督促网络运营者加强用户发布信息的管理，严格执行网络安全法、互联网新闻信息服务管理规定，及时采取警示、停止传输、关闭账号等处置措施，严惩食品安全谣言的传播者。各地公安机关接到食品安全谣言报案后，应当依照刑法、治安管理处罚法、食品安全法等法律法规，严厉惩处谣言制造者和传播者。涉嫌犯罪的，依法立案调查；构成违反治安管理行为的，依法给予治安管理处罚。各级食品安全监管部门要配合公安机关，做好谣言涉及的技术判定、检验检测等工作。要指导受到谣言侵害的食品生产经营者收集、保存谣言侵权证据，依法追究谣言侵权方的行政责任、民事责任、刑事责任。

八、建立部门间协调机制

各相关部门要明确本部门食品谣言治理工作牵头机构，指定联络员，报本级人民政府食品安全办公室。各级食品安全办要建立谣言治理会商机制，及时商讨、协调谣言处置措施。

参考文献

陈静茜、马泽原:《2008—2015 年北京地区食品安全事件的媒介呈现及议程互动》,《新闻界》2016 年第 22 期。

陈晓枫:《中国进出口食品卫生监督检验指南》, 中国社会科学出版社 1996 年版。

成昕、温少辉、孙丽娜:《从“塔西佗陷阱”谈食品安全谣言的政府应对》,《研究与探讨》2016 年第 6 期。

程纯明:《螃蟹保卫战打响! 专家企业力挺: 别让河蟹成为下一条“多宝鱼”!》,《当代水产》2016 年第 8 期。

程虹、李丹丹:《中国质量出现转折: 我国质量总体状况与发展趋势分析》,《宏观质量研究》2014 年第 2 期。

程天民:《军事预防医学》, 人民军医出版社 2006 年版。

丁仲田、木牙沙尔、冀剑峰:《水产品中的自然毒物与毒素》,《肉品卫生》2004 年第 5 期。

杜永芳:《水产品中甲醛本底含量、产生机理与安全限量》, 硕士学位论文, 中国海洋大学, 2006 年。

付丽丽:《科学解读关于水产海鲜的谣言》,《中国食品》2017 年第 10 期。

付晓苹、彭婕、李晋成等:《流通环节水产品及暂养水中孔雀石绿和麻醉剂风险监测》,《食品安全质量检测学报》2016 年第 12 期。

宫春波、王朝霞、董峰光:《2010—2014 年烟台市即食生食动物性水产品中食源性致病菌污染状况调查》,《实用预防医学》2016 年第 12 期。

谷静、刘德晔、滕小沛等:《2012 年江苏省水产品甲基汞污染监测结果分析》,《江苏预防医学》2013 年第 5 期。

谷悦:《科学解读水产品中使用的鱼浮灵》,《中国食品》2016 年第 3 期。

何柳、王联珠、郭莹莹等:《水产品中二氧化硫残留量的调查分析》,《食品安全质量检测学报》2017 年第 1 期。

洪鹏志、章超桦:《水产品安全生产与品质控制》,化学工业出版社 2005 年版。

洪巍、吴林海:《中国食品安全网络舆情发展报告 2013》,中国社会科学出版社 2013 年版。

洪巍、吴林海:《中国食品安全网络舆情发展报告 2014》,中国社会科学出版社 2014 年版。

侯青蜓:《食品安全问题的科学分析——基于毒奶粉案例的思考》,《农村经济与科技》2011 年第 3 期。

胡婕、陈茂义、陈婷等:《水产品及其环境中副溶血性弧菌污染状况与毒力基因分布研究》,《公共卫生与预防医学》2013 年第 4 期。

胡梦红:《抗生素在水产养殖中的应用、存在的问题及对策》,《水产科技情报》2006 年第 5 期。

胡祥仁、陆林、王云生:《急性鱼胆中毒 86 例临床分析》,《中华内科杂志》2000 年第 4 期。

贾华云、王岚、陈帅等:《2010—2013 年湖南省市售水产品中副溶血性弧菌污染状况及病原特征分析》,《实用预防医学》2016 年第 12 期。

江佳、万波琴:《我国进口食品侵权的相关问题思考》,《广州广播电视大学学报》2010 年第 3 期。

江佳:《我国进口食品安全监管存在的问题及对策》,《云南电大学报》2011 年第 2 期。

江美辉、安海忠、高湘昀等:《基于复杂网络的食品安全事件新闻文本可视化及分析》,《情报杂志》2015 年第 12 期。

姜杰、张慧敏、林凯等:《深圳市水产品中铅镉汞含量及污染状况评价》,《卫生研究》2011年第4期。

康乐、王勇、熊烁:《政务微博应对网络谣言研究》,《中国报业》2016年第20期。

赖泽栋、张建州:《食品谣言为什么容易产生?——食品安全风险认知下的传播行为实证研究》,《科学与社会》2014年第1期。

李丹青:《“塑料紫菜”:一则谣言重创一个行业》,《工人日报》2017年6月26日。

李强、刘文、王菁等:《内容分析法在食品安全事件分析中的应用》,《食品与发酵工业》2010年第1期。

李清光、李勇强、牛亮云等:《中国食品安全事件空间分布特点与变化趋势》,《经济地理》2016年第3期。

李泰然:《中国食源性疾病现状及管理建议》,《中华流行病学杂志》2003年第8期。

李亚卓、张立南、马凌霄等:《基于微信平台的专业食品安全信息传播可行性研究》,《商》2016年第11期。

李银生、曾振灵:《兽药残留的现状与危害》,《中国兽药杂志》2002年第1期。

厉曙光、陈莉莉、陈波:《我国2004—2012年媒体曝光食品安全事件分析》,《中国食品学报》2014年第3期。

梁鹏:《广东省市售水产品中汞含量分布及人体摄入量评估》,硕士学位论文,西南大学,2008年。

林东明、吴利楠、麦洁梅等:《2009—2011年广州市番禺区水产品污染状况分析》,《热带医学杂志》2012年第9期。

林洪、杜淑媛:《我国水产品出口存在的主要质量安全问题与对策》,《食品科学技术学报》2013年第2期。

林洪:《水产品安全性》,中国轻工业出版社2005年版。

林少英、黄学敏、谭领章等:《佛山市常见水产品甲基汞浓度比较分析》,《华南预防医学》2016年第5期。

刘国信:《欧洲“毒鸡蛋”事件带给我们哪些启示?》,《兽医导刊》2017年第17期。

刘书贵、尹怡、单奇等:《广东省鳜鱼和杂交鳢中孔雀石绿和硝基呋喃残留调查及暴露评估》,《中国食品卫生杂志》2015年第5期。

刘淑玲:《水产品中甲醛的风险评估与限量标准研究》,硕士学位论文,中国海洋大学,2009年。

刘文、李强:《食品安全网络舆情监测与干预研究初探》,《中国科技论坛》2012年第7期。

刘新山、张红、吴海波:《初级水产品质量安全监管问题研究》,《中国渔业经济》2015年第5期。

刘新山、张红、周洁等:《新西兰水产品安全立法研究》,《中国渔业经济》2014年第6期。

刘秀梅、陈艳、王晓英:《1992—2001年食源性疾病爆发资料分析:国家食源性疾病监测网》,《卫生研究》2004年第6期。

罗昶、蒋佩辰:《界限与架构:跨区域食品安全事件的媒体框架比较分析——以河北输入北京的食品安全事件为例》,《现代传播》(中国传媒大学学报)2016年第5期。

罗兰、安玉发、古川等:《我国食品安全风险来源与监管策略研究》,《食品科学技术学报》2013年第2期。

毛新武、李迎月、林晓华等:《广州市水产品污染状况调查》,《中国卫生检验杂志》2007年第12期。

[美]杰克富勒:《信息时代的新闻价值观》,展江译,新华出版社1999年版。

孟娣:《水产品中副溶血性弧菌快速检测技术及风险评估研究》,硕士学位论文,中国海洋大学,2007年。

莫鸣、安玉发、何忠伟:《超市食品安全的关键监管点与控制对策——基于359个超市食品安全事件的分析》,《财经理论与实践》2014年第1期。

倪治明:《浙北地区餐饮业小龙虾重点危害因子调查及风险评估》,硕士学位论文，浙江大学，2013 年。

农业部、环境保护部：《中国渔业生态环境状况公报 2015》，农业部资料，2015 年。

农业部渔业渔政管理局：《中国渔业统计年鉴 2017》，中国农业出版社 2017 年版。

潘葳、林虬、宋永康：《我国水产饲料标准化体系现状、问题及对策》，《标准科学》2012 年第 1 期。

任燕、安玉发、多喜亮：《政府在食品安全监管中的职能转变与策略选择——基于北京市场的案例调研》，《公共管理学报》2011 年第 1 期。

邵祥龙、傅灵菲、章溢峰等：《2015 年上海浦东新区市售水产品中食源性致病菌污染情况》，《卫生研究》2017 年第 1 期。

邵懿、王君、吴永宁：《国内外食品中铅限量标准现状与趋势研究》，《食品安全质量检测学报》2014 年第 1 期。

沈小根、王梦纯、李浩燃：《小龙虾调查（上）——小龙虾被妖魔化了》，《中国水产》2012 年第 9 期。

石阶平：《食品安全风险评估》，中国农业大学出版社 2010 年版。

石静：《我国水产养殖产地环境管理研究》，硕士学位论文，上海海洋大学，2011 年。

宋亮、罗永康、沈慧星：《水产品安全生产的现状和对策》，《中国食品卫生杂志》2006 年第 5 期。

孙慧玲：《大连市售水产品重金属含量特征及其暴露风险分析》，硕士学位论文，大连海洋大学，2015 年。

孙月娥、李超、王卫东：《我国水产品质量安全问题及对策研究》，《食品科学》2009 年第 21 期。

田卉、柯惠新：《网络环境下的舆论形成模式及调控分析》，《现代传播》2010 年第 1 期。

童银栋、郭明、胡丹等：《北京市场常见水产品中总汞、甲基汞分布特征及食用风险》，《生态环境学报》2010 年第 9 期。

王保锋、翁佩芳、段青源等:《宁波居民食用水产品中多环芳烃的富集规律及健康风险评估》,《现代食品科技》2016年第1期。

王常伟、顾海英:《我国食品安全态势与政策启示——基于事件统计、监测与消费者认知的对比分析》,《社会科学》2013年第7期。

王鼎南、周凡、李诗言等:《甲壳类水产品中呋喃西林代谢物氨基脲的本底调查及来源分析》,《中国渔业质量与标准》2016年第6期。

王国义:《虾头里真的有寄生虫吗》,《知识就是力量》2017年第8期。

王锦东:《微信公众号食品安全谣言与法律规制》,《青年记者》2015年第25期。

王敏娟、聂晓玲、程国霞等:《陕西省淡水鱼中孔雀石绿的污染调查及居民膳食暴露评估》,《卫生研究》2015年第6期。

王秀元:《腌制水产品中挥发性亚硝胺含量检测与控制技术研究》,硕士学位论文,浙江海洋学院,2013年。

王英翠:《微信食品安全类谣言的传播逻辑》,《青年记者》2016年第5期。

文晓巍、刘妙玲:《食品安全的诱因、窘境与监管:2002—2011年》,《改革》2012年第9期。

吴春峰、刘弘、秦璐昕等:《上海市居民食用水产品的镉暴露水平概率评估》,《环境与职业医学》2013年第2期。

吴林海、黄卫东:《中国食品安全网络舆情发展报告2012》,人民出版社2012年版。

吴林海、吕煜昕、洪巍等:《中国食品安全网络舆情的发展趋势及基本特征》,《华南农业大学学报》(社会科学版)2015年第4期。

吴林海、吕煜昕、吴治海:《基于网络舆情视角的我国转基因食品安全问题分析》,《情报杂志》2015年第4期。

吴林海、王建华、朱淀:《中国食品安全发展报告2013》,北京大学出版社2013年版。

肖潘潘、张文、李刚:《求证·探寻喧哗背后的真相·关注水产品质量安全（二）黄鳝是激素催肥的吗?》,《中国水产》2012年第7期。

谢文、丁慧瑛、章晓氡:《高效液相色谱串联质谱测定蜂蜜、蜂王浆中氯霉素残留》,《分析化学》2005年第12期。

信娜、薛珺:《小龙虾怎样吃才更安全》,《农村新技术》2016年第8期。

徐捷、蔡友琼、王媛:《水产苗种质量安全监督抽样的问题与思考》,《中国渔业质量与标准》2011年第2期。

薛梅:《"小龙虾喜欢污水沟"传言不实》,《扬州晚报》2012年7月28日。

严纪文、马聪、朱海明等:《2003—2005年广东省水产品中副溶血性弧菌的主动监测及其基因指纹图谱库的建立》,《中国卫生检验杂志》2006年第4期。

杨六香:《对食源性疾病你了解多少》,《中国医药报》2017年6月29日。

叶海湄、何婷、关清等:《海南省水产品中铅镉的污染状况分析》,《中国食品卫生杂志》2012年第6期。

尹世久:《信息不对称、认证有效性与消费者偏好：以有机食品为例》,中国社会科学出版社2013年版。

尹世久、高杨、吴林海:《构建中国特色的食品安全社会共治体系》,人民出版社2017年版。

尹世久、吴林海、王晓莉:《中国食品安全发展报告2016》,北京大学出版社2016年版。

于辉辉、李道亮、李瑾等:《水产品质量安全监管系统关键控制点分析》,《江苏农业科学》2014年第1期。

于瑞敏:《水产品的主要卫生学问题》,《职业与健康》2008年第4期。

喻国明:《大众媒介公信力理论探索（上）——兼论我国大众媒介公信力的现状与问题》,《新闻与写作》2005年第1期。

张红霞、安玉发、张文胜:《我国食品安全风险识别、评估与管理——

基于食品安全事件的实证分析》,《经济问题探索》2013 年第 6 期。

张红霞、安玉发:《食品生产企业食品安全风险来源及防范策略——基于食品安全事件的内容分析》,《经济问题》2013 年第 5 期。

张鹏、兰月新、李昊青等:《基于认知过程的网络谣言综合分类方法研究》,《图书与情报》2016 年第 4 期。

周乃元、潘家荣、汪明:《食品安全综合评估数学模型的研究》,《中国食品卫生杂志》2009 年第 3 期。

朱淀、洪小娟:《2006—2012 年间中国食品安全风险评估与风险特征研究》,《中国农村观察》2014 年第 2 期。

Ajay D., Handfield R., Bozarth C., *Profiles in Supply Chain Management: An Empirical Examination*, 33rd Annual Meeting of the Decision Sciences Institute, 2002.

Ansell C. K., Vogel D., *What's the Beef? The Contested Governance of European Food Safety*, Cambridge, Ma: MIT Press, 2006.

Antle J. M., "Efficient Food Safety Regulation in the Food Manufacturing Sector", *American Journal of Agricultural Economics*, Vol. 78, 1996.

Ayres I., Braithwaite J., *Responsive Regulation*, *Transcending the Deregulation Debate*, New York: Oxford University Press, 1992.

Bailey A. P., Garforth C., "An Industry Viewpoint on the Role of Farm Assurance in Delivering Food Safety to the Consumer: The Case of the Dairy Sector of England and Wales", *Food Policy*, Vol. 45, 2014.

Baldwin R., Cave M., *Understanding Regulation: Theory, Strategy, and Practice*, Oxford: Oxford University Press, 1999.

Bardach E., *The Implementation Game: What Happens after a Bill Becomes a Law*, Cambridge, Ma: The MIT Press, 1978.

Bartle I., Vass P., *Self-Regulation and the Regulatory State: A Survey of Policy and Practices*, Research Report, University of Bath, 2005.

Black J., "Decentring Regulation: Understanding the Role of Regulation and Self Regulation ina ' Post－Regulatory ' World", *Current Legal Problems*, Vol. 54, 2001.

Borak J., Hosgood H. D., "Seafood Arsenic: Implications for Human Risk Assessment", *Regulatory Toxicology and Pharmacology*, No. 47, 2007.

Bressersh T. A., *The Choice of Policy Instruments in Policy Networks*, Worcester: Edward Elgar, 1998.

Brunsson N., Jacobsson B., *A World of Standards*, Oxford: Oxford University Press, 2000.

Burton A. W., Ralph L. A., Robert E. B., et al., "Thomas, Disease and Economic Development: The Impact of Parasitic Diseases in St. Luci", *International Journal of Social Economics*, Vol. 1, No. 1, 1974.

Caduff L., Bernauer T., "Managing Risk and Regulation in European Food Safety Governance", *Review of Policy Research*, Vol. 23, No. 1, 2006.

Cantley M., "How should Public Policy Respond to the Challenges of Modern Biotechnology", *Current Opinion in Biotechnology*, Vol. 15, No. 3, 2004.

Caswell J. A., Mojduszka E. M., "Using Information Labeling to Influence the Market for Quality in Food Products", *American Journal of Agricultural Economics*, Vol. 78, No. 5, 1996.

Christian H., Klaus J., Axel V., "Better Regulation by New Governance Hybrids? Governance Styles and the Reform of European Chemicals Policy", *Journal of Cleaner Production*, Vol. 15, No. 18, 2007.

Codron J. M., Fares M., Rouvière E., "From Public to Private Safety Regulation? The Case of Negotiated Agreements in the French Fresh Produce Import Industry", *International Journal of Agricultural Resources Governance and Ecology*, Vol. 6, No. 3, 2007.

Coglianese C., Lazer D., "Management-Based Regulation: Prescribing Private Management to Achieve Public Goals", *Law & Society Review*, Vol. 37, No. 4, 2003.

Cohen J. L., Arato A., *Civil Society and Political Theory*, Cambridge, Ma: MIT Press, 1992.

Colin M., Adam K., Kelley L., et al., "Framing Global Health: The Governance Challenge", *Global Public Health*, Vol. 7, No. 2, 2012.

Commission of the European Communities, *Report from the Commission to the Council and the European Parliament on the Experience Gained from the Application of the Hygiene Regulations (Ec) No 852/2004, (Ec) No 853/2004 and (Ec) No 854/2004 of the European Parliament and of the Council of 29 April 2004, Sec (2009) 1079*, Brussels, 2009.

Commission on Global Governance, *Our Global Neighbourhood: The Report of the Commission on Global Governance*, London: Oxford University Press, 1995.

Corradof G. G., "Food Safety Issues: From Enlightened Elitism towards Deliberative Democracy? An Overview of Efsa's Public Consultation Instrument", *Food Policy*, Vol. 37, No. 4, 2012.

Cragg R. D., *Food Scares and Food Safety Regulation: Qualitative Research on Current Public Perceptions (Report Prepared for Coi and Food Standards Agency)*, London: Cragg Ross Dawson Qualitative Research, 2005.

David O., Ted G., *Reinventing Government*, Penguin, 1993.

Davis G. F., Mcadam D., Scott W. R., *Social Movements and Organization Theory*, Cambridge: Cambridge University Press, 2005.

Demortain D., "Standardising through Concepts, the Power of Scientific Experts in International Standard-Setting", *Science and Public Policy*, Vol. 35, No. 6, 2008.

Dimitrios P. K., Evangelos L. P., Panagiotis D. K., "Measuring the Effectiveness of the HACCP Food Safety Management System", *Food Control*, Vol. 33, No. 2, 2013.

Dordeck-Jung B., Vrielink M. J. G. O., Hoof J. V., et al., "Contested

Hybridization of Regulation: Failure of the Dutch Regulatory System to Protect Minors from Harmful Media", *Regulation & Governance*, Vol. 4, No. 2, 2010.

Dyckman L. J., *The Current State of Play: Federal and State Expenditures on Food Safety*, Washington, DC: Resource for the Future Press, 2005.

Econnomist, *Global Food Security Index 2013*, Longdon, 2013.

Edwards M., "Participatory Governance into the Future: Roles of the Government and Community Sectors", *Australian Journal of Public Administration*, Vol. 60, No. 3, 2001.

Eijlander P., "Possibilities and Constraints in the Use of Self-Regulation and Co-Regulation in Legislative Policy: Experience in the Netherlands- Lessons to be Learned for the EU", *Electronic Journal of Comparative Law*, Vol. 9, No. 1, 2005.

Elodie R., Julie A. C., "From Punishment to Prevention: A French Case Study of the Introduction of Co-Regulation in Enforcing Food Safety", *Food Policy*, Vol. 37, No. 3, 2012.

Ertas O. N., Abay S., Karadal F., et al., "Occurence and Antimicrobial Resistance of Staphylococcus Aureus Salmonella Spp. in Retail Fish Samples in Turkey", *Marine Pollution Bulletin*, Vol. 90, No. 1, 2015.

European Food Safety Authority, "Scientific Opinion of the Panel on Contaminants in the Food Chain on a Request from the European Commission on Marine Biotoxins in Shellfish - Summary on Regulated Marine Biotoxins", *EFSA Journal*, No. 1306, 2009.

Fairman R., Yapp C., "Enforced Self-Regulation, Prescription, and Conceptions of Compliance within Small Businesses: The Impact of Enforcement", *Law & Policy*, Vol. 27, No. 4, 2005.

FAO, *Risk Management and Food Safety*, Rome: Food and Nutrition Paper, 1997.

FAO/WHO, *Application of Risk Analysis to Food Standard Issues*, Report of the Joint FAO/WHO Expert Consultation, Geneva, Switzerland: WHO, 1995.

FAO/WHO, *Codex Procedures Manual*, 10th Edition, 1997.

Fearne A., Garcia M. M., Bourlakis M., *Review of the Economics of Food Safety and Food Standards*, *Document Prepared for the Food Safety Agency*, London: Imperial College London, 2004.

Fearne A., Martinez M. G., "Opportunities for the Coregulation of Food Safety: Insights from the United Kingdom", *Choices*: *The Magazine of Food*, *Farm and Resource Issues*, Vol. 20, No. 2, 2005.

Fielding L. M., Ellis L., Beveridge C., et al., "An Evaluation of HACCP Implementation Statusin UK SME's in Food Manufacturing", *International Journal of Environmental Health Research*, Vol. 15, No. 2, 2005.

Flynn A., Carson L., Lee R., et al., *The Food Standards Agency*: *Making a Difference*, *Cardiff*: *The Centre for Business Relationships*, *Accountability*, *Sustainability and Society* (*Brass*), Cardiff University, 2004.

Food Standards Agency, *Safe Food and Healthy Eating for all*, *Annual Report 2007/08*, London: The Food Standards Agency, 2008.

Freeman, *Collaborative Governance*, Supra Note 17, 2013.

Garcia M. M., Verbruggen P., Fearne A., "Risk-Based Approaches to Food Safety Regulation: What Role for Co-Regulation", *Journal of Risk Research*, Vol. 16, No. 9, 2013.

Gratt L. B., *Uncertainty in Risk Assessment*, *Risk Management and Decision Making*, New York: Plenum Press, 1987.

Grazia C., Hammoudi A., "Food Safety Management by Private Actors: Rationale and Impact on Supply Chain Stakeholders", *Rivista Di Studi Sulla Sostenibilita'*, Vol. 2, No. 2, 2012.

Green J. M., Draper A. K., Dowler E. A., "Short Cuts to Safety: Risk and Rules of Thumb in Accounts of Food Choice", *Health*, *Risk and Society*, Vol. 5, No. 1, 2003.

Gunningham N., Rees J., "Industry Self Regulation: An Institutional Perspective", *Law and Policy*, Vol. 19, No. 4, 1997.

Gunningham, Sinclair, *Discussing "the Assumption that Industry Knows Best how to Abate its Own Environmental Problems"*, Supra Note 17, 2007.

Hadjigeorgiou A., Soteriades E. S., Gikas A., "Establishment of a National Food Safety Authority for Cyprus: A Comparative Proposal Based on the European Paradigm", *Food Control*, Vol. 30, No. 2, 2013.

Halkier B., Holm L., "Shifting Responsibilities for Food Safety in Europe: An Introduction", *Appetite*, Vol. 47, No. 2, 2006.

Hall D., "Food with a Visible Face: Traceability and the Public Promotion of Private Governance in the Japanese Food System", *Geoforum*, Vol. 41, No. 5, 2010.

Ham C., "What's the Beef? The Contested Governance of European Food Safety", *Global Public Health*, Vol. 4, No. 3, 2006.

Hampton P., *Reducing Administrative Burdens: Effective Inspection and Enforcement*, London: HM Treasury, 2005.

Henson S., Caswell J., "Food Safety Regulation: An Overview of Contemporary Issues", *Food Policy*, Vol. 24, No. 6, 1999.

Henson S., Heasman M., "Food Safety Regulation and the Firm: Understanding the Compliance Process", *Food Policy*, Vol. 23, No. 1, 1998.

Henson S., Hooker N., "Private Sector Management of Food Safety: Public regulation and the Role of Private Controls", *International Food and Agribusiness management Review*, Vol. 4, No. 1, 2001.

Hu Q., Chen L., "Virulence and Antibiotic and Heavy Metal Resistance of Vibrio Parahaemolyticus Isolated from Crustaceans and Shellfish in Shanghai, China", *Journal of Food Protection*, Vol. 79, No. 8, 2016.

Hutter B. M., *The Role of Non State Actors in Regulation*, London: The Centre for Analysis of Risk and Regulation (Carr), London School of Economics and Political Science, 2006.

International Life Sciences Institute, *A Simple Guide to Understanding and Applying the Hazard Analysis Critical Control Point Concept*, Europe, Brussels, 1997.

Janet V. D., Robert B. D., *The New Public Service: Serving, Not Steering*, M. E. Sharpe, 2002.

Jeannot G., "Les Fonctionnaires Travaillent – Ils De Plus En Plus? Un Double Inventaire Des Recherches Sur L'Activité Des Agents Publics", *Revue Française De Science Politique*, Vol. 58, No. 1, 2008.

Jia C., Jukes D., "The National Food Safety Control System of China–Systematic Review", *Food Control*, Vol. 32, No. 1, 2013.

Jones S. L., Parry S. M., O'Brien S. J., et al., "Are Staff Management Practices and Inspection Risk Ratings Associated with Foodborne Disease Outbreaks in the Catering Industry in England and Wales", *Journal of Food Protection*, Vol. 71, No. 3, 2008.

Kerwer D., "Rules that Many Use: Standards and Global Regulation", *Governance*, Vol. 18, No. 4, 2005.

King B. G., Bentele K. G., Soule S. A., "Protest and Policymaking: Explaining Fluctuation in Congressional Attention to Rights Issues", *Social Forces*, Vol. 86, No. 1, 2007.

Krom M. P. M. M., "Understanding Consumer Rationalities: Consumer Involvement in European Food Safety Governance of Avian Influenza", *Sociologia Ruralis*, Vol. 49, No. 1, 2009.

Krueathep W., "Collaborative Network Activities of Thai Subnational Governments: Current Practices and Future Challenges", *International Public Management Review*, Vol. 9, No. 2, 2008.

Lester M. S., Sokolowski S. W., *Global Civil Society: Dimensions of the Nonprofit Sector*, Johns Hopkins Center for Civil Society Studies, 1999.

Lipsky M., *Street-Level Bureaucracy: Dilemmas of the Individual in Public Services*, *New York: Russell Sage Foundation*, 2010.

Liu B., Liu H., Pan Y., et al., "Comparison of the Effects of Environmental Parameters on the Growth Variability of Vibrio Parahaemolyticus Coupled with Strain Sources and Genotypes Analyses", *Front Microbiol*, No. 7, 2016.

Loader R., Hobbs J., "Strategic Responses to Food Safety Legislation", *Food Policy*, Vol. 24, No. 6, 1999.

Marian G. M., Fearneb A., Julie A. C., et al., "Co-Regulation as a Possible Model for Food Safety Governance: Opportunities for Public-Private Partnerships", *Food Policy*, Vol. 32, No. 3, 2007.

Marsden, Lee T. R., Flynn A., *The New Regulation and Governance of Food: Beyond the Food Crisis*, New York and London: Routledge, 2010.

May P., Burby R., "Making Sense out of Regulatory Enforcement", *Law and Policy*, Vol. 20, No. 2, 1998.

Maynard-Moody S., *Musheno M.*, *Cops*, *Teachers*, *Counsellors*: *Stories from the Frontlines of Public Services*, Ann Arbor, Mi: University of Michigan Press, 2003.

Meijboom F. V., Brom F., "From Trust to Trustworthiness: Why Information is not Enough in the Food Sector", *Journal of Agricultural and Environmental Ethics*, Vol. 19, No. 5, 2006.

Merrill R. A., *The Centennial of Us Food Safety Law: A Legal and Administrative History*, Washington, DC: Resource for the Future Press, 2005.

Mohamed H. A., Maqbool T. K., Suresh K. S., "Microbial Quality of Shrimp Products of Export Trade Produced from Aquacultured Shrimp", *International Journal of Food Microbiology*, Vol. 82, No. 3, 2003.

Mol A. P. J., "Governing China's Food Quality through Transparency: A Review", *Food Control*, Vol. 43, 2014.

Mueller R. K., "Changes in the Wind in Corporate Governance", *Journal of Business Strategy*, Vol. 1, No. 4, 1981.

Mutshewa A., "The Use of Information by Environmental Planners: A Qualitative Study Using Grounded Theory Methodology", *Information Processing and Management: An International Journal*, Vol. 46, No. 2, 2010.

Nuñez J., "A Model of Selfregulation", *Economics Letters*, Vol. 74, No. 1, 2001.

Organisation for Economic Cooperation and Development (OECD), *Regulatory Policies in OECD Countries, from Interventionism to Regulatory Governance*, Report OECD, 2002.

Osborne D., Gaebler T., *Reinventing Government: How the Entrepreneurial Spirit is Transforming the Public Sector*, Reading, Ma: Addison-Wesley, 1992.

Pressman J. L., Wildavsky A., *Implementation: How Great Expectations in Washington are Dashed in Oakland 3rd Edn*, Los Angeles: University of California Press, 1984.

Putnam R. D., *Making Democracy Work: Civic Traditions in Modern Italy*, Princeton: Princeton University Press, 1993.

Richard A. P., *Economic Analysis of Law*, Aspen, 2010.

Roth E., Rosenthal H., "Fisheries and Aquaculture Industries Involvement to Control Product Health and Quality Safety to Satisfy Consumer-Driven Objectives on Retail Markets in Europe", *Marine Pollution Bulletin*, Vol. 53, No. 10, 2006.

Rouvière E., Caswell J. A., "From Punishment to Prevention: A French Case Study of the Introduction of Co-Regulation in Enforcing Food Safety", *Food Policy*, Vol. 37, No. 3, 2012.

Saurwein F., "Regulatory Choice for Alternative Modes of Regulation: How Context Matters", *Law & Policy*, Vol. 33, No. 3, 2011.

Scott C., "Analysing Regulatory Space: Fragmented Resources and Institutional Design", *Public Law Summer*, Vol. 1, 2001.

Sinclair D., "Self-Regulation Versus Command and Control? Beyond False Dichotomies", *Law & Policy*, Vol. 19, No. 4, 1997.

Skelcher, Mathur, *Governance Arrangements and Public Sectorperformance: Reviewing and Reformulating the Research Agenda*, 2004.

Starbird S. A., Amanor-Boadu V., "Contract Selectivity, Food Safety, and Traceability", *Journal of Agricultural & Food Industrial Organization*, Vol. 5, No. 1, 2007.

Stoker G., "Governance as Theory: Five Propositions", *International Social Science Journal*, Vol. 155, No. 50, 1998.

The Lancet, "China's Food Safety: A Continuing Global Problem", *Lancet*, Vol. 384, No. 9941, 2014.

The Lancet, "Food Safety in China: A Long Way to Go", *Lancet*, Vol. 380, No. 9837, 2012.

Tirole J., *The Theory of Industrial Organization*, The MIT Press, 1988.

Todto, "Consumer Attitudes and the Governance of Food Safety", *Public Understanding of Science*, Vol. 18, No. 1, 2009.

Valeeva N. I., Meuwissen M. P. M., Huirne R. B. M., "Economics of Food Safety in Chains: A Review of General Principles", *Wageningen Journal of Life Sciences*, Vol. 51, No. 4, 2004.

Vos E., "EU Food Safety Regulation in the Aftermath of the BES Crisis", *Journal of Consumer Policy*, Vol. 23, No. 3, 2000.

Wu L., Wang H., Zhu D., "Analysis of Consumer Demand for Traceable Pork in China Based on a Real Choice Experiment", *China Agricultural Economic Review*, Vol. 7, No. 2, 2015.

Wu L., Zhu D., *Food Safety in China: A Comprehensive Review*, CRC Press, 2014.

后 记

随着人们健康意识的提高和消费观念的改变，近年来我国动物性食物消费模式正在呈现以畜禽肉类为主向以鱼虾类水产品为主的转变，有效拉动了我国水产品生产与消费量持续提高。2016年，我国水产品产量达到了历史新高，连续26年位居世界第一，而目前我国人均水产品消费量约为全球平均水平的两倍以上，为城乡居民膳食营养提供了四分之一的优质动物蛋白。然而，近年来我国水产品质量安全问题备受全社会的关注，关于水产品质量安全问题的谣言不断，人们质疑水产品质量安全状况到底如何？为全面把握我国水产品质量安全的总体状况，努力防范水产品质量安全风险，我们撰写了《中国水产品质量安全研究报告》（以下简称《报告》），力求回答人们所关注的问题。

《报告》是团队协同研究的成果。为更好地开展研究，我们组建了多单位、跨学科的研究团队，研究成员主要由浙江大学舟山海洋研究中心青年学者吕煜昕、江南大学食品安全风险治理研究院首席专家吴林海教授、浙江海洋大学食品与医药学院青年学者池海波、曲阜师范大学山东省食品安全治理政策研究中心主任尹世久教授与江南大学食品安全风险治理研究院的洪巍副教授等组成。尤其是在江南大学食品安全风险治理研究院的支持下，浙江大学舟山海洋研究中心青年学者吕煜昕为《报告》的出版做了大量的工作，浙江海洋大学食品与医药学院青年学者池海波承担了《报告》中6万字的撰写工作，体现了年轻学者良好的精神风貌与较扎实的基本功。

近年来，我们在食品安全风险治理领域取得了一系列成果。教育部哲学社会科学系列发展报告《中国食品安全发展报告》《中国食品安全网络舆情发展报告》已经成为国内具有较大影响力的权威研究报告，客观、公正地反映了我国食品安全的真实状况；《中国食品安全治理评论》是我国食品安全风险治理研究的学术集刊，汇集了食品安全风险治理领域的最新成果；在发表一系列高端学术论文的同时，撰写了一批基于重大现实需求的咨询报告，分别获党和国家领导人、省部级领导的肯定性批示，为党和政府部门的咨询决策作出了努力。

《报告》真实地反映了我国水产品质量安全现状及风险水平，同时也反映了我国水产品质量安全领域暴露的最新现实问题——水产品质量安全谣言。除此之外，《报告》的一大特色是使用了由江南大学食品安全风险治理研究院开发的、具有自主知识产权且国内最先投入使用的食品安全事件分析大数据挖掘平台——食品安全事件大数据监测平台（Data Base V1.0 版本），利用大数据分析的方法研究了我国 2011—2016 年主流媒体报道的水产品质量安全事件，这是利用新技术、新方法对水产品质量安全风险治理研究开展的最新尝试，在国内同领域研究中具有开创性。

《报告》是 2017 年度浙江大学舟山海洋研究中心的重要的研究成果，也是江南大学食品安全风险治理研究院又一重要的智库成果，与《中国食品安全发展报告（2017）》《中国食品安全网络舆情发展报告（2017）》《中国食品安全治理评论》等相呼应。作为《报告》的作者，我们对江南大学食品安全风险治理研究院、浙江大学舟山海洋研究中心表示由衷的感谢！向为《报告》作序的黄祖辉教授表示由衷的感谢！向人民出版社相关人员为出版《报告》付出的辛勤劳动表示由衷的感谢！

需要说明的是，在研究过程中参考了大量的文献资料，并尽可能地在文中一一列出，但也有疏忽或遗漏的可能。研究团队对被引用文献的国内外作者表示感谢！

由于作者个人能力有限，加之时间仓促，书中难免有疏漏之处，欢迎读者朋友提出宝贵的意见和建议！

2017 年 9 月

责任编辑：吴炤东
封面设计：石笑梦

图书在版编目（CIP）数据

中国水产品质量安全研究报告/吕煜昕等 著. —北京：人民出版社，2018.1
ISBN 978－7－01－018643－6

Ⅰ. ①中…　Ⅱ. ①吕…　Ⅲ. ①水产品-质量管理-安全管理-研究报告-中国
Ⅳ. ①TS254. 7

中国版本图书馆 CIP 数据核字（2017）第 297514 号

中国水产品质量安全研究报告

ZHONGGUO SHUICHANPIN ZHILIANG ANQUAN YANJIU BAOGAO

吕煜昕　吴林海　池海波　尹世久　著

人民出版社 出版发行
（100706　北京市东城区隆福寺街 99 号）

北京中科印刷有限公司印刷　新华书店经销

2018 年 1 月第 1 版　2018 年 1 月北京第 1 次印刷
开本：710 毫米×1000 毫米 1/16　印张：23. 5
字数：340 千字

ISBN 978－7－01－018643－6　定价：78.00 元

邮购地址 100706　北京市东城区隆福寺街 99 号
人民东方图书销售中心　电话（010）65250042　65289539